生物计算

BIOLOGICAL COMPUTING

许进 著

人民邮电出版社

北京

图书在版编目（CIP）数据

生物计算 / 许进著. -- 北京：人民邮电出版社，
2025. -- ISBN 978-7-115-66579-9

Ⅰ. Q811.4

中国国家版本馆 CIP 数据核字第 2025JP8645 号

内 容 提 要

生物计算是一种以 DNA、RNA 和蛋白质等生物大分子为数据的计算。本书较为深入地探讨 DNA 计算的各个方面，从基础理论到实验操作，再到解的检测，都囊括其中。同时，书中对 RNA 计算和蛋白质计算也进行了概述。全书共 12 章。其中，第 1 章~第 4 章详细介绍图与计算复杂性、生物计算数据、生物计算算子（酶与生化操作），以及在 DNA 计算中发挥关键作用的技术和方法。第 5 章重点阐述 DNA 编码理论与算法。第 6 章~第 8 章深入探讨枚举型、非枚举型、并行型等多种 DNA 计算模型的构建思路和优缺点。第 9 章与第 10 章介绍一些 DNA 计算在密码学、生物信息学、优化问题等领域的应用案例。第 11 章与第 12 章介绍 RNA 计算与蛋白质计算的相关理论与应用。这样的结构安排旨在为读者提供一个全面、系统的生物计算知识框架。

本书适合图论与算法、分子生物学、计算机科学、生物信息学及人工智能等领域的科研人员、高等学校师生，以及对生物计算感兴趣的读者阅读。

◆ 著　　　　　许　进
责任编辑　贺瑞君
责任印制　马振武

◆ 人民邮电出版社出版发行　　北京市丰台区成寿寺路 11 号
邮编　100164　电子邮件　315@ptpress.com.cn
网址　https://www.ptpress.com.cn
北京瑞禾彩色印刷有限公司印刷

◆ 开本：700×1000　1/16
印张：23　　　　　　　　　2025 年 4 月第 1 版
字数：388 千字　　　　　　2025 年 4 月北京第 1 次印刷

定价：179.00 元

读者服务热线：(010)81055410　印装质量热线：(010)81055316
反盗版热线：(010)81055315

前　言

1996 年，我正沉浸于用人工神经网络（Artificial Neural Network，ANN）来求解图论中的 NP 完全问题，如旅行商问题、图着色问题、哈密顿问题等。那时的我希望建立用 ANN 求解这些难题的快速算法，带领博士研究生们发表了不少相关学术论文。有一天，我的一位博士研究生告诉我，她在图书馆读到一篇发表在 *Science* 上的文章，文中介绍了利用脱氧核糖核酸(Deoxyribonucleic Acid，DNA) 分子求解有向哈密顿路径问题的方法。我听后很兴奋，认为这可能是求解 NP 完全问题的一种新途径，一定要学习学习，于是急忙去图书馆将文章复印下来开始阅读。然而，我阅读此文时茫然了——因为我在中学没有学习过生物学课程，所以完全无法理解文中的生物学原理和实验设计。

从那时起，我便下定决心：必须好好学习生物学，在生物计算领域有所作为。于是，我从零开始，先系统地学习了中学的生物学知识，随后深入钻研了分子生物学、生物化学等课程。历经十余年的不懈努力，我在利用 DNA 计算求解 NP 完全问题的过程中，已能够自如地独立完成数学计算模型构建、生物实验操作设计、解的检测等关键环节。

过去 30 余年中，DNA 计算经历了从枚举型到非枚举型，再到并行型的演进历程。特别是 2002 年到 2016 年间，探针机的提出使得 DNA 计算取得了突破性的进展。探针机是一种底层全并行数学计算模型，它是在建立图着色 DNA

计算模型时被发现的，它的出现为计算机科学提供了一个与图灵机不同的新型数学计算模型，此模型也已受到不少学者乃至企业界人士的关注。

本书系统地总结了生物计算领域数十年来全球学者的主要研究成果，主要内容涵盖 DNA 计算的基础理论、关键技术、实验操作、计算模型以及在各领域的应用实例。本书共分 12 章。第 1 章～第 4 章详细介绍图与计算复杂性、生物计算数据[DNA、核糖核酸（Ribonucleic Acid，RNA）及蛋白质]、生物计算算子（酶与生化操作），以及电泳、聚合酶链反应（Polymerase Chain Reaction，PCR）等在 DNA 计算中发挥关键作用的技术和方法，为读者理解 DNA 计算的运作方式奠定基础。第 5 章重点阐述 DNA 编码理论与算法，帮助读者掌握实验设计和操作的要点。第 6 章～第 8 章深入探讨枚举型、非枚举型、并行型等多种 DNA 计算模型的构建思路和优缺点，为解决不同类型的计算问题提供多样化的模型选择。第 9 章与第 10 章精选一些 DNA 计算在密码学、生物信息学、优化问题等领域的应用案例，展示 DNA 计算的广阔应用前景。第 11 章与第 12 章介绍 RNA 计算与蛋白质计算的相关理论、应用。

本书的系统性、前沿性和实用性较强。系统性体现在对 DNA 计算领域的知识进行了全方位的梳理和整合，同时也对 RNA 计算与蛋白质计算做了较详细的介绍，从基础到应用，从理论到实践，构建起一个完整的知识体系。前沿性体现在紧跟当前 DNA 计算研究的最新进展，如对探针机、DNA 自组装等前沿技术进行了深入剖析，能够帮助读者了解和掌握该领域的新动态。实用性则体现在对实验操作步骤的详细描述和对计算模型构建方法的清晰阐释等方面，能够为读者开展相关研究提供切实可行的指导。

在编写方法上，本书采用了理论与实践相结合的方式。首先，结合大量文献资料，对 DNA 计算的基础理论和关键技术进行了深入研究和系统总结。其次，结合我们在 DNA 计算实验研究中的实践经验，对实验操作步骤和注意事项进行了详细阐述。

本书适合图论与算法、生物信息学、计算机科学、分子生物学等领域的科研人员、高等学校师生以及对生物计算感兴趣的自学者阅读。对科研人员而言，本书可以作为开展 DNA 计算研究的参考书，帮助他们了解该领域的研究动态和技术进展，为他们的科研工作提供新的思路和方法。对高等学校的师生而言，本书适合作为生物计算相关课程的教材或参考书，可帮助学生系统学习 DNA 计算的基础知识和技能，为今后的学习和研究打下坚实的基础。对自学者而言，本书语言通俗易懂且实例丰富，可帮助他们快速入门并深入理解 DNA 计算的精髓。

在阅读本书时，读者须注意以下几点。首先，由于 DNA 计算涉及多学科知识的交叉融合，读者应具备一定的生物学、计算机科学和图论基础，以便更好地理解和掌握书中的内容。其次，本书中的实验操作步骤和计算模型构建方法需要在实践中不断摸索和验证，因此建议读者在阅读时与实际操作相结合，以加深理解和提高应用能力。此外，由于 DNA 计算领域的研究日新月异，读者在阅读过程中应保持开放的心态，积极关注最新的研究进展和技术动态，以便及时更新自己的知识储备。

本书的编写得到了朱恩强、强小利、方刚、寇铮、石晓龙、刘文斌、王燕、陈智华、邵泽辉、张凤月、张凯和陈从周等的大力支持与帮助。本书内容（特别是插图）进行了 1 年多的持续修改与打磨，凝聚着他们每个人的汗水，在此向他们表示深深的感谢！刘婵娟、刘小青、冷煌等对本书进行了详细校对，在此也向他们表示感谢。最后，感谢人民邮电出版社，感谢贺瑞君等编辑的大力支持，本书得以顺利出版。

由于时间仓促，书中难免存在不足，敬请广大读者批评指正。

衷心希望本书能够为读者提供有价值的知识和启发，推动 DNA 计算领域的研究和应用不断发展。同时，我也期待与广大读者、同行进行深入交流和探讨，共同为生物计算事业的进步贡献力量。

许进

2025 年 2 月 7 日于北京

目 录

第 1 章　绪论 ⋯⋯⋯⋯⋯⋯⋯⋯⋯⋯⋯⋯⋯⋯⋯⋯⋯⋯⋯ 1

　1.1　生物计算的产生 ⋯⋯⋯⋯⋯⋯⋯⋯⋯⋯⋯⋯⋯⋯⋯ 1

　1.2　计算机的一般定义与计算模型 ⋯⋯⋯⋯⋯⋯⋯⋯⋯ 3

　1.3　生物计算的研究意义与进展 ⋯⋯⋯⋯⋯⋯⋯⋯⋯⋯ 5

　参考文献 ⋯⋯⋯⋯⋯⋯⋯⋯⋯⋯⋯⋯⋯⋯⋯⋯⋯⋯⋯⋯ 7

第 2 章　图与计算复杂性 ⋯⋯⋯⋯⋯⋯⋯⋯⋯⋯⋯⋯⋯⋯ 9

　2.1　图论基础 ⋯⋯⋯⋯⋯⋯⋯⋯⋯⋯⋯⋯⋯⋯⋯⋯⋯⋯ 9

　　2.1.1　图的定义与类型 ⋯⋯⋯⋯⋯⋯⋯⋯⋯⋯⋯⋯ 9

　　2.1.2　图的度序列 ⋯⋯⋯⋯⋯⋯⋯⋯⋯⋯⋯⋯⋯⋯ 15

　　2.1.3　图的运算 ⋯⋯⋯⋯⋯⋯⋯⋯⋯⋯⋯⋯⋯⋯⋯ 16

　　2.1.4　图的同构 ⋯⋯⋯⋯⋯⋯⋯⋯⋯⋯⋯⋯⋯⋯⋯ 20

　　2.1.5　图的矩阵 ⋯⋯⋯⋯⋯⋯⋯⋯⋯⋯⋯⋯⋯⋯⋯ 22

　　2.1.6　图着色 ⋯⋯⋯⋯⋯⋯⋯⋯⋯⋯⋯⋯⋯⋯⋯⋯ 24

　2.2　图灵机 ⋯⋯⋯⋯⋯⋯⋯⋯⋯⋯⋯⋯⋯⋯⋯⋯⋯⋯⋯ 30

　　2.2.1　图灵机的起源 ⋯⋯⋯⋯⋯⋯⋯⋯⋯⋯⋯⋯⋯ 30

　　2.2.2　图灵机的原理、类型及图灵等价性 ⋯⋯⋯⋯ 32

　2.3　可计算性 ⋯⋯⋯⋯⋯⋯⋯⋯⋯⋯⋯⋯⋯⋯⋯⋯⋯⋯ 35

　2.4　计算复杂性 ⋯⋯⋯⋯⋯⋯⋯⋯⋯⋯⋯⋯⋯⋯⋯⋯⋯ 36

　　2.4.1　P 问题与 NP 问题 ⋯⋯⋯⋯⋯⋯⋯⋯⋯⋯⋯ 36

　　2.4.2　coNP 问题 ⋯⋯⋯⋯⋯⋯⋯⋯⋯⋯⋯⋯⋯⋯ 42

　参考文献 ⋯⋯⋯⋯⋯⋯⋯⋯⋯⋯⋯⋯⋯⋯⋯⋯⋯⋯⋯⋯ 43

第 3 章　生物计算数据：DNA、RNA 与蛋白质 ⋯⋯⋯⋯ 47

　3.1　DNA 分子 ⋯⋯⋯⋯⋯⋯⋯⋯⋯⋯⋯⋯⋯⋯⋯⋯⋯ 47

3.1.1 脱氧核苷酸 ·· 48

3.1.2 DNA 分子结构 ·· 51

3.1.3 DNA 分子类型 ·· 53

3.1.4 DNA 分子特性 ·· 59

3.1.5 DNA 生化反应 ·· 63

3.2 RNA 分子 ··· 65

3.2.1 RNA 分子的核苷酸 ·· 66

3.2.2 RNA 分子的结构 ·· 68

3.2.3 RNA 分子的类型 ·· 69

3.3 蛋白质分子 ·· 71

3.3.1 蛋白质的结构 ·· 71

3.3.2 蛋白质的类型 ·· 73

3.3.3 蛋白质计算输出检测技术 ·· 74

参考文献 ··· 75

第 4 章 生物计算算子：酶与生化操作 ·································· 78

4.1 生物计算常用工具酶 ·· 78

4.1.1 限制性内切核酸酶 ··· 78

4.1.2 DNA 聚合酶 ·· 81

4.1.3 DNA 连接酶 ·· 85

4.1.4 DNA 修饰酶 ·· 87

4.1.5 核酸酶 ·· 87

4.2 生物计算的生化操作 ·· 88

4.2.1 DNA 分子的合成 ·· 88

4.2.2 DNA 分子的切割、连接及粘贴 ···································· 89

4.2.3 DNA 重组技术 ·· 92

4.2.4 变性与杂交 ·· 92

4.2.5 DNA 分子的扩增 ·· 92

4.2.6 DNA 分子的分离与提取 ··· 93

4.2.7 DNA 分子的检测与读取 ··· 95

4.2.8 可用于生物计算的经典生化操作技术 ································ 96

4.2.9 可用于生物计算的新型生化操作技术 ································ 98

4.2.10 生物计算涉及的新型仪器 ·· 103

4.3 生物计算的关键技术：电泳 ·· 111

4.3.1 基本原理 ·· 111

4.3.2 凝胶电泳 ·· 112

4.3.3 免疫电泳 ·· 113

4.3.4 毛细管电泳 ·· 114

4.3.5 介电电泳 ·· 115

4.3.6 等速电泳 ·· 117

4.4 生物计算的关键技术：聚合酶链反应 ······························ 117

4.4.1 PCR 发明之旅 ·· 118

4.4.2 基本原理 ·· 119

参考文献 ·· 124

第 5 章　DNA 编码理论与算法 ·· 132

5.1 DNA 编码的背景与发展 ·· 132

5.2 DNA 编码问题 ·· 136

5.2.1 DNA 编码的常见约束 ·· 137

5.2.2 编码问题及其数学模型 ······································ 143

5.2.3 当前 DNA 编码算法分类 ····································· 144

5.3 基于 GC 含量的 DNA 编码计数理论 ······························ 146

5.3.1 DNA 编码计数理论 ·· 147

5.3.2 GC 含量相等的 DNA 编码设计 ································ 150

5.4 模板编码理论与算法 ·· 151

5.4.1 模板编码理论 ·· 151

5.4.2 模板编码的搜索算法 ·· 153

5.4.3 编码的热力学稳定性 ·· 154

5.4.4 模板集的优化 ·· 155

5.5 进化多目标优化 DNA 编码理论与算法 ····························· 156

5.5.1 进化多目标优化 DNA 编码理论 ······························ 157

5.5.2 基于进化多目标优化的 DNA 编码算法框架 ···················· 159

5.6 隐枚举编码理论与算法 ·· 160

5.6.1 隐枚举编码理论 ·· 161

5.6.2 隐枚举算法的应用 ·· 162

参考文献 ·· 165

第 6 章 枚举型 DNA 计算模型 ·· 173

6.1 有向哈密顿路径问题的 DNA 计算模型 ·························· 173

6.2 可满足性问题的 DNA 计算模型 ································· 176

6.3 图的最大团与最大独立集问题的 DNA 计算模型 ············· 181

6.4 0-1 规划问题的 DNA 计算模型 ······························· 184

6.5 图顶点着色问题的 DNA 计算模型 ···························· 186

参考文献 ·· 190

第 7 章 非枚举型图顶点着色 DNA 计算模型 ····················· 194

7.1 基本思想 ·· 194

7.2 生物实现 ·· 195

7.2.1 生物操作步骤 ··· 195

7.2.2 实例分析与相关生化实验 ································· 196

7.3 计算模型分析 ··· 207

7.4 其他非枚举型 DNA 计算模型 ································· 208

参考文献 ·· 210

第 8 章 并行型图顶点着色 DNA 计算模型 ······················· 212

8.1 模型与算法 ··· 212

8.1.1 子图划分与桥点的确定 ··································· 213

8.1.2 子图顶点排序与子图中每个顶点颜色集的确定 ········· 216

8.1.3 DNA 序列的编码 ··· 218

8.1.4 根据探针图确定探针 ····································· 219

8.1.5 初始解空间的合成 ·· 221

8.1.6 非解删除 ··· 221

8.1.7 子图逐级合并与非解删除 ································· 222

8.1.8 解的检测 ··· 222

8.2 具体算例 ·· 223

8.2.1 子图划分与颜色集确定 ··································· 223

8.2.2 编码 ··· 223

8.2.3 构建初始解空间 ·· 223

8.2.4 子图删除非解 ··· 224

8.2.5 子图合并与非解删除 ····································· 227

8.3　复杂性分析 ·· 230

8.3.1　降低初始解空间的复杂性 ······························ 230

8.3.2　提高并行性 ·· 232

参考文献 ·· 236

第 9 章　探针机 ·· 237

9.1　探针机的产生背景 ·· 237

9.2　探针机的原理 ··· 239

9.2.1　图灵机机理分析 ··· 239

9.2.2　探针机的数学模型 ·· 240

9.3　探针机求解哈密顿问题 ··· 251

9.4　连接型探针机的一种实现技术 ··· 254

9.5　传递型探针机与生物神经网络 ··· 258

9.6　探针机功能分析 ·· 259

9.6.1　图灵机是探针机的一种特殊情况 ························ 260

9.6.2　图灵机能否模拟探针机 ··································· 261

9.6.3　探针机的优势 ·· 261

参考文献 ·· 262

第 10 章　DNA 算法自组装 ·· 265

10.1　DNA Tile 计算 ·· 265

10.1.1　DNA Tile 类型 ·· 266

10.1.2　DNA Tile 计算实例 ······································ 269

10.2　图灵等价的 DNA Tile 计算 ·· 274

10.2.1　DNA Tile 计算的数学模型 ······························ 274

10.2.2　DNA Tile 计算的图灵等价性 ···························· 277

10.3　可编程 DNA Tile 结构 ·· 280

10.4　单链 DNA Tile 计算 ·· 281

10.5　基于 SST 的通用 DNA 计算 ·· 288

10.5.1　基于 SST 的迭代布尔电路计算模型 ···················· 288

10.5.2　基于可重复 SST 的填充计算模型 ······················ 292

10.6　DNA Origami 计算 ··· 294

10.6.1　DNA Origami 技术 ······································· 294

10.6.2　DNA Origami 的可编程自组装 ································· 296

10.6.3　DNA Origami 表面计算 ····································· 298

10.6.4　可计算 DNA Origami 结构 ································· 299

参考文献 ··· 301

第 11 章　RNA 计算 ··· 305

11.1　RNA 分子的计算特性 ·· 305

11.2　解决 NP 问题的 RNA 计算模型 ·································· 306

11.3　RNA 计算在逻辑门与逻辑电路方面的相关研究 ·············· 308

11.3.1　RNA 分子结构预测与设计 ································· 309

11.3.2　基于分子自动机的 RNA 计算 ······························ 310

11.3.3　结合 RNA 干扰技术的 RNA 计算 ························ 312

11.3.4　结合核酶与适配体技术的 RNA 计算 ··················· 314

11.3.5　结合 CRISPR/Cas 基因编辑技术的 RNA 计算 ········· 315

11.3.6　与合成生物学技术结合的 RNA 计算 ··················· 317

参考文献 ··· 319

第 12 章　蛋白质计算 ··· 325

12.1　基于蛋白质构建逻辑运算器 ······································ 325

12.1.1　酶介导的逻辑运算器 ··· 326

12.1.2　非酶介导的逻辑运算器 ······································ 336

12.1.3　基于人工设计的蛋白质的逻辑运算器 ··················· 339

12.2　基于蛋白质构建算术运算器 ······································ 340

12.3　基于蛋白质分子解决 NP 完全问题 ······························ 342

12.4　蛋白质存储 ··· 343

12.4.1　基于细菌视紫红质的蛋白质存储 ························· 343

12.4.2　蛋白质基忆阻器 ·· 345

参考文献 ··· 350

生物计算是指以生物大分子作为信息处理数据的计算。生物大分子主要包括 DNA、RNA 和蛋白质，故生物计算可相应地分为 DNA 计算、RNA 计算和蛋白质计算。截至本书成稿之日，限于生化操作技术水平，生物计算的研究主要集中于 DNA 计算。本书重点介绍 DNA 计算，对 RNA 计算与蛋白质计算也给予一定的介绍。本章介绍生物计算的产生、计算机的一般定义与计算模型、生物计算的研究意义与进展。

1.1 生物计算的产生

人类社会文明与信息处理的计算工具息息相关。计算工具是衡量人类社会文明程度的重要依据，也是推动人类社会发展的主要动力。人类社会历经石器时代、铁器时代、蒸汽时代、电气时代、信息时代，当前正处于人工智能时代，计算工具也由简单到复杂、由低级到高级，历经结绳记事、算筹、算盘、机械计算机、电子计算机等。其中，电子计算机也从电子管计算机、晶体管计算机、个人计算机（Personal Computer，PC）发展到当今的超级计算机，它们在不同的历史时期为人类社会的发展做出了不可磨灭的贡献。图 1.1 所示为人类计算工具发展历程。

其实，以人类神经系统为代表的生物神经系统一直都是人类社会信息处理的最好工具，该工具也随时代的变迁不断进化，进化的结果是脑神经系统愈发复杂。图 1.2 所示为人类神经系统的进化过程示意。人脑这个信息处理系统，不仅自身在进化发展，而且人类其他信息处理工具均由它设计研发，其中电子计算机是当今广泛应用的先进人造计算工具。

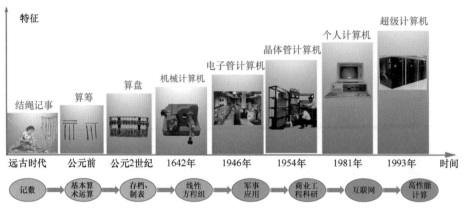

图 1.1　人类计算工具发展历程

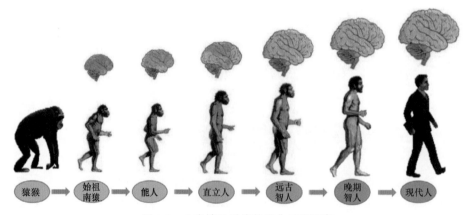

图 1.2　人类神经系统的进化过程示意

电子计算机是当今人类社会信息处理的核心工具，人们的生活离不开它。但是，电子计算机的计算模型是图灵机，图灵机是串行计算模式，故电子计算机不能有效求解 NP 完全问题。NP 完全问题的特点是所需计算量随问题规模的增大呈指数级增长。而电子计算机的工艺制造技术已达极限，这迫使人们开始寻求新的计算模型，以期通过创造新的计算工具来解决阻碍当今社会发展的 NP 完全问题。

在寻求新计算模型的过程中，科学家从多个领域展开探索，相继提出了模拟脑信息处理的人工神经网络、模拟遗传机理的进化计算、基于生物大分子特性的生物计算、基于量子特征的量子计算、基于光特性的光计算等。当对这些计算模型研究到一定程度时，相应的计算机就会被研发出来。因此，可形象地称当今非传统计算机的研究处于"战国时期"，生物计算是"战国"中的"一员"。

由于生物计算主要用于求解 NP 完全问题，故本书第 2 章会较详细地介绍图论基础、图灵机、可计算性，以及基于图灵机的计算复杂性理论等。

生物计算源自理查德·菲利普斯·费曼（Richard Phillips Feynman）在 1961 年提出的研制亚微尺度计算机的构想[1]。1973 年，查尔斯·H. 贝内特（Charles H. Bennett）提出了一种用酶来催化的图灵机[2]；20 世纪 80 年代，以蛋白质为信息处理数据的二态分子计算模型被提出，称为蛋白质计算模型。蛋白质计算模型实际上是受电子计算机的影响，希望用分子产生可控的"二态"来模拟所谓的"0,1"目标。关于蛋白质计算的具体内容将在第 12 章介绍。

1994 年，伦纳德·阿德曼（Leonard Adleman）建立了一种枚举 DNA 计算模型，用于求解 7 个顶点有向图的哈密顿路径（Hamilton Path）问题，该模型的基本原理是以 DNA 分子为"数据"，以生物酶与聚合酶链反应（Polymerase Chain Reaction，PCR）等为"算子"，获得问题的解[3]，详述见第 6 章。DNA 计算模型产生的另一个重要背景是人类基因测序计划这项巨大工程的实施。人类基因测序计划促使基因工程、分子生物学理论、生化操作技术（尤其是 DNA 测序技术）快速发展，为 DNA 计算的产生、实现与发展提供了丰沃的"土壤"，也为 DNA 计算机的研发奠定了基础。

作者在此领域的一些早期综述文章见文献[4-8]，感兴趣的读者可自行查阅。在 DNA 计算的研究过程中，作者发现了一种全并行计算模型——探针机[9]，相关理论及应用将在第 9 章给出。

1.2　计算机的一般定义与计算模型

电子计算机的定义显然不适用于计算机的一般定义，本节介绍计算机的一种形式化定义，并在此基础上给出计算机的分类。

简言之，计算机就是基于具有一定通用性的计算模型，用适应该计算模型的材料研制的机器。或者说，计算机是基于某类材料建立与之相匹配的计算模型，并以此为基础研制的机器。在选定材料与计算模型后，还需为计算机设计一种系统结构，也称体系结构（Architecture）。基于此，给出计算机的一种形式化定义：

计算机=计算模型+实现材料+体系结构

例如，电子计算机的计算模型是图灵机，实现材料是电子元器件（如二极管、三极管、电阻器、电容器等），体系结构为冯·诺依曼体系结构（von Neumann Architecture）。该体系结构由 5 个部分构成：运算器（完成各种算术运算、逻辑运算和数据传送等数据处理工作）、控制器（控制程序的执行）、存储器（存储程序和数据）、输入设备（将数据或程序输入计算机中，如鼠标、键盘等），以及输出设备（将数据或程序的处理结果展示给用户，如显示器、打印机等）。其中，运算器和控制器组成计算机的中央处理器（Central Processing Unit，CPU）。这五大基本组成部件通过指令进行控制，并在不同部件之间进行数据传递。

电子计算机是冯·诺依曼设计的，但当今计算机领域内的最高奖被命名为"图灵奖"，而非"冯·诺依曼奖"。计算模型在计算机中的重要性由此可见一斑。

当前，计算机及计算模型通常是以实现材料或实现材料的尺度来命名的。例如，电子计算机、生物计算机（包括 DNA 计算机、RNA 计算机、蛋白质计算机）是以实现材料命名的，量子计算机则是以实现材料的尺度命名的。而计算机的核心是计算模型，因此，上述计算机的命名似乎不够贴切。遗憾的是，截至本书成稿之日，上述计算机无论是可实用化的，还是在实验室里的，采用的计算模型均为图灵机。从这个角度来讲，基于实现材料或实现材料的尺度命名计算机是合理的。

计算机的计算模型可分为以下 4 类。

（1）串行计算模型。图灵机就是标准的串行计算模型，其实，早期的机械计算机的计算模型均为串行计算模型。

（2）全并行计算模型。本书第 9 章介绍的探针机就是一种全并行计算模型。此计算模型的一个基本特征是数据维数≥2，一般为三维。

（3）串/并计算模型。人脑信息处理的数学模型就是串/并计算模型。人脑有 5 个并行的感觉系统，而每个感觉系统在信息处理过程中是串行的，这似乎反映出串/并计算模型的智能化程度。

（4）智能计算模型。采用智能计算模型的计算机称为智能计算机。关于智能计算机，本书不予讨论，这里仅给出其形式化定义：

智能计算机=智能计算模型+体系结构+实现材料+基本智能集

1.3　生物计算的研究意义与进展

从 1994 年至今，DNA 计算的研究已有三十年的历史。这些年来，DNA 计算主要用于求解 NP 完全问题、研发 DNA 计算机。另外，从 DNA 计算的研究过程中衍生出来的 DNA 分子自组装技术，促进了 DNA 纳米器件领域的研究，为用于肿瘤诊断与药物递呈的纳米机器人的研发提供了条件。

在生物计算研究领域内，DNA 计算异军突起的主要原因是：目前对 DNA 分子及相关生化技术的操控比 RNA 和蛋白质容易实现，且 DNA 计算具有如下四大优势[4-8]。

（1）并行性高。DNA 计算中的"数据"是 DNA 分子，数据间的"运算"是双链 DNA（double-stranded DNA，dsDNA）的解链、单链 DNA（single-stranded DNA，ssDNA）的连接和切割等基本运算，这些基本运算可并行处理。特别是 DNA 分子的海量性，使得 DNA 计算的并行性极高。

（2）信息存储量巨大。由于组成 DNA 分子的 4 个碱基（A、C、G、T，详见 3.1.1 小节）的平均长度仅为 0.34nm，按每条 DNA 序列有 1000bp[1]计算，长度也仅有 340nm。可以粗略地估计，$1m^3$DNA 可存储 1 万亿亿个二进制数据，远超当前全球所有电子计算机的总存储量。

（3）能耗极低。粗略估计，DNA 计算求解一个问题所消耗的能量仅为一台电子计算机完成同样计算所消耗能量的十亿分之一。

（4）算子丰富。DNA 计算中的算子众多，如 dsDNA 分子的解链运算、两个 ssDNA 之间的连接运算、将一个 DNA 分子切割成两个或多个的切割运算、DNA 链的复制运算（聚合酶）等。此外，还包括已有生化仪器的运算，如 PCR 扩增运算等。

DNA 计算的上述优势吸引了不同领域（如生物工程、计算机科学、数学、物理、化学、控制科学等）的许多研究人员开展相关研究。

---

[1] 碱基对（base pair，bp）是核酸分子的双螺旋结构中，一条链上的碱基与另一条链上的碱基之间通过氢键形成的一种化学结构，常用作表征 DNA 或双链 RNA 长度的单位，如千碱基对（kbp）和兆碱基对（Mbp）。

DNA 计算的研究目标是研发出实用的 DNA 计算机。研究进展显示，DNA 计算距实用化越来越近。例如，在搜索一个赋权图中两个顶点间的所有路径时，只需要将这两个顶点所代表的 DNA 链作为引物，实施一次 PCR 扩增运算，即可获得所有路径。又如，伦纳德·阿德曼（Leonard M. Adleman）组在 2002 年求解可满足性（Satisfiability，SAT）问题时，搜索次数是 2^{20} 次[10]。文献[11]建立了求解图顶点着色问题的 DNA 计算模型，给出了 61 个顶点 3-着色的所有解，搜索次数已达 3^{59} 次，这是截至本书成稿之日生物计算中搜索规模最大的实例，此例也证明了 DNA 计算的巨大潜力。

NP 完全问题有很多，但斯蒂芬·阿瑟·库克（Stephen Arthur Cook）在 1971 年证明了所有 NP 完全问题在多项式时间内均可相互归约（Cook 凭此项证明于 1982 年获得图灵奖）。这就意味着，所有的 NP 完全问题均可转化为图着色这个典型的 NP 完全问题。而 DNA 计算在求解图着色问题的进展已凸显出它在求解 NP 完全问题上的优势，为求解 NP 完全问题提供了新思路。NP 完全问题的每一点进步，都会给当今社会发展带来不可估量的贡献。例如，蛋白质结构预测、列车调度、航迹规划等 NP 完全问题有望取得突破，基础科学领域（特别是数学、运筹学与理论计算机科学）中的一些难题有望得到解决。

按模型特点的不同，DNA 计算的研究可分如下 4 个方向。

（1）枚举型 DNA 计算模型（1994—2005 年）。DNA 计算处于起步阶段，许多工作处于探索期。该方向主要针对一些困难的 NP 完全问题，研究如何基于 DNA 分子的特性构建计算模型，怎样对 DNA 链进行编码；如何进行生化实验，如何实施解的检测[怎样把问题的解从生物化学反应（简称生化反应）池中找出来]等。因此，在这段时间，绝大多数研究人员误以为 DNA 计算可利用 DNA 分子的微小性，以空间换时间。枚举型 DNA 计算模型将在第 6 章介绍。

（2）非枚举型图顶点着色 DNA 计算模型（始于 2006 年）。很容易算出，若用枚举型 DNA 计算模型求解 200 个顶点的 4-着色问题，所需的 DNA 分子质量比地球质量还大。因此，DNA 计算必须走非枚举型之路。作者团队首先提出非枚举型 DNA 计算模型，相关研究将在第 7 章详细介绍。

（3）并行型图顶点着色 DNA 计算模型（简称并行 DNA 计算模型）（始于 2007 年）。在非枚举型 DNA 计算模型的基础上，作者团队于 2007 年提出并行 DNA 计算模型。该模型的创新点在于并行性：将一个给定的图划分为若干个子图，并求出每个子图的着色；在求解每个子图着色的过程中，给出一种并行 PCR 连续删除非可行解（简称非解）技术；最后，将所有子图解连接起来，采用类似删除子图的非可行解法，删除整图中其余非可行解。并行 DNA 计算模型将在第 8 章详细介绍。

（4）探针机（始于 2002 年）。在建立图顶点着色 DNA 计算模型时，作者团队发现了一种仅通过一次运算就可获得一个图的全部 k-色图的方法，并由此提出了一种全并行的新型 DNA 计算模型——探针机。探针机相关研究及应用将在第 9 章简要介绍。

参考文献

[1] FEYMAN R P. There's plenty of room at the bottom[J]. NY: Minaturization, 1961. 282-296.

[2] BENNETT C H. On constructing a molecular computer[J]. IBM Journal of Research and Development, 1973, 17: 525-532.

[3] ADLEMAN L M. Molecular computation of solutions to combinatorial problems[J]. Science, 1994, 266(5187): 1021-1024.

[4] 许进, 张雷. DNA 计算机原理，进展及难点（Ⅰ）：生物计算系统及其在图论中的应用[J]. 计算机学报, 2003, 26(1): 1-11.

[5] 许进, 黄布毅. DNA 计算机：原理，进展及难点（Ⅱ）：计算机“数据库”的形成——DNA 分子的合成问题[J]. 计算机学报, 2005, 28(10): 1583-1591.

[6] 许进, 张社民, 范月科, 等. DNA 计算机原理、进展及难点(Ⅲ)：分子生物计算中的数据结构与特性[J]. 计算机学报, 2007, 30(6), 869-880.

[7] 许进, 谭钢军, 范月科, 等. DNA 计算机：原理、进展及难点(Ⅳ)：论 DNA 计算模型[J]. 计算机学报, 2007, 30(6): 881-893.

[8] 许进, 李菲. DNA 计算机原理、进展及难点(Ⅴ)：DNA 分子的固定技术[J]. 计算机学报, 2009, 2283-2299.

[9] XU J. Probe machine[J]. IEEE Transactions on Neural Networks and Learning Systems, 2016, 27(7): 1405-1416.

[10] BRAICH R S, CHELYAPOV N, JOHNSON C, et al. Solution of a 20-variable 3-SAT problem on a DNA computer[J]. Science, 2002, 296(5567): 499-502.

[11] XU J, QIANG X, ZHANG K, et al. A DNA computing model for the graph vertex coloring problem based on a probe graph[J]. Engineering, 2018, 4(1): 61-77.

第 2 章

图与计算复杂性

第 1 章指出：NP 完全问题是阻碍当今科技发展的"绊脚石"。由于 DNA 计算的并行性对求解 NP 完全问题有天然的优势，故数十年来 DNA 计算的研究主要集中于求解 NP 完全问题。考虑到许多 NP 完全问题是图论问题，本章首先介绍图论的一些基本知识，然后逐步揭晓 NP 完全问题的"庐山真面目"，介绍 NP 完全问题的相关理论，特别是计算复杂性。

2.1　图论基础

本节介绍本书涉及的图论基本定义、符号与理论[1]，包括图的定义与类型、图的度序列、图的运算、图的同构、图的矩阵，以及图着色。

2.1.1　图的定义与类型

用 $X^{(k)}$ 表示非空集 X 的所有 k-元子集构成的集族，$k \geqslant 2$。基于此，给出图的定义：设 V 是一个非空集，$E \subseteq V^{(2)}$，则把有序对 (V, E) 称为一个图，记作 G，并将 V 称为 G 的**顶点集**，E 称为 G 的**边集**；V 中的元素称为 G 的**顶点**，E 中的元素称为 G 的**边**。对于给定图 G，有时也用 $V(G)$ 和 $E(G)$ 分别表示 G 的顶点集和边集。设 $\{u, v\} \in E$，通常用 uv 来代替 $\{u, v\}$，并称顶点 u 与

---

[1] 这部分内容源自笔者所著《极大平面图理论：结构-构造-着色》[1]的第 1 章，并根据本书所需进行了一定的删减与补充。

顶点 v 相邻，称顶点 u（或 v）与边 uv（相互）**关联**。设 $v \in V$，$N_G(v)$ 或 $N(v)$ 表示图 G 中所有与顶点 v 相邻的顶点构成的集合，称为 v 的**邻域集**。如果图 G 中的两条边 e_1、e_2 与同一个顶点关联，则称它们**相邻**。设 $V' \subseteq V$，如果 V' 中的任意两个顶点均不相邻，则称 V' 是 G 的一个**独立集**。类似地，设 $E' \subseteq E$，若 E' 中的任意两条边均不相邻，则称 E' 是 G 的**匹配**，或称 E' 是 G 的一个**边独立集**。

注 2.1　由于集合中元素不允许重复，因此 V 与 E 中均无重复的元素，且 $V^{(2)}$ 为无序 2 元子集构成的集族。这就意味着：① E 中没有重复的边；② E 中的每条边 $e = uv$ 中的两个关联顶点不同；③ $e = uv = vu$。满足上述 3 点的图又称简单无向图。

若 V 与 E 中元素的数量均有限，则称 G 为**有限图**，否则称为**无限图**。本书提到的图皆为有限图。通常，称 $|V| = n$ 为 G 的**阶**，$|E| = m$ 为 G 的**规模**，并把具有 n 个顶点、m 条边的图称为**(n,m)-图**。

图 G 可在平面上用一个几何图形来表示：顶点用一个小圆点（称为点）表示，若顶点 u 与 v 相邻，则在 u 与 v 之间连接一条线。这种将 G 画在平面上的方法称为 G 的**图解**。用图解表示图，能更直观、清晰地展示图的结构，有助于理解图的性质，这也是图论的魅力所在。

设 $G = (V, E)$ 是一个 n 阶简单图，$V = \{v_1, v_2, \cdots, v_n\}$。若 $E = V^{(2)}$，则称 G 为 **n 阶完全图**，记作 K_n；图 2.1（a）（b）所示为 K_4 的两种不同的图解。完全图的特征是：每对顶点均相邻。与完全图恰恰相反的是：若 G 中每对顶点均不相邻，即 $E = \varnothing$，则称 G 为 **n 阶空图**，又称 **n 阶零图**，记作 N_n，在不考虑顶点数时，通常称为**空图**或**零图**。

图 $G = (V, E)$ 若满足 $V = \{v_1, v_2, \cdots, v_{n+1}\}$ 且 $E = \{v_1v_2, v_2v_3, \cdots, v_{n-1}v_n, v_nv_{n+1}\}$，则称 G 为 **n 长路**或 **n 路**，记作 P_{n+1}，图 2.1（c）所示为 P_4 的一种图解；若 $V = \{v_1, v_2, \cdots, v_n\}$，$E = \{v_1v_2, v_2v_3, \cdots, v_{n-1}v_n, v_nv_1\}$，则称 G 为 **n-圈**，记作 C_n。图 2.1（d）所示为 C_4 的一种图解。

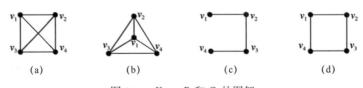

图 2.1　K_4、P_4 和 C_4 的图解

（a）K_4 的第一种图解　（b）K_4 的第二种图解　（c）P_4 的一种图解　（d）C_4 的一种图解

注 2.2　对于一个图的图解，我们不关心顶点和边的几何特征，即顶点的大小、形状、空心还是实心，以及边的长短、粗细、曲直等。

例 2.1　设 $G=(V,E)$ 是简单图，其中 $V=\{v_1,v_2,v_3,v_4,v_5,v_6,v_7,v_8,v_9,v_{10}\}$，$E=\{v_1v_2,v_2v_3,v_3v_4,v_4v_5,v_5v_1,v_6v_8,v_8v_{10},v_{10}v_7,v_7v_9,v_9v_6,v_1v_6,v_2v_7,v_3v_8,v_4v_9,v_5v_{10}\}$，则此图为著名的**彼得松图**（Peterson Graph），如图 2.2（a）所示。图 2.2（b）（c）所示为该图的两种图解。

若对 V 中每个顶点标名称，则称 G 为**标定图**，否则称为**非标定图**。图 2.2（a）所示为标定图，图 2.2（b）（c）所示均为非标定图。

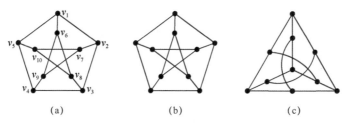

图 2.2　彼得松图及图解

（a）彼得松图　（b）彼得松图的图解之一　（c）彼得松图的图解之二

在简单图 $G=(V,E)$ 的定义中，边集 E 中的元素是互不相同的，即**边互不相同**。如果去掉这个限制，即**允许有相同元素**，会导致图 G 中一对顶点之间可能有 i（$i>1$）条边，称为 i**-重边**。具有重边的图称为**重图**。更详细的论述如下。

将 $V^{(2)}$ 扩展成一个允许含重复元素[1]的新集族，记作 $V_=^{(2)}$。有序对 $(V,E_=)$ 称为一个**重图**，记作 $G_=$，其中 $E_= \subseteq V_=^{(2)}$；重复出现的元素称为**重边**。

例 2.2　设 $G_=(V,E_=)$，其中 $V=\{v_1,v_2,v_3,v_4,v_5\}$，$E_=\{e_1,e_2,e_3,e_4,e_5,e_6,e_7,e_8,e_9,e_{10},e_{11}\}$，$e_1=e_2=v_1v_5$，$e_3=e_4=e_5=v_1v_2$，$e_6=v_1v_4$，$e_7=v_1v_3$，$e_8=e_9=e_{10}=e_{11}=v_3v_4$，则 $G_=$ 是重图。图 2.3（a）所示为它的一种图解。

重图 $G_=$ 的**基础图**是一个基于 $G_=$ 的简单图，记作 $M(G)$：顶点集 $V(M(G))=V(G_=)$，且 $V(M(G))$ 中任意一对顶点相邻当且仅当该对顶点在 $G_=$ 中至少有一条边相连。重图 $G_=$ 的基础图 $M(G)=(V',E')$，其中 $V'=\{v_1,v_2,v_3,v_4,v_5\}$，$E'=\{v_1v_5,v_1v_2,v_1v_3,v_1v_4,v_3v_4\}$，如图 2.3（b）所示；图 2.3（c）所示为它的一个图解。

---

[1]　$V^{(2)}$ 中的元素在 $V_=^{(2)}$ 中出现任意次。

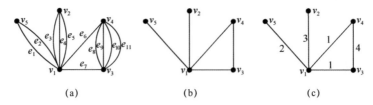

图 2.3　重图 $G_=$ 的一种图解，基础图 $M(G)$ 及它的边赋权图

（a）重图 $G_=$ 的一种图解　（b）$G_=$ 的基础图 $M(G)$　（c）$M(G)$ 的边赋权图

在简单图与重图的定义中，任意边 $e = uv$ 所关联的两个顶点不同，即 $u \neq v$。如果去掉这个限制，即一条边所关联的两个顶点相同，则这种边称为图的**自环**，且含有自环的图称为**伪图**。确切地讲，在简单图或重图中，可将 $V^{(2)}$（或 $V_=^{(2)}$）扩展为允许含 $\{\{v_1, v_1\}, \{v_2, v_2\}, \cdots, \{v_n, v_n\}\}$ 中一个或多个元素[1]的新集族（记作 $V_O^{(2)}$），这时有序对 (V, E_O) 称为一个**伪图**，记作 G_O。其中，$E_O \subseteq V_O^{(2)}$，元素 $\{v_i, v_i\}$ 称为**自环**，$1 \leq i \leq n$。

例 2.3　图 $G_O = (V, E_O)$ 是一个伪图，其中 $V = \{v_1, v_2, v_3, v_4\}$，$E_O = \{e_1, e_2, e_3, e_4, e_5, e_6\}$。在 E_O 中，$e_5 = v_3 v_3$ 与 $e_6 = v_4 v_4$ 均为自环，如图 2.4 所示。

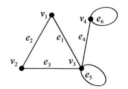

图 2.4　一个含自环的图

注 2.3　在重图中，边集 $E_=$ 必含重边；在伪图中，边集 E_O 必含自环。

在重图中，如果把关联同一对顶点的边的数量标于该边在基础图中对应的边上，则相当于给**边赋权值**。例如，对于图 2.3（a）所示的重图 $G_=$，按边的重数定义各边的赋权 w 分别为 $w(v_1 v_5) = 2$、$w(v_1 v_2) = 3$、$w(v_1 v_3) = w(v_1 v_4) = 1$、$w(v_3 v_4) = 4$，则边赋权图如图 2.3（c）所示。更一般地，**边赋权图 G** 可表示为一个三元有序组 $(V, E, w(e))$，其中 (V, E) 是一个简单图。令 $E = \{e_1, e_2, \cdots, e_m\}$，则 $w(e) \triangleq (w(e_1), w(e_2), \cdots, w(e_m))$ 为**赋权向量**，$w(e_i)$（$1 \leq i \leq m$）为边 e_i 的**权值**。按此定义，在图 2.3（c）所示的边赋权图中，$w(e) = (w(v_1 v_2), w(v_1 v_3), w(v_1 v_4), w(v_1 v_5), w(v_3 v_4)) = (3, 1, 1, 2, 4)$。

---

[1] $\{\{v_1, v_1\}, \{v_2, v_2\}, \cdots, \{v_n, v_n\}\}$ 中的元素在 $V_O^{(2)}$ 中出现任意次。

边赋权图的应用场景较多，如交通网络和生物神经网络。在交通网络中，顶点表示城市，边表示两个城市之间的公路、铁路、飞行航线或航海线等，边的权值则表示两个城市之间的距离（包括公路距离、铁路距离、飞行距离和航海距离等）。在生物神经网络中，顶点表示生物体（如人）的神经元，边表示两个神经元之间的突触，边的权值表示对应突触的厚度。人脑约有 10^{12} 个神经元，以及 $10^{15} \sim 10^{16}$ 个突触，但关于突触厚度的研究相对较少，这方面的深入研究对脑科学的研究至关重要。

与边赋权图相似，下面给出点赋权图的定义：一个三元有序组 $(V, E, w(v))$ 称为一个**点赋权图**，其中 $G = (V, E)$ 为简单图，$w(v) = (w(v_1), w(v_2), \cdots, w(v_n))$ 为 $V = \{v_1, v_2, \cdots, v_n\}$ 的**顶点赋权向量**，$w(v_i)$（$i = 1, 2, \cdots, n$）是顶点 v_i 的权值。图 2.5 所示为一个点赋权图，其中 $V = \{v_1, v_2, \cdots, v_{12}\}$，$w(v) = (w(v_1), w(v_2), \cdots, w(v_{12}) = (1, 2, 3, 4, 1, 3, 2, 4, 1, 4, 3, 2)$。注意，该例中，$G$ 中每个顶点的权值属于 $\{1, 2, 3, 4\}$，且每条边的两端权值不同。因此，这种点赋权可视为对该图的**顶点着色**，其中权值代表颜色，颜色集为 $\{1, 2, 3, 4\}$。

点赋权图的应用场景也较多，如用于解决交通信号灯设计问题、调度问题和航线规划问题等[2]。

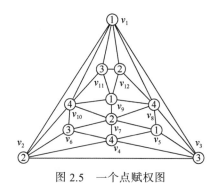

图 2.5 一个点赋权图

对一个简单图 $G = (V, E)$ 的顶点与边同时赋权的图，称为**混合型赋权图**（通常将它简称为**赋权图**），它具有更丰富的应用场景。混合型赋权图是一个四元组 $(V, E, w(e), w(v))$，其中 $G = (V, E)$ 为简单图，$w(e)$、$w(v)$ 分别为定义在 E、V 上的赋权向量，与边赋权图中的 $w(e)$、点赋权图中的 $w(v)$ 相同，这里不赘述。

综上所述，无向图可分为简单图、重图、伪图、赋权图。赋权图可进一步分为边赋权图、点赋权图及混合型赋权图。

注 2.4 若无特别声明，本书提及的图皆为有限简单无向图。

在图的定义中，把 $V^{(2)}$ 中的**无序**改成**有序**，便得到有向图的概念。

设 $V = \{v_1, v_2, \cdots, v_n\}$，$V^{[2]}$ 表示 V 中所有有序对之集，并把从 v_i 到 v_j 的有序对记作 (v_i, v_j)，简记为 $v_i v_j$（$i \neq j$）。如 $V = \{v_1, v_2, v_3\}$，$V^{[2]} = \{(v_1, v_2), (v_1, v_3),$ $(v_2, v_3), (v_3, v_2), (v_3, v_1), (v_2, v_1)\}$。基于 $V^{[2]}$，可类似地定义有向图如下。

设 V 是非空集，$A \subseteq V^{[2]}$，则有序对 (V, A) 为一个**简单有向图**，记作 D，并称 V 为 D 的**顶点集**、A 为 D 的**弧集**，即 V 中的元素为 D 的**顶点**，A 中的元素为 D 的**弧**。设 $a = uv$ 且 $a \in A$，则 a 为从 u 连接到 v 的弧，u 为 a 的**尾**，v 为 a 的**头**。在有些情况下，可称 a **关联** u 和 v、u **邻接**于 v、u **控制** v 等。

形如 uv 和 vu 的一对弧为**对称弧**。设 D 是一个有向图，它的**逆**记作 D'，定义为 $V(D) = V(D')$，$A(D') = \{uv : uv \in V^{[2]}, uv \notin A(D)\}$。有向图 D 的**基础图**记作 $M(D)$，是指用无向图的边来代替 D 中的每一条弧而得到的图。图 2.6 所示为有向图 D、它的逆 D'，以及它的基础图 $M(D)$。

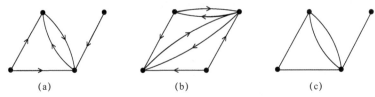

图 2.6　有向图 D、它的逆 D'，以及它的基础图 $M(D)$

（a）D　（b）D'　（c）$M(D)$

完全对称图是每对顶点之间恰有一对对称弧连接的有向图，图 2.7（a）所示为一个 5 阶完全对称有向图。**竞赛图**是一类具有较多应用场景的有向图，它的每对顶点之间恰有一条弧。换言之，竞赛图就是基础图为完全图的有向图。图 2.7（b）所示为一个 5 阶竞赛图。

上述有向图均为简单有向图。与无向图的分类相似，有向图也可分为 4 类：简单有向图、多重有向图、伪有向图及赋权有向图。其中，赋权有向图可进一步分为弧赋权有向图、点赋权有向图和混合型赋权有向图。

本书主要考虑无向图，故本小节仅简要介绍有向图的基本概念与分类，更系统的有向图理论可查阅文献[2]。无向图的详细定义、记号及基本理论可查阅文献[3-4]。

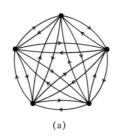 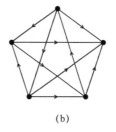

(a)　　　　　　　　　　　　(b)

图 2.7　5 阶完全对称有向图及 5 阶竞赛图

2.1.2　图的度序列

设 G 是一个简单图，$v \in V(G)$，则与 v 关联的边数为 v 的**度数**（简称**度**），记作 $d_G(v)$，在不致混淆的情况下可用 $d(v)$ 表示。显然，有

$$d_G(v) = |N_G(v)|，\quad 或 \quad d(v) = |N(v)| \tag{2.1}$$

图 G 的**最大度** $\Delta(G)$ 是指图 G 中所有顶点的度数最大值，图 G 的**最小度** $\delta(G)$ 是指图 G 中所有顶点的度数最小值：

$$\Delta(G) = \max\{d_G(v_1), d_G(v_2), \cdots, d_G(v_n)\}，$$
$$\delta(G) = \min\{d_G(v_1), d_G(v_2), \cdots, d_G(v_n)\}$$

其中，$V(G) = \{v_1, v_2, \cdots, v_n\}$。

若 $\Delta(G) = \delta(G) = k$，则称 G 是 **k-正则图**。

我们把度数为 0 的顶点称为**孤立点**，度数为 1 的顶点称为**悬挂点**。

图 G 的**度序列**是由该图中所有顶点的度数依次构成的序列，一般单调递增或单调递减。确切地讲，设 $V(G) = \{v_1, v_2, \cdots, v_n\}$，$d(v_i) \triangleq d_i$（$i = 1, 2, \cdots, n$），如果有

$$d_1 \geqslant d_2 \geqslant \cdots \geqslant d_n \tag{2.2}$$

则称 $(d_1, d_2, \cdots, d_n)$ 是图 G 的度序列，并记作 $\pi(G)$。

有时，也采用递增序列

$$d_n \leqslant d_{n-1} \leqslant \cdots \leqslant d_1 \tag{2.3}$$

作为图 G 的度序列，即 $\pi(G) = (d_n, d_{n-1}, \cdots, d_1)$。

例如，图 2.3（b）所示图的度序列为 $(1,1,2,2,4)$ 或 $(4,2,2,1,1)$。

关于图的度序列，易证得定理 2.1。

定理 2.1　设 G 是一个 (n, m)-图，$V(G) = \{v_1, v_2, \cdots, v_n\}$，$d(v_i) \triangleq d_i$（$i = 1, 2, \cdots, n$），则有以下结论成立。

（1）$0 \leqslant d_i \leqslant n-1$。

（2）在$d_1, d_2, \cdots, d_n$中至少存在两个值相等。

（3）$\displaystyle\sum_{i=1}^{n} d_i = 2m$。

证明 $V(G)$中的顶点至多与其余$n-1$个顶点相邻，也有孤立顶点的可能性，故（1）成立；根据鸽巢原理可证得（2）；图中的每条边对$\displaystyle\sum_{i=1}^{n} d_i$的贡献数为2，$m$条边的贡献数为$2m$，故（3）成立。∎

2.1.3 图的运算

与数、向量和矩阵相似，图与图之间，以及图自身存在许多运算，这些运算代表了不同的功能。随着图论研究的深入，未来还会产生更多的图运算。本小节介绍一些基本的图运算。

1. 子图与图的一元运算

对于图G和H，如果$V(H) \subseteq V(G)$并且$E(H) \subseteq E(G)$，那么称H是G的**子图**；进一步，若$V(H) \neq V(G)$或者$E(H) \neq E(G)$，则称H是G的**真子图**。在图的子图中，有两类特殊且重要的子图：生成子图与导出子图。

设H为G的一个子图，若$V(H) = V(G)$，则称H为G的**生成子图**。设$V' \subseteq V(G)$且$V' \neq \varnothing$，由V'导出的子图为顶点导出子图，记作$G[V']$，它是图G的一个子图：$V(G[V']) = V'$，$E(G[V']) = \{uv : u, v \in V', uv \in E(G)\}$。与顶点导出子图相似，可定义**边导出子图**（简称**边导子图**）：设E'是图G的非空边子集，以E'为边集，以E'中边的端点的全体为顶点集所构成的子图称为由E'导出的G的子图，记作$G[E']$。

（1）删点运算。导出子图$G[V-V']$简记为$G-V'$（$V' \subseteq V$），它是从G中删去V'中的顶点及与这些顶点相关联的全部边得到的子图。特别地，当$V' = \{v\}$时，$G - \{v\}$简记为$G - v$，称为G的删点子图。

（2）删边运算。若$e \in E(G)$，则从G中删去边e所得之图记作$G - e$，称为删边子图。若$E' = \{e_1, e_2, \cdots, e_k\}$且$E' \subseteq E(G)$，则$G - E'$表示从$G$中删去$e_1, e_2, \cdots, e_k$得到的子图。图2.8所示为各种子图的示例。

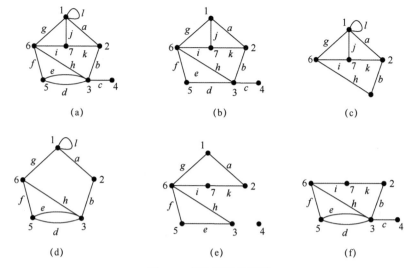

图 2.8　各种子图的示例

（a）图 G　　（b）G 的一个生成子图　　（c）$G-\{4,5\}$

（d）$G[\{1,2,3,5,6\}]$　　（e）$G-\{b,c,d,j,l\}$　　（f）$G[\{b,c,d,e,f,h,i,k\}]$

基于子图的概念，下面给出连通图与树的定义。

设 G 是一个 n 阶图。若 $\forall u,v \in V(G)$，在 G 中存在从 u 到 v 的一条路，则称 G 是**连通的**，或称 G 为**连通图**。令 H 是 G 的一个子图，如果 H 是连通的，并且 H 不是 G 的任何连通子图的真子图，那么称 H 是 G 的一个**连通分支**。若在 G 中存在一个子图是圈，则称 G 是**含圈图**，否则称 G 为**森林**。特别地，连通的森林被称为**树**。换言之，树就是连通的无圈图。

删点运算与删边运算均为图的**一元运算**，它们是针对一个图的运算。

2. 二元运算

下面给出 5 种常用的两个图之间的运算，也称为**图的二元运算**：并运算、交运算、差运算、环和运算、联运算。这里，用 G_1 和 G_2 表示两个图。

（1）并运算，记作 $G_1 \bigcup G_2$。

$$V(G_1 \bigcup G_2) = V(G_1) \bigcup V(G_2)$$

$$E(G_1 \bigcup G_2) = E(G_1) \bigcup E(G_2)$$

若 G_1 与 G_2 无公共边，即 G_1 和 G_2 的边不重合，则称 $G_1 \bigcup G_2$ 为 G_1 和 G_2 的直和，故本书提及直和运算时，参与运算的图之间没有公共边。

（2）交运算，记作 $G_1 \bigcap G_2$。

$$V(G_1 \bigcap G_2) = V(G_1) \bigcap V(G_2)$$

$$E(G_1 \bigcap G_2) = E(G_1) \bigcap E(G_2)$$

（3）差运算，记作 $G_1 - G_2$，是指从 G_1 中删除 G_2 的边所得的子图。

（4）环和运算，记作 $G_1 \oplus G_2$，是指由 G_1 与 G_2 的并减 G_1 与 G_2 的交所得到的图，即 $G_1 \oplus G_2 = (G_1 \bigcup G_2) - (G_1 \bigcap G_2) = (G_1 - G_2) \bigcup (G_2 - G_1)$。

上述 4 种运算的示例如图 2.9 所示。

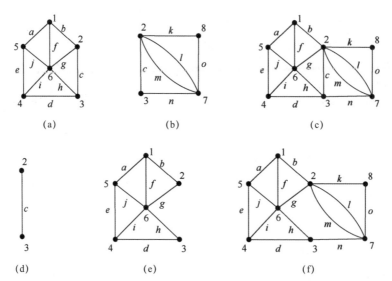

图 2.9　并运算、交运算、差运算与环和运算的示例

（a）G_1　　（b）G_2　　（c）$G_1 \bigcup G_2$

（d）$G_1 \bigcap G_2$　　（e）$G_1 - G_2$　　（f）$G_1 \oplus G_2$

（5）联运算，记作 $G_1 + G_2$。顶点集与边集分别为

$$V(G_1 + G_2) = V(G_1) \bigcup V(G_2)$$

$$E(G_1 + G_2) = E(G_1) \bigcup E(G_2) \bigcup \{u_1 u_2 : u_1 \in V(G_1), u_2 \in v(G_2)\}$$

图 2.10 所示为 G_1 与 G_2 和它们的联图 $G_1 + G_2$。

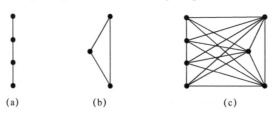

图 2.10　两个图与它们的联图

（a）G_1　　（b）G_2　　（c）$G_1 + G_2$

3. 其他一元运算

删点运算、删边运算均为**图的**一元运算，下面给出另外两个常用的一元运算：**补运算**与**收缩运算**。

（1）补运算。设 G 是简单图，将 G 的**补运算**（简称**补**）记作 $\bar{G}$，其中 $V(\bar{G})=V(G)$，边集 $E(\bar{G})=\{uv:u,v\in V(\bar{G})$ 且 $uv\notin E(G)\}$。图 2.11 所示为图 G 与它的补 $\bar{G}$。易证：一个 n 阶简单图 G 与它的补 $\bar{G}$ 的并图是一个 n 阶完全图 K_n，即 $G\cup\bar{G}=K_n$。故有

$$\left|E(G)\right|+\left|E(\bar{G})\right|=\begin{bmatrix}n\\2\end{bmatrix}=\frac{1}{2}n(n-1)$$

注 2.5　当且仅当一个图的补是空图时这个图是完全图。

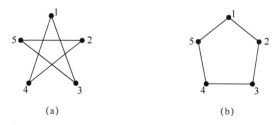

图 2.11　图 G 和它的补 $\bar{G}$

（a）G　（b）$\bar{G}$

在网络分析或系统分析研究中，图 G 与它的补之间的相互关系有直接应用：一个网络的结构越复杂，它的补网络的结构就越简单。所以，可通过研究补网络来分析原网络的特性。

（2）收缩运算。设 G 是一个简单图，$V'\subseteq V(G)$。**在 G 中，收缩 V'** 是指：把 G 中的顶点子集 V' 视为一个（新的）顶点，记作 v'；删除 G 中顶点都在 V' 中的边；G 中原来与 V' 中顶点关联的边变成与 v' 关联；G 中其余的顶点与边保持不变。我们把这样得到的新图称为图 G 关于 V' 的**收缩图**，记作 $G\circ V'$，并把此过程称为关于顶点子集 V' 的**收缩运算**。特别地，且当 $V'=\{u,v\}$，$e=uv$ 且 $e\in E(G)$ 时，称 $G\circ V'$ 为在 G 中**收缩边** e 得到的图，记作 $G\circ e$，并把此过程称为**缩边运算**。图 2.12 所示为图 G 与关于顶点子集 $V'=\{2,5,7,8\}$、边 $e=78$ 及 $V''=\{3,8\}$ 的收缩图 $G\circ V'$、$G\circ e$ 及 $G\circ V''$。

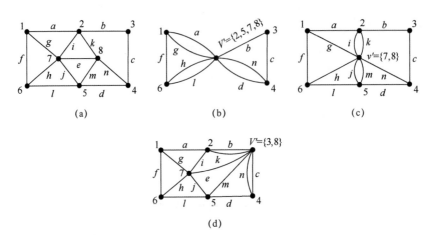

图 2.12 图 G 与关于顶点子集 $V'=\{2,5,7,8\}$、边 $e=78$ 及 $V''=\{3,8\}$ 的收缩图 $G\circ V'$、$G\circ e$ 及 $G\circ V''$

（a）G　　（b）$G\circ V'$　　（c）$G\circ e$　　（d）$G\circ V''$

2.1.4　图的同构

由图的定义可知，图本质上是用来刻画顶点集中任意一对顶点是否相邻的。图没有唯一正确的画法，顶点的位置及边的长度、曲直和形状通常没有重要的意义。正因如此，有些表面上似乎完全不同的图，本质上是相同的。这种现象被称为同构，严格定义如下。

设 G_1、G_2 是两个简单图，G_1 与 G_2 称为**同构**，记作 $G_1 \cong G_2$。如果存在一个从 $V(G_1)$ 到 $V(G_2)$ 的双射 σ，使得 $\forall u,v \in V(G_1)$，u 与 v 在 G_1 中相邻当且仅当 $\sigma(u)$ 与 $\sigma(v)$ 在 G_2 中相邻，则把 σ 称为 G_1 与 G_2 之间的一个**同构映射**。图 2.13 所示的两个图 G 与 G'，$V(G)=\{v_1,v_2,v_3,v_4,v_5,v_6\}$，$V(G')=\{1,2,3,4,5,6\}$，定义 $\sigma(v_i)=i$（$i=1,2,\cdots,6$）。易验证：σ 是 G 与 G' 之间的一个同构映射，因此 G 与 G' 是同构的。

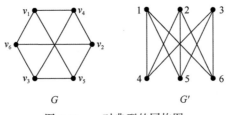

图 2.13　一对典型的同构图

1. 同构测试算法

判断图 G_1 与 G_2 是否同构的问题就是**图同构测试问题**。此问题是 P 问题还是 NP 完全问题尚无定论。

下面给出 3 个解决图同构测试问题的直观方法。

（1）顶点数与边数判别法。

定理 2.2　若 $G_1 \cong G_2$，则 $|V(G_1)|=|V(G_2)|$，$|E(G_1)|=|E(G_2)|$，其逆不真。

此方法只能针对不同构的两个图进行判断：若两图的顶点数不等，则它们一定不同构；若两图的顶点数相等，但边数不等，则也不同构。这种判别方法非常粗糙，因为满足顶点数与边数相等但不同构的图太多。例如，不同构的(4,3)-图共有 3 个，如图 2.14 所示。

图 2.14　3 个不同构的(4,3)-图

基于此，下面给出图的度序列判别法。

（2）度序列判别法。

定理 2.3　若 $G_1 \cong G_2$，则 $\pi(G_1)=\pi(G_2)$，但其逆不真。

此方法也只能针对不同构的两个图进行判断：若两图的度序列不等，则它们不同构。这种判别方法也比较粗糙，因为同一个图序列 π 可对应多个不同构的图。例如，6 个顶点且度序列为(2,2,2,2,2,2)的图有两个：一个是 C_6，另一个是两个不相交的三角形。

（3）补图判别法。

定理 2.4　G_1 与 G_2 是同构的当且仅当它们的补 $\overline{G_1}$ 与 $\overline{G_2}$ 是同构的。

一般情况下，判别两个图是否同构并不容易，已有很多用于求解该问题的算法被相继提出。截至本书成稿之日，已知最好的判别图同构的算法是由 Babai 于 2016 年提出的拟多项式时间算法[5]。关于图同构算法更详细的介绍，可参见文献[6]。

2. 图同构的应用

图同构有丰富的应用场景。判别两个系统是否同构在系统建模中具有非常实用的价值。此外，在利用计算机构造图时，必须排除大量的同构图。例如，澳大利亚图论专家麦凯（McKay）在证明拉姆齐数（Ramsey Number）$r(3,8) = 28$ [7] 和 $r(4,5) = 25$ [8] 时，成功利用了他提出的判别子图同构方法的优势。

2.1.5 图的矩阵

图 G 的**不变量**，指的是与 G 相关的一个**数**，或者一个**向量**，它对任何一个与 G 同构的图而言都具有相同的数，或相同的向量。例如，对具有 n 个顶点的图而言，n 就是一个不变量。同理，对具有 m 条边的图而言，m 就是一个不变量。图的色数、最大独立数等也是图的不变量；图的度序列显然是图的向量型不变量。一般而言，图的不变量很难精准刻画图的结构与特征。

本小节介绍的图的矩阵可精准刻画图的结构与特征，是计算机对图进行信息处理的基础。图的基本矩阵有两种：关联矩阵和相邻矩阵。本小节简要介绍这两类矩阵，以及代数图论中的另一个核心矩阵——拉普拉斯矩阵。

设 G 是一个 (n,m)-图，$V(G) = \{v_1, v_2, \cdots, v_n\}$，$E(G) = \{e_1, e_2, \cdots, e_m\}$，$G$ 的**关联矩阵**记作 $M(G) = (m_{ij})$，它是一个 $n \times m$ 矩阵，其中 m_{ij} 是与 v_i 和 e_j（$i = 1,2,\cdots,n$，$j = 1,2,\cdots,m$）相关联的次数（0、1 或 2）。图 2.15 所示为图 G 及其关联矩阵。

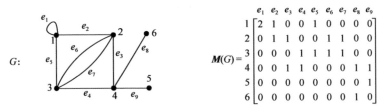

图 2.15　图 G 及其关联矩阵

关联矩阵是一种利用图的顶点与边之间的关联关系来刻画图结构的矩阵。当图的边数较多时，进行关联矩阵计算所需的存储空间较大，此时可用邻接矩阵来代替关联矩阵。

邻接矩阵是一种刻画图顶点之间相邻关系的矩阵，定义如下。

设 G 是 n 阶图，$V(G) = \{v_1, v_2, \cdots, v_n\}$。$n \times n$ 矩阵 $A(G) = (a_{ij})_{n \times n}$ 为图 G 的**邻接矩阵**，其中 a_{ij} 表示连接 v_i 与 v_j 的边的数量。

例如，图 2.15 所示的图 G 对应的邻接矩阵 $A(G)$ 为

$$A(G) = \begin{array}{c} \\ 1 \\ 2 \\ 3 \\ 4 \\ 5 \\ 6 \end{array} \begin{array}{c} \begin{array}{cccccc} 1 & 2 & 3 & 4 & 5 & 6 \end{array} \\ \begin{bmatrix} 1 & 1 & 1 & 0 & 0 & 0 \\ 1 & 0 & 2 & 1 & 0 & 0 \\ 1 & 2 & 0 & 1 & 0 & 0 \\ 0 & 1 & 1 & 0 & 1 & 1 \\ 0 & 0 & 0 & 1 & 0 & 0 \\ 0 & 0 & 0 & 1 & 0 & 0 \end{bmatrix} \end{array}$$

邻接矩阵 $A(G)$ 具有下列特性。

（1） $A(G)$ 是对称矩阵，当且仅当 G 无环时，$A(G)$ 的对角线元素均为 0。

（2） $A(G)$ 是对角线元素为 0 的对称 0-1 矩阵当且仅当 G 是简单图。

注 2.6　简单图与对角线元素均为 0 的 0-1 对称矩阵一一对应。

这是因为：一方面，对于一个对角线元素均为 0 的 0-1 对称矩阵 A，可以唯一地构造出简单图 G，使 $A(G) = A$；另一方面，由邻接矩阵的特性（2），结论成立。

基于注 2.6，图的许多性质可以利用矩阵进行研究。对定理 2.5 与定理 2.6 的证明可查阅文献[3]。

定理 2.5　设 $A(G) = (a_{ij})_{p \times p}$ 表示简单图 G 的邻接矩阵，则有如下结论。

（1） $A(G)$ 的 l 次幂 $A^l(G)$ 的 (i, j) 元素 $a_{ij}^{(l)}$ 等于图中长为 l 的 $v_i - v_j$ 途径数量[1]。

（2） $a_{ii}^{(2)} = \sum\limits_{j=1}^{p} a_{ij} a_{ji} = d(v_i)$ 。

（3） $a_{ii}^{(3)}$ 是 G 中以 v_i 为一个顶点的三角形数量的两倍。　　■

下述定理刻画了正则图中邻接矩阵与关联矩阵之间的关系。

定理 2.6　设 $M(G)$ 和 $A(G)$ 分别为图 G 的关联矩阵和邻接矩阵，若 G 是 k-正则图，则有

$$M(G)M^{\mathrm{T}}(G) = A(G) + kI_n$$

其中，$M^{\mathrm{T}}(G)$ 是 $M(G)$ 的转置矩阵，I_n 是 n 阶单位矩阵。　　■

设 G 是 n 阶简单图，$V(G) = \{v_1, v_2, \cdots, v_n\}$，则 $n \times n$ 矩阵 $L(G) = D(G) - A(G)$ 为图 G 的**拉普拉斯矩阵**。其中，$A(G)$ 为图 G 的邻接矩阵，

---

[1] 途径是指点边交互的序列 $v_0 e_1 e_2 \cdots e_k v_k$，其中 $e_i = v_{i-1} v_i$（$i = 1, 2, \cdots, k$）。

$$D(G) = \begin{bmatrix} d_1 & 0 & \cdots & 0 \\ 0 & d_2 & \cdots & 0 \\ \vdots & \vdots & & \vdots \\ 0 & 0 & \cdots & d_n \end{bmatrix}$$

为图 G 的对角矩阵，对角线上的元素 d_i 表示顶点 v_i 在图 G 中的度数（ $i=1,2,\cdots,n$ ）；非对角线上的元素均为 0。

拉普拉斯矩阵 $L(G)$ 具有下列特性。

（1） $L(G)$ 为对称的半正定矩阵。

（2） $L(G)$ 的秩为 $n-k$ ，其中 k 为 G 中连通分支的数量。

（3）对任意向量 $X = (x_1, x_2, \cdots, x_n)^T$ ，有

$$X^T L(G) X = \sum_{v_i v_j \in E(G)} (x_i - x_j)^2$$

（4） $L(G)$ 的每行元素与每列元素之和都为 0。

（5） $L(G)$ 中任意元素的代数余子式相等。

2.1.6 图着色

图着色问题是图论中最重要的研究分支之一，它对整个图论的发展有着深远影响。图着色问题具有广泛的应用，可直接应用于调度问题、工序问题、蛋白质结构预测问题、密码破译问题等。本书重点内容之一是建立求解图着色问题的 DNA 计算方法，乃至专用的 DNA 计算模型。本小节对图着色问题进行详细介绍。

1. 定义与分类

图 $G=(V,E)$ 的一个 k-顶点着色（简称 k-着色），是指从顶点集 V 到颜色集 $C(k) = \{1, 2, \cdots, k\}$ 的一个映射 f ，满足对任意的 $xy \in E(G)$ ，有 $f(x) \neq f(y)$ 。如果 G 中存在一个 k-着色，则称图 G 是 k-**可着色的**。图 G 的**色数**记作 $\chi(G)$ ，是指满足图 G 为 k-可着色的最小正整数 k 。若 $\chi(G) = k$ ，则称图 G 是 k-**色图**。

图 G 的每一个 k-着色 f 唯一对应满足下列条件的一个 k-**色组划分** $(V_1, V_2, \cdots, V_k)$ ：① $V = V_1 \cup V_2 \cup \cdots \cup V_k$ ；②第 i 个分量 V_i 表示颜色 i 的顶点子集，称为**色组**。在一个 k-色组划分中，若把 V_i 与 V_j 中的顶点颜色互换，其他

顶点颜色不变，则称所得着色与前者**等价**。因此，一个 k-着色 f 所在的等价类共有 $k!$ 个着色。从每个等价类中取出一个 k-着色所构成的集合记作 $C_k^0(G)$。设 $f \in C_k^0(G)$，用 G_{ij}^f 表示在 f 下 G 中所有颜色 i 和所有颜色 j 构成的顶点子集的导出子图，并称之为 **2-色导出子图**，其中 $i, j \in C(k)$、$i \neq j$。在不混淆时，可用 G_{ij} 代替 G_{ij}^f，G_{ij} 中的分支称为 ***ij*-分支**或 **2-色分支**。

若 $C_k^0(G)$ 仅含一个元素，则称 G 是**唯一 k-可着色的**。图 2.16 所示为一个唯一 3-可着色图。

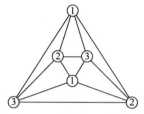

图 2.16　一个唯一 3-可着色图

图 $G = (V, E)$ 的一个 **k-边着色**（简称**边着色**），是指从图 G 的边集 E 到颜色集 $C(k) = \{1, 2, \cdots, k\}$ 的一个映射 f，满足对任意的 $e, e' \in E$，若 e、e' 相邻，则有 $f(e) \neq f(e')$。如果在 G 中存在一个 k-边着色，则称图 G 是 **k-可边着色的**。图 G 的**边色数**记作 $\chi'(G)$。若 $\chi'(G) = k$（满足图 G 为 k-可边着色的最小正整数），则称图 G 是 **k-边色图**。

图 G 的每一个 k-边着色 f 对应边集 E 的一个划分 $\{E_1, E_2, \cdots, E_k\}$，其中 E_i 表示分配到颜色 i 的所有边构成的集合。显然，有

$$E(G) = \bigcup_{i=1}^{k} E_i, \quad E_i \neq \phi, \quad E_i \bigcap E_j = \phi, \quad i \neq j, \quad i, j = 1, 2, \cdots, k$$

其中，E_i（$i = 1, 2, \cdots, k$）称为 f 的一个**边色组**。

图 $G = (V, E)$ 的一个 **k-全着色**（简称**全着色**），是指从 $V \cup E$ 到颜色集 $C(k) = \{1, 2, \cdots, k\}$ 的一个映射 f，满足对于 $V \cup E$ 中任意一对关联或相邻的元素 x、y，均有 $f(x) \neq f(y)$。如果在 G 中存在一个 k-全着色，则称图 G 是 **k-可全着色的**。图 G 的**全色数**记作 $\chi^{\mathrm{T}}(G)$，为满足 G 有一个 k-全着色的最小正整数 k。

2. 图的色数

对于一个给定的图，怎么确定它的色数？进而，图的色数是否与图的其

他不变量有关?

定理 2.7[9] 设 Δ 是图 G 的最大度,则有 $\chi(G) \leqslant \Delta + 1$。 ■

定理 2.7 给出了一般图的色数上界,当图 G 是完全图或奇圈时,满足 $\chi(G) = \Delta + 1$。当图 G 为其他类型的图时,上述结论可以进一步拓展。

定理 2.8 (Brooks 定理)[9] 若图 G 既不是奇圈,也不是完全图,则 $\chi(G) \leqslant \Delta$。 ■

由于图 G 的每一个 k-着色 f 对应顶点集 V 的一个划分 $\{V_1, V_2, \cdots, V_k\}$,因此,当 $\chi(G) = 2$ 时,G 必然是一个非空的且顶点集 V 能够被划分为两个独立集 V_1、V_2 的图,即任意与 V_1 中顶点关联的边必然也与 V_2 中的顶点关联,反之亦然。这样的图 G 为 **2 部图**。

定理 2.9 图 G 的色数等于 2 当且仅当 G 是非空 2 部图。 ■

定理 2.10 (Vizing 定理)[10-11] 对于任意图 G,有 $\Delta \leqslant \chi'(G) \leqslant \Delta + 1$。 ■

Vizing 定理是一个很强的结论,因为既存在使 $\chi'(G) = \Delta$ 的图,也存在使 $\chi'(G) = \Delta + 1$ 的图。然而,什么图满足其色数等于 Δ?这仍是一个待解决的难题。

在全色数方面,Behzad[12]和 Vizing[13]分别独立地提出了著名的全着色猜想。

全着色猜想[12-13] 对于任意的简单图 G,有

$$\Delta + 1 \leqslant \chi^{\mathrm{T}}(G) \leqslant \Delta + 2$$

此猜想至今尚未得到证实。

3. 图着色算法

无论是确定一个图的色数,还是给出 k-色图的一个 k-着色,它们均为 NP 完全问题。本小节介绍 3 种经典常规图着色算法。

(1)缩点加边法[14]。

给定图 $G = (V, E)$,设 $u, v \in V(G)$,$uv \notin E(G)$。下面,用 $G + uv$ 表示在 G 中添加边 uv 后得到的图,用 $G \circ \{u, v\}$ 表示在 G 中实施关于顶点子集 $\{u, v\}$ 的收缩运算后得到的图。

定理 2.11 设 u、v 是图 G 的两个不相邻顶点,则有

$$\chi(G) = \min\{\chi(G + uv), \chi(G \circ \{u, v\})\}$$

根据定理 2.11,可得到一种图顶点着色的算法,称为**缩点加边法**。

设图 $G = (V, E)$,v_i 与 v_j 是 G 的两个不相邻的顶点。在 G 中收缩 $\{v_i, v_j\}$ 的

运算称为**缩点**，若在 v_i 与 v_j 之间添加一条边，则将该过程称为**加边**。反复对一个图实施缩点和加边，最后变为完全图。其中，阶数最小的完全图的色数（完全图的阶数）就是图 G 的色数。图 2.17 所示为基于缩点加边法求解 $\chi(C_5)=3$ 的实例。

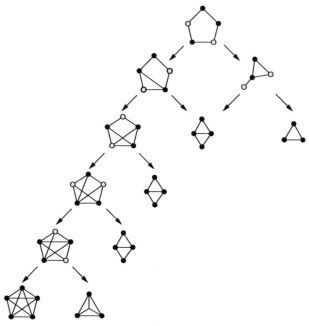

图 2.17　基于缩点加边法求解 $\chi(C_5)=3$ 的实例

（2）独立集法[15]。

设 S 是图 G 的一个独立集，且 $V-S$ 中的每个顶点必与 S 中至少一个顶点相邻，则称 S 为 G 的**极大独立集**。设 S 是 G 的一个独立集，且 G 不存在另一个独立集 S' 满足 $|S'|>S$，则称 S 为 G 的**最大独立集**。图 G 的一个**覆盖**是指 V 的一个子集 K，满足 G 的每条边都至少有一个端点在 K 中。G 的一个**极小覆盖**是指 G 的一个顶点子集 K，满足对于 G 的每个顶点 v，$v \in K$ 与 $N(v) \subseteq K$ 恰有一个成立。

由于一个独立集中的顶点可以分配同一种颜色，如果将图的顶点集进行划分，使每个顶点子集都是一个独立集，就可以使每个顶点子集中的顶点相应地得到同一个颜色。将顶点集划分为若干个独立集称为**独立划分**，被划分出来的独立集数量称为**独立划分数**。这样，图顶点集的最小独立划分数就是该图的色数。基于此，可以通过搜索图的所有独立划分来求它的色数。又因为每个独立集均是某个极大独立集的子集，所以以下色数递归公式成立：

$$\chi(G)=1+\min\{\chi(G-I):I\text{ 是 }G\text{ 的极大独立集}\}$$

所以，可以通过递归地枚举所有极大独立集的方法来求图的色数。注意，由相关定义可知，每个极大独立集的补集是极小覆盖，故下面展示如何通过找出极小覆盖的方法得到极大独立集。

设 v 是图 G 的一个顶点，在寻找极小覆盖时，要么选择顶点 v，要么选择 $N(v)$。下面，把寻找极小覆盖的过程转化为一个代数表达式，其中将"选择顶点 v"简记为符号 v，用代数符号"+"代表"或"，用"×"代表"与"。为了方便表述，用 uv 代替 $u×v$。

下面利用此方法求某图的色数。根据上述约定，以图 2.18 为例，在寻找其极小覆盖时，对应的代数表达式为

$$(a+bd)(b+aceg)(c+bdef)(d+aceg)(e+bcdf)(f+ceg)(g+bdf)$$
$$=aceg+bcdeg+bdef+bcdf$$

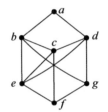

图 2.18　求图的色数

注意，由于我们只关心极小覆盖，故删去了非极小项，即以其他项为真子集的项。例如，$\{a,c,e,g\}$ 是 $\{a,b,c,d,e,f,g\}$ 的真子集，所以 $abcdefg$ 被删除。由此推出，$\{a,c,e,g\}$、$\{b,c,d,e,g\}$、$\{b,d,e,f\}$ 和 $\{b,c,d,f\}$ 是图 2.18 的所有极小覆盖，它们的补集 $\{b,d,f\}$、$\{a,f\}$、$\{a,c,g\}$ 和 $\{a,e,g\}$ 是所有极大独立集。根据色数递归公式，先分别从图中删去这 4 个极大独立集，再分别在每个删点子图中枚举其所有极大独立集并将它们从当前图中删除。重复上述过程，直到所有顶点被删除。按此方法，得到图的色数为 3，对应的 3-着色为 $(\{b,d,f\},\{a,e,g\},\{c\})$。

（3）鲍威尔法[16]。

鲍威尔法（Powell Method）的具体步骤如下。

步骤 1：将图 G 的顶点按度数递减的顺序排列(度数相同的顶点次序可以

任意选定）。

步骤 2：用第一种颜色（设为颜色 1）给第一个顶点着色，并按排列顺序对与前面已着颜色 1 的顶点都不相邻且尚未着色的第一个顶点着相同的颜色 1。重复此过程，直到不存在满足这样条件的顶点为止。

步骤 3：用第二种颜色（设为颜色 2）对尚未着色的顶点重复步骤 2，用第三种颜色（设为颜色 3）对尚未着色的顶点重复步骤 2，以此类推，直至所有的顶点都被着色。

以图 2.18 为例，首先将顶点按度数递减的顺序进行排列：c,e,b,d,f,g,a。

用颜色 1 对 c 着色，并按排列顺序对与 c 不相邻的顶点 g 和 a 着颜色 1。

用颜色 2 对 e 着色，并按排列顺序检查后面的顶点，顶点 b、d、f 与 e 相邻，g 和 a 已经着色，所以仅对顶点 e 着颜色 2。

用颜色 3 对顶点 b 着色，并按排列顺序检查，可知顶点 d 和顶点 f 也应着颜色 3。至此，所有顶点着色完毕，色数 $\chi = 3$。

图着色算法还有很多，如顺序着色法、增强 SEQ 算法及 DSATUR 算法等。另外，还有基于仿生计算、生物计算等的图着色算法，有兴趣的读者可查阅文献 [17-18] 了解相关内容。

4．图着色的应用

图着色不仅有重要的理论价值，还可直接应用于解决诸多实际问题。下面介绍图着色的一些应用。

（1）交通信号灯。

路口一般需要安装交通信号灯来调节车流。来自两个不同车道的车同时通过路口时可能会产生碰撞，故不允许这两个车道上的车同时进入路口。为了确保交通安全，信号灯至少需要多少个信号相位？

利用图的顶点着色可解决上述问题。首先，构造一个图 G，顶点集 V 为路口所有车道的集合，V 中任意两个顶点相邻当且仅当对应两个车道上的车不能同时安全进入路口。于是，所需最少数量的信号相位问题转化为求解图 G 的色数问题。

（2）贮藏问题。

一家化学制品公司要贮藏一些不同的化学物品，其中某些物品不能互相接触，否则会变质或引起一些危险情况。为此，该公司需要将仓库分仓，将不能互相接触的物品放置在不同的子仓库中。那么，该公司至少需要将仓库分为多少个子仓库呢？

上述问题可以转化为图的顶点着色问题。具体地，构造一个图 G，顶点集 V 为待贮藏的所有化学物品种类的集合，V 中任意两个顶点相邻当且仅当对应的物品种类不能互相接触。不难发现，所需子仓库的最小数量就是图 G 的色数。

（3）排课表问题。

给某学校某个年级的学生排课，在明确每位教师给每个班级上课的课时后，怎样排出一张课时尽可能少的课时表？

上述排课表问题可转化为图的边着色问题。构造一个 2 部图 G，顶点集 $V=\{t_1, t_2, \cdots, t_m, c_1, c_2, \cdots, c_n\}$，其中教师构成的集合为 $\{t_1, t_2, \cdots, t_m\}$，班级构成的集合为 $\{c_1, c_2, \cdots, c_n\}$。若教师 t_i 需要给班级 c_j 上 p_{ij} 节课，则顶点 t_i 与 c_j 间有 p_{ij} 条边连接。因此，求解排课表问题就转化为求解图 G 的边色数问题。

在实际生活中，排课表问题会因受到其他因素的约束（如给定有限个教室等）而变得复杂，更多排课表问题的相关研究可查阅文献[19-20]。

2.2　图灵机

图灵机是电子计算机的数学模型，它是电子计算机的"灵魂"，为人类社会的发展做出了不可磨灭的贡献。由于 NP 完全问题是在图灵机下定义的，故为了对 NP 完全问题进行深入研究，本节对图灵机的起源、原理、类型及图灵等价性等进行介绍。

2.2.1　图灵机的起源

提出图灵机的人是艾伦·图灵（Alan Turing）[见图 2.19（a）]，他于 1912 年在英国伦敦出生，1931 年开始在剑桥大学主修数学专业，1934 年本科毕业并以优异的成绩获得学士学位。1935 年，他继续在剑桥大学攻读硕士学位，并在此期间提出了图灵机的概念。1936 年，图灵前往美国普林斯顿大学深造，师从阿隆佐·丘奇（Alonzo Church），并在 1938 年获得数学博士学位。在图灵读博士期间，冯·诺依曼[见图 2.19（b）]已经是普林斯顿大学的量子力学教授，他对图灵提出的图灵机非常感兴趣，并邀请他做自己的助理，但图灵婉言谢绝，并在毕业后回到英国工作。冯·诺依曼基于图灵机及基本电子元器件，创立了当今电子计算机的体系结构。图灵对理论计算机科学的发展贡献巨大，被称为理论计算机科学之父，故计算机领域的最高奖被命名为**图灵奖**。

(a)　　　　　　　　　　(b)

图 2.19　艾伦·图灵与冯·诺依曼

（a）艾伦·图灵　　（b）冯·诺依曼

图灵在于 1936 年发表的论文《论可计算数及其在判定性问题上的应用》（On Computable Numbers, with an Application to the Entscheidungsproblem）[21] 中提出了与阿隆佐·丘奇相似的可计算性的概念，并且证明了希尔伯特判定性问题是无解的。在证明过程中，图灵定义了几种计算机器，其中的自动机就是图灵机的前身。这篇论文被称为"历史上最具影响力的数学论文"之一。

实际上，对"可计算性"的研究可追溯到 1904 年，当时大卫·希尔伯特（David Hilbert）提出了把数学证明本身作为数学对象来研究。1922 年，他在德国汉堡的一次会议上提出了他的证明论研究规划，称为希尔伯特规划。该规划将具体的数学理论与所用到的逻辑同时公理化，从而形成形式系统。希尔伯特规划展示了一项激动人心的事业，即"一劳永逸地消除任何对数学基础可靠性的怀疑"。除了希尔伯特，这项事业还吸引了一批青年数学家，如威廉·阿克曼（Wilhelm Ackermann）与冯·诺依曼等。1931 年，库尔特·哥德尔（Kurt Gödel）证明了任何包含一阶谓词逻辑和初等数论的形式系统都是不完备的，从而否定了希尔伯特规划。1935 年春到 1936 年春，图灵和阿隆佐·丘奇同时从哥德尔不完备定理开始研究问题的可判定性。1936 年 5 月 28 日，图灵在《伦敦数学学会会刊》上分两部分发表了《论可计算数及其在判定性问题中的应用》，文中重新表述了哥德尔在 1931 年的成果，并提出了确定型图灵机、非确定型图灵机和通用图灵机的概念。图灵机后来成为可计算理论和计算复杂性理论的基础。

1938 年，图灵在他的博士论文《基于序数的逻辑系统》(Systems of Logic based on Ordinals)[22]中引入了序数逻辑和相对计算的概念，拓展了数理逻辑的研究领域。除了纯数学工作，图灵还研究了密码学，并构建了机电二进制乘法器。在第二次世界大战期间，图灵在布莱切利庄园的政府密码学校工作，布莱切利庄园是英国的密码破译中心，曾破译出极为重要的情报。图灵设计了加速破译德国密码的技术，构建了一种可以破译用恩尼格玛密码机加密的信息的机电装置。他在破解截获信息方面做出了极大的贡献，帮助盟军在包括大西洋战役在内的多次关键战役中获胜。战后，图灵在英国国家物理实验室工作，设计了自动计算机，这是最早的存储程序计算机。1948 年，图灵加入维多利亚大学马克斯·纽曼（Max Newman）的计算机实验室，帮助开发了曼彻斯特计算机，并对数学生物学产生了兴趣。之后，图灵的研究涉及生物计算和模式形成，对早期的机器学习和计算生物学产生了重要影响。此外，图灵还撰写了关于形态发生的化学基础的论文并预测了振荡化学反应，他提出的图灵测试至今仍被视为判断机器智能的标准。

下面介绍图灵机的原理、类型（包括确定性图灵机、非确定性图灵机及相关变体），它们在理论上是等效的，即具有图灵等价性。

2.2.2 图灵机的原理、类型及图灵等价性

截至本书成稿之日，电子计算机仍不能有效解决 NP 完全问题，主要原因是电子计算机的计算模型是**图灵机**（记作 M）。图灵机是一个抽象机器，由一条无限长的**数据带**、一个**读写头**和一个**控制器**组成，如图 2.20 所示。**数据带**可以向两端无限延伸并被分为一个个方格，每个方格存储有限字母集 Γ（包含空白符□）中的一个字符；**控制器**控制**读写头**按照设定的状态转移函数 δ（又称**程序**）进行"移动"，读写头总处于当前状态。"移动"又称**图灵运算**，它包含如下 4 个动作。

图 2.20　图灵机的结构

（1）读取读写头所指向方格中的字符。

（2）先将读写头所指向方格中的字符擦除，再写入新的字符。新字符与被擦除字符可以相同。

（3）读写头向左或向右移动一格，或不动。

（4）改变控制器的状态，但新的状态可以与移动前的状态相同。

其中，动作（2）～（4）是基于动作（1）、读写头当前状态及状态转移函数 δ 来完成的。若 δ 为单值，则称 M 为确定型图灵机；若 δ 为多值，则称 M 为非确定型图灵机。本书只考虑确定型图灵机。

确切地，图灵机可表示为五元组，即 $(Q, \Sigma, \Gamma, \square, \delta)$。

（1）Q 是有限状态集，包括初始状态 q_0 与接受状态集 H。

（2）Σ 是字母集，每个 M 具有一个规定的输入字母集 Σ。

（3）Γ 是数据带上可用的有限字母集，$\Sigma \subset \Gamma$。

（4）$\square$ 是空格字符，$\square \in \Gamma$，但 $\square \notin \Sigma$。

（5）δ 是状态转移函数。

δ 定义了 M 在读取到特定方格中的字符及所处状态时，删去该字符后应写入的字符、移动的方向，以及转换的状态。确切地，状态转移函数定义为 $\delta : (Q - H) \times \Gamma \mapsto Q \times \Gamma \times \{R, L, S\}$，其中 R 和 L 分别表示读写头向右和向左移动，S 则表示不移动。对于读写头不动的情况，可用向左和向右移动各一次代替，因此状态转移函数也可定义为 $\delta : (Q - H) \times \Gamma \mapsto Q \times \Gamma \times \{R, L\}$。

M 在任何时刻都处于一种状态 $q \in Q$，**状态代表** M 在特定时刻的内部信息。**初始状态 q_0** 是 M 开始运行时的状态；如果状态转移函数停止执行，即当前状态和读写头读取的符号在 δ 中没有定义，则 M 停机。停机时，如果是**接受状态**，则计算成功，否则计算失败。

初始时，Σ 上的一个有限字符串（作为输入）中的字符被分别写在数据带上相邻的方格中，而数据带上的其他方格都是空的。读写头扫描该输入最左端的字符，此时 M 处于初始状态 q_0。随后的每一步，处于当前状态 $q \in Q$

的 M 都先通过读写头读取数据带小方格中的字符 $x \in \Gamma$，再基于 δ 执行 (q,x) 对应的动作，包括扫描方格上的字符并删去 x，写入新字符，接着让读写头向左或向右移动，并获取新状态。

下面通过一个简单的例子说明图灵机的运算原理。定义图灵机 M，输入字母集 $\Sigma = \{1\}$，有限状态集 $Q = \{q_1, q_2, q_3\}$（ $q_0 = q_1$ ），输入的有限字符串为 111□11，状态转移函数 δ 的定义如下：

δ	□	1
q_1	$q_2 1R$	$q_1 1R$
q_2	$q_3 \square L$	$q_2 1R$
q_3	$q_3 \square S$	$q_3 \square S$

也就是说，$\delta(q_1,1) = q_1 1R$、$\delta(q_1,\square) = q_2 1R$、$\delta(q_2,1) = q_2 1R$、$\delta(q_2,\square) = q_3 \square L$、$\delta(q_3,1) = q_3 \square S$、$\delta(q_3,\square) = q_3 \square S$。

其中，$\delta(q_i,x_i) = \delta(q_j,x_j,k)$（ $x_i, x_j \in \{1,\square\}$，$k \in \{R,L,S\}$ ）表示当前状态为 q_i 且读取的字符为 x_i 时，执行动作是将 M 的当前状态变换成 q_j，在当前方格中写入字符 x_j，读写头向右移动（ $k=R$ ）、向左移动（ $k=L$ ）或保持不变（ $k=S$ ）。若用连续 1 的数量表示具体的数字，那么上述过程可以实现数字 3 与 2 的加法运算，如图 2.21 所示。可见，上述图灵机 M 可实现任意两个数的加法运算。

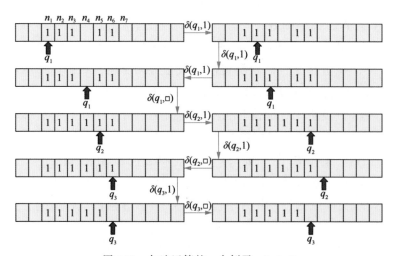

图 2.21　加法运算的一个例子：3+2=5

图灵机的概念被正式提出后，产生了许多变体，如多带图灵机和概率图灵机等。下面详细介绍多带图灵机。

按照读入数据带数量的不同，图灵机可分为单带图灵机和多带图灵机。之前讨论的图灵机默认为单带图灵机。多带图灵机使用多条数据带，每条数据带都有自己的读写头。注意，任何多带图灵机，无论有多少条数据带，都可以由单带图灵机模拟。因此，可以认为多带图灵机和单带图灵机具有相同的计算效率。

图灵机是一种简单的计算模型，许多更加复杂的计算机器看似比图灵机强大得多，但丘奇–图灵论题道出了一个共识：任何可以通过合理的计算模型计算的函数都可以用图灵机计算。也就是说，这些计算机器与图灵机相比并没有更强的计算能力。

图灵等价性是指：在计算理论中，两种计算模型能够互相模拟和等效。具体而言，如果计算模型 A 可以模拟计算模型 B 的所有计算过程，并且计算模型 B 可以模拟计算模型 A 的所有计算过程，那么这两种模型就是图灵等价的。图灵等价性的概念源自图灵机的理论。图灵机是一种抽象的数学模型，可以描述一种具有无限存储能力的计算机。图灵证明了只要一种计算模型能够实现与图灵机相同的计算能力，即能够计算所有可计算函数，那么这种模型就是图灵等价的。大多数计算模型都是图灵等价的，如 λ 演算和通用递归函数。图灵等价性意味着，虽然它们可能在形式和操作上有所不同，但能够计算出相同的可计算函数集，因此在理论上是等效的。

2.3　可计算性

可计算性理论起源于 20 世纪 30 年代图灵、丘奇和哥德尔等人的工作。P 类与 NP 类在可计算性方面的早期研究分别是可确定性语言类和可计算枚举语言类。令 L 为一个语言，则 L 是**可判定的**当且仅当存在某个图灵机 M 满足 $L=L(M)$ 且 M 对所有的输入都停机；L 是**半可判定的**当且仅当存在某个图灵机 M 使得 $L=L(M)$，即存在一个可计算的"检查关系" $R(x,y)$，使得 $L = \{x \mid \exists y R(x,y)\}$。

下面从函数的角度探讨可计算性，即把语言看作 Σ^* 到 Σ 的函数。这样，并不是所有的函数都是可计算的。定理 2.12 说明了不可计算函数的存在性。事实上，该定理证明了值域为 $\{0,1\}$ 的不可计算函数的存在性。值域为 $\{0,1\}$ 的不可计算函数也就是**不可判定语言**。

定理 2.12 存在不能被任意图灵机计算的函数 UC: $\{0,1\}^* \rightarrow \{0,1\}$ [23]。 ∎

停机问题 函数 HALT 以有序对为输入，它输出 1 当且仅当表示的图灵机在输入上会在有限步骤内停机[23]。

HALT 是需要计算的函数。因为给定一个计算机程序和输入之后，人们肯定希望知道该程序在该输入上是否会陷入无限循环。如果计算机能够计算函数 HALT，则设计无缺陷（bug）的计算机软件和硬件将变得容易很多。遗憾的是，已经证明计算机无法计算这个函数，即使允许运行足够长的时间。

定理 2.13 函数 HALT 不能被任意图灵机计算[23]。 ∎

定理 2.13 说明停机问题是不可判定的。但是，停机问题是半可判定的。下面介绍可计算性理论中基本的概念——**可归约性**。

定义 2.1 令 L_1 和 L_2 分别是符号集 Σ_1 和 Σ_2 上的两个语言，即 $L_1 \subseteq \Sigma_1^*$、$L_2 \subseteq \Sigma_2^*$。那么，L_1 是**多对一归约到** L_2（或称多项式时间可归约到 L_2，用 $L_1 \leqslant L_2$ 表示）的当且仅当存在可计算函数 f（存在确定性图灵机 M，使得对任意 $x \in \Sigma_1^*$ 作为输入，M 都可以在多项式时间内停机且输出 $f(x)$）：$\Sigma_1^* \rightarrow \Sigma_2^*$ 使得对于所有的 $x \in \Sigma_1^*$，$x \in L_1$ 当且仅当 $f(x) \in L_2$。满足定义 2.1 的可计算函数称为 L_1 **到** L_2 **的多项式时间变换**。

如果 $L_1 \leqslant L_2$ 并且 L_2 是可判定的，那么容易推出 L_1 也是可判定的。这种发现可以用来说明语言的不可判定性。例如，若停机问题可以多对一归约到某个语言 L，那么 L 是不可判定的。多对一归约具有传递性。

定理 2.14 设 L_1、L_2、L_3 分别是字符集 Σ_1、Σ_2、Σ_3 上的语言，并且 $L_1 \leqslant L_2$、$L_2 \leqslant L_3$，则 $L_1 \leqslant L_3$ [23]。 ∎

2.4　计算复杂性

计算复杂性是计算机科学的一个研究领域，它研究问题的固有难度，以及解决这些问题所需的资源。基于此，问题可以被分为若干类，如 P 问题、NP 问题、coNP 问题等，下面对它们进行详细介绍。

2.4.1　P 问题与 NP 问题

P 类和 NP 类的概念在 20 世纪 60 年代被提出。简单来说，它们提供了一种度量问题难度的依据。P 类是一类问题的集合，这些问题可被一个确定性图灵机在多项式时间内解决，其中，多项式时间是指确定型图灵机的状态转移函数至多执行多项式次。类似地，NP 类也是一类问题的集合，这些问题可被一个非确定型图灵机在多项式时间内解决。

1. P 问题和 NP 问题描述

一般来说，P 问题和 NP 问题都是判定性问题，即只需回答"是"或"否"的问题。具体地，判定性问题可以通过语言描述。令 Σ 是至少含有两个元素的有限字母表并且 Σ^* 是 Σ 上的有限字符串的集合，那么是 Σ 上的一个**语言**就是 Σ^* 的一个子集 L。对于一个输入字符集为 Σ 的图灵机 M 和输入 $w \in \Sigma^*$，如果 M 以接受状态停机，那么称 M **接受** w，否则称 M **不接受** w。用 $L(M)$ 表示所有被 M 接受的语言集：

$$L(M) = \{ w \in \Sigma^* \mid M \text{ 接受 } w \}$$

对于输入 w，用 $t_M(w)$ 表示 M 停机时状态转移函数执行的次数。如果 M 永不停机，那么 $t_M(w) = \infty$。对于任意自然数 $n \in N$，用 $T_M(n)$ 表示所有 n-长输入 M 停机时状态转移函数执行次数的最大值：

$$T_M(n) = \max\{ t_M(w) \mid w \in \Sigma^n \},$$

其中，Σ^n 表示 Σ 中所有长度为 n 的字符串的集合。如果存在 k 使得对于所有 n，$T_M(n) \leqslant n^k + k$ 成立，那么称 M 的运行时间是**多项式的**。基于此，P 问题被定义为多项式运行时间的图灵机所接受的语言集：

$$P = \{ L \mid L = L(M), M \text{ 是运行时间为多项式的图灵机} \}$$

NP 的含义是"非确定性多项式时间"。为给出它的形式化定义，首先引入"**检查关系**"的概念。检查关系是一个二元关系 $R \subseteq \Sigma^* \times \Sigma_1^*$，其中 Σ^* 和 Σ_1^* 是两个有限的字符集。将每个检查关系 R 与 $\Sigma \cup \Sigma_1 \cup \#$ 上的一个语言 L_R 联系起来，其中 $\# \notin \Sigma$ 且 $L_R = \{ w\#y \mid R(w,y) \}$，那么 R **为多项式时间的**当且仅当 $L_R \in P$。基于此，可以给出 NP 类的形式化定义：

Σ 上的一个语言 L 属于 NP 类当且仅当存在 $k \in N$ 和一个多项式时间的检查关系 R 使得对于所有的 $w \in \Sigma^*$ 有

$$w \in L \Leftrightarrow \exists y (|y| \leqslant |w|^k \text{ 并且 } R(w,y))$$

其中，$|w|$ 和 $|y|$ 分别表示 w 和 y 的长度。

问题 2.1 $P = NP$？

容易看出，问题 2.1 的答案不受字符集 Σ 规模的限制（假设 $|\Sigma| \geqslant 2$），这

是因为任意给定规模的字符集中的字符串都可以被编码成二元字符集中的字符串。

$P \subseteq NP$ 是平凡的，这是因为：对于字符集 Σ 上的语言 L，如果 $L \in P$，那么可以定义多项式时间的检查关系 $R \subseteq \Sigma^* \times \Sigma^*$ 如下：对于任意 $w, y \in \Sigma^*$，$R(w, y) \Leftrightarrow w \in L$。

问题 2.1 一直是一个错综复杂的开放性问题，截至本书成稿时仍是研究重点。

2. NP 完全问题

如果一个问题属于 NP 类，并且 NP 类中的所有问题都可以在多项式时间内规约到该问题，那么该问题被称为 **NP 完全问题**。NP 完全类是指所有 NP 完全问题构成的集合。NP 完全类的概念大致在 20 世纪 60 年代末 70 年代初由北美地区和苏联的科学家同时提出，它是 NP 类的子集，具有重要的研究意义。NP 完全类的提出加深了人们对 P 问题和 NP 问题的认识，因为如果证明一个 NP 完全问题属于 P 类，那么也就证明了 P=NP。

多项式时间计算最早是在 20 世纪 60 年代由 Cobham[24] 和 Edmonds[25] 提出。Edmonds[25] 将多项式时间的算法称为"好算法"，并将它与易处理算法联系起来。在 1971 年，Cook[26] 引入了 NP 完备性的概念，并证明了若干问题是 NP 完全的，包括 3-SAT 问题和子图同构问题等。这些结果随后被 Karp[27] 利用，证明了 21 个问题是 NP 完全的。Karp 提出了标准的 P 类和 NP 类概念，并且通过多对一归约的多项式时间算法重新定义了 NP 完备性。多项式时间算法是指对规模为 n 的输入，运行时间复杂度至多为 $O(n^k)$ 的算法，其中 k 为常数。至此，关于计算复杂性的研究得到广泛的关注。

标准的 NP 完备性的定义与定义 2.1 相似。

定义 2.2 令 L_1 和 L_2 分别是字符集 Σ_1 和 Σ_2 上的两个语言，即 $L_1 \subseteq \Sigma_1^*$、$L_2 \subseteq \Sigma_2^*$。那么，**L_1 是 p-归约到 L_2**，记作 $L_1 \leqslant_p L_2$，当且仅当存在多项式时间可计算的函数 $f: \Sigma_1^* \to \Sigma_2^*$ 使得对于所有的 $x \in \Sigma_1^*$，$x \in L_1$ 当且仅当 $f(x) \in L_2$。

定义 2.3 语言 L 是 NP 完全的当且仅当 L 属于 NP 并且对于每个属于 NP 的语言 L'，有 $L' \leqslant_p L$ 成立。

容易证明，$\leqslant_p$ 也是可传递的，故有下述结论（见定理 2.15）[28]。

定理 2.15

（1）若 $L_1 \leqslant_p L_2$ 且 $L_2 \in P$，那么 $L_1 \in P$。

（2）若 L_1 是 NP 完全的，$L_2 \in$ NP 且 $L_1 \leqslant_p L_2$，那么 L_2 是 NP 完全的。

（3）若 L 是 NP 完全的且 $L \in P$，那么 P=NP。

定理 2.15 中的（2）为证明一个新问题是 NP 完全问题提供了一种基本方法，同时说明任意两个 NP 完全问题可以在多项式时间内互相转换，所以只要其中一个 NP 完全问题可以在多项式时间内解决，那么其他问题也都可以在多项式时间内解决[这也是定理 2.15 中的（1）所表述的含义]。定理 2.15 中的（3）说明了寻找 NP 完全问题的多项式时间算法很可能是徒劳的。

粗略地讲，P 问题就是指在多项式时间内可解的问题，即可以在 $O(n^k)$ 内求解的问题，其中 k 为常数，n 为问题的输入规模。而 NP 问题是在多项式时间内"可验证"的问题，即给定问题的一个解，在问题输入规模的多项式时间内可以验证它是否正确。也就是说，对 NP 问题而言，可能没有已知的快速方法得到问题的答案，但是如果给定一个候选答案，将能够在多项式时间内验证该答案是否为已知问题的解。所以，P 类中的任何问题都属于 NP 类，因为任意问题在多项式时间内有解，那么给定问题的一个解，在多项式时间内肯定可以验证它的正确性。NP 完全问题是 NP 问题的一个子集，是 NP 问题中最难的一类。还有一类问题被称为 NP 难问题，指的是 NP 问题可以 p-归约到的问题，用一句话概括它们的特征就是"至少与 NP 问题一样难的问题"。显然，NP 难问题可能属于 NP 类也可能不属于 NP 类，可能是不可判定问题。更多关于复杂性理论的介绍参见 Papadimitriou[28] 和 Sipser[29] 的论著。

3. SAT 问题

定理 2.15 中的（2）给出了证明某问题 NP 完全的方法。然而，要证明一个新问题是 NP 完全的，还需借助一个已知的 NP 完全问题。这就会让人产生疑惑：第一个 NP 完全问题是如何得到的呢？实际上，第一个 NP 完全问题并不是通过上述方法得到的，而是通过图灵机相关理论得到的。Cook[26] 在 1971 年首次得到了这样的问题，即 SAT 问题，下面对其进行介绍。

NP 问题中的成员可以表示成判定性问题（只需回答是或不是的问题），对应的语言可以理解成一些字符串的集合。这些字符串通过标准编码方法将"YES"实例编码成判定性问题。基于此，SAT 问题可描述为问题 2.2。

问题 2.2（SAT 问题）　给定一个由合取（$\wedge$）、析取（$\vee$）和非（$\neg$）构成的命题公式 F，判定 F 是否是可满足的。

　　SAT 问题是一类约束满足问题，它的判定性问题是：是否存在一组变量的赋值使得命题为真。一个布尔公式中包含布尔变量（取值为 0 或 1）、布尔连接词（合取、析取、非）、括号。对一个布尔公式来说，如果存在对其变量的某种 0 或 1 的赋值，使得该公式的真值为 1，那么称它是**可满足的**。基于此，SAT 问题的一个实例就是一个由下列成分组成的布尔公式 φ。

（1）n 个布尔变量 $x_1, x_2, \cdots, x_n$。

（2）m 个布尔连接词。布尔连接词有 $\wedge$、$\vee$、$\neg$。

（3）括号。假设没有冗余的括号，即每个布尔连接词至多有一对括号。

　　例如，对于公式 $(x_1 \vee \bar{x}_1 \vee x_3) \wedge (\bar{x}_1 \vee x_3) \wedge (x_2 \vee \bar{x}_3)$，当其变量的真值分配为 $x_1 = 0$、$x_2 = 1$、$x_3 = 1$ 时，该公式的真值为 1，所以它是可满足的。但是，并非所有的布尔公式都是可满足的。例如，$x \wedge \bar{x}$ 是不可满足的。注意，所有 NP 问题都可以转化为 SAT 问题。

　　因为对于一个给定的布尔公式和任意变量的赋值，都可在多项式时间内验证该布尔公式是否为真，所以 SAT 问题属于 NP 类。具体地，定义多项式时间的检查关系 $R(x,y)$，x 与 y 具有关系 R 当且仅当 x 编码一个命题公式 F 同时 y 编码 F 中变量的一组使得 F 可满足的真值分配。Cook[26] 在 1971 年证明了 SAT 问题是 NP 完全的（Levin[30] 于 1973 年也证明了这一点）。Cook 的方法是证明对于每个多项式时间的图灵机 M，若 M 可以识别一个 NP 语言 L 的检查关系 $R(x,y)$，那么存在一个多项式时间的算法 A 满足：A 接受一个字符串 x 作为输入并生成一个对应的命题公式 F_x，使得 F_x 是可满足的当且仅当对于某些长度小于等于 $|x|^{O(1)}$ 的字符串 y，M 接受 (x,y)。具体证明可查阅文献 [31]。

　　定理 2.16　SAT 问题是 NP 完全的。　　　　　　　　　　　　　■

　　在定理 2.16 的基础上，利用 p-归约就可以证明一个新问题是 NP 完全的。另外，如果 p-归约中的第一步（问题 $B \in$ NP）无法证明，那么对应的问题 B 是 NP 难的，所以 p-归约还可以用来证明一个问题是 NP 难的。

　　由定理 2.16 及 p-归约的可传递性可知，所有的 NP 问题都可以规约到 SAT 问题。也就是说，SAT 问题至少与 NP 问题一样难，或者如果解决了 SAT 问题，所有的 NP 问题就解决了。这也说明了所有的 NP 完全问题都是多项式时间等价的。

　　SAT 问题的一个重要的特殊情况是 3-SAT 问题，下面对其进行介绍。

　　问题 2.3（3-SAT 问题）　　令 $X = \{x_1, x_2, \cdots, x_n\}$ 是有穷的布尔变量集，即

$x_i \in \{0,1\}$。令 $C = C_1 \wedge C_2 \wedge \cdots \wedge C_m$ 是合取范式，其中每个 C_i 是含有 3 个变量的析取式。那么，是否存在对 X 中变量的一个真值赋值，使得 C 为真，即每个 C_i 都为真。

为了说明 p-归约策略，下面给出 3-SAT 问题是 NP 完全问题的详细证明，该证明源自 Cook[26]。

定理 2.17　3-SAT 问题是 NP 完全的。

证明　首先，由于 SAT 问题属于 NP 类，因此 3-SAT 问题也属于 NP 类。下面证明 $SAT \leqslant_p 3\text{-}SAT$。设 f 是标准连接形式的布尔公式，在多项式时间内构造一个新的标准连接形式的布尔公式 f'，使其满足：f' 的每个子句包含 3 个变量；f 是可满足的当且仅当 f' 是可满足的。

如果 f 的某个子句只包含一个变量，设为 x，则将该子句替换为 4 个包含 3 个变量的子句，其中 y、z 是两个新变量。

$$x = (x \vee y \vee z) \wedge (x \vee \bar{y} \vee z) \wedge (x \vee y \vee \bar{z}) \wedge (x \vee \bar{y} \vee \bar{z})$$

如果 f 的某个子句只包含两个变量，设为 $(x_1 \vee x_2)$，则将该子句替换为两个包含 3 个变量的子句（其中 w 是新变量），即

$$(x_1 \vee x_2) = (x_1 \vee x_2 \vee w) \wedge (x_1 \vee x_2 \vee \bar{w})$$

下面考虑 f 中包含 k 个变量的子句 $(x_1 \vee x_2 \vee \cdots x_k)$，其中 $k \geqslant 4$。此时，添加 $k-3$ 个新变量 $y_1, y_2, \cdots, y_{k-3}$，并构造如下 $k-2$ 个包含 3 个变量的子句：

$$(x_1 \vee x_2 \vee y_1), (\bar{y}_1 \vee x_3 \vee y_2), (\bar{y}_2 \vee x_4 \vee y_3), \cdots, (\bar{y}_{k-4} \vee x_{k-2} \vee y_{k-3}),$$
$$(\bar{y}_{k-3} \vee x_{k-1} \vee x_k)$$

易验证，这 $k-2$ 个子句的与运算和 $(x_1 \vee x_2 \vee \cdots \vee x_k)$ 等价。因此，f' 是可满足的当且仅当 f 是可满足的，即证明了 $SAT \leqslant_p 3SAT$。∎

随着研究的不断进行，越来越多的 NP 完全问题被相继确定，如子集和问题（能否在给定的正整数集中找到一个子集使得该子集中元素和等于事先给定的目标值）、图问题[如给定图 G，G 是否含有哈密顿圈（Hamiltonian Cycle）？G 是否存在 3-着色？G 是否存在 k 个顶点的独立集？]。文献[31]对 NP 完全问题的研究进行了详细的介绍，并列出了 300 个 NP 完全问题。据不完全统计，至今发现的 NP 完全问题至少有几千个。

NP 类中还存在一些比较有趣的问题（如图同构问题，即判定两个给定的无向图是否同构），截至本书成稿之日，还不知道它们是属于 P 类还是 NP 完全类。

2000 年 5 月 24 日，美国克雷数学研究所（Clay Mathematics Institute，CMI）在巴黎法兰西工学院召开的会议（又称巴黎千年会议）上公布了 7 个数学难题，解题奖金共 700 万美元，故被称为**千禧年大奖难题**[32]。按照他们的规则，每攻克一个问题可获得 100 万美元的奖金[33]。P/NP 问题是这 7 个问题中的第一个问题，可见其意义。该问题旨在确定是否每个在多项式时间内被非确定性算法接受的语言也可以在多项式时间内被某些确定性算法接受[26]。这里的"多项式时间"指求解算法运行时间的上界是关于输入规模的多项式函数。针对该问题，一份关于 100 名数学和计算机科学领域的专家的调查报告于 2001 年公布，结果有 61 人给出了否定的答案[34]。2012 年，Gasarch[35]又重新进行了一次调查，结果有 84 个人给出了否定的答案，即 $P \neq NP$。关于 P/NP 问题，其实早在 1970 年，Cook 和 Levin 就证明了：若存在一个 NP完全问题是多项式可解的，那么所有 NP 问题都是多项式可解的[36]，故只需研究一个这样的问题即可。为了精确地描述 P/NP 问题，必须依托一个正式的计算模型。在计算理论中，标准的计算模型是图灵机[21]。虽然图灵机是在物理计算机被构建之前提出的，但是它一直都被认为是定义可计算函数的合适计算机模型。

2.4.2 coNP 问题

coNP 类也是由一类问题构成的集合。正如其名，coNP 类与 NP 类存在联系并且 coNP 可由 NP 来定义。这里给出 coNP 的另一个定义：对于一个语言 $L \subseteq \Sigma^*$，如果存在多项式函数 $p: \mathbf{N} \to \mathbf{N}$ 和一个多项式时间图灵机 M，使得对任意 $x \in \Sigma^*$ 都有 $x \in L$ 当且仅当 $\forall u \in \Sigma^{p(|x|)}$，$M(x,u)=1$，那么 $L \in coNP$，其中 $M(x,u)=1$ 表示图灵机 M 接受 (x,u)。

coNP 和 coNP 完全的关系类似于 NP 和 NP 完全的关系。简单来说，coNP完全 $\subseteq$ coNP，并且 coNP 完全由 coNP 中最难的那些问题组成。也就是说，coNP 中的所有问题都可以多项式规约到 coNP 完全中的问题。

截至本书成稿之日，尚不可知 coNP 和 NP 是否相等，但是在假设 coNP $\neq$ NP 的前提下，可以证明：NP 难和 coNP 不相交。注意，如果 coNP $\neq$ NP，那么有 NP 完全 $\cap$ coNP $\neq \varnothing$ 和 NP $\cap$ coNP 完全 $= \varnothing$ 成立[37]。

定理 2.18 如果 coNP $\neq$ NP，那么 NP 难 $\cap$ coNP $= \varnothing$。

证明 假设存在语言 $L \in$ NP 难 $\bigcap$ coNP。根据 coNP 的定义，存在多项式函数 $p: \mathbf{N} \to \mathbf{N}$ 和多项式时间图灵机 M，使得对任意 $x \in \Sigma^*$ 都有 $x \in L$ 当且仅当 $\forall u \in \Sigma^{p(|x|)}, M(x, u) = 1$。又根据 NP 难的定义，存在语言 $L' \in$ NP 完全使得 $L' \preccurlyeq_p L$。因此，存在多项式时间可计算函数 $f: \Sigma^* \to \Sigma^*$，使得对于任意 $x \in \Sigma^*$，都有 $x \in L'$ 当且仅当 $f(x) \in L$。结合上述两个定义，对于任意 $x \in \Sigma^*$，都有 $x \in L'$ 当且仅当 $\forall u \in \Sigma^{p(|f(x)|)}$，$M(f(x), u) = 1$。注意，多项式的复合操作满足封闭性。因此，根据 coNP 的定义，语言 $L' \in$ coNP 与 NP 完全 $\bigcap$ coNP $= \varnothing$ 矛盾。 ∎

对于 coNP，下述定理是显然的。

定理 2.19 $P \subseteq$ NP $\bigcap$ coNP。 ∎

至此，我们介绍了 P 类、NP 类、NP 难类、NP 完全类、coNP 类和 coNP 完全类，图 2.22 所示为它们之间的关系。

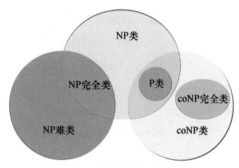

图 2.22 各类问题之间的关系

参考文献

[1] 许进. 极大平面图理论（结构-构造-着色）[M]. 北京: 科学出版社, 2019.

[2] BONDY J A, MURTY U S R. Graph theory with applications [M]. New York, USA: Springer, 2008.

[3] 邦詹森 J, 古廷 G. 有向图的理论、算法及其应用 [M]. 姚兵, 张忠辅, 译. 北京: 科学出版社, 2009.

[4] LOVASZ L. On the Shannon capacity of a graph [J]. IEEE Trans. on

Information Theroy, 1979, 25 (1): 1-7.

[5] BABAI L. Graph isomorphism in quasipolynomial time[C]// Proceedings of the Forty-eighth Annual ACM Symposium on Theory of Computing. NY: ACM, 2016: 684-697.

[6] GROHE M, SCHWEITZER P. The graph isomorphism problem[J]. Communications of the ACM. 2020, 63(11): 128-134.

[7] MCKAY B D, MIN Z K. The value of the Ramsey number R (3, 8)[J]. Journal of Graph Theory, 1992, 16 (1): 99-105.

[8] MCKAY B D, RADZISZOWSKI S P. R(4, 5)=25[J]. Journal of Graph Theory, 1995, 19 (3): 309-322.

[9] BROOKS R L. On colouring the nodes of a network[J]. Proc. Cambridge Philos. Soc., 1941, 37: 194-197.

[10] VIZING V G. On an estimate of the chromatic class of a p-graph (Russian)[J]. Diskret. Analiz., 1964, 3: 25-30.

[11] GUPTA R P. The chromatic index and the degree of a graph[J]. Notices Amer. Math. Soc. 1966, 13: abstract 66T-429.

[12] BEHZAD M. Graphs and their chromatic numbers[D]. Michigan, United States: Michigan State University, 1965.

[13] VIZING V G. Some unsolved problems in graph theory[J]. Russ Math. Surv., 1968, 23: 125-142.

[14] ZYKOV A A. On some properties of linear complexes (Russian)[J]. Math. Sbornik, 1949, 24: 163-188.

[15] BOPPANA R. Approximating maximum independent sets by excluding subgraphs[J]. Springer Berlin Heidelberg, 1990, 32 (2): 13-25.

[16] WELSH D J A, POWELL M B. An upper bound on the chromatic number of a graph and its application to timetabling problems[J]. The Computer Journal, 1967, 10: 85-87.

[17] KOKOSINSKI Z, KWARCIANY K, KOLODZIEJ M. Efficient graph coloring with parallel genetic algorithms[J]. Computing & Informatics, 2005, 24: 123-147.

[18] XU J, QIANG X, ZHANG K, et al. A parallel type of DNA computing model for graph vertex coloring problem[C]// Proceedings of the IEEE

Fifth International Conference on Bio-inspired Computing: Theories & Applications. NJ: IEEE, 2010: 231-235.

[19] DEMPSTER M A H. Two algorithms for the time-table problem[M]//Welsh D J A. Combinatorial Mathematics and its Applications (ed. D. J. A. Welsh). NY: Academic Press, 1971: 63-65.

[20] DE WERRA D. On some combinatorial problems arising in scheduling[J]. Canad. Operational Research Society Journal, 1970, 8: 165-175.

[21] TURING A M. On computable numbers, with an application to the Entscheidungsproblem[J]. Proceedings of the London Mathematical Society, 1936, 2(42): 230-265.

[22] TURING A M. Systems of logic based on ordinals[J]. Proceedings of the London Mathematical Society, Series 2. 1939, 45: 161-228.

[23] SANJEEV A, BARAK B. Computational complexity: a modern approach[M]. Cambridgeshire, England: Cambridge University Press, 2009.

[24] COBHAM A. The intrinsic computational difficulty of functions[C]// Bar-Hille Y. Proceedings of the 1964 International Congress for Logic, Methodology, and Philosophy of Science. Amsterdam: Elsevier/North-Holland. [s.l.]: [s.n.], 1964: 24-30.

[25] EDMONDS J. Minimum partition of a matroid into independent subsets[J]. J. Res. Nat. Bur. Standards Sect. B, 1965, 69: 67-72.

[26] COOK S. The complexity of theorem-proving procedures[C]// Conference Record of Third Annual ACM Symposium on Theory of Computing. NY: ACM, 1971: 151-158.

[27] KARP R M. Reducibility among combinatorial problems[C]// Miller R E, Thatcher J W. Complexity of Computer Computations. NY: Plenum Press, 1972: 85-103.

[28] PAPADIMITRIOU C. Computational complexity[M]. Boston, United States: Addison-Wesley, Reading, MA, 1994.

[29] SIPSER M. Introduction to the theory of computation[M]. Boston, United States: PWS Publ., 1997.

[30] LEVIN L. Universal search problems (in Russian)[J]. Problemy Peredachi Informatsii, 1973(9): 265-266.

[31] GAREY M R, JOHNSON D S. Computers and intractability: a guide to the theory of NP-completeness[M]. San Francisco, United States: W. H. Freeman and Co., 1979.

[32] JAFFE A M. The millennium grand challenge in Mathematics[J]. Notices of the AMS: 652.

[33] CARLSON J A, JAFFE A, WILES A. The millennium prize problems[M]. Providence, RI: American Mathematical Society and Clay Mathematics Institute, 2006.

[34] GASARCH W. The P=?NP poll[R]. ACM SIGACT News. 2002, 33 (2): 34‒47.

[35] GASARCH W. Guest column: the second P =?NP poll[R]. ACM SIGACT News. 2012, 43 (2): 53‒77.

[36] SIPER M. Introduction to the theory of computation[M]. 唐常杰, 陈鹏, 向勇, 刘齐宏, 译. 北京: 机械工业出版社, 2000.

[37] HARTMANIS J, IMMERMAN N. On complete problems for NP∩coNP[C]//Proceedings of the 12th Colloquium on Automata, Languages and Programming. Nafplion. Greece: Springer Berlin Heidelberg, 1985: 250-259.

第 3 章

生物计算数据：
DNA、RNA 与蛋白质

由第 1 章知，生物计算分 DNA 计算、RNA 计算和蛋白质计算，所用数据分别为 DNA、RNA 和蛋白质，本章主要介绍这 3 类生物大分子的理化特点与计算特性，它们是生物计算的基础。

3.1　DNA 分子

DNA 分子一般以高分子双链形式存在，微环境与分子构成的改变也会形成单链、三链、四链 DNA 分子，甚至 DNA\RNA 杂交分子[1]。每条 ssDNA 由脱氧核苷酸序列连接组成，每个脱氧核苷酸可由相应碱基的缩写表示，因此，脱氧核苷酸序列由可重复的字符 A、T、G、C 构成，相邻脱氧核苷酸连接方式为磷酸二酯共价键。ssDNA 分子以氢键引力方式形成 dsDNA，而生物体内 dsDNA 会进一步扭曲、压缩，形成高阶结构，用于生命遗传信息存储和生理活动调节（见图 3.1）。

DNA 计算是以 DNA 分子为数据，以生物酶或生化操作等作为信息处理"工具"的一种新型计算模式[2]。DNA 计算模型中的数据就是 DNA 分子，需给出 DNA 编码。DNA 编码不仅是 DNA 计算的需求，还是整个基因工程、DNA 存储等的需求，相关理论与算法将在第 5 章详细讨论。DNA 分子的结构、类型及特征是 DNA 计算的基石，本节将详细介绍，也可查阅文献[2]。

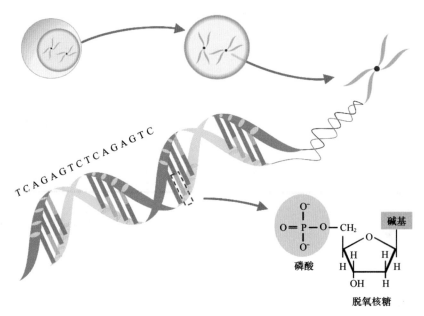

图 3.1　DNA 分子组成与结构示意

3.1.1　脱氧核苷酸

脱氧核苷酸是由一分子磷酸、一分子戊糖和一分子有机碱共价缩合生成，DNA 中的戊糖为 2-脱氧核糖，即核糖 2-位上的羟基被氢取代（见图 3.2）。

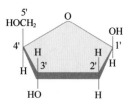

图 3.2　脱氧核糖的分子结构

DNA 分子含氮碱基有两类：嘌呤和嘧啶。从有机化学角度看，嘌呤具有双环分子结构，而嘧啶具有单环分子结构。嘌呤一般分为腺嘌呤（Adenine，A）和鸟嘌呤（Guanine，G）两种；嘧啶分为胸腺嘧啶（Thymine，T）、胞嘧啶（Cytosine，C）两种，它们的名称和分子结构如图 3.3 所示。

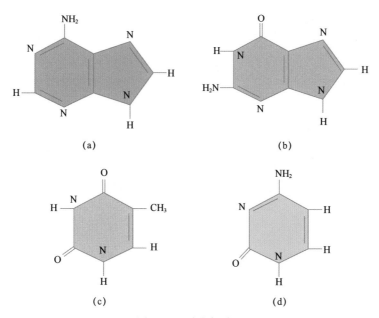

图 3.3　4 种含氮碱基

（a）腺嘌呤（A）　　（b）鸟嘌呤（G）　　（c）胸腺嘧啶（T）　　（d）胞嘧啶（C）

　　戊糖分子上的第 1 位 C 原子与嘌呤上的第 9 位 N 原子或嘧啶上的第 1 位 N 原子，以 β 型 C-N 糖苷键连接而形成**核苷**。依据碱基差异，常见的脱氧核苷有 4 种：腺嘌呤脱氧核苷（脱氧腺苷）、鸟嘌呤脱氧核苷（脱氧鸟苷）、胸腺嘧啶脱氧核苷（脱氧胸苷）和胞嘧啶脱氧核苷（脱氧胞苷）。图 3.4 所示为 4 种脱氧核苷的名称和分子结构。

　　在生物体错综复杂的生理生化环境中，戊糖环结构上的羟基会经历磷酸化这一化学修饰，该过程是核苷酸生成的关键。这些核苷酸在 DNA 复制等生命活动中扮演着不可或缺的角色。从有机化学结构的角度来看，核苷与磷酸基团之间通过酯键的缩合反应紧密相连，共同构建了**脱氧核苷酸的基本结构框架**。具体而言，戊糖与磷酸分子的结合生成了脱氧核苷酸，如一磷酸脱氧胸苷（dTMP），其中的前缀"d"明确标识了其脱氧（deoxy-）的特性。如图 3.5 所示，4 种不同类型的脱氧核苷酸虽然侧链碱基各异，却拥有相似的核心结构。这一结构中，磷酸基团与脱氧戊糖（2-脱氧核糖）的结合点精确位于脱氧核糖分子的第 3'位或第 5'位碳原子上。这种特定的结合模式不仅为 DNA 链的线性延伸提供了稳定的化学支撑，还确保了 DNA 双螺旋结构的稳定性和遗传信息的准确传递。

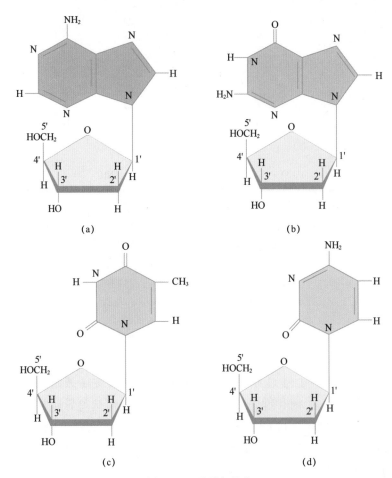

图 3.4　4 种脱氧核苷

（a）脱氧腺苷　（b）脱氧鸟苷　（c）脱氧胸苷　（d）脱氧胞苷

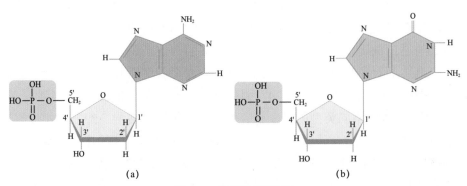

图 3.5　4 种脱氧核苷酸

（a）5'-腺嘌呤脱氧核苷酸（5'-dAMP）　（b）5'-鸟嘌呤脱氧核苷酸（5'-dGMP）

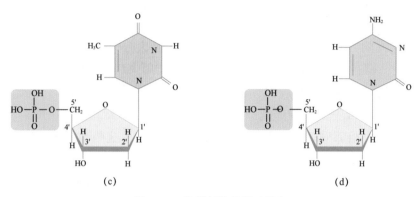

图 3.5　4 种脱氧核苷酸（续）

（c）5'-胸腺嘧啶脱氧核苷酸（5'-dTMP）　　（d）5'-胞嘧啶脱氧核苷酸（5'-dCMP）

3.1.2　DNA 分子结构

　　一磷酸核苷是指那些仅含有一个磷酸基团的核苷酸。当多个这样的核苷酸通过磷酸与戊糖（脱氧核糖）的顺序连接形成长链时，便构成了 DNA 的基本构建块——多核苷酸分子。DNA 分子的一级结构详细描述了这些脱氧核苷酸在 DNA 分子中的排列顺序（常被称为碱基序列）以及它们之间通过特定化学键相连的方式。具体来说，DNA 分子的多核苷酸链是由 4 种不同类型的脱氧核苷酸（在数量上可能不等），通过 3'至 5'的磷酸二酯键紧密相连而构成的。因此，DNA 分子的主链结构呈现出磷酸基团与脱氧核糖交替排列的线性长链特征。对线性的 DNA 分子而言，它拥有两个自由的末端：一端是脱氧核糖的 5'位置带有羟基（—OH）的末端，称为 5'末端；另一端则是脱氧核糖的 3'位置带有羟基的末端，称为 3'末端。在描述 DNA 分子的一级结构时，我们通常遵循从 5'末端到 3'末端的书写方向，这一规定在图 3.6（a）中得到了直观的体现。

　　DNA 分子的二级结构是 Watson 和 Crick 在 1953 年提出的著名双螺旋结构模型[见图 3.6（b）]。该模型的核心特点如下。

　　（1）双螺旋结构。DNA 分子由两条反向平行排列的多聚脱氧核苷酸链构成，这两条链围绕着一个共同的中心轴以右手螺旋的方式紧密缠绕，形成稳定的双螺旋结构。

（2）主链与碱基位置。每条链的主干（称为主链）由磷酸基团与脱氧核糖交替连接而成，这些主链位于双螺旋的外侧，而碱基位于内侧，与螺旋中心轴垂直排列。双螺旋的表面呈现出两条螺旋状的凹槽，分别是大沟和小沟，这些凹槽在 DNA 分子与其他分子的相互作用中起着重要作用。

（3）几何参数。双螺旋的直径约为 2nm，沿着中心轴每旋转一周（包含约 10bp），形成一个螺旋周期。整个螺旋的螺距（螺旋每上升一圈的高度）为 3.4nm，而相邻碱基对之间的距离则是 0.34nm，这些精确的尺寸确保了DNA 分子双螺旋结构的稳定性。

（4）碱基配对。在双螺旋结构中，两个相邻的碱基之间通过氢键相互配对。具体来说，腺嘌呤（A）与胸腺嘧啶（T）之间形成两个氢键，而鸟嘌呤（G）与胞嘧啶（C）之间形成 3 个氢键。这种特定的配对方式不仅维持了双螺旋结构的稳定，还确保了遗传信息的准确传递。

至于 DNA 分子的三级结构，它指的是 dsDNA 分子在进一步的空间折叠和扭曲中形成的复杂结构。其中，超螺旋是三级结构的一种重要形式［见图 3.6（c）］，它进一步提高了 DNA 分子的紧密度和稳定性，对 DNA 分子在细胞内的包装和存储具有重要意义。

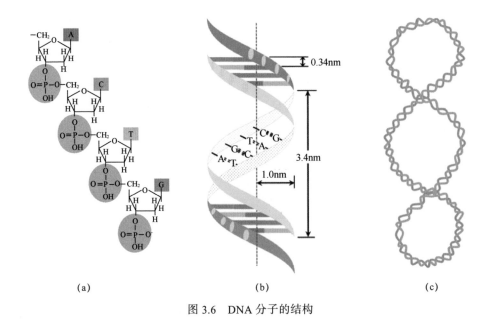

（a）　　　　　　　　　　　（b）　　　　　　　　　（c）

图 3.6　DNA 分子的结构

（a）DNA 分子一级结构的书写方向　　（b）双螺旋结构模型　　（c）超螺旋

作为 DNA 分子的核心特性之一，碱基配对的重要性不言而喻，无论是在自然界的生物过程中，还是在人工技术（如基因工程）的应用中，乃至本书深入探讨的 DNA 计算领域，这个特性都占据着基础且至关重要的地位。为了直观地展示这一特性，这里给出 dsDNA 中的碱基配对，如图 3.7 所示。DNA 的双链结构正是基于碱基之间的互补配对，通过氢键紧密缠绕为独特的双螺旋形态。由于几何构型和化学性质的巧妙安排，腺嘌呤（A）专一地与胸腺嘧啶（T）配对，鸟嘌呤（G）则与胞嘧啶（C）配对。具体而言，A 与 T 之间能够稳定地形成两个氢键，而 G 与 C 之间能形成 3 个氢键，更加稳固。这种精确的配对方式不仅确保了 DNA 结构的稳定性，还使得配对的碱基严格排列在同一平面上，进一步强化了双螺旋结构的整体性和功能性。

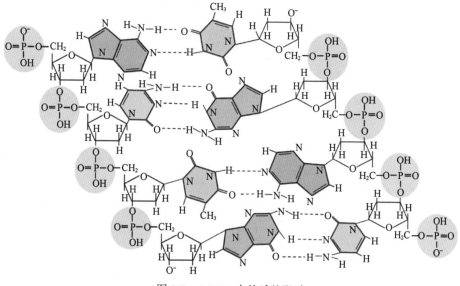

图 3.7　dsDNA 中的碱基配对

3.1.3　DNA 分子类型

DNA 计算研究涉及 ssDNA 分子、dsDNA 分子、三链 DNA 分子、发卡 DNA 分子、具有黏性末端的 DNA 分子、质粒 DNA 分子等。三链 DNA 分子的概念可查阅文献[1]，本书不赘述。

1. ssDNA 分子

ssDNA 分子实质上就是 DNA 分子的一级结构体现，它表现为一系列核苷酸通过磷酸二酯键紧密相连的线性序列。在 DNA 分子的一级结构中，磷酸与脱氧核糖的组合模式是恒定的，而变化的则是这些核苷酸中所携带的碱基序列。因此，我们通常将这一核苷酸序列简化为碱基序列来讨论，并习惯性地使用 A（腺嘌呤）、C（胞嘧啶）、G（鸟嘌呤）和 T（胸腺嘧啶）这 4 个字母来标示不同的碱基。以图 3.6（a）中的 DNA 序列为例，它的碱基序列可以直观地用以下字母组合来表示：

$$5'\text{-ACTG-}3'$$

在 DNA 计算领域，ssDNA 分子已被广泛地视为信息处理的基础数据单元。以 Adleman 开创性的工作为例，他在构建求解有向图中哈密顿有向路径的 DNA 计算模型时，巧妙地利用 ssDNA 分子来代表图的各个顶点。具体而言，他首先设计了每条边的表示方法，即将边所连接的两个顶点对应的 DNA 序列各取一半并拼接。随后，利用这些边所对应序列的互补序列作为模板，触发杂交反应，从而筛选出所需的有向路径。这个过程充分展示了 ssDNA 分子在 DNA 计算中作为信息载体的独特优势和潜力。

2. dsDNA 分子

在 DNA 计算领域，部分模型直接采用 dsDNA 分子作为编码数据的基本单元。然而，从根本上看，无论是采用 ssDNA 分子还是 dsDNA 分子进行编码，在 DNA 计算的上下文中，二者并无本质差异。原因主要有两点：首先，ssDNA 分子在 DNA 计算过程中往往会通过杂交反应自然地形成双链结构；其次，基于沃森-克里克（Watson-Crick）碱基配对原则，一旦知晓了 ssDNA 分子的序列，便能够推导出其对应的 dsDNA 分子结构，反之亦然。因此，在 DNA 计算的具体实践中，应根据问题的实际需求灵活选择使用 ssDNA 分子或 dsDNA 分子。下面仅就 dsDNA 分子提出一套特定的标记体系，以便后续讨论与分析。

DNA 计算通常用英文大写字母（如 X）来表示给定的 dsDNA 分子，如

$$X = \begin{array}{l} 5'\text{-ACTGTTAAGA-}3' \\ 3'\text{-TGACAATTCT-}5' \end{array}$$

通常，dsDNA 分子中 5'末端到 3'末端的 ssDNA 分子（双链的上半部分）用对应的小写英文字母 x 来表示，而用 $\bar{x}$ 来表示 dsDNA 分子中 3'末端到 5'末端的 ssDNA 分子（双链的下半部分）。

于是，对于上例，有 x = 5'-ACTGTTAAGA-3'、$\bar{x}$ = 3'-TGACAATTCT-5'。在不致混淆的情况下，有时会略去 5'末端和 3'末端，如 x = ACTGTTAAGA。x 称为 X 的上链，$\bar{x}$ 称为 X 的下链，x 与 $\bar{x}$ 称为互补序列。通常，将 dsDNA 分子 X 简记为

$$X = \sigma(x)$$

表示由 ssDNA 分子 x 可生成 dsDNA 分子 X。

3. 发卡 DNA 分子

在某些条件下，较长的 ssDNA 分子能够利用氢键的吸引力，基于沃森-克里克碱基配对原则，在 A（腺嘌呤）与 T（胸腺嘧啶）、G（鸟嘌呤）与 C（胞嘧啶）之间形成稳定的氢键连接。这种配对过程促使部分 ssDNA 分子之间通过杂交作用相互结合，形成双链结构，而同时也有部分 ssDNA 分子未能参与杂交，保持其原有的单链状态。以具体的 ssDNA 分子为例：

$$x = 5'\text{-ACTGTTAAGAGGGGATTATTCTTAACAGT-}3'$$

显然，前 10 个碱基与后 10 个碱基之间遵循沃森-克里克碱基配对原则，形成了互补的对应关系。在特定条件下，这些碱基之间的配对作用促使 DNA 分子折叠成一种独特的结构，如图 3.8 所示。该结构一端为稳定的双链区域，另一端则为环状区域，这种特殊的 DNA 分子构型被称为发卡 DNA 分子（简称发卡 DNA）。在发卡 DNA 分子中，我们将双链紧密配对的部分（双链区域）称为"茎"（Stem），并将由未配对碱基构成的环状区域称为"环"（Loop）。

图 3.8　发卡 DNA 分子结构

发卡 DNA 分子在 DNA 计算及 DNA 计算机的研究领域有着举足轻重的地位。它的重要性体现在多个方面。

（1）发卡 DNA 分子被巧妙地设计并应用于制作分子信标，这种信标的基本结构如图 3.9 所示。分子信标在 DNA 计算中主要用于解决方案的检测，为实验结果的验证提供了有力工具。

（2）发卡 DNA 分子直接参与 DNA 计算过程，成为构建求解 SAT 问题等复杂计算任务的 DNA 计算模型的关键组件。

（3）发卡 DNA 分子在疾病诊断与治疗领域的 DNA 计算模型研究中展现出巨大潜力。其中，茎作为诊断探针，能够特异性地识别目标分子，而环可能携带抑制疾病发展的 DNA 序列。这为精准医疗提供了新的思路。

这一领域的开创性工作由以色列研究人员 Ehud Shapiro 领导的研究组率先开展，并在后续研究中得到了进一步的拓展与深化，相关成果参见文献[3]。

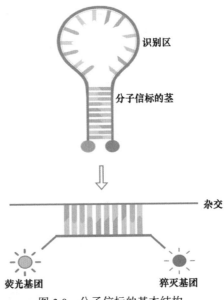

图 3.9　分子信标的基本结构

4. 具有黏性末端的 DNA 分子

图 3.10 所示为具有黏性末端的 DNA 分子。在 DNA 计算的实践中，这类具有黏性末端的 DNA 分子数据通常需要通过人工合成或酶切反应的方式获得。作为信息处理的重要载体，它们在 DNA 计算领域展现出了广阔的应用前景。例如，它们被成功应用于粘贴 DNA 计算模型，以及图顶点着色 DNA 计算模型中，展现了在处理复杂图论问题方面的独特优势。更广泛地讲，几乎在图论研究的所有领域中，具有黏性末端的 DNA 分子都具备潜在的应用价值。文献[4-6]详细探讨了具有黏性末端的 DNA 分子在 DNA 计算领域的深入应用与前沿进展，感兴趣的读者可自行查阅。

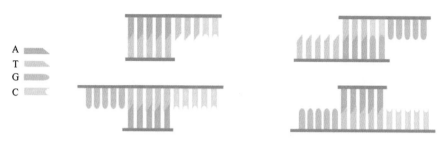

图 3.10　具有黏性末端的 DNA 分子

5. 质粒 DNA 分子

质粒 DNA 分子（简称质粒）是基因工程中不可或缺的常用载体之一，它完美地满足了作为基因工程载体所需的一系列条件[7]。质粒本质上是一种亚细胞水平的遗传元件，既无蛋白质外壳包裹，也不具备细胞外的独立生命周期。它依赖寄主细胞进行复制与增殖，随着寄主细胞的分裂而稳定遗传给子代细胞，但一旦脱离寄主细胞环境，质粒便无法独立存活。质粒对寄主细胞的功能具有一定的补偿作用，通过调控多种生物学过程来实现。质粒具备自主复制和转录的能力，这是它作为基因载体的关键特性之一。质粒能够确保在子代细胞中维持恒定的复制数，从而稳定地传递并表达其所携带的遗传信息。此外，质粒在细胞内的存在形式灵活多样，既可以独立地游离于细胞质中，也可以整合到细菌的染色体 DNA 上，这种灵活性为基因工程操作提供了极大的便利[7]。

质粒已被发现广泛存在于多种生物体内，包括原核生物细胞、部分真核生物细胞、革兰氏阳性及阴性菌，以及大肠杆菌等特定微生物中。质粒作为染色体外的稳定遗传元件，大小范围通常为 1～200kbp，呈现出共价闭合环状 DNA（covalently closed circular DNA，cccDNA）结构。在结构上，质粒相对简单，甚至比病毒更简单。在大肠杆菌这一模式的生物中，科学家们已经鉴定并划分出了多种不同类型的质粒，其中最为人所熟知的有 F 质粒、R 质粒和 Col 质粒。

F 质粒又称 F 因子或性因子，具备一种特殊能力，即能携带寄主染色体上的基因转移到原本不含该质粒的受体细胞中，实现基因的水平转移。

R 质粒则因编码了一种或多种抗生素抗性基因而被称为抗药性因子，这些基因不仅赋予细菌对特定抗生素的抵抗能力，还允许细菌在适宜条件下将这种抵抗能力传递给缺乏相应质粒的受体细胞，使后者同样获得抗生素抗性。

Col 质粒则是一类产生大肠杆菌素的因子，它们编码的基因控制着大肠杆菌素的合成。大肠杆菌素是一类具有强大抗菌活性的蛋白质，能够杀死与产生 Col 质粒的大肠杆菌亲缘关系密切但不携带该质粒的细菌菌株。

在质粒 DNA 的编码设计中，所有适用于基因克隆载体的质粒均拥有 3 个核心组成部分：复制子结构（Replicon）、选择性标记（Selective Marker），以及克隆位点（Cloning Site）。具体而言，复制子结构是质粒自我复制的基础，它包括一个关键的复制起点（Origin of Replication，Ori），该位点负责启动 DNA 的复制。此外，还有调控基因（负责控制复制的频率与效率）与复制子编码基因。这些基因对质粒的复制机制至关重要。多克隆位点（Multiple Cloning Site，MCS）由一系列单一的限制性酶切位点组成，这些位点为外源 DNA 片段提供了精确的插入点，使得研究人员能够根据需要在质粒的特定位置定向插入目标基因或 DNA 序列。图 3.11 所示为质粒的基本结构。

图 3.11 质粒的基本结构

在质粒的操作中，尤其是针对外源核苷酸序列的插入与删除，主要依赖 Ⅱ 型核酸内切限制酶。它由单一多肽链构成，且常以同源二聚体的形式存在于生物体内。Ⅱ 型核酸内切限制酶独特的性质包括 3 个方面：首先，它能在 DNA 分子的双链上识别特定的核苷酸序列，并在这些序列处精确地切割 DNA，致使链断裂；其次，两个单链断裂的位置在 DNA 分子上并不总是直接相对，这增加了酶切反应的复杂性和多样性；最后，由 Ⅱ 型核酸内切限制酶切割产生的 DNA 片段，末端往往具有互补的单链延伸部分，这种特性为后续的 DNA 连接、克隆等操作提供了便利。

质粒的独特性质（如在基因操作中的灵活性与稳定性）为 DNA 计算的实现奠定了坚实基础。质粒 DNA 计算模型巧妙地利用了质粒上的基因位点，通过核酸内切酶与连接酶的精确作用，使质粒能够在两种不同状态间转换，这两种状态可分别用 0 和 1 来象征性地表示，从而模拟传统计算机中 k 位数据寄存器的功能。这个创新性的构想构成了质粒 DNA 计算的核心原理。Head 等人在 2000 年率先将这套理论付诸实践，他们构建了基于质粒的计算模型，并将它成功应用于求解图的顶点最大独立集问题，这项开创性工作不仅验证了质粒 DNA 计算的可行性，还为后续研究开辟了新方向[8]。此后，人们在该领域的研究不断深入，更多关于质粒 DNA 计算模型及其应用的研究成果相继涌现[9-10]。

3.1.4　DNA 分子特性

本小节介绍与 DNA 计算有关的一些 DNA 分子特性。这些特性是 DNA 计算研究人员应该掌握的基本特性。值得一提的是，本小节的内容主要面向非生物学专业的研究人员。

1. DNA 分子的变性和复性

核酸的变性是一个涉及双螺旋区内碱基对间氢键断裂的过程，这一过程可由物理或化学因素触发，导致核酸由双链结构转变为单链结构。变性后的核酸的生物活性可能会部分或完全丧失。需要强调的是，核酸变性仅涉及碱基间氢键的断裂，而维持核酸一级结构的磷酸二酯键完好无损，因此核酸的一级结构在变性过程中保持稳定。具体而言，dsDNA 分子（特别是标志性的双螺旋结构）中的氢键，在遭遇温度升高、介质 pH 值极端变化（小于 4 或大于 10）或接触特定变性剂（如有机溶剂甲醇、乙醇，以及尿素、甲酰胺等化学试剂）等情况时，会发生断裂。当所有氢键均被破坏时，dsDNA 分子的两条多核苷酸链将完全分离，这个过程称为 DNA 分子的变性或解链。

变性过程通常分为两大类：一类是由温度上升触发，称为热变性；另一类则是由溶液酸碱度（pH 值）变化触发，称为酸碱变性。值得注意的是，变性这一生物化学转变实际上发生在一个相对狭窄的温度区间内，并伴随着显著的物理性质变化，其中最关键的是吸光度特性的改变。具体而言，在天然状态下，dsDNA 分子与等量的 ssDNA 碱基相比，展现出较低的吸光度值。因此，可以通过监测吸光度值来间接地了解 DNA 从双链到单链的变性过程，这个过程中吸光度与温度的关系示意如图 3.12 所示。

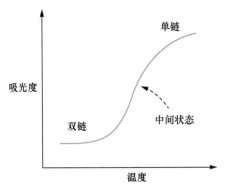

图 3.12　吸光度与温度的关系示意

复性（Renaturation）是变性过程的逆过程，即变性后的两条完全互补的 ssDNA 分子，在适当的条件下恢复到双链甚至天然双螺旋结构的过程。热变性的 DNA 分子一般经过冷却后即可复性，因此，此过程有时也称退火（Annealing）。DNA 分子的变性与复性示意如图 3.13 所示。复性温度一般比该 DNA 分子的解链温度 T_m 低 25℃。

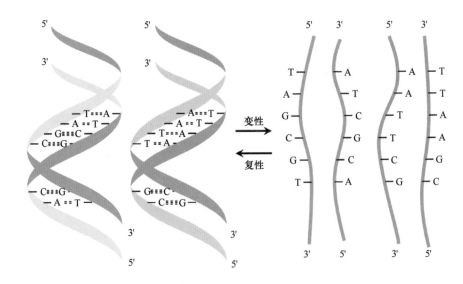

图 3.13　DNA 分子的变性和复性示意

DNA 分子的复性，部分乃至全部的理化性质及生物活性能够得以恢复。在复性过程中，一个明显的现象是紫外吸收值的降低，这称为减色效应。复性的效率受多种因素影响，主要包括以下 3 个方面。

首先，复性时的降温速度至关重要，降温必须缓慢进行。这是因为快速降温会阻碍DNA分子间的有效碰撞与结合，导致复性过程无法充分进行。因此，将高温下的 DNA 分子缓慢冷却至适宜温度的过程称为复性（又称退火）。相反，若将 DNA 分子从高温迅速冷却至低温（如 4℃ 以下），则称为淬火，此条件下 DNA 分子难以复性。

其次，DNA 的浓度也是影响复性的重要因素。浓度越高，意味着互补的 DNA 片段在空间中的碰撞机会越多，它们结合成双链的可能性会增加，有利于复性的进行。

最后，DNA 片段的长度也影响着复性的难易程度。较长的 DNA 片段由于分子结构的复杂性，互补碱基相遇并结合的机会相对减少，因此复性更加困难。

2. 解链温度 T_m

解链温度 T_m 的定义为：dsDNA 分子在变性过程中，有 50%的碱基对变成单链时的温度。它是评价DNA分子的热力学稳定性的重要参数之一。一个 DNA 分子的 T_m 不仅与浓度、溶液的 pH 值有关，还与 DNA 分子大小及所含碱基的 GC 含量有关，并且与碱基序列的排列有关。

DNA 计算中的一个主要生化操作是 dsDNA 分子的解链。由于一般参与生化反应的 DNA 分子是巨量的，并要求在很短的时间段内对所需要的 DNA 分子全部进行解链，即要求作为数据的DNA分子具有尽可能相同或者相近的 T_m。为了达到这个目的，首先，在设计 DNA 序列时必须要求所有的 dsDNA 分子具有相同的氢键数量，原因是dsDNA的解链实际上就是将双链中的氢键打开；其次，考虑到碱基堆积力的影响，在设计 DNA 序列时，还应该考虑 DNA 序列的次序。所以，如何针对 DNA 计算问题，设计 DNA 序列来控制 T_m，以保持所有作为数据的 DNA 分子的 T_m 尽可能相近，是一个非常重要的问题。自从 1953 年沃森（Watson）和克里克（Crick）依靠富兰克林（Rosalind Franklin）拍摄的晶体照片发现 DNA 双螺旋结构以来，关于 T_m 的研究持续不断，目前高通量测序技术也需要大规模DNA分子的相关估计，以确保较高的测序稳定性与准确率。

（1）DNA 短片段的经验公式。一般小于 20bp 的寡核苷酸片段的 T_m 的计算公式为

$$T_m = 4(G+C) + 2(A+T)$$

其中，$G+C$ 和 $A+T$ 为 DNA 分子的相应碱基数量。

（2）基于 GC 含量的经验公式。1962 年，Marmur 和 Doty 给出了基于 GC 含量的 T_m 的近似计算经验公式[11]：

$$T_m = 69.3 + 0.41 \times \%(G+C)$$

其中，$\%(G+C)$ 为 DNA 分子的 GC 碱基百分含量。

（3）基于 DNA 浓度的经验公式。1987 年，Frank-Kamenetskiĭ 等人给出了基于 DNA 浓度的 T_m 的近似计算经验公式[12]：

$$T_m = 100.3 + 14.7 \lg C_0$$

其中，C_0 为 DNA 分子的物质的量浓度。

（4）基于热力学的计算公式。1998 年，SantaLucia 总结出 T_m 的热力学计算公式[13]：

$$T_m = \Delta H° / (\Delta S° + R \ln C_t)$$

其中，$\Delta H°$ 和 $\Delta S°$ 分别为杂交反应的标焓变和熵变，R 为气体常数（$1.987\,\text{cal/K mol}$），C_t 为 DNA 分子的物质的量浓度。基于临近碱基对的热力学参数，利用基于热力学的计算公式可快速计算 DNA 分子的解链温度。近年来，该热力学公式得到改进，在大规模测序技术中广泛使用[14]。

3. dsDNA 分子间的作用力

如前所述，DNA 分子形成稳定双链的关键在于碱基间的氢键作用力，特别是 A 与 T 之间以及 G 与 C 之间形成的氢键。值得注意的是，G 与 C 之间由于存在 3 个氢键，相互吸引力强于 A 与 T 之间的两个氢键。因此，在 dsDNA 分子长度相同的情况下，GC 含量的高低直接决定了双链的稳定性：GC 含量越高，双链越稳定；反之，双链越不稳定。此外，DNA 分子内部还存在另一种重要的作用力——碱基堆积力，它同样对 DNA 分子的结构稳定性起着重要作用。然而，这两种主要作用力的存在，也给 DNA 计算带来了一些挑战与难题。首先，ssDNA 分子在特定温度和环境条件下容易自发形成发卡状构型，这种非预期的构象变化增加了特异性杂交的难度。其次，在设计用于信息处理的 DNA 分子编码时，必须考虑这两种作用力带来的复杂约束，这至少涉及两个方面的难题，增加了编码设计的复杂性和挑战性。

4. DNA 分子的复制

DNA 分子具备强大的复制能力，复制过程在 DNA 聚合酶的催化下完成，确保一个 DNA 分子能够精确地复制为两个结构上完全一致的子代 DNA 分子。在复制过程中，原始 dsDNA 首先分离成两条单链，这两条单链分子随后各自作为模板，遵循严格的碱基配对原则（A 与 T 配对，G 与 C 配对），吸引并连接相应的游离核苷酸，从而形成与模板链互补的新链。这种复制机制保证每个 DNA 分子的两条链都能作为生成新互补序列的模板。最终，复制的结果是产生了两个与原始 DNA 分子在遗传信息上完全相同的子代 DNA 分子。DNA 分子的复制过程示意如图 3.14 所示。

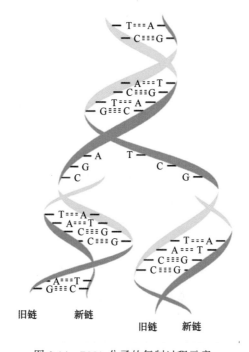

图 3.14　DNA 分子的复制过程示意

3.1.5　DNA 生化反应

DNA 计算中的信息处理手段是 DNA 分子间的"特异性杂交"。DNA 计算实际上就是针对 DNA 分子间的特异性杂交展开一系列工作，如编码设计、解空间的设计、解的检测等。因此，DNA 分子在 DNA 计算中的作用至关重要。本小节详细介绍 DNA 分子杂交的有关概念、基本性质等。

1. 完全性杂交

完全性杂交是指遵循沃森–克里克碱基配对原则，两条 DNA 序列在特定条件下，完全互补的碱基对之间均能够形成稳定的氢键连接，从而实现精确的分子间匹配，如图 3.15（a）所示。DNA 计算领域的核心工作正是聚焦如何实现这种特异性的完全杂交，并在此基础上开展一系列深入的研究与应用探索。

2. 假阳性杂交

假阳性杂交是指在不完全互补的 DNA 分子之间，于适宜条件下也能发生非特异性结合，形成双链分子的现象，如图 3.15（b）（e）所示。这种现象的根源在于杂交的两个 DNA 分子序列间存在一定的"相似度"，导致非预期的配对发生。在 DNA 计算中，假阳性杂交通常是需要尽力避免的不利情况，因为它可能会干扰实验结果的准确性。然而，这种现象在 DNA 计算乃至更广泛的分子生物学领域中并不罕见。为了有效避免假阳性杂交现象，首要策略是在 DNA 序列的编码设计阶段就采取预防措施，通过优化序列设计，降低非特异性结合的可能性。其次，调整实验条件也是一个重要手段，如改变杂交温度、pH 值或使用特定的杂交缓冲液等，以改善杂交反应的特异性。通过综合运用这些策略，可以显著降低假阳性杂交发生的可能性，提高 DNA 计算的准确性和可靠性。

3. 假阴性杂交

假阴性杂交（又称位移杂交）是指完全互补的 DNA 分子在反应过程中由于种种原因而没有完全杂交的现象，图 3.15（c）所示就是其中的一种。假阴性现象主要由反应条件及生化操作本身的失误引起。所以，在进行生化实验时需要精细操作。

4. 发卡（Haripin）结构杂交

发卡结构杂交是指一种特殊的现象，其中单个 DNA 链在自身碱基序列的特定条件下，通过氢键引力发生内部折叠，形成局部双链结构，如图 3.15（d）所示。这种自杂交现象在多数情况下是不希望出现的，需要通过精细的生化操作来有效地控制。然而，在某些情况下，发卡结构杂交反而可以被巧妙地利用于 DNA 计算中，以实现特定的信息处理功能。例如，在文献[15]描述的求解 SAT 问题的 DNA 计算模型中，就利用发卡结构来标记非解，并通过在发卡结构上引入酶切位点，将非解从计算体系中去除。

此外，异源双链体（Heteroduplex）的形成不仅限于 DNA 与 DNA 之间，还可发生在 RNA 与 DNA 之间，甚至 PNA（肽核酸）与 DNA 之间。鉴于当前的 DNA 计算、RNA 计算或 PNA 计算技术尚未广泛利用这些类型的杂交，因此本书不深入讨论。

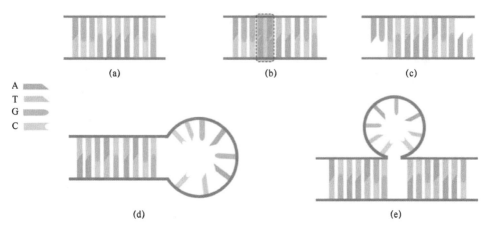

图 3.15　DNA 分子杂交的类型

3.2　RNA 分子

RNA 分子的组成与 DNA 分子相似，也具备 4 种碱基信息分子，核苷酸组件经共价键聚合形成高分子长链（见图 3.16）。生命体内的 RNA 种类繁多，除短双链 RNA、病毒双链 RNA 和特定生理状态下的环状 RNA 外，一般以单链形式存在。截至本书成稿之日，已知的 RNA 分子形式有信使 RNA（messenger RNA，mRNA）、转运 RNA（transfer RNA，tRNA）、核糖体 RNA（ribosomal RNA，rRNA）、微 RNA（microRNA，miRNA）、干扰小 RNA（small interfering RNA，siRNA）、短发卡 RNA（short hairpin RNA，shRNA）、长链非编码 RNA（long noncoding RNA，lncRNA）等，它们参与基因转录、蛋白表达、发育调控、免疫调节等各种生命活动。基于 RNA 信息流动的特点，各种 RNA 计算与检测技术蓬勃发展，例如以指导 RNA（guide RNA，gRNA）为基础的基因组编辑技术被应用于新型器件开发[16]。本节主要介绍 RNA 分子的核苷酸、结构和类型，关于 RNA 计算的介绍详见第 11 章。

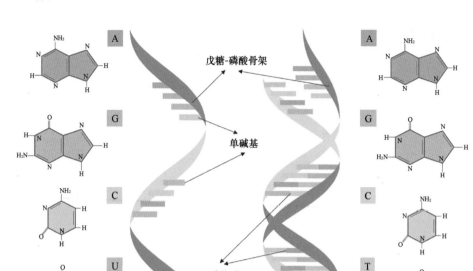

图 3.16 RNA 与 DNA 的分子组成

3.2.1 RNA 分子的核苷酸

RNA 分子的核苷酸是由一分子磷酸、一分子戊糖和一分子有机碱缩合生成，其中戊糖为核糖，而 DNA 分子中的戊糖为 2-脱氧核糖（见图 3.17）。

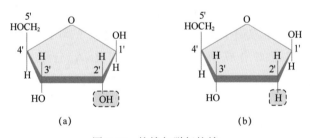

图 3.17 核糖与脱氧核糖

（a）核糖 （b）脱氧核糖

RNA 分子中的有机碱基也分为两类：嘌呤和嘧啶。RNA 分子中的嘌呤与 DNA 分子中的相同，分为腺嘌呤（A）和鸟嘌呤（G）；嘧啶则分为胞嘧啶（C）和尿嘧啶（Uracil，U），没有 DNA 分子中的胸腺嘧啶（见图 3.18）。

RNA 分子作为编码信息载体的字符集为{AUGC}，与 DNA 分子的字符集 {ATGC}略有区别。

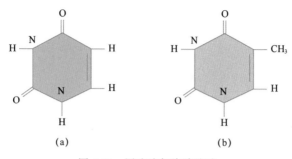

图 3.18　尿嘧啶与胸腺嘧啶

（a）尿嘧啶　（b）胸腺嘧啶

与 DNA 分子相似，RNA 分子中的戊糖分子上的第 1 位 C 原子与嘌呤上的第 9 位 N 原子或嘧啶上的第 1 位 N 原子，以 β 型 C—N 糖苷键连接而形成核苷。RNA 中的核糖核苷也有 4 种：腺嘌呤核苷（腺苷）、鸟嘌呤核苷（鸟苷）、尿嘧啶核苷（尿苷）、胞嘧啶核苷（胞苷）。图 3.19 所示为尿嘧啶核苷和胸腺嘧啶脱氧核苷的结构差异。

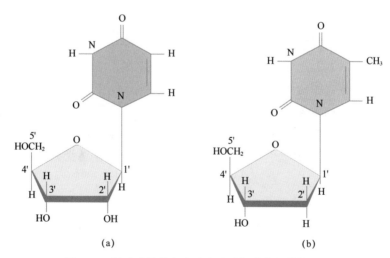

图 3.19　尿嘧啶核苷和胸腺嘧啶脱氧核苷的结构差异

（a）尿嘧啶核苷　（b）胸腺嘧啶脱氧核苷

与 DNA 分子相似，RNA 分子中磷酸与核糖结合的部位通常是核糖的第 3'位或第 5'位 C 原子。与 4 种核苷对应，RNA 分子也有 4 种核苷酸，图 3.20

所示为 5'-尿嘧啶核苷酸（5'-UMP）和 5'-胸腺嘧啶脱氧核苷酸（5'-dTMP）的结构差异。RNA 核苷分子中的戊糖环上的羟基磷酸化形成核苷酸。

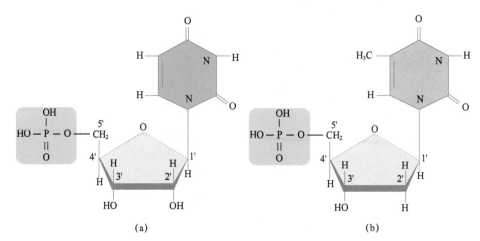

图 3.20　5'-尿嘧啶核苷酸和 5'-胸腺嘧啶脱氧核苷酸的结构差异

（a）5'-尿嘧啶核苷酸　　（b）5'-胸腺嘧啶脱氧核苷酸

3.2.2　RNA 分子的结构

RNA 分子中的每个核苷酸都含有一个核糖（碳编号为 1'到 5'），腺嘌呤（A）、胞嘧啶（C）、鸟嘌呤（G）或尿嘧啶（U）附着在核糖 1'位上。戊糖与磷酸通过磷酸二酯键聚合为 RNA 分子的链条骨架，RNA 分子与 DNA 分子的一个重要的结构差异是 RNA 分子在核糖的 2'位上存在一个羟基。RNA 单链内部可形成局部双链，2'羟基导致 RNA 双链结构与 DNA 结构不同[17]。RNA 分子构象灵活，部分区域不参与双螺旋结构的形成，容易受到核酸酶切割效应的影响[18]。

RNA 分子只有 4 种碱基（A、C、G、U），但在 RNA 分子转录与选择性剪切过程中，碱基可以通过多种方式进行共价修饰，从而形成特殊的核苷酸参与 RNA 分子合成，发挥特殊生理作用。假尿嘧啶（Ψ）的尿嘧啶与核糖之间共价键由 C—N 变为 C—C，甲基尿苷在 tRNA 的 TΨC 环中很明显[19]。次黄嘌呤也是一种修饰碱基，具体为脱氨基的腺嘌呤碱基，它的核苷被称为肌苷，在遗传密码的摆动假说中起着关键作用[20]。自然界还有 100 多种其他自然发生的修饰核苷，其中 tRNA 和 rRNA 中修饰核苷的结构类型最多，但具体生理作用尚不完全清楚。

与 ssDNA 分子相似，单链 RNA 分子也具备一级结构、二级结构和三级结构。一级结构是核苷酸组件的共价缩合，由 4 种核苷酸序贯排列得到[见图 3.21（a）]。二级结构是分子内氢键的偶联结果，如发卡、茎环和自由单链区[见图 3.21（b）]。三级结构是在二级结构的基础上进一步扭曲缠绕而成的，形成完善的功能域。与蛋白质一样，生命体内的 RNA 行使分子功能，通常需要一个特定的三级结构。

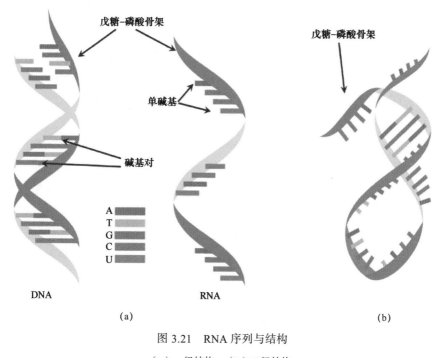

图 3.21　RNA 序列与结构

（a）一级结构　　（b）二级结构

3.2.3　RNA 分子的类型

生命体内 RNA 分子的种类繁多，根据 RNA 链的长度，RNA 分子可简单分为小 RNA 和长 RNA[21]。小 RNA 的长度不超过 200nt，而长 RNA 的长度大于 200nt[1]。截至本书成稿之日，长 RNA 主要包括 lncRNA 和 mRNA，小 RNA

---

[1] nt 是 "nucleotide"（核苷酸）的缩写。核苷酸是构成核酸（如 DNA 和 RNA）的基本单位。当描述 RNA（或 DNA）的长度时，常以 nt 为单位来表示其包含核苷酸的数量。

主要包括 5.8S rRNA、5S rRNA、tRNA、miRNA、siRNA、核仁小 RNA（small nucleolar RNA，snoRNA）、PIWI 互作 RNA（PIWI-interacting RNA，piRNA)、tRNA 来源小 RNA（tRNA-derived small RNA，tsRNA）和小核糖体 RNA（small rDNA-derived RNA，srRNA）。

mRNA 是一种携带遗传信息的 RNA，信息流从 DNA 编码区进入核糖体，可认为 mRNA 是 DNA 的一种遗传副本。依据每 3 个核苷酸（密码子）对应一个氨基酸的生物规则，mRNA 的编码序列决定了相应蛋白质的氨基酸序列。在真核细胞中，一旦前信使 RNA（pre-messenger RNA，pre-mRNA，简称前体 mRNA）从 DNA 中转录出来，它就会被加工为成熟的 mRNA。mRNA 随后从细胞核输出到细胞质，在那里它与核糖体结合，并在 tRNA 的帮助下翻译成相应的蛋白质形式。在没有细胞核和细胞质室的原核细胞中，mRNA 从 DNA 转录时可以先与核糖体结合，随后在胞内核糖核酸酶的帮助下降解为其组成的核苷酸。

与 mRNA 不同，非编码 RNA（non-coding RNA，ncRNA）最典型的例子是 tRNA 和 rRNA，它们都参与翻译过程。tRNA 是一种由大约 80 个核苷酸组成的小 RNA 链，在翻译过程中将特定的氨基酸转移到蛋白质合成核糖体位点的生长多肽链上。tRNA 具有氨基酸连接位点和用于密码子识别的反密码子区域，通过氢键与 mRNA 链上的特定序列结合。rRNA 是核糖体的组成部分。真核核糖体含有 4 种不同的 rRNA 分子：18S rRNA、5.8S rRNA、28S rRNA 和 5S rRNA。rRNA 先与蛋白质结合构建核糖体复合体，随后与 mRNA 结合，进行蛋白质胞内合成。与其他 RNA 相比，真核细胞中 rRNA 含量最丰富，与蛋白质翻译生理功能对应。

现有研究表明，除了阻遏因子和激活因子等蛋白质调控因子，RNA 也调节基因。真核生物的 RNA 调控机理多样，如 RNA 干扰（RNA interference，RNAi）在转录后抑制基因，lncRNA 在表观遗传上关闭染色质块，增强 RNA 诱导基因表达增加。细菌和古细菌也被证明具有调控 RNA 系统，如细菌小 RNA 和成簇规律间隔短回文重复（Clustered Regulatory Interspaced Short Palindromic Repeat，CRISPR）[22]。miRNA 通过碱基配对原则调控 mRNA 翻译的 RNA 分子。由于 RNA 调控机制的多样化，计算机理论研究人员可利用遗传信息流构建特定问题的数学模型，进而构建纳米级别的计算机器。

3.3　蛋白质分子

自然界蛋白质由 20 种常见氨基酸通过共价键序贯链接构成，进一步通过氢键、静电相互作用、疏水作用、范德瓦耳斯力等非共价作用逐次形成二级结构、三级结构和四级结构，从而在生命体内发挥重要功能，实现信号感知。单条蛋白质序列可以形成多种构象，蛋白质构象的转变可以代表信号的转变，形成计算模型基础。与核酸分子相比，蛋白质分子有千变万化的结构与丰富多样的功能。蛋白质计算的详细内容见第 12 章，本节主要介绍蛋白质的结构、类型与蛋白质计算输出检测技术。

3.3.1　蛋白质的结构

氨基酸是蛋白质的基本组成单位，是带有氨基的有机酸，结构通式如图 3.22 所示，它由一个氨基、一个羧基、一个氢原子和一个 R 基团（为可变基团）组成。基于不同的 R 基团，组成生物体内各种蛋白质的基本氨基酸有 20 种[21]。蛋白质分子是由氨基酸首尾相连通过脱水缩合而成的共价多肽链。蛋白质具有一级、二级、三级、四级结构，蛋白质分子的结构决定了它的功能，本书以血红蛋白为例来介绍蛋白质的一级、二级、三级、四级结构。

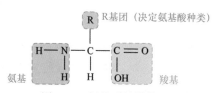

图 3.22　氨基酸的结构通式

蛋白质的一级结构就是蛋白质多肽链中氨基酸残基的排列顺序，每种蛋白质都有唯一且确切的氨基酸序列，它由基因上遗传密码的排列顺序决定，也是蛋白质最基本的结构。血红蛋白是一种含铁离子的氧结合金属蛋白，由两个非共价结合的 α 亚基和两个 β 亚基组成，一般存在于脊椎动物的红细胞中，主要功能是在血液中结合并转运氧。图 3.23（a）所示为人类血红蛋白的 α、β 亚基的氨基酸序列，分别由 141、146 个氨基酸残基组成。截至本书成稿之日，国际上最权威的蛋白质一级结构（蛋白质序列）数据库是 UniProt，该数据库已经收集了56万余条人工注释的蛋白质序列。蛋白质分子并非呈线形伸展，而是折叠和盘曲成比较稳定的空间结构来行使生物功能。蛋白质的空间结构就是指蛋白质的二级、三级和四级结构。

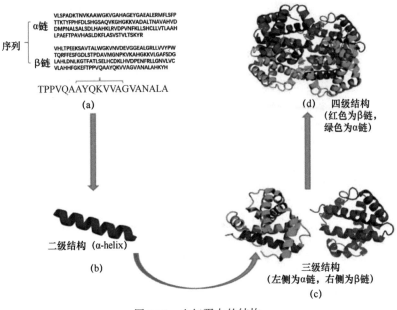

图 3.23　血红蛋白的结构

蛋白质的二级结构是指蛋白质在一级结构的基础上，某一段肽链骨架原子借助氢键沿一定的轴盘旋或折叠形成特定的局部空间规则构象，不涉及氨基酸残基侧链。蛋白质二级结构主要包括 α 螺旋、β 折叠和 β 转角。

α 螺旋的多肽链主链围绕中心轴有规律地螺旋式上升，每 3.6 个氨基酸残基螺旋上升一圈，则向上平移 0.54nm，相邻的氨基酸残基形成完整的一圈 α 螺旋后，残基形成这种螺旋结构将变得更加容易和快速。α 螺旋是蛋白质中最常见、最典型的二级结构，天然蛋白质中约 35% 的氨基酸都位于 α 螺旋结构中，如血红蛋白的 α 和 β 亚基分别有 68% 和 70% 的氨基酸都位于 α 螺旋结构中。图 3.23（b）所示为血红蛋白 β 亚基的一段 α 螺旋。

β 折叠也是一种重复性的结构，大致可分为平行式和反平行式两种类型，它们是通过肽链间或肽段间的氢键维系，肽键平面折叠成锯齿状，相邻肽链主链的 N—H 和 C＝O 之间形成有规则的氢键。

肽链中出现的 180° 回折的结构称为 β 转角，它由 4 个连续氨基酸残基构成。其中，第一个氨基酸残基的羧基与第四个氨基酸残基的亚氨基之间形成氢键以维持其稳定，第二个氨基酸残基多为脯氨酸。无规卷曲是除 α 螺旋、β 折叠、β 转角外经常出现的不规则二级结构，是具有重要的生物学功用，但排布相对没有规律的环或卷曲结构。

蛋白质三级结构指一条多肽链在各种二级结构的基础上进一步盘绕、折叠，依靠次级键维系、固定，从而形成的特定空间结构。蛋白质三级结构的稳定主要靠次级键（如氢键、疏水键、盐键）和范德瓦耳斯力等，这些次级键可存在于距蛋白质一级结构很远的氨基酸残基的 R 基团之间。此外，对于绝大多数蛋白质，二硫键也对其稳定和三级结构的形成起到了相当重要的作用。图 3.23（c）所示为血红蛋白 α 和 β 亚基的三级结构。

许多有生物活性的蛋白质由两条或多条具有三级结构的肽链构成，每条肽链称为一个亚基，通过非共价键维系亚基与亚基之间的空间位置关系，从而形成蛋白质的四级结构。各亚基之间的结合力主要是疏水键，氢键和离子键也参与维持四级结构。例如，血红蛋白［见图 3.23（d）］由 4 个具有三级结构的多肽链（α 链和 β 链各两个）构成，四级结构近似椭球形状。

3.3.2　蛋白质的类型

根据分子形状的不同，蛋白质可以分为球状蛋白质（简称球状蛋白）和纤维状蛋白质（简称纤维状蛋白）两大类。前者外形近似球体，多溶于水且具有活性，如酶、转运蛋白、蛋白激素、抗体等。后者一般外形细长、分子量大，多为结构蛋白，如胶原蛋白等。纤维状蛋白可分为可溶性纤维蛋白与不溶性纤维蛋白。前者包括血液中的纤维蛋白原、肌肉中的肌球蛋白等，后者包括角蛋白等结构蛋白。

根据分子组成的不同，蛋白质可以分为简单蛋白质（简称简单蛋白，又称单纯蛋白）与结合蛋白两大类。前者完全由氨基酸组成，不含非蛋白成分，如血清白蛋白等。根据溶解性的不同，简单蛋白又可分为 7 类：清蛋白、球蛋白（Globulin）、组蛋白、精蛋白、谷蛋白、醇溶蛋白和硬蛋白。这里的球蛋白与前面说的球状蛋白不同，它是指不溶或微溶于水，可溶于稀盐溶液的简单蛋白。免疫球蛋白是球蛋白的一种。结合蛋白除了由氨基酸构成的肽链，还含有非蛋白成分，这些成分统称为辅基。根据辅基的不同，结合蛋白可分为核蛋白、脂蛋白、糖蛋白、磷蛋白、血红素蛋白、黄素蛋白和金属蛋白 7 类。

蛋白质还可以根据在生物体内的不同功能进行分类，可以分为酶、结构蛋白、运输蛋白、免疫蛋白、识别蛋白和其他功能蛋白。酶是最常见的一种蛋白质，它们能够催化生物化学反应，加快各种化学反应的速度，尤其对生物体的代谢至关重要。结构蛋白主要承担细胞内部和外部结构的建设工作。运输蛋白作为转运蛋白，负责在细胞内外运输各种物质。免疫蛋白可以作为免疫细胞的分泌物，帮助身体对抗病原体。识别蛋白是细胞表面的特殊结构，用于细胞间的识别。其他功能蛋白包括一些尚未明确具体功能的蛋白质，它们在生物体内可能扮演着多种多样的角色。

以上是根据蛋白质在生物体内的作用进行的分类，但实际上，每一种蛋白质都有可能是上述数种功能的组合，因为蛋白质本身的结构复杂多样，能够在不同的生理条件下执行多种任务[21]。

3.3.3　蛋白质计算输出检测技术

蛋白质计算的输出通常表现为特定的生化效应或生物学效应，需要借助现有的生物分析技术进行检测。光学技术在蛋白质计算的输出信号分析中发挥了至关重要的作用，最常用来分析蛋白质计算输出信号的光学技术有光吸收法、荧光光谱法、表面等离子共振法等，下面分别介绍。

1. 光吸收法

光线通过溶液或物质后强度会变弱，通过前的入射光强度与通过后的入射光强度的比值的对数被称为吸光度。通过测量样品对特定波长的光的吸光度可以分析样品中化学物质的组成和浓度。在蛋白质计算的研究中，可以通过测量产生或消耗的物质对特定波长的光的吸收强度检测蛋白质计算的输出信号。

2. 荧光光谱法

荧光是一种光致发光现象，当物质分子吸收特定波长的光后，它会进入激发态。在这个状态下，分子内部的电子结构发生变化，导致某些电子跃迁到更高的能级。当这些电子从高能级跃迁回基态时，会释放出额外的能量，形成可见光的发射。通过测量样品在受到激发光照射后发出的荧光光谱，可以检测样品中的化学物质。在蛋白质计算的研究中，可以通过测量样品中产生或消耗的荧光物质的荧光光谱来分析蛋白质计算的输出信号。

3. 表面等离子共振法

表面等离子共振法是一种基于光学原理的表征技术，常用于研究生物分子的相互作用、膜蛋白的构象变化。将待测样品与金属表面连接，将偏振光或全反射光耦合到金属表面上，当入射光的角度或波长与金属表面上的等离子共振频率匹配时，会发生共振现象，导致光的吸收或反射发生变化。通过测量样品与金属表面之间的等离子共振情况，可以分析样品中的化学物质。在蛋白质计算的研究中，可以将样品与金属表面结合，通过测量样品与金属表面之间的等离子共振情况来分析蛋白质计算的输出信号。

以上方法都是基于光学原理，通过测量样品对光的吸收、反射、散射等特性来实现对样品中化学物质的定性和定量分析[23]。在蛋白质计算的研究中，这些方法可以帮助研究人员实时监测和分析反应的输出信号，从而评估计算的效果和性能。

参考文献

［1］ FANG G, ZHANG S, DONG Y, et al. A novel DNA computing model based on RecA-mediated triple-stranded DNA structure［J］. Progress in Natural Science, 2007, 17(6): 708-711.

［2］ 许进, 张社民, 范月科, 等. DNA 计算机原理、进展与难点(Ⅲ): 分子生物计算中的数据结构与特性［J］. 计算机学报, 2007, 30(6): 869-880.

［3］ BENENSON Y, GIL B, BEN-DOR U, et al. An autonomous molecular computer for logical control of gene expression［J］. Nature, 2004, 429(6990): 423-429.

［4］ ROWEIS S, WINFREE E, BURGOYNE R, et al. A sticker-based model for DNA computation［J］. Journal of computational biology, 1998, 5(4): 615-629.

［5］ XU J, DONG Y, WEI X. STICKER DNA computer model (Ⅰ): Theory［J］. Chinese Science Bulletin, 2004, 49(7): 1-8.

［6］ XU J, LI S, DONG Y, et al. Sticker DNA computer model (Ⅱ): applications［J］. Chinese Science Bulletin, 2004, 49(8): 1-9.

［7］ 吴乃虎. 基因工程原理［M］. 2 版. 北京: 科学出版社, 2002.

[8] HEAD T, ROZENBERG G, BLADERGROEN R, et al. Computing with DNA by operating on plasmids[J]. BioSystems, 2000, 57(2): 87-93.

[9] 张连珍, 刘光武, 许进. 基于质粒的 DNA 计算模型研究[J]. 计算机工程与应用, 2004, 4: 51-52.

[10] OUYANG Q, KAPLAN P, LIU S, et al. DNA solution of the maximal clique problem[J]. Science, 1997, 17(278): 446-449.

[11] MARMUR J, DOTY P. Determination of the base composition of dcoxyribonucleic acid from its thermal denaturation temperature[J]. J. Mol. Biol., 1962, 5: 109-118.

[12] FRANK-KAMENETSKIĬ M, ANSHELEVICH V, LUKASHIN A. Polyelectrolyte model of DNA[J]. Sov. Phys. Usp., 1987, 30(4): 317-330.

[13] SANTALUCIA J. A unified view of polymer, dumbbell, and oligonucleotide DNA nearest-neighbor thermodynamics[J]. Proc. Natl. Acad. Sci. USA., 1998, 95(4): 1460-1465.

[14] CHEN Y, HUANG X. DNA sequencing by denaturation: principle and thermodynamic simulations[J]. Anal Biochem, 2009, 384(1): 170-179.

[15] SAKAMOTO K, GOUZU H, KOMIYA K, et al. Molecular computation by DNA hairpin formation[J]. Science, 2000, 288(5469): 1223-1226.

[16] SHIPMAN S, NIVALA J, JEFFREY D. et al. CRISPR－Cas encoding of a digital movie into the genomes of a population of living bacteria[J]. Nature, 2017, 547(7663): 345-349.

[17] SALAZAR M, FEDOROFF O Y, MILLER J, et al. The DNA strand in DNA.RNA hybrid duplexes is neither B-form nor A-form in solution[J]. Biochemistry, 1993, 32(16): 4207-4215.

[18] MIKKOLA S, STENMAN E, NURMI K, et al. The mechanism of the metal ion promoted cleavage of RNA phosphodiester bonds involves a general acid catalysis by the metal aquo ion on the departure of the leaving group[J]. Journal of the Chemical Society, Perkin Transactions, 1999, 2 (8): 1619-1626.

[19] YU Q, MORROW C. Identification of critical elements in the tRNA acceptor stem and T(Psi)C loop necessary for human immunodeficiency virus type 1 infectivity[J]. Journal of Virology, 2001, 75 (10): 4902-4906.

[20] ELLIOTT M, TREWYN R. Inosine biosynthesis in transfer RNA by an enzymatic insertion of hypoxanthine[J]. The Journal of Biological Chemistry, 1984, 259 (4): 2407-2410.

[21] 沈同, 王镜岩. 生物化学[M]. 3 版. 北京: 高等教育出版社, 2002.

[22] GOTTESMAN S. Micros for microbes: non-coding regulatory RNAs in bacteria[J]. Trends in Genetics, 2005, 21 (7): 399-404.

[23] 萨姆布鲁 J, 拉赛尔 D. 分子克隆实验指南[M]. 3 版. 黄培堂, 译. 北京: 科学出版社, 2002.

第 4 章

生物计算算子：酶与生化操作

第 3 章介绍了生物计算所需数据：DNA、RNA 和蛋白质。它们构成了生物计算的基础。本章介绍生物计算的另一个重要基础——酶与生化操作。

4.1 生物计算常用工具酶

生物计算的发展非常迅速，它有着独特的信息处理系统，执行这些信息处理的操作离不开介导生化反应的工具酶（实质上是蛋白质）。本节介绍一些常用的工具酶，生化操作相关内容会在 4.2 节介绍。

4.1.1 限制性内切核酸酶

限制性内切核酸酶（Restriction Enzyme，又称限制性内切酶或限制酶）是生物计算生化反应操作中常用的重要切割工具。这类酶最早发现于某些品系的大肠杆菌体内，在此类酶的作用下，这些品系的大肠杆菌能够“限制”噬菌体感染自身。这类酶能特异性地识别并附着于特定的核苷酸序列，并对每条链中特定部位的两个脱氧核糖核苷酸之间的磷酸二酯键进行切割。这种切割反应通常发生在特定的核苷酸序列处，也就是回文序列（Palindromic Sequence），它是指一条链正向读的碱基顺序与另一条链反向读的碱基顺序完全一致。

根据限制酶的结构、辅因子的需求、酶切位点与作用方式，可以将限制酶分为 3 种类型，分别是第一型（Type Ⅰ）、第二型（Type Ⅱ）及第三型（Type Ⅲ）。

（1）第一型限制酶，如 EcoB、EcoK，同时具有修饰及限制性切割的作用，还有识别 DNA 上特定碱基序列的能力，通常其酶切位点与识别位点的距离可达数千个碱基对之远，无法准确定位酶切位点，所以并不常用。

（2）第二型限制酶，如 EcoRⅠ、HindⅢ，只具有限制性切割的作用，修饰作用则由其他酶完成。所识别的位置多为短的回文序列，所剪切的碱基序列通常是所识别的序列。第二型限制酶是遗传工程上实用性较高的限制酶类型。

（3）第三型限制酶与第一型限制酶相似，如 EcoPⅠ、HinfⅢ，同时具有修饰及识别切割的作用，识别短的不对称序列，切割位与识别序列距 24～26bp，无法准确定位酶切位点，所以并不常用。

在生物计算生化反应操作中，使用最多的是第二型限制酶，多作为"切割"算子。切割方式又可以分为错位切和平切两种。错位切一般是在两条链的不同部位切割，中间相隔几个核苷酸，切下后的两端形成一种回文式的单链末端，这种末端能与具有互补碱基的目的基因的 DNA 片段连接，故称为黏性末端。平切是在两条链的特定序列的相同部位切割，形成平端（Blunt End）。

限制酶的命名是根据细菌种类而定的，以 EcoRⅠ为例：E 是 Escherichia 的首字母大写，表示细菌的属；co 是 coli 的缩写，表示细菌的种；R 是 RY13 的首字母大写，表示品系；Ⅰ是罗马数字"一"，指第一个在此类细菌中发现的限制酶，表示发现的顺序。常用限制酶的来源、识别序列及酶切位点[1]见表 4.1。

表 4.1　常用限制酶的来源、识别序列及酶切位点

名称	中文名称（英文名称）	识别序列	酶切位点
EcoRⅠ	大肠杆菌 （Escherichia coli）	5'-GAATTC 3'-CTTAAG	5'-G　　　AATTC-3' 3'-CTTAA　　　G-5'
BamHⅠ	解淀粉芽孢杆菌 （Bacillus amyloliquefaciens）	5'-GGATCC 3'-CCTAGG	5'-G　　　GATCC-3' 3'-CCTAG　　　G-5'
HindⅢ	流感嗜血杆菌 （Haemophilus influenzae）	5'-AAGCTT 3'-TTCGAA	5'-A　　　AGCTT-3' 3'-TTCGA　　　A-5'

续表

名称	中文名称（英文名称）	识别序列	酶切位点
Taq I	水生栖热菌 （Thermus aquaticus）	5'-TCGA 3'-AGCT	5'-T　　CGA-3' 3'-AGC　　T-5'
Not I	诺卡菌属（Nocardia）	5'-GCGGCCGC 3'-CGCCGGCG	5'-GC　　GGCCGC-3' 3'-CGCCGG　　CG-5'
Hinf I	流感嗜血杆菌 （Haemophilus influenzae）	5'-GANTC 3'-CTNAG	5'-G　　ANTC-3' 3'-CTNA　　G-5'
Sau3A	金黄色葡萄球菌 （Staphylococcus aureus）	5'-GATC 3'-CTAG	5'-　　GATC-3' 3'-CTAG　　-5'
Pov II *	普通变形杆菌 （Proteus vulgaris）	5'-CAGCTG 3'-GTCGAC	5'-CAG　　CTG-3' 3'-GTC　　GAC-5'
Sma I *	粘质沙雷氏菌 （Serratia marcescens）	5'-CCCGGG 3'-GGGCCC	5'-CCC　　GGG-3' 3'-GGG　　CCC-5'
Hae III *	埃及嗜血杆菌 （Haemophilus egytius）	5'-GGCC 3'-CCGG	5'-GG　　CC-3' 3'-CC　　GG-5'
Alu I *	藤黄结杆菌 （Arthrobacter luteus）	5'-AGCT 3'-TCGA	5'-AG　　CT-3' 3'-TC　　GA-5'
EcoR V *	大肠杆菌 （Escherichia coli）	5'-GATATC 3'-CTATAG	5'-GAT　　ATC-3' 3'-CTA　　TAG-5'
Kpn I [1]	肺炎克雷伯菌 （Klebsiella pneumonia）	5'-GGTACC 3'-CCATGG	5'-GGTAC　　C-3' 3'-C　　CATGG-5'
Pst I [1]	斯氏普鲁威登菌 （Providencia stuartii）	5'-CTGCAG 3'-GACGTC	5'-CTGCA　　G-3' 3'-G　　ACGTC-5'
Sac I [1]	无色链霉菌 （Streptomyces achromogenes）	5'-GAGCTC 3'-CTCGAG	5'-GAGCT　　C-3' 3'-C　　TCGAG-5'
Sal I [1]	白色链霉菌 （Streptomyces albue）	5'-GTCGAC 3'-CAGCTG	5'-G　　TCGAC-3' 3'-CAGCT　　G-5'
Sph I [1]	暗产色链霉菌 （Streptomyces phaeochromogenes）	5'-GCATGC 3'-CGTACG	5'-G　　CATGC-3' 3'-CGTAC　　G-5'
Xba I [1]	巴氏黄单胞菌 （Xanthomonas badrii）	5'-TCTAGA 3'-AGATCT	5'-T　　CTAGA-3' 3'-AGATC　　T-5'

* 产生平端。

4.1.2　DNA 聚合酶

DNA 聚合酶（DNA Polymerase）是一种参与 DNA 复制、合成的酶。1957年，美国科学家阿瑟·科恩伯格（Arthur Kornberg）首次在大肠杆菌中发现 DNA 聚合酶，这种酶被称为 DNA 聚合酶Ⅰ（DNA PolymeraseⅠ，PolⅠ）。1970年，德国科学家罗尔夫·克尼佩尔斯（Rolf Knippers）发现了 DNA 聚合酶Ⅱ（PolⅡ）。随后，DNA 聚合酶Ⅲ（PolⅢ）被发现。原核生物中主要的 DNA 聚合酶及负责染色体复制的是 PolⅢ，它主要以模板的形式催化脱氧核糖核苷酸的聚合。聚合后的分子将会组成模板链并进一步参与配对。它在生物计算系统中起关键作用，广泛应用于生物计算的 PCR 技术就是以它为基础开发的。PCR 技术会在 4.4 节详细讨论。DNA 的复制如图 4.1 所示。

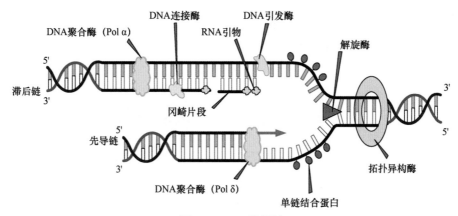

图 4.1　DNA 的复制

DNA 聚合酶以脱氧核苷三磷酸[1]（deoxyribonucleoside Triphosphate，dNTP）为底物，沿模板的 3'→5'方向，将对应的脱氧核苷酸连接到原有 DNA链的 3'端，使新生链沿 5'→3'方向延长。新链与原有的模板链序列互补，亦与模板链的原配对链序列一致。已知的所有 DNA 聚合酶均以 5'→3'方向合成DNA，且均不能"重新"（de novo）合成 DNA，而只能将脱氧核苷酸加到已有的 RNA 或 DNA 的 3'末端羟基上。因此，DNA 聚合酶除了需要用模板作为序列指导，还必须有引物（Primer）来起始合成。合成引物的酶被称为 DNA引发酶（DNA primase，DnaG，简称引发酶）。DNA 聚合酶介导的 DNA 合

---

[1] 又称三磷酸脱氧核苷，是脱氧核苷的三磷酸酯，体内通常为 5'-三磷酸酯，如脱氧腺苷三磷酸（dATP）、脱氧鸟苷三磷酸（dGTP）、脱氧胞苷三磷酸（dCTP）和脱氧胸苷三磷酸（dTTP）。

成起始于引物和 DNA 配对，配对的引物 3'末端带有一个自由的羟基，随后在 DNA 聚合酶的催化下由这个自由羟基氧上的配对电子攻击三磷酸碱基上的磷原子并亲核取代，继而在戊糖和磷酸之间形成酯键，从而完成一个碱基的延伸，如图 4.2 所示。在整个过程中，能量是由三磷酸碱基所携带的高能磷酸键提供的：磷酸酯形成以后，一个焦磷酸分子脱落，焦磷酸分子再次分裂，为 DNA 聚合过程提供足够的能量。

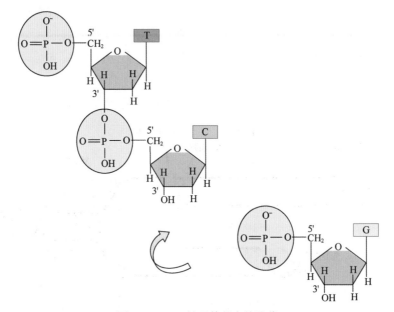

图 4.2　DNA 链延伸的亲核取代

在原核生物中，DNA 聚合酶主要分为以下 6 类。

（1）DNA 聚合酶 I（Pol I）。大肠杆菌 K-12 株的 DNA 聚合酶 I，由基因 polA 编码，由 928 个氨基酸组成，分子量为 103.1kDa[1]，结构类似于球状，直径约为 6.5nm，每个细菌细胞中约有 400 个该聚合酶分子。它也是最初尝试进行 PCR 的聚合酶。

（2）DNA 聚合酶 II（Pol II）。在 DNA 稳定期的损伤修复中起作用。

（3）DNA 聚合酶 III（Pol III）。在大肠杆菌 DNA 复制过程中起主要作用。

（4）DNA 聚合酶 IV（Pol IV）。与 DNA 聚合酶 II 一起负责稳定期的损伤

---

[1] kDa 即千道尔顿，是一种常用于表示大分子物质分子量的非 SI 单位，在生物化学、分子生物学和蛋白质组学等领域应用广泛。1kDa≈1000g/mol。

修复。

（5）DNA 聚合酶 V（Pol V）。参与 SOS 修复。

（6）D 族 DNA 聚合酶（family D）。

在真核生物中，DNA 聚合酶主要分为以下 6 类。

（1）DNA 聚合酶 α（Pol α）。与引发酶形成复合体（Pol α-primase complex），合成约 10nt RNA 引物，然后作为 DNA 合成酶延伸此段 RNA 引物；合成约 20 个碱基后，将后续的延伸过程交给 Pol δ 与 Pol ε。

（2）DNA 聚合酶 β（Pol β）。在 DNA 修复中起作用，低保真度的复制。

（3）DNA 聚合酶 γ（Pol γ）。复制线粒体 DNA（mitochondrial DNA, mtDNA）。

（4）DNA 聚合酶 δ（Pol δ）。Pol δ 与 Pol ε 是真核细胞的主要 DNA 聚合酶，用于滞后链（Lagging Strand）合成。

（5）DNA 聚合酶 ε（Pol ε）。填补引物空隙、切除修复、重组，用于先导链（Leading Strand）合成。

（6）DNA 聚合酶 ζ（Pol ζ）。参与跨损伤 DNA 合成（Translesion DNA Synthesis，TLS），特别是在绕过 DNA 损伤后引物 DNA 的延伸[2]。

此外，还有一种非常重要的 DNA 聚合酶——Taq DNA 聚合酶（Taq DNA Polymerase，简称 Taq Pol 或 Taq 酶），它在生物计算中非常重要，是 PCR 的基础。

凯瑞·穆利斯（Kary Mullis）于 1983 年开始尝试将两个引物与目标 DNA 片段杂交后加入 DNA 聚合酶，此方法可以实现指数级别的 DNA 复制。在每轮复制后需要将混合物加热到 90℃ 以上，使新合成的 DNA 熔解；两条 DNA 链分开后，方可成为下一轮复制的模板。在发现 Taq 酶之前，加热过程也会使当时使用的大肠杆菌 DNA 聚合酶 Ⅰ 失活。Taq 酶的应用使 PCR 可在高温（约 60℃）下进行，有助于提高引物专一性，减少非特异性产物。PCR 只需在封闭试管中借助相对简单的热循环仪进行。因此，Taq 酶是解决分子生物学中众多 DNA 相关分析问题的基石，也是最初生物计算的基石。

Taq 酶是由钱嘉韵（Alice Chien）于 1976 年从水生嗜热菌（Thermusaquaticus）中分离出的 DNA 聚合酶[3]。水生嗜热菌生活在温泉与深海热泉中，从其中分离的 Taq 酶可承受 PCR 所需要的高温[4]。因此，Taq 酶取代了原先用于 PCR 的大肠杆菌 DNA 聚合酶 Ⅰ（Pol Ⅰ）[5]。Taq 酶的基因全长为 2496bp，氨基酸为 832 个，分子量为 94kDa，最适活性温度为 75～80℃，在 92.5℃ 时半衰期大于 2h，在 95℃时为 40min，在 97.5℃时为 9min。Taq 酶可在 72℃时于 10s 内复制一个含有 1000bp 的 DNA[6]。

Taq 酶的缺点之一是缺乏从 3'末端到 5'末端的外切酶校正活性，因此在复制时保真度不高，所测得的出错概率为每 9000 个核苷酸中出现 1 次错误[7]。

为了降低出错概率，研究人员陆续发现了其他可以取代 Taq 酶的 DNA 聚合酶。举例来说，Pfu 是具有 3'末端至 5'末端外切酵素特性的 DNA 聚合酶，出错概率约为 1/26000000。但与 Taq 酶相比，Pfu 合成 DNA 的速度较慢，因此有研究人员提出了混合配方。

除了合成速度快、出错概率高，Taq 酶还会使合成的产物末端带有一个 A 碱基，TA 克隆就是利用 Taq 酶的这个特性实现的。Taq 酶的 PCR 产物会在 3'末端多出一个 A，此时只要有一个与其互补的 T 表现在载体上，就能彼此靠近，借助连接酶连接起来。此方式可省去使用限制酶剪切的时间，直接利用 PCR 产物与载体有互补两端的特性，快速黏合。

影响 Taq 酶反应活性的因素有以下 5 个。

（1）温度。虽然 Taq 酶有较大的温度适应范围，但高于 60℃的环境仍会使部分酶变性失活。反之，如果温度低于正常值，酶活性会受到限制。并且，由于引物在低温（特别是 25～27℃）下可能与基因组中别的部分同源序列结合，使得一些扩增产物并不是目的序列。适当提高温度，错配碱基多会解离，反应产物特异性增加。Taq 酶的最适应温度为 70℃。

（2）镁离子浓度。Taq 酶活性对 Mg^{2+} 的浓度非常敏感。Taq 酶和许多其他聚合酶一样，是 Mg^{2+} 依赖性酶。以鲑鱼精 DNA 为模板，dNTP 的总浓度为 0.8～0.9mmol/L，用含不同浓度 $MgCl_2$ 的 PCR 系统使反应进行 10min。测定结果表明：在 $MgCl_2$ 为 2.0mmol/L 的条件下，酶活性显示增高。Mg^{2+} 浓度过高，酶活性会受到限制，10mmol/L 的 $MgCl_2$ 使酶活性抑制约 50%。由于 Mg^{2+} 可以与负离子或负离子团（如磷酸根）结合，而在 PCR 中，DNA 模板、引物及 dNTP 是磷酸根的主要来源，其中 dNTP 占很大比例。因此，在反应系统中，Mg^{2+} 的最适浓度还受到 dNTP 浓度的影响，要获得最佳反应结果，应对反应条件进行必要的探索。每当一个新的目的片段和引物被第一次使用时，或者某种参数（dNTP 或引物浓度）被改变时，应进行 Mg^{2+} 的最适浓度滴定。一个普遍的原则是，样品中 Mg^{2+} 的最终浓度至少要比 dNTP 总浓度高 0.5～1.0mmol/L。

（3）KCl 的浓度。一般是 50mmol/L，高于 75mmol/L 时，PCR 会受到明显的限制。当 KCl 的浓度在 200mmol/L 以上时，PCR 会受到明显的影响，此时反应进行 10min 后仍无核苷掺入。浓度均为 50mmol/L 的 NH_4Cl、NH_4Ac 和 NaCl 对 Taq 酶活性的影响则分别为中等抑制、无影响以及 25%～30% 促进。

（4）dNTP 的浓度。均衡的低浓度 dNTP 更有利于酶活性的发挥，并能减少错配，获得多量的特异性强的 DNA 反应产物。各种核苷酸浓度为 40μmol/L 的 100μl PCR 系统可以得到 2.6μg DNA 产物，而只消耗所提供核苷酸一半的量。

（5）变性剂。10% 乙醇尚不抑制酶活性；二甲基亚砜（DMSO），不同浓度的二甲替甲酰胺（DMF）影响各异。甲酰胺在低浓度时对酶活性无影响，随着它们浓度的提高，酶活性明显下降。10%DMSO 会使酶活性减半。然而有研究人员观察到，在某些反应系统中，10%DMSO 起着有利作用。这种现象还表现在用尿素进行的实验中。1.0mol/L 的尿素能提高酶活性，2.0mol/L 的尿素能保存大部分酶活性。也有报告认为，0.5mol/L 的尿素会完全抑制 PCR。总之，变性剂对 Taq 酶以及 PCR 系统的影响有待进行更多的实验来探究。Taq 酶对十二烷基硫酸钠（SDS）十分敏感，而某些非离子型去污剂又能完全消除低浓度 SDS 对酶活性的抑制效应。例如，0.5% 的 Tween20 及 0.5% 的 NP40 可抵消 0.01% 的 SDS 对酶活性的影响[8]。

4.4 节将详细讨论基于 Taq 酶的 PCR 技术。

4.1.3　DNA 连接酶

DNA 连接酶（DNA Ligase）又称 DNA 黏合酶，在生物计算中扮演一个既特殊又关键的角色，这个角色负责把两条 DNA 黏合成一条，执行相应的运算，如图 4.3 所示。无论是 dsDNA 还是 ssDNA 的黏合，DNA 连接酶都可以借助磷酸二酯键的形成将 DNA3' 末端的尾端与 5' 末端的前端连在一起。虽然细胞内也有其他的蛋白质，如 DNA 聚合酶在以其中一股 DNA 为模板的情况下，将另一边的 ssDNA 断裂端通过聚合反应的过程形成磷酸二酯键，从而黏合 DNA。但是，DNA 聚合酶的黏合只是聚合反应的一个附带功能，真正在细胞内执行 DNA 黏合反应操作的还是以 DNA 连接酶为主。在生物计算中，DNA 连接酶主要用于解空间的产生、解的重组。

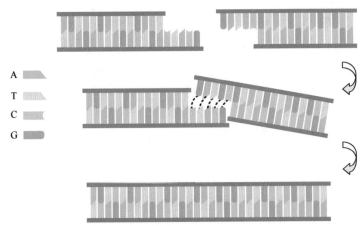

图 4.3　DNA 连接酶作用于黏性末端完成 DNA 连接的过程示意

　　顾名思义，DNA 连接酶的功能是黏合断裂的 DNA，而细胞内只有 DNA 复制与 DNA 修复的反应涉及断裂 DNA 的黏合。因此，DNA 连接酶在上述两个机制中扮演着重要的角色。除了细胞内的黏合反应，随着分子生物学的进展，几乎大多数的分子生物实验室都会利用 DNA 连接酶来进行重组 DNA 的实验，或许这也可以被归类为其另一个重要的功能。

　　下面以 T4 DNA 连接酶为例简单介绍 DNA 连接酶的化学反应过程。首先，一条 DNA 的 3'末端要先修饰成羟基（OH—），而另一条的 5'末端必须带有磷酸，借助 DNA 连接酶的作用促进磷酸二酯键共价键的形成，同时核苷酸序列以嘌呤-嘧啶两两对应的方式完成配对，这样才算完成反应。DNA 连接酶也可以处理钝端，即就算没有嘌呤-嘧啶配对的碱基对，也可以进行上述反应。

　　原核细胞和其他大多数细胞以 T4 DNA 连接酶为主。在哺乳类细胞中，至少有 4 种 DNA 连接酶被发现并命名。

　　（1）I 型 DNA 连接酶。这是最主要的 DNA 连接酶，作用为连接 DNA 复制过程中产生的冈崎片段，且 DNA 重组、修复也需要依靠 I 型 DNA 连接酶的功能。

　　（2）II 型 DNA 连接酶。II 型 DNA 连接酶当初是在小牛胸腺与胎牛肝脏中纯化出来的，不过后来被证实只是 III 型 DNA 连接酶经过蛋白酶切过的片段。

　　（3）III 型 DNA 连接酶。III 型 DNA 连接酶与 XRCC1 蛋白形成复合体，主要作用在碱基切除修复的黏合反应。

（4）Ⅳ型 DNA 连接酶。Ⅳ型 DNA 连接酶与 XRCC4 蛋白形成复合体，Ⅲ型与Ⅳ型 DNA 连接酶都参与修复 DNA 的黏合过程，并一起参与非同源性末端接合的最后一个反应。

4.1.4　DNA 修饰酶

常用于生物计算的 DNA 修饰酶主要包括碱性磷酸酶（Alkaline Phosphatase，ALP 或 AKP）、DNA 甲基化酶（DNA Methyltransferase）、T4 多核苷酸激酶（T4 Polynucleotide Kinase）。

碱性磷酸酶是一种水解酶，可在核苷酸、蛋白质、生物碱等分子上去除磷酸基，进行去磷酸化作用，在碱性环境下最有效，故得名[9]。碱性磷酸酶在实验室中最常见的应用是除去 DNA 5'末端的磷酸基，防止载体发生自连环化以及在放射性标记 DNA 5'末端前去除磷酸基团[10]。

DNA 甲基化酶的主要作用是甲基化 DNA 分子的一些位点（如限制酶识别序列）保护其不再被限制酶切割。哺乳类细胞中 DNA 甲基化酶主要有两类：DNA 甲基化维持酶 Dnmt1，以及 DNA 从头甲基化酶 Dnmt3a、Dnmt3b 及 Dnmt3L 等。

T4 多核苷酸激酶的主要作用是催化腺苷三磷酸（Adenosine Triphosphate，ATP）的 γ-Pi 转移到 DNA 或 RNA 的 5'-OH，使之磷酸化。生物计算中常用它放射性标记 DNA 链的 5'末端，即进行探针标记。

4.1.5　核酸酶

核酸酶（Nuclease）是一种能够切割核酸核苷酸之间磷酸二酯键的酶。核酸酶对其靶分子的单链和双链断裂有不同的影响。生化操作中常用的核酸酶有核酸酶 Bal31、核酸外切酶Ⅲ、单链核酸酶 S1。在生物计算中，核酸酶主要用于非解的消除。

核酸酶 Bal3 是海洋细菌 A. espejiana Bal31 在菌体外产生的酶，它从 dsDNA 两端的 3'末端和 5'末端开始同时水解两条链，对两条链的水解速度不一定相等，反应结果是双链从两头缩短，但多半留有单链末端，彻底水解产物为 5'-单核苷酸。该酶具有高度特异的单链脱氧核糖核酸内切酶活性，也可在缺口或超螺旋卷曲瞬间出现的单链区域降解双链环状 DNA，或者在 3'末端或 5'末端渐进地降解双链线性 DNA，主要用于不同长度的删除突变克隆实验及核酸结构、机能分析。

核酸外切酶Ⅲ是 3'末端外切酶，反应需 Mg^{2+}。核酸外切酶Ⅲ有 3'末端磷酸酶、内切酶和 RNaseH 活性，常用于制备特异性探针和 DNA 聚合酶的模板。这种外切特性也使得它被用于生物计算中特异性探针的制备，以便进行解的提取。

单链核酸酶 S1 是单链特异性核酸酶，产生带 5'末端磷酸的单核苷酸或寡核苷酸，在低 pH 值（4～4.5）发挥作用，需 Zn^{2+}。它一般用于切断 DNA 分子的发卡结构，去除 DNA 的黏性末端，形成平端；在生物学领域，主要用来分析 RNA-DNA 杂合结构，即分析内含子；在生物计算中，用来消除非解。

4.2　生物计算的生化操作

生物计算是通过对生物大分子（主要是 DNA 分子）进行某些特定的生化操作来完成的，包括调控生化反应的外部条件（如温度、酸碱度等），以及对 DNA 分子进行人工合成、切割、连接、粘贴等操作。

4.2.1　DNA 分子的合成

截至本书成稿之日，化学合成 DNA 分子片段一般采用固相亚磷酰胺三酯法。该方法的有机化学原理是首先利用结合于固相载体[如可控孔径玻璃（Controlled Pore Glass，CPG）]上的核苷酸作为 3'末端第一个核苷酸与另一个受保护的去氧核苷酸在 DNA 聚合酶的催化下进行缩合反应，随后先氧化脱去 5'末端保护基二甲氧基三苯甲基（DMT）后，再与第三个受保护的去氧核苷酸缩合，如此循环，达到合成 DNA 分子片段的目的。缩合合成结束后，利用氨解方法脱去 DNA 片段上的保护基。目前在 DNA 计算中，研究人员广泛采取 Mix-and-Split 组合方法来合成大量 DNA 分子的集合，用来表示问题的解空间[11]。通常，该方法用磁珠来作为支持物进行 DNA 的合成。据估计，对于一个直径为 20μm 的磁珠，大约可以固定 $6.02×10^{11}$ 个 DNA 分子，而 1g 这样的磁珠大约有 $2.4×10^{8}$

个。合成的方向是从 DNA 分子的 3'末端开始的。由于支持物本身含有磁性，在溶液中可以通过磁场将其和不在磁珠上的 DNA 分子分离。主要合成步骤如下：首先，将 U 形容器中的磁珠平均分配到两个合成装置中；然后，在这两个装置中同时合成对应的 DNA 序列；最后，将这两个合成装置中的磁珠合并到 U 形容器中。重复这些步骤，直到所有的组合 DNA 分子都合成完成。这种方法可以在线性时间内合成大量指数级的组合 DNA 分子[11]。图 4.4 所示为 Mix-and-Split 组合方法示意。

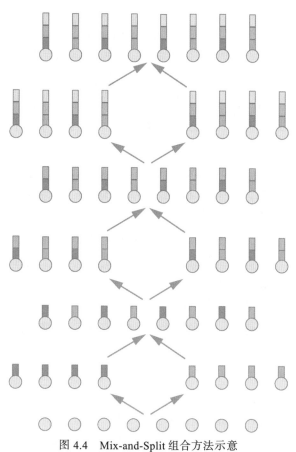

图 4.4　Mix-and-Split 组合方法示意

4.2.2　DNA 分子的切割、连接及粘贴

DNA 序列上的操作需要上述工具酶的催化，在 DNA 计算中主要施行对

DNA 分子的切割、连接和粘贴，以完成相应的运算。常用的酶有 3 种：限制酶、核酸外切酶（Exonuclease）、DNA 连接酶。

4.1 节介绍了生化操作使用的工具酶，下面将具体介绍 DNA 计算涉及的常用生物操作[12-14]。

限制酶是分子生物学的"手术刀"，它是一类识别 dsDNA 中特定核苷酸序列某个特定位置（识别位点，Recognition Site）的 DNA 水解酶（Hydrolase），通过水解 3′→5′磷酸二酯键将 DNA 链切断，产生 5′-磷酸酯和 3′-OH 基末端。

限制酶识别序列的长度一般为 4～6 个核苷酸并且大部分具有双轴对称性结构，该识别序列又称为回文序列（Palindromic Sequence）。少数酶也可识别更长的核苷酸序列。限制酶不仅有特定的识别序列，并且任何一种酶切割 DNA 链时，总是水解核苷酸 3′和 5′-磷酸二酯键的 3′位磷酸酯键，使产物的 5′末端带磷酸单酯基团，而 3′末端则为游离羟基。因此，某一种酶的全部产物的末端具有相同的结构。计算过程中酶识别特异的序列并进行剪切，完成计算过程的一个步骤。

根据切点序列的结构特点，产物的末端可分为黏性末端（Sticky End）和平端（Blunt End）两类。黏性末端指酶切后 DNA 片段末端带有 1～4 个核苷酸残基的单链结构，而片段两端突出的单链具有互补性。突出的单链因部位的不同，又可分为 5′黏性末端与 3′黏性末端两种，突出的单链带 5′磷酸单酯的称为 5′黏性末端，而突出的单链含 3′羟基的则称为 3′黏性末端。平端指酶切后，片段为齐头末端的结构。在 DNA 体外重组时，黏性末端是 DNA 连接酶的有效底物，有很高的连接效率。

核酸外切酶是一种能连续将线性脱氧核糖核酸末端的核苷酸切割下来的酶。有的外切酶可以从 5′羟基端去掉核苷酸，而另一些可以从 3′羟基端去掉核苷酸，还有的外切酶既可以从 5′羟基端也可以从 3′羟基端去掉核苷酸，如 DNA 聚合酶Ⅰ。同时，有些外切酶专门针对单链分子，如大肠杆菌核酸外切酶Ⅰ（Eco Ⅰ）和核酸外切酶ⅤⅡ（Eco ⅤⅡ）等；而另一些外切酶专门针对双链分子，可以降解单链和双链，如大肠杆菌核酸外切酶Ⅲ（Eco Ⅲ）等。因为核酸外切酶通过每次从 DNA 分子的末端去掉部分核苷酸来缩短 DNA 分子，并可以将整个 DNA 分子降解，因此被称为破坏（Destroy）。

图 4.5 所示为核酸外切酶切割示意。其中，大肠杆菌核酸外切酶Ⅲ是一种 3′→5′核酸酶（降解 3′→5′方向的链），通过它的作用会得到一个 5′外突的分子，而 Bal31 的作用是从 dsDNA 的两条链上去掉核苷酸。事实上，

很多 DNA 聚合酶也具有外切酶的行为，这在 DNA 复制过程中（通过 DNA 聚合酶来执行）的纠错是非常关键的。但 DNA 聚合酶总是 5'→3'方向，而相关联的外切酶既可以是 5'→3'方向，也可以是 3'→5'方向。计算过程中，选择特异的核酸外切酶破坏一些序列，可以选择性消除一些非解，为下一步做准备。

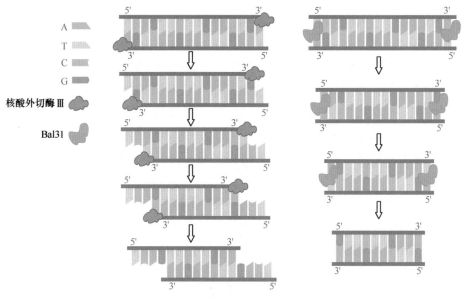

图 4.5　核酸外切酶切割示意

DNA 连接酶是一种封闭 DNA 链上缺口的酶，借助 ATP 或 NAD 水解提供的能量催化一条 DNA 链的 5'-PO_4 与另一条 DNA 链的 3'-OH 生成磷酸二酯键。但这两条链必须是与同一条互补序列配对结合的（T4 DNA 连接酶除外），而且必须是紧邻的。这种形式的连接过程，对正常的 DNA 复制、损伤 DNA 的修复，以及遗传重组中 DNA 链的拼接都是十分必要的。最常用的 T4 DNA 连接酶能够催化 dsDNA 中相邻的 3'-OH 与 5'磷酸根，形成磷酸二酯键，它可用来连接具有黏性末端的两个 DNA 片段，或连接两个平端的 DNA 片段，使之成为一个重组 DNA 分子。需要注意的是，DNA 连接酶不能够连接两条 ssDNA 分子或环化的 ssDNA 分子，被连接的 DNA 链必须是双螺旋 DNA 分子的一部分。在 DNA 计算中，DNA 连接酶主要用于解空间的产生和解的重组。

4.2.3　DNA 重组技术

DNA 重组（DNA Recombination）或分子克隆是基于外源 DNA 通过具有复制能力的载体分子（如质粒、噬菌体、病毒等）形成重组 DNA 分子，并导入不具有这种重组分子的受体细胞中，进行持久稳定的复制和表达，使受体细胞产生外源 DNA 或者其蛋白质分子的一个过程[15]。常用载体有 4 类，即质粒（Plasmid）、噬菌体、柯斯质粒和逆转录病毒。这些载体具有分子量小，有多个酶切位点，有多种选择性标记，能够在细胞内稳定存在，以及有独立的复制扩增能力等特征。其中，质粒首先在 DNA 计算中得到应用。

质粒是一种能够在染色体外独立复制、稳定遗传的共价闭合环状 DNA（covalently closed circular DNA，cccDNA）。质粒的编码中，适合作为基因克隆载体的所有质粒都必定包含 3 个组成部分：复制子结构（Replicon）、选择性记号和克隆位点。其中，复制子结构包括一个复制起点、控制复制频率的调控基因，以及一些复制子编码基因。质粒的多克隆位点（Multiple Cloning Site）及其环状结构可以形成一种特别的数据结构，因而可以用于 DNA 计算。基于质粒的 DNA 计算首先由 Head 等人[16]提出，它充分地利用基因工程的操作方法和工具酶完成问题的求解。进行质粒 DNA 重组的方法主要有黏性末端连接法和平端连接法。这些方法的选用主要依据外源 DNA 片段末端的性质，以及质粒与外源 DNA 上限制酶酶切位点的性质。

4.2.4　变性与杂交

变性（Denaturation）与杂交（Hybridization）是 DNA 计算中两个最基本的操作，几乎所有的计算模型都要用到，它们也贯穿于其他操作中。通常，变性操作采用热变性，即加热到一定温度时（85~95℃），DNA 双螺旋的氢键断裂，形成单链；杂交过程则相反，温度降至一定程度时，两条互补的单链就会杂交形成双链，因此杂交过程又称为复性（Renaturation）过程。

4.2.5　DNA 分子的扩增

在 DNA 计算中，经常需要对特定的 DNA 分子或运算结果进行扩增

（Amplification），以便对计算结果进行检测。PCR 是在体外实现酶促扩增特定 DNA 片段的快速方法。PCR 技术主要依赖 DNA 模板的特性，利用 DNA 聚合酶（DNA 聚合酶的功能就是实现 DNA 的复制与促进 DNA 的合成）在体外模仿体内的复制过程，在附加的一对引物之间诱发聚合反应。PCR 的全过程涉及 DNA 模板变性、模板与引物复性、引物延伸 3 步，具体描述如下。

（1）DNA 模板变性。将所有需扩增序列的靶 dsDNA 经热变性处理解开为两个寡核苷酸单链。

（2）模板与引物复性。加入一对根据已知 DNA 序列人工合成的与所扩增的DNA 两端邻近序列互补的寡核苷酸片段作为引物，即左右引物。当温度突然降低时，模板 DNA 与引物按沃森–克里克碱基配对原则互补结合，局部形成杂交链，而模板 dsDNA 之间互补的机会较少。

（3）引物延伸（Extension）。在 Taq 酶的作用下，以 4 种 dNTP 为原料，在镁离子存在的条件下，按 5'→3' 方向将引物延伸，自动合成新的 DNA 链，使 DNA 重新复制成双链。

上述 3 步为一个循环，引物在反应中不仅起引导作用，还起着特异性地限制扩增 DNA 片段范围的作用。新合成的 DNA 链含有引物的互补序列，并可作为下一轮聚合反应的模板，如此重复，使靶 DNA 片段指数级扩增。PCR 技术在生物计算中非常重要，4.4 节会详细讨论。

4.2.6　DNA 分子的分离与提取

1. 凝胶电泳技术

在 DNA 计算中，对特定长度 DNA 分子的分离主要是通过凝胶电泳技术来实现的。该技术操作简便、快速，可以分离其他技术所无法分离的片段。直接嵌入低浓度的荧光染料后，在紫外灯下可直接检出 DNA 片段所在的位置。如果需要，还可以从凝胶中回收 DNA 片段，用于各种克隆操作。此外，结合其他技术（如 PCR），还可以对 DNA 的序列进行分析。

电泳（Electrophoresis）是指带电粒子在电场作用下发生迁移，是分离、鉴定和纯化 DNA 片段的主要方法。DNA 分子是一种强极性分子，等电点 pH 值为 2～2.5。凝胶电泳分离 DNA 分子的原理是：DNA 分子在凝胶中时具有电荷效应和分子筛效应。DNA 分子在高于等电点的溶液中带负电荷，在电场中向正极移动。在一定的电场强度下，DNA 分子的迁移速度取决于分子筛效应，具有不同相对分子质量的 DNA 片段泳动速度不一样，从而可以实现分离。凝胶电泳不仅可分离不同分子质量的 DNA，还可分离相对分子质量相同，但构型不同的 DNA 分子。

电泳过程必须在一种支持介质中进行。截至本书成稿之日，生物操作中常用的两种支持材料为琼脂糖和聚丙烯酰胺，相应的凝胶电泳技术分别称为琼脂糖凝胶（Agarose Gel）电泳和聚丙烯酰胺凝胶（Polyacrylamide Gel）电泳。琼脂糖是从琼脂中提纯出来的，主要是一种由 D-半乳糖和3,6 脱水 L-半乳糖连接而成的线性多糖。通常，使用浓度为 1%～3%的凝胶溶液，加热煮沸至溶液澄清，注入模板后室温下冷却凝聚得到的就是琼脂糖凝胶。琼脂糖之间以分子内和分子间氢键形成较稳定的交联结构，这种交联结构使琼脂糖凝胶有较好的抗对流性质。聚丙烯酰胺凝胶是由单体的丙烯酰胺（$CH_2 = CHCONH_2$，Acrylamide）和甲叉双丙烯酰胺（$CH_2(NHCOHC = CH_2)_2$，N,N′-methylenebisacrylamide）在自由基催化作用下聚合而成的凝胶。这两种介质均可制成各种不同大小、形状和孔径的凝胶，在不同的装置上进行电泳。DNA 分子在通过凝胶形成的筛孔时，短 DNA分子的泳动速度比长 DNA 分子快，因此可以很容易地将它们区分开来。琼脂糖的分辨率比聚丙烯酰胺低，但分离范围广，约为 200bp～50kbp。琼脂糖凝胶电泳通常在水平装置上进行。聚丙烯酰胺分离小片段（5～500bp）的效果好，甚至可以分辨相差 1bp 的 DNA 片段。长度大于 10000kbp 的 DNA 片段可以通过电场方向呈周期性变化的脉冲电场凝胶电泳进行分离。凝胶电泳技术在生物计算中用来分离提取解空间，因此非常重要，将在 4.3 节详细讨论。

2. DNA 分子提取技术

已知序列 DNA 分子的获取可以通过亲和纯化提取来实现。例如，假设要从一份溶液 S 中获得单链分子链 α。首先，合成 $\bar{\alpha}$（$\bar{\alpha}$ 是 α 的互补分子或某一片段的互补序列，称为探针），并将 $\bar{\alpha}$ 沾在一个过滤器上。然后，用该过滤器对溶液 S 进行过滤，α 与 $\bar{\alpha}$ 结合并留在过滤器上，其他分子被过滤掉。通过这种方式，可以得到附着在过滤器上的双链分子（α 与 $\bar{\alpha}$）。最后，将过滤器放到一个容器中，分解双链分子，移走过滤器，容器中剩下的就是目标分子。另外，还可以将探针附着在细小的磁珠上，将其放入含有目标分子的溶液 S 中，摇动混合液，目标分子就会附着在磁珠上，这种方法被称为磁珠法（见图 4.6）。

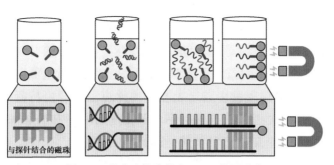

图 4.6　磁珠法提取特定 DNA 分子示意

4.2.7　DNA 分子的检测与读取

DNA 计算结束后，通常需要检测是否有满足条件的解，一般采用如下分子生物学技术。

1. 杂交

杂交是 DNA 计算研究中的一项最基本的实验技术，基本原理是利用变性后 DNA 分子的复性，使来源不同的 DNA 片段按碱基互补关系形成异源双链体（Heteroduplex）。异源双链体既可以在 DNA 链与 DNA 链之间形成，也可以在 RNA 链与 DNA 链之间以及 PNA 链与 DNA 链之间形成。杂交的本质就是在一定条件下使互补核酸链实现复性。

Southern 杂交是体外分析特异 DNA 序列的方法，操作时先用限制酶将核 DNA 或线粒体 DNA 切成 DNA 片段，经凝胶电泳分离后，转移到醋酸纤维薄膜或尼龙膜上，再用标记的探针杂交，通过自显影，即可辨认出与探针互补的特殊核苷酸序列是否存在。在 DNA 计算中，也可以先把标记的 DNA 探针转移到醋酸纤维薄膜或尼龙膜上，然后与 DNA 计算中的所有解进行杂交，自显影后，通过有无印迹得知是否有满足条件的解。

2. DNA 序列测定

DNA 计算有些时候还需要对 DNA 链进行序列分析，包括对 DNA 序列进行测序。一个经典的 DNA 测序方法是采用 Sanger 的双脱氧链末端终止法。该方法的原理：在 DNA 聚合酶催化的延伸反应中加入 4 种不同的双脱氧核苷酸（通过将脱氧核糖核苷酸的 3'末端的羟基上的氧原子脱掉形成），由于没有 3'末端的羟基，它们不能与后续的 4 种核苷酸形成磷酸二酯键，从而中止了 DNA 序列的延伸。因为 DNA 链上每一个碱基出现在可变终止端的机会均等，因而上述每一组产物都是一些寡核苷酸的混合物，这些寡核苷酸的长度由某一种特定碱基在原 DNA 片段上的位置决定。在可以区分长度仅相差一个核苷酸的不同 DNA 分子的条件下，对各组寡核苷酸进行电泳分析，只要把几组寡核苷酸加样于测序凝胶中若干个相邻的泳道上，即可从凝胶的放射自显影片上直接读出 DNA 上的核苷酸顺序。较先进的测序方法是在 Sanger 的双脱氧链末端终止法的基础上，利用荧光标记的引物（A、T、G、C 对应不同荧光染料）扩增待测模板，用毛细管电泳和激发光检测来读取 DNA 序列。由于具有自动化程度高、耗费时间短等优点，该方法被众多商业测序仪采用。

4.2.8 可用于生物计算的经典生化操作技术

1. 生物芯片技术

DNA 芯片（DNA Chip）首先由 Fordor[17]提出并在 1996 年研制成功[18]。随之兴起的生物芯片（Biochip）技术成为 20 世纪 90 年代中期以来影响最深远的重大科技进展之一，是将微电子学、生物学、物理学、化学、计算机科学融为一体的高度交叉的技术，既具有重大的基础研究价值，又具有广阔的产业化前景。现阶段，生物芯片已经由理论研究逐步发展到初期应用阶段，种类也由单一的 DNA 芯片扩展到 RNA 芯片、蛋白质芯片和缩微实验室等多种类型，在基因表达谱分析、新基因发现、基因突变及多态性分析、基因组文库做图、疾病诊断和预测、药物筛选、基因测序等研究领域表现出强大的生命力和良好的应用前景。生物芯片技术被评为 1998 年度世界十大科技进展之一[19-20]。

生物芯片技术采用光导原位合成或微量点样等方法，先将大量生物大分子（如核酸片段、多肽分子，甚至组织切片、细胞等生物样品）有序地固化于支持物（如玻片、硅片、聚丙烯酰胺凝胶、尼龙膜等载体）的表面，组成密集二维分子排列，然后与已标记的待测生物样品中的靶分子杂交，通过特定的仪器[如激光共聚焦扫描或电荷耦合检测器（Charge Coupled Detector，CCD）]对杂交信号的强度进行快速、并行、高效的检测和分析，从而判断样品中靶分子的数量。由于该技术常用玻片或硅片作为固相支持物，且在制备过程中模拟计算机芯片的制备技术，所以被称为"生物芯片"，它最大的特点在于对生物信息高通量并行性的获取和处理。

2. 压电基因传感器技术

生物传感器技术是新兴的高科技领域。由于它能够提供迅速而有效的分析检测手段，因此在生物医学、环境监测、食品卫生等领域有着广阔的应用前景。截至本书成稿之日，研究较多的是 DNA 生物传感器系统，其中的压电基因传感器是把分子生物学技术、声学、电子学结合在一起的新型 DNA 生物传感器，是生物基因传感器研究的一个热点。它的主要优点是检测灵敏度高，可以达到纳克（ng）级，甚至皮克（pg）级；而且信息直观，应用于生命科学研究方面不需要标记、可以不分离样品，操作简便、快速，还容易联机[21]。它的基本工作原理是基于压电介质的逆压电效应：在压电介质极化的方向上施加电场时，压电介质会产生机械变形；当去掉外加电场时，压电介质的变形随之消失。逆压电效应是一种将电能转化为机械能的现象。换能器在压电介质（一般情况下是石英谐振晶体）中激发声波，以声波作为检测的手段。传感器表面首先固定单链的 DNA 探针，然后加入含有互补 DNA（complementary DNA，cDNA）序列的待测溶液，进行杂交反应。杂交后形成的 dsDNA 结构使传感器表面的质量增加，鉴于石英谐振晶体对质量改变的敏感性，声波的频率会受到影响。因此，将压电基因传感器用于 DNA 计算会提高 DNA 计算的自动化程度。

3. 缩微芯片实验室技术

生物芯片技术及生物传感器技术发展的最终目的是对分析的全过程实现全集成、自动化，即制造微型全分析系统或缩微芯片实验室（Laboratory on a Chip）——将样品的制备、生化反应和检测分析等过程集成化。截至本书成稿之日，已有由加热器、微泵、微阀量控制器、微电极、电子化学和电子发光检测器等组成的缩微芯片实验室问世，并出现了将生化反应、样品制备、检测和分析等部分集成的芯片。例如，美国 Nanogen 公司、Affymetrix 公司、宾夕法尼亚大学医学院和密西根大学的研究人员利用在芯片上制作出的加热器、阀门、泵、微量分析器、电化学检测器或光电子学检测器等，将样品制备、化学反应和检测 3 部分进行了部分集成，并在此基础上先后制作出了结构不同的缩微芯片实验室样机[22]。又如，Gene Logic 公司设计制造的生物芯片可以从待检样品中分离出 DNA 或 RNA，并对其进行荧光标记，当样品流过固定在栅栏状微通道内的寡核苷酸探针时，便可捕获与之互补的靶核酸序列，并应用自己开发的检测设备来实现对杂交结果的检测与分析。由于寡核苷酸探针具有较大的吸附表面积，所以这种芯片可以灵敏地检测到稀有基因的变化。同时，由于该芯片设计的微通道具有浓缩和富集作用，所以可以加速杂交反应，缩短测试时间，从而降低测试成本。此外，还有集成了样品的制备和 PCR 扩增反应过程的微型芯片。由于缩微实验室具有体积小、携带方便，且能同时平行检测多种生物分子的特点，在生物领域具有广阔的应用前景。制造用于 DNA 计算的缩微芯片实验室将有望构建真正意义上全自动化的 DNA 计算机。

4.2.9　可用于生物计算的新型生化操作技术

本小节着重介绍前沿的 CRISPR/Cas9 及其衍生基因编辑技术。鉴于 DNA 计算是基于大量 DNA 分子并借助分子生物技术进行计算的新方法，所以它的基因路线设计过程就需要具有特异性的、能够在细胞中协作运行的功能元件。此类功能元件的设计需要借助基因编辑技术，如今应用最多的基因编辑技术有 3 种，包括锌指核酸酶（Zinc Finger Nuclease，ZFN）技术、转录激活因子样效应物核酸酶（Transcription Activator-Like Effector Nuclease，TALEN）技术，以及近期发展迅速的 CRISPR/Cas9 技术。由于与其他技术相比具有制作简单、高效、易控及成本低等优势，CRISPR/Cas9 及其衍生技术被全世界各大实验室广泛应用。

研究已知，CRISPR/Cas 系统的种类及组成成分较多，来自酿脓链球菌（Streptococcus Pyogenes）、由 Cas9 蛋白组成的 CRISPR 系统，由于组成简单，引起了研究人员的深入探索。该系统只有 3 个必须的组成部分，即反式激活 CRISPR RNA（trans-activating CRISPR RNA，tracrRNA）、CRISPR RNA（crRNA）和 Cas9 核酸酶。

根据 Rath 等人的研究，CRISPR/Cas9 系统发挥作用的基本过程可分为 3 个阶段，即间隔序列获得期、CRISPR/Cas9 表达期和 DNA 干扰期[23]。

在间隔序列获得期，系统选择性切割入侵的质粒或噬菌体 DNA 片段，符合条件的切割片段被整合到宿主基因组的 CRISPR 基因座中，成为新的间隔序列（Spacer），CRISPR 中已经存在的间隔序列则是以前外源 DNA 入侵时留下的"记录"，彼此不同的间隔序列被重复序列（Repetitive Sequence）隔开。间隔序列的选择由原间隔区相邻基序（Protospacer Adjacent Motif，PAM）引导，不同物种来源的 CRISPR/Cas 系统具有不同的 PAM。在间隔序列和重复序列附近，还存在编码 Cas9 核酸酶的区域以及转录生成 tracrRNA 的非编码区[24]。

在 CRISPR/Cas9 表达期，系统将 CRISPR 阵列转录成长链的 pre-crRNA（pre-CRISPR RNA），同时转录出与 pre-crRNA 中重复序列互补配对的反式激活 crRNA（trans-activating crRNA，tracrRNA）和 Cas9。当 tracrRNA 与 pre-crRNA 中由重复序列转录形成的区域互补，结合形成 gRNA 后，激发双链 RNA 特异的 RNaes Ⅲ等核酸酶活性，剪切 pre-crRNA，进而形成成熟的 crRNA，这个过程还需要 Cas9 的参与。每个成熟的 crRNA 包含由间隔序列转录出的两个核苷酸长度的引导序列和由重复序列转录形成的能与 tracrRNA 互补的区域，其中引导序列是能与入侵 DNA 互补结合的区域[25]。

在 DNA 干扰期，crRNA 与 tracrRNA 结合后形成的复合物 gRNA 引导 Cas9 核酸酶在外源基因组上寻找 PAM，并在 PAM 处停留与识别。一旦间隔序列能够与外源基因组上的序列完全互补配对，Cas9 蛋白就会对入侵 DNA 进行切割，使其断裂，从而破坏入侵 DNA 使细菌免受侵害，达到降解外源遗传物质的目的[26]。下面介绍基于 CRISPR/Cas9 系统发展而来的基因编辑技术，如图 4.7 所示。

1. CRISPR/Cas9 衍生技术

（1）基于 CRISPR/dCas9 的单碱基编辑技术[见图 4.7（a）]。

基因的点突变是人类大多数遗传病的诱因，如果能通过精确的手段进行修复，可能会带来新的治疗策略[27]。在提供同源重组模板的情况下，定点突变可以通过 CRISPR/Cas9 来实现，但是其诱导的非同源末端连接（Non-Homologous End-Joining，NHEJ）修复可能带来的碱基随机插入、缺失是潜在的危险因素。Cas9 的突变体 Cas9n、dCas9 无切割 dsDNA 的功能，但可以发挥寻靶定位作用；如果有能催化特定碱基转换的蛋白/结构域可用，则可参考 CRISPR/dCas9-FoK Ⅰ的设计，构建 CRISPR/Cas9n/dCas9 导向的单碱基编辑技术。

2016 年，David Liu 实验室用具有单一切割活性的 Cas9n 蛋白与胞嘧啶脱氨酶构建了胞嘧啶碱基编辑器（Cytosine Base Editor，CBE），并于 2017 年构建了腺嘌呤碱基编辑器（Adenine Base Editor，ABE）。CBE 和 ABE 都属于单碱基编辑器，可分别利用胞嘧啶脱氨酶或经过改造的腺嘌呤脱氨酶对靶位点上一定范围内的胞嘧啶（C）或腺嘌呤（A）进行脱氨基反应，经 DNA 修复和复制，在不产生 dsDNA 断裂的情况下完成 C→T（G→A）和 A→G（T→C）碱基的自由转换[28]。但是，ABE 和 CBE 不能同时进行这两种碱基的修饰。为解决这一问题，Zhang 等人将人类胞嘧啶脱氨酶 hAID-腺嘌呤脱氨酶-Cas9n（SpCas9 D10A 突变体）融合在一起，形成新型双碱基编辑器 A&C-BEmax。它可以在靶序列上实现 C→T 和 A→G 的高效转换，同时使 RNA 脱靶水平大幅降低，这提高了 C→T 的编辑效率，而 A→G 的效率略有降低。

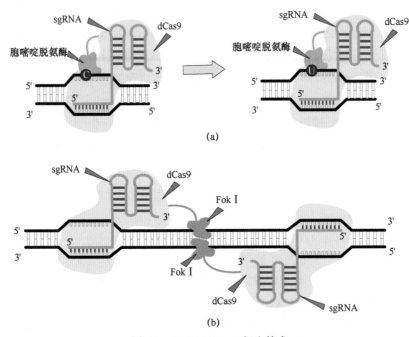

图 4.7　CRISPR/Cas9 衍生技术

（a）基于 CRISPR/dCas9 的单碱基编辑技术　（b）CRISPR/dCas9-FoK I 基因编辑技术

（2）CRISPR/dCas9-FoK I 基因编辑技术。

CRISPR/dCas9-FoK I 基因编辑技术如图 4.7（b）所示。CRISPR/Cas9 系统使用的 crRNA 能容受一定程度的错配，这会导致脱靶效应的产生，限制了 CRISPR/Cas9 系统在高精度编辑中的应用。为了提高 Cas9 编辑系统的精度，解决 CRISPR/Cas9 系统的脱靶问题，Guilinger 等人[29]采用了基于 dCas9 的策略。理论上，dCas9/sgRNA 只能起到单纯的靶向引导作用，无法诱导 DNA 的断裂，类似于 ZFN 或者 TALEN 中的 DNA 结合结构域。为了实现 DNA 的切割，FoK I 核酸内切酶的切割结构域被引入，并与 dCas9 连接，做成融合蛋白 fCas9，这与 ZFN 及 TALEN 的设计策略如出一辙。在人类细胞的基因编辑中，fCas9 的特异性比野生型 Cas9 要高出 140 倍以上。而在高度类似的脱靶

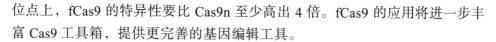

位点上，fCas9 的特异性要比 Cas9n 至少高出 4 倍。fCas9 的应用将进一步丰富 Cas9 工具箱，提供更完善的基因编辑工具。

2. CRISPR/Cas12a 基因编辑技术

CRISPR/Cas9 系统并不能实现序列的靶向，因为它所识别的 PAM 需要富含碱基 G，而且 Cas9 蛋白分子量较大，在某些情况下使用困难。实际上，CRISPR/Cas 机制在众多的细菌中都发挥免疫防御作用，这包含多种 CRISPR/Cas 系统。除了采用 Cas9 家族核酸酶作为效应因子的 II 型 CRISPR/Cas 系统，在普雷沃菌属（Prevotella）和弗朗西丝菌属（Francisella）中存在另一个 II 型 CRISPR/Cas 系统，亦被归为 V 型 CRISPR/Cas 系统[30]。2015 年，张锋团队提出：V 型系统中的 Cpf1（CRISPR from Prevotella and Francisella 1）（现称 Cas12a）是有功能的细菌免疫机制，并能在人类细胞中介导有效的基因编辑[30]。

与 Cas9 不同，Cas12a 由一个 crRNA 引导，不需要 tracrRNA。CRISPR/Cas12a 除了可以诱导靶 DNA 的顺式切割，靶 DNA 结合还能诱导非靶 DNA 的反式切割。

在识别到富含碱基 T 的 PAM 序列时，Cas12a 能够激发顺式切割活性（Cis-Cleavage Activity）裂解 dsDNA 目标。Cas12a 由单个 crRNA 引导，催化生成成熟的 crRNA，当 crRNA-Cas12a 复合物形成时，它的构象会发生变化。该复合物能识别 DNA 非靶标链中特定的 PAM 位点（5'-TTTN-3'），RuVC 结构域切割 DNA 靶标链，产生 5'黏性突出末端。

值得注意的是，Cas12a 对 ssDNA 目标的裂解是不依赖 PAM 的，这是 Cas12a 的反式切割活性。Cas12a-crRNA-target DNA 三元复合体具有非特异性的 ssDNA 反式切割活性，复合体形成时会释放单链脱氧核糖核酸酶（ssDNase）活性，无差别地裂解附近的 ssDNA。文献[31-32]利用这个特性，向体系内加入与荧光基团和猝灭基团相连的 ssRNA 报告分子，可以产生荧光，方便检测。近期，通过 Cas12a 的反式裂解功能进行生物传感的工作包括检测病毒、支原体、单核苷酸多态性（Single Nucleotide Polymorphism，SNP）、外显子、作物疾病和遗传修饰生物体（Genetically Modified Organism，GMO）以及小分子。

CRISPR/Cas12a 具有 CRISPR/Cas9 没有的优点，其中之一是 Cas12a 需要的是富含碱基 T 的 PAM，这有助于在基因组富含碱基 A/T 的物种中应用该技术。上海科技大学的陈佳课题组将无 DNA 切割活性的 dCas12a 与大鼠源的胞嘧啶脱氨酶融合，发现它与基于 Cas9 的碱基编辑器类似，能有效地催化人类细胞中碱基 C 到 T 的转换[33]。由于识别的是富含碱基 T 的 PAM，基于 Cas12a 的碱基编辑系统能与基于 Cas9 的碱基编辑系统互补，为相关基础研究及将来的临床应用提供更全面的技术条件。

3. 基因编辑技术在 DNA 计算中的应用

（1）基因编辑技术与 DNA 逻辑门构建。

DNA 逻辑门模型是 DNA 计算中发展最快、应用最广泛的研究方向之一。首先，DNA 逻辑门模型是实现 DNA 计算的底层部件，是 DNA 计算的基础。基本逻辑门可以通过级联形成更复杂的逻辑门，以实现更复杂的计算功能。在传统电子电路中，信号以不同的电压电平呈现：逻辑门信号为真（逻辑高电平或 1）；逻辑门信号为假（逻辑低电平或 0）。逻辑门主要包括 AND、OR、XOR、NOT、NAND、NOR 和 XNOR[34-37]。2014 年，来自深圳大学附属医院的研究团队提出的基于 CRISPR/Cas9 的 AND 门遗传电路[38]，可用于鉴定、调控膀胱癌细胞。这个遗传电路以 AND 门为模型，集成了两个启动子（hTERT、hUPⅡ）的细胞信息作为输入，并且只有在测试的细胞系中两个输入都活跃时才激活输出基因，输出基因是萤光素酶（Luciferase）。

（2）基于 CRISPR/Cas12a 逻辑门的生物传感平台。

2022 年，Gong[39]的研究团队提出了一种基于 AND 门的 CRISPR/Cas12a 生物传感平台，可以用于敏感的双 miRNA 比色检测。一种疾病的发生往往伴随着不同 miRNA 的异常表达，同样的 miRNA 也可能在不同疾病中有着不同的异常表达。因此，开发一种可同时检测多种核酸的生物传感器，能大大提升疾病检测的准确性。

在这项研究中，DNA 探针被设计用于识别 miRNA 的二进制输入，以 miR-944 和 miR-205 为模型分析物。只有在存在双 miRNA 的情况下，AND 门的输出信号为 1，触发 DNA 才能释放，并激活 CRISPR/Cas12a 系统反式切割 ssDNA。磁珠上的 ssDNA 被激活的 CRISPR/Cas12a 切割，导致葡萄糖氧化酶（Glucose Oxidase，GOx）与磁珠分离，并产生比色信号。1pM 目标 miRNA 引起的颜色变化可以直接用肉眼区分，仪器检测限度达到 36.4fM[1]。在人类血清中，可以检测到过表达的 miR-205 和 miR-944，这使我们能够区分肺癌患者和健康人。

---

[1] pM 是皮摩尔每升（picomolar，符号为 pmol/L）的缩写，fM 是飞摩尔每升（femtomolar，符号为 fmol/L）的缩写。

此研究成果可以使用一种 crRNA 实现 CRISPR/Cas12a 对双 miRNA 的同时检测，避免了复杂的核酸扩增和笨重仪器的使用。当前方法可以扩展 CRISPR/Cas12a 基于多个生物标志物检测和精确疾病诊断的应用。

4.2.10 生物计算涉及的新型仪器

1. 原子力显微镜

DNA 计算结果检测最直接的手段就是图像观测，而 DNA 计算中自组装的尺寸都是纳米级别的，传统探测手段无法直接观察。因此，必须使用先进的成像工具——原子力显微镜（Atomic Force Microscope，AFM）观察[40-41]。

原子力显微镜能够以高分辨率表征各类样品的轮廓形貌，不仅可以分析各种样品的表面，还可以利用针尖操控原子进行纳米级的加工。使用原子力显微镜不仅能够看到原子分子，还可以操控原子分子，又相继实现了小分子的操纵和有机分子的操控。原子力显微镜支持在大气环境中观察不带电荷的位置，在生物分子探测和操控方面具有很高的实用价值。原子力显微镜可以用来分析力谱，样品表面形貌的探测是基于样品表面与探针之间的力来实现的。因此，原子力显微镜先天就具有探测微弱力的功能。基于原子显微镜的力谱分析是当前应用最广泛的单分子力学实验技术。

原子力显微镜是通过检测探针与样品相互作用产生的微小形变来分辨样品表面的。探针的悬臂梁对微小形变极其敏感，悬臂梁的顶端固定极其微小的探针，探针的直径通常在十到几十纳米。当探针接近样品、接触样品时两者会产生相互作用力，力的不同使悬臂梁产生不同的形变。利用激光或隧道电流检测这个形变，就可以获得样品表面信息。原子力显微镜原理示意如图 4.8 所示。

根据探针与样品接触的模式的不同，原子力显微镜的工作模式分为 3 种：接触模式、轻敲模式、非接触模式。根据工作环境的不同，又可分为气相模式、液相模式或者气相液相混合模式。对于柔性和易碎的样品，轻敲模式具有更高的分辨率，也不会破坏样品结构。对于生物活性样品，液相模式能在保持样品处于自然环境中的条件下进行检测[42]。对于 DNA 自组装的样品，气相和液相模式均可以使用。气相模式下的样品位置会比液相模式下的低，而处于液相模式下的样品会随着探针针尖的扫描发生位置偏移。因此，采取何种扫描模式需要实验者综合考虑。

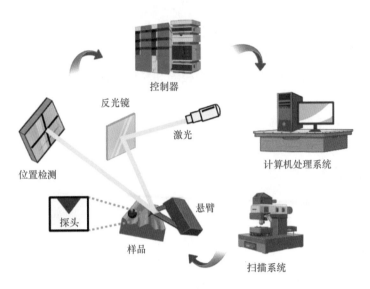

图 4.8　原子力显微镜原理示意

2. 超分辨率荧光显微镜

受光线波长的影响，荧光显微镜的光学分辨率一般只能达到 0.2～0.4μm，看到纳米级分子是非常艰巨的挑战。用于单分子方式观察核酸纳米结构的传统表征方法主要依赖原子力显微镜和电子显微镜（Electron Microscope，EM）。这些方法虽然能提供关于纳米结构组装质量和整体结构特征的信息，但具有相应的局限性。与原子力显微镜相比，用电子显微镜观察大样本区域更有效，但它在非生物条件下由于缺乏对比，因此不足以进行可视化。最重要的是，这两种方法都缺乏化学（链）特异性，并且限于电子密度和表面形貌图。

超分辨率荧光显微镜为生物学家和纳米科学家提供了用于研究纳米级生物分子和合成系统中的单分子构象及动力学的重要工具[43-44]。受激发射损耗显微术（Stimulated Emission Depletion Microscopy，STED）、结构光照明显微镜（Structure Illumination Microscope，SIM）、光敏定位显微镜（Photo-Activated Localization Microscope，PALM）、随机光学重建显微镜（Stochastic Optical Reconstruction Microscope，STORM）和纳米级地形成像点积累（Point Accumulation for Imaging in Nanoscale Topography，PAINT）等工具与技术的出现，使得亚细胞和纳米级结构的光学分辨率达到 10～20nm。

超分辨率荧光显微镜提供了一种用于替代核酸纳米结构显微的方法。该显微镜具有单链可见性和高特异性的多重检测功能，并且可在生物相容性环境中操作，属于随机定位显微镜[又称单分子定位显微镜（Single-Molecule Localization Microscopy，SMLM）]系统。简言之，随机定位超分辨率可视化是在荧光开启和关闭状态之间，通过每个目标的随机切换，分离附近的目标荧光发射来实现的，并且利用亚衍射极限精度确定它们各自的位置。这些方法包括 PALM[45-46]、STORM[47-48]和 PAINT[49]及其多种变体，实现随机单分子转换。

　　远场超分辨率荧光显微镜已经允许观察具有纳米尺度特征的生物分子和合成纳米级系统，并具有化学特异性和多路复用的能力。DNA-PAINT（基于 DNA 的 PAINT，在纳米级结构中成像，见图 4.9）是一种超分辨率技术，利用短寡核苷酸链之间的可编程性，最少能达到 5～10nm 的单分子标记及可视化解析。DNA-PAINT 提供了一种具有高空间分辨率和单链可见性的核酸纳米结构的表征方法。

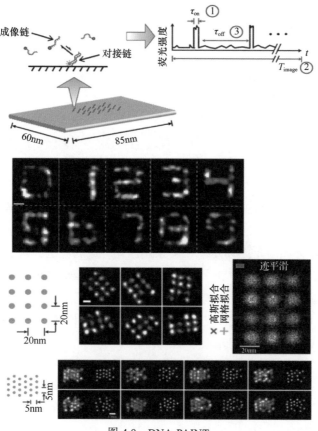

图 4.9　DNA-PAINT

　　基于 PAINT 原理的方法依赖特异的荧光团与缀合的亲和探针的扩散和随机瞬时结合。当与目标结合时，荧光团暂时停留并在记录的相机框架上，产生明显的明亮闪烁点。光斑的相对亮度（或闪烁的信噪比）取决于与未结合的自由漫射探针所产生的背景相关的累积结合光子发射，并且可以通过将样品置于全内反射（Total Internal Reflection，TIR）照明设置中增强信号。在引入 PAINT 原理后，研究人员又开发了几种不同亲和力的探针变体，包括 DNA-PAINT、通用点积累成像（universal Point Accumulation for Imaging in Nanoscale Topography，uPAINT）技术、生物正交辅助的点积累成像（Bioorthogonal-Assisted Localization Microscopy，BALM）技术、Jungmann 技术等。短寡核苷酸链之间的瞬时结合可以用作亲和探针，以产生适合 DNA-PAINT 的闪烁模式。短的寡核苷酸链（对接链）标记在感兴趣的分子靶标和互补序列（成像链）上。该方法已迅速应用于核酸纳米结构构象和缺陷研究、单分子结合动力学和核酸底物的检测等[50-51]。

3. DNA 合成仪

　　技术的进步往往会推动理论的创新与突破，基于 DNA 分子的计算、存储理论及相关实验研究，就是在 DNA 合成与测序技术发展的基础上发展起来的非传统计算和高密度存储方法。

　　人工合成 DNA 的出现是 DNA 计算得以实现的技术基础，DNA 合成是利用 DNA 分子进行信息编码、存储、计算的起点。从 1994 年阿德曼利用人工合成的 DNA 分子编码图的顶点和连接边信息开始，DNA 计算与 DNA 可编程纳米自组装技术就依赖 DNA 分子的人工合成。人工合成 DNA 编码序列的质量、合成成本一直是 DNA 计算、DNA 纳米技术发展的重要影响因素之一。

　　作为 DNA 编码存储、计算工具的起点，DNA 合成仪是一种自动化合成 DNA 或 RNA 的仪器，如图 4.10 所示。一般采用固相合成的方法，仪器每次将一个预先编码设计的特定核苷酸加到寡核苷酸链上，使之延伸加长。加入的每一个核苷酸都利用相同的化学反应与相应的嘌呤或嘧啶碱基作用。所采用的生化反应随不同的仪器而改变，磷酸酰胺法人工合成 DNA 是目前应用最广泛的。

　　（1）DNA 自动合成的步骤及工作原理。

　　下面以亚磷酰胺寡核苷酸合成为例，介绍 DNA 合成仪的一般操作步骤。亚磷酰胺 DNA 合成的试剂有：保护碱基的 5'-羟基的 DMT，A、G、C、T 亚磷酰胺单体，四唑偶联催化剂，乙酐，N-甲基咪唑封闭试剂，三氯乙酸（TCA）脱保护溶液，12 氧化混合物，乙腈清洗溶剂，氨水切除溶液。

图 4.10　实验室用小型 DNA 合成仪

亚磷酰胺法固相自动 DNA 合成（见图 4.11）包括 4 个基本步骤。

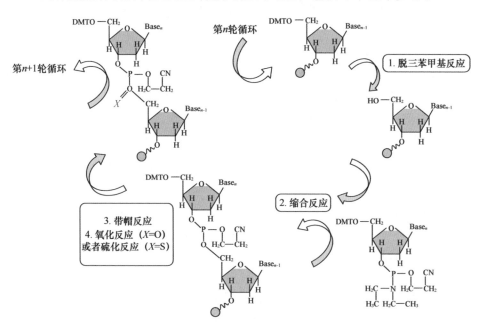

图 4.11　亚磷酰胺法固相自动 DNA 合成的基本步骤

步骤 1：将预先连接在固相载体 CPG 上的活性基团被保护的核苷酸与三氯乙酸反应，脱去其 5'-羟基的保护基团 DMT，获得游离的 5'-羟基。

步骤 2：合成 DNA 的原料，亚磷酰胺保护核苷酸单体，与活化剂四氮唑混合，得到核苷亚磷酸活化中间体，它的 3'末端被活化，5'-羟基仍然被 DMT 保护，与溶液中游离的 5'-羟基发生缩合反应。

步骤 3：加帽（Capping）反应。缩合反应中可能有极少数 5'-羟基没有参与反应（少于 2%），用乙酸酐和 1-甲基咪唑终止继续反应，这种短片段可以在纯化时分离。

步骤 4：在氧化剂碘的作用下，亚磷酰形式转变为更稳定的磷酸三酯。

经过以上 4 个步骤，一个脱氧核苷酸被连接到固相载体的核苷酸上。接着，以三氯乙酸脱去其 5'-羟基上的保护基团 DMT，重复以上步骤，直到所有要求合成的碱基被接上。合成过程中，可以通过观察 TCA 处理阶段的颜色判定合成效率。

通过氨水高温处理，连接在 CPG 上的引物被切下来，并通过寡核苷酸纯化柱（Oligonucleotide Purification Cartridge，OPC）、聚丙烯酰胺凝胶电泳（Polyacrylamide Gel Electrophoresis，PAGE）等手段纯化。成品引物用 C18 浓缩、脱盐、沉淀。沉淀后的引物用水悬浮，测定 OD260 定量，根据订单要求分装。

（2）芯片式 DNA 合成仪。

当前 DNA 合成仪的主要生产厂商都致力于机器性能的完善、应用领域的开拓，以及高效率、高产率的仪器的开发与研究。高通量、高密度芯片式 DNA 合成仪（可以同时在 DNA 合成芯片上合成数万条不同 DNA）将是未来的发展方向。包含大量合成池的 DNA 合成芯片（一般含 12000 个或者 90000 个合成池，可同时合成 12000 个或者 90000 个 DNA）被放入芯片式 DNA 合成仪后，该合成仪会控制芯片中每一个合成池的电极电位，在芯片上按照软件设计的 DNA 序列，合成一定长度的 DNA，由待合成引物的 3'末端向 5'末端合成，相邻的核苷酸之间通过 3'→5'磷酸二酯键连接，由此合成所需要的 DNA/RNA。合成后的大量 DNA 从芯片上剪切下来，即单管中会含有几万条人工合成 DNA。

除了高通量芯片合成，由于人们所需要的大部分核酸的碱基对数量远远超过 DNA 合成仪可以合成的最长核酸链的碱基对数量，芯片式 DNA 合成仪能够突破现有核酸合成的碱基对数量限制，快速合成超长 DNA 链。此外，芯片式 DNA 合成仪还具备在芯片上的原位式电化学合成、电化学去保护、合成速度快等优点，大大提高了人工合成 DNA 的效率。

4. DNA 测序仪

基因测序是大规模 DNA 数据存储的技术基础，人类基因组计划及由此带来的基因测序技术的飞速发展是大规模 DNA 数据存储得以实现的前提。截至本书成稿之日，DNA 测序的成本已经降低到每个碱基一分钱左右，这大大促进了 DNA 分子存储相关理论与技术的发展。同时，第三代纳米孔 DNA 测序仪可以将大量 DNA 分子携带的编码信息通过特别设计的纳米孔直接转换为光电信号，因此具有数据读取的高通量、高度并行特点，可能成为未来 DNA 分子计算机的通用输出设备。

（1）DNA 测序仪的基本工作原理。

DNA 测序仪的工作原理主要基于桑格（Sanger）和库森（Coulson）等人发明的桑格-库森法（又称桑格测序法、双脱氧链末端终止法），或马克萨姆（Maxam）与吉尔伯特（Gilbert）发明的化学降解法。这两种方法在原理上虽然不同，但都是首先在某一固定的位点开始核苷酸链的延伸，并随机在某一个特定的碱基处终止，产生以 A、T、C、G 为末端的 4 组不同长度的一系列核苷酸链，然后在变性聚丙烯酰胺凝胶上电泳以进行片段的分离和检测，从而获得 DNA 序列。由于双脱氧链末端终止法更简便，且更适合光学自动探测，因此在单纯以测定 DNA 序列为目的的全自动 DNA 测序仪中应用广泛。而化学降解法在研究 DNA 的二级结构以及蛋白质-DNA 相互作用中具有重要的应用价值。双脱氧链末端终止法的测序原理在 4.2.7 小节已有介绍，示意如图 4.12 所示。

（2）DNA 测序仪的发展。

第一代 DNA 测序仪基于双脱氧链末端终止法。此后，在该方法的基础上，20 世纪 80 年代中期出现了以荧光标记代替放射性同位素标记、以荧光信号接收器和计算机信号分析系统代替放射性自显影的自动测序仪。此后，20 世纪 90 年代中期出现的毛细管电泳技术使得测序的通量大为提高。

传统的第一代测序技术具有高准确性、简单、快捷等优点，但由于测序通量低，仅适用于小样本遗传疾病基因的鉴定，难以完成没有明确候选基因或候选基因数量较多的大样本病例筛查。

第二代 DNA 测序仪采用了 21 世纪发展起来的第二代测序技术：首先将片段化的代测序基因组 DNA 两侧连上接头，用不同的方法产生几百万个空间固定的 PCR 克隆阵列；然后进行引物杂交和酶延伸反应，经过计算机分析，获得完整的 DNA 序列信息。

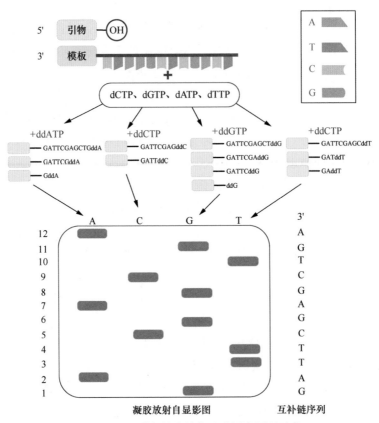

图 4.12　双脱氧链末端终止法测序原理示意

　　采用第二代测序技术的 DNA 测序仪不仅保持了高准确度，而且大大降低了测序成本并极大地提高了测序速度。第二代测序技术最显著的特征是高通量，一次能对几十万到几百万条 DNA 分子进行测序，使得对一个物种的转录组测序或基因组深度测序方便易行。

　　第三代测序仪的显著特征是长读长，在保持高准确度的同时可明显将测序读长提高 10～50 倍。第三代测序仪使用的测序技术省去了第二代测序仪在测序文库制备时所必需的 PCR 扩增过程，一定程度上消除了 PCR 扩增过程所引入的系统误差，同时也缩短了整体测序所需的运行时间。

　　第四代 DNA 测序仪使用的测序技术同样属于单分子测序，但它采用了利用纳米孔芯片检测单分子测序信号的技术，不再依赖高速摄像机或者高分辨率的 CCD 相机，最大限度地降低了检测设备的成本。大多数纳米

孔测序技术的基本原理是当 DNA 分子从一个孔洞经过时检测到被影响的电流或光信号。

4.3　生物计算的关键技术：电泳

电泳是一种基于样品物理化学性质设计的分离鉴定技术，它利用电场作用下导电介质的移动能力差异来分离样品[52]。一般情况下，阳离子向电场带负电的阴极迁移，具有较大载荷比的阳离子的迁移速度比具有较小载荷比的阳离子的迁移速度快，阴离子向带正电的阳极迁移，中性离子不受电场影响而保持静止。1807 年，莫斯科大学教授彼得·伊万诺维奇·斯特拉霍夫（Peter Ivanovich Strakhov）和斐迪南·弗雷德里克·罗伊斯（Ferdinand Frederic Reuss）首次观察到电泳的电动现象，他们注意到加入恒定电场会导致分散在水中的黏土颗粒的迁移[53]。电泳在实验室中广泛应用于 DNA、RNA 和蛋白质等生物大分子的分析。依据介质体系与理化特点，电泳技术主要包括凝胶电泳（Gel Electrophoresis）、免疫电泳（Immunoelectrophoresis）、毛细管电泳（Capillary Electrophoresis）、介电电泳（Dielectrophoresis）和等速电泳（Isotachophoresis）等。这些电泳技术在生物计算中用来进行解的分离、提取、提纯。

4.3.1　基本原理

根据电泳粒子微体系相关的双层理论，待分离悬浮颗粒具有表面电荷，外部电场对其施加静电库仑力，该作用力受到颗粒表面微环境的影响（见图 4.13）。一般来说，电泳体系中待分离颗粒的表面电荷都被离子扩散层屏蔽，离子扩散层具有一致的电荷属性，但与颗粒表面电荷属性相反。电场对离子扩散层包裹中的待分离颗粒施加静电库仑力，方向与作用于离子扩散层的力相反。后一种力实际上并不是作用在待分离颗粒上，而是作用在与粒子表面有一定距离的扩散层离子上，并通过黏性应力传递到粒子表面，表现为电泳阻力。施加电场时，待分离颗粒在离子扩散层中稳定运动，总作用力为 0[54]。

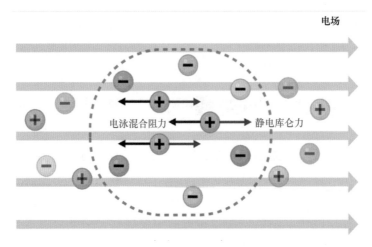

图 4.13　电泳原理示意

考虑扩散层黏度对运动颗粒的阻力，在一定电场强度 E 的情况下，悬浮粒子的漂移速度 v 与外加电场成正比，则其电泳迁移率 μ_e 定义为

$$\mu_e = \frac{v}{E}$$

最著名的电泳理论是斯莫鲁霍夫斯基（Smoluchowski）在 1903 年提出的，被称为斯莫鲁霍夫斯基电泳理论[55]：

$$\mu_e = \frac{\varepsilon_r \varepsilon_0 \zeta}{\eta}$$

其中，ε_r 为扩散体系的相对介电常数，ε_0 为真空介电常数，η 为扩散介质的动态黏度，ζ 为 Zeta 电位。

4.3.2　凝胶电泳

凝胶电泳是一种分离、鉴定生物大分子（DNA、RNA 和蛋白质）的常见方法，凝胶载体上样品的迁移速度与分子大小和表面电荷有直接关联，而推动样品移动的电场由电泳仪正负极产生。样品置于凝胶材料的样品孔中，而凝胶整体被放置在电泳室中，并与稳压电源相连（见图 4.14）。当施加电场时，较大的分子在凝胶中移动相对较慢，而较小的分子移动更快，可使不同理化特性的生物大分子在凝胶上形成不同的条带，用于后续分析操作。

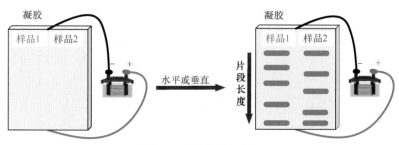

图 4.14 凝胶电泳示意

最常用的凝胶类型是琼脂糖凝胶和聚丙烯酰胺凝胶。每种类型的凝胶依据制备方法的不同而适用于不同类型和分子大小的样品。聚丙烯酰胺凝胶对 DNA 小片段（5～500bp）具有很强的分辨能力，琼脂糖凝胶对 DNA 的分辨能力相对较弱，但分离范围较大，通常用于 50～20000bp 的 DNA 片段，脉冲场凝胶电泳的分辨能力可能超过 6Mbp。聚丙烯酰胺凝胶以垂直放置模式进行电泳，而琼脂糖凝胶通常以水平放置模式进行电泳。两者制备方法不同，琼脂糖是热固化的，聚丙烯酰胺以化学聚合反应形成。

除了常见的核酸样品分析，凝胶电泳还可用于蛋白质分析与鉴定。聚丙烯酰胺凝胶电泳同时具有电荷效应和分子筛效应，可将分子大小相同而带不同数量电荷的蛋白质分离，进一步通过二维电泳技术，将带相同数量电荷而分子大小不同的蛋白质分离。基于抗原抗体反应的加成，琼脂糖免疫凝胶电泳可用于蛋白质制剂纯度鉴定、蛋白质混合物组成分析、血清学特性等方面的系统研究。

4.3.3　免疫电泳

免疫电泳是基于抗原抗体反应对蛋白质进行分离和表征的一系列电泳方法的总称[56]，电泳体系中的抗体与待鉴定的蛋白质发生非共价键化学反应（见图 4.15）。免疫电泳在 20 世纪下半叶得到发展和广泛应用，推动了生物学与医学的发展。按电泳体系物理化学特点的不同，免疫电泳可分为一维免疫电泳、二维定量免疫电泳、火箭免疫电泳、融合火箭免疫电泳、亲和免疫电泳。

虽然免疫电泳的优点明显，但有两个因素限制了它的进一步发展：实验室的工作需要大量有经验的实验技术人员参与，限制了大规模自动化；技术原理导致需要使用大量抗体，提高了技术应用的壁垒。

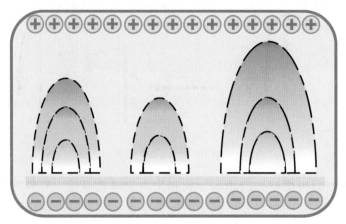

图 4.15　免疫电泳原理示意

4.3.4　毛细管电泳

　　毛细管电泳是在亚毫米直径的毛细管和微纳米流体通道中进行的一系列电泳分离技术[57]。一般情况下，毛细管电泳包括毛细管区带电泳、毛细管凝胶电泳、毛细管等电聚焦、毛细管等速电泳和胶束电动色谱。在毛细管电泳中，样品在电场的影响下通过电解质溶液迁移，并根据离子迁移率、非共价相互作用等途径进行分离[58]。此外，样品可以通过电导率和 pH 梯度进行浓缩或聚集，实现进一步的高效分离鉴定。

　　进行毛细管电泳所需的仪器相对简单（见图 4.16）。该系统的主要组成部分是样品瓶、源储瓶、毛细管、正负电极、高压电源、高灵敏检测器、激光探头、数据处理装置。样品瓶、源储瓶和毛细管充满电解质，如含水缓冲溶液。为了引入样品，将毛细管入口插入样品瓶中，通过毛细管虹吸或电动给压等方式，将样品引入毛细管，并与源储瓶相通。样品迁移是由施加在源储瓶和样品瓶之间的电场驱动的，高压电源装置进行供电。在常见的毛细管电泳仪器中，样品由于电泳迁移而分离，并在毛细管出口端附近进行检测。检测器信号被发送到处理设备，数据显示为电泳峰图。毛细管电泳尽管样本量非常小（通常只有几纳升的液体被引入毛细管），但由于它的注射策略会使分析物浓度集中在毛细管中，可实现高灵敏度检测。随着技术的进步，为了获得更大的样品处理量，出现了并行毛细管阵列。具有 96 根毛细管的阵列电泳可用于高通量毛细管 DNA 测序，毛细管阵列入口接收来自标准 96 孔板的样品，基本原理与图 4.16 所示相似[59]。毛细管电泳已成为一种重要的、具有实验成本效益的 DNA 测序方法，目前可提供高通量和高精度的测序信息，且测序速度能得到极大保证[60]。

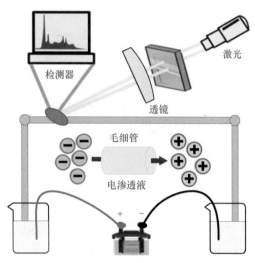

图 4.16　毛细管电泳示意

这些年发展起来的亲和毛细管电泳是一种特殊类型的毛细管电泳，它利用分子间相互作用来了解蛋白质与配体的互作信息，应用前景广阔。Ren 等人在适配体中加入了修饰的核苷酸，从 IL-1α 与适配体之间的疏水和极性相互作用中引入了新的高亲和相互作用[61]。Huang 等人研究蛋白质与蛋白质的相互作用，使用 6-羧基荧光素标记 α-凝血酶结合适体作为选择性荧光探针，并研究了蛋白质–蛋白质和蛋白质-DNA 相互作用的结合位点信息[62]。亲和毛细管电泳具备简单、快速和样品需求少等特点，可为样品配体鉴定、样品分离和检测等提供深入、高效的细节，已被证明在生命科学研究中具有很高的实用性。

4.3.5　介电电泳

介电电泳是一种在非均匀电场作用下对介电粒子施加力的电泳技术[63]。扩散体系中的所有样品粒子在电场作用下表现出介电电泳活性[64]。力的强度在很大程度上取决于介质和粒子的电学性质、粒子的形状和大小，以及电场的频率（见图 4.17）。特定频率的外加电场可以灵活操纵样品粒子，用于细胞分离、纳米材料的方向控制等研究工作[65]。

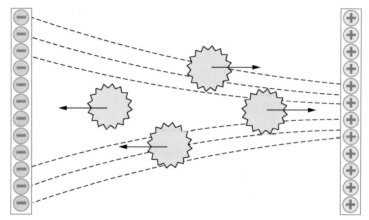

图 4.17　介电电泳示意

最简单的理论模型描述待分离样品为被导电介质包围的均匀球体。对于半径为 r、复介电常数为 ε_p^* 的均匀球体，E_{rms} 为电场向量，在复介电常数为 ε_m^* 的介质中，时间平均条件下施加的力 F_{DEP} 为[64]

$$\langle F_{DEP} \rangle = 2\pi r^3 \varepsilon_m \, \mathrm{Re}\left\{ \frac{\varepsilon_p^* - \varepsilon_m^*}{\varepsilon_p^* + 2\varepsilon_m^*} \right\} \nabla \left| E_{rms} \right|^2$$

具体来说，当极化粒子悬浮在非均匀电场中时，就会发生介电电泳行为。首先，电场使粒子极化，然后两极沿着电场线受到一个力，根据偶极子的方向，这个力可以是吸引的，也可以是排斥的。由于电场不是均匀的，受到最大电场的极点会压倒另一个极点，粒子就会移动。偶极子的取向取决于粒子和介质的相对极化率，符合麦克斯韦-瓦格纳-西拉极化。由于力的方向取决于电场梯度而不是电场方向，因此在交流电场和直流电场中都会发生介电电泳。由于粒子和介质的相对极化率是频率相关的，改变激励信号和测量力变化的方式可以用来确定粒子的电学性质。

介电电泳可用于分离具有不同极化率的粒子，因为它们在给定的交流电场频率下沿不同方向运动。基于生物细胞具有介电特性的认识，介电电泳在医学上有许多应用，包括癌细胞分离、血小板分离、药物发现、细胞治疗等[66-68]。介电电泳已被用于活细胞和死细胞的分离，分离后剩余的活细胞仍有活力，可用于选定的单细胞之间强制接触，进而研究细胞间相互作用[69]。

介电电泳还与半导体芯片技术合并，用于开发DEPArray技术，该技术可管理微流控装置中的数千个细胞[70]。

4.3.6 等速电泳

等速电泳是分析化学中一种用于离子分析物选择性分离和浓缩的技术[71]。带电样品根据离子迁移率进行分离，其中离子迁移率是指离子在电场中迁移的速度。经典的等速电泳分离技术使用不连续缓冲系统，样品被引到快速电解质区域和缓慢电解质区域之间。样品各分离组分的离子迁移率不同，而前导快速电解质的离子迁移率高于样品组分的最大离子迁移率，后导缓慢电解质的离子迁移率则低于样品组分的最小离子迁移率。在强电场的作用下，样品各分离组分在前导电解质与后导电解质之间的空隙中移动，最终实现分离（见图 4.18）。当前流行的等速电泳是瞬态等速电泳，它缓解了传统等速电泳因分析物带重叠而导致分离能力有限的局限性。在瞬态等速电泳中，分析物首先被等速电泳浓缩，然后可以通过区带电泳进行分离。与传统等速电泳相比，瞬态等速电泳具有更广泛的应用，能很容易地在毛细管电泳分离中作为预富集步骤，使毛细管电泳更敏感，实现更高的分离效率[72]。

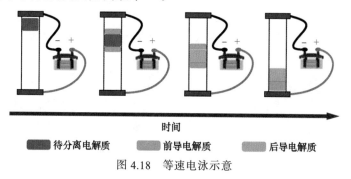

图 4.18 等速电泳示意

4.4 生物计算的关键技术：聚合酶链反应

聚合酶链反应（Polymerase Chain Reaction，PCR）技术是一种基于 DNA 分子复制机制的分子生物学技术，通过特定引物和 DNA 聚合酶在热循环条件下实现 DNA 序列的快速扩增[4]。在 PCR 过程中，DNA 模板首先在高温下变性成单链，然后在较低温度下通过特异性引物与目标序列结合，最后在适宜温度下由 DNA 聚合酶进行新链的合成。具有较高亲和力的引物与目标序列结合的速度更快，从而在数个热循环后快速扩增目标 DNA 片段。1983 年，美国生物化学家凯瑞·穆利斯（Kary Mullis）发明 PCR 技术，他发现通过模拟生物体内的 DNA 复制机制，可以在实验室条件下实现 DNA 的快速扩增[73]。PCR 技术在实验室中广泛应用于 DNA 的扩增和分析，在生物计算中广泛应用于解空间的扩增提取以及扩增运算的实现。依据实验目的和技术特点，PCR 主要包括定量 PCR（Quantitative PCR，qPCR）、逆转录 PCR（Reverse Transcription PCR，RT-PCR）、数字 PCR（Digital PCR，dPCR）和多重 PCR（Multiplex PCR）等。

4.4.1 PCR 发明之旅

1983 年 5 月一个炎热的下午，穆利斯乘车从伯克利出发，穿越科弗代尔，驶向安德森峡谷。加利福尼亚阔叶植物的花枝伸展到 128 号高速公路上空，粉白相间的花枝在夕阳下显得冷冷的，花香弥漫在暖暖的空气中。这是一个充满花香的夜晚，穆利斯的心中却有着隐隐的躁动。他的思绪飞回了实验室，DNA 序列的图像在他的脑海中卷曲、漂浮。他正忙于自己最喜欢的消遣——思考如何读出分子之王 DNA 的序列。DNA 的复杂性和它背后的无限可能性让穆利斯着迷。他意识到，如果能解读 DNA 的蓝图，许多遗传缺陷和疾病的悲剧就可以被预测和避免。穆利斯的脑海中突然闪现出一个想法：如果能设计一个短的合成 DNA 片段，先让它识别一个特定序列，然后启动一个让该序列不断自我复制的程序，就能够解决问题。这个想法虽然简单，却是革命性的。DNA 分子的本能之一就是自我复制，而穆利斯想要利用这一天然特性。

在那个夜晚，穆利斯待车辆停下，急忙在一个信封上用铅笔勾勒出他的想法，兴奋地计算起来，如果这个过程重复 10 次，就能得到任意一个 DNA 片段的 1000 多个拷贝。20 次循环能带来 100 万个拷贝，30 次循环将是 10 亿个拷贝[73-74]！穆利斯知道，他的这个想法将会改变分子生物学的规则。他回到实验室，开始了第一个实验，试图从人的 DNA 着手。尽管进展缓慢，但穆利斯从未放弃。最终，在 1983 年 12 月 16 日的一个晚上，他成功地实现了

DNA 的快速扩增。这一成果既让穆利斯震惊，也震惊了整个科学界。穆利斯的这一发明被命名为 PCR（见图 4.19）。

图 4.19　穆利斯发明 PCR 的灵感之旅

　　然而，PCR 技术的完善还离不开另一个关键发现——Taq 酶（具体介绍参见 4.1.2 小节）。这种酶后来被用于取代不耐高温的大肠杆菌 DNA 聚合酶，大大简化了 PCR 过程[4]。PCR 技术的发明彻底改变了分子生物学的研究方法，使得DNA的快速复制和分析成为可能。这项技术的发明使穆利斯赢得了1993 年的诺贝尔化学奖，他的名字也因此载入了科学史册。

4.4.2　基本原理

　　PCR 是基于 DNA 分子的复制机制实现的。在 PCR 过程中，特定的引物、DNA 聚合酶和热循环条件共同作用于 DNA 模板，实现其特定序列的快速扩增。这一过程涉及 3 个主要阶段：变性阶段、复性阶段和延伸阶段（见图 4.20）[4]。

　　（1）变性阶段。在高温条件（通常为 94～98℃）下，dsDNA 解旋成为两条单链。这一步骤是通过破坏 DNA 双螺旋结构中的氢键实现的。

　　（2）复性阶段。温度降低（通常为 50～65℃），使得富含特定序列的引物能够与 ssDNA 模板特异性结合。引物的设计至关重要，因为它们决定了扩增的特异性和效率。

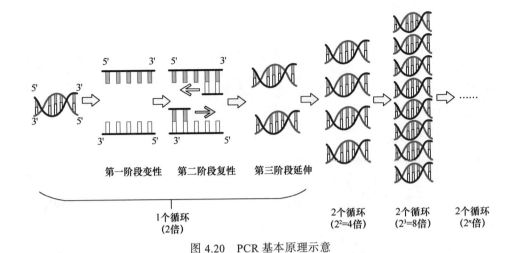

第一阶段变性　　第二阶段复性　　第三阶段延伸

1个循环
(2倍)

2个循环
(2²=4倍)

2个循环
(2³=8倍)

2个循环
(2ⁿ倍)

图 4.20　PCR 基本原理示意

（3）延伸阶段。在适宜的温度（通常为 72℃）下，DNA 聚合酶沿着模板链合成新的 cDNA 链。DNA 聚合酶的选择也非常关键，因为它必须在 PCR 的循环条件下保持活性和稳定性。

PCR 的扩增效率可以表示为

$$E = \left(10^{-\frac{1}{\text{slope}}} - 1\right) \times 100\%$$

其中，E 表示扩增效率，slope 是基于实时 PCR 扩增曲线的对数线性阶段得到的斜率[75]。

通过模拟生物体内的 DNA 复制机制，可以在实验室条件下实现 DNA 的快速扩增[76]。PCR 技术的核心在于 DNA 聚合酶的选择和引物的设计，这些因素直接影响到 PCR 的特异性和效率。

1. qPCR

qPCR 又称实时 PCR，是一种用于精确量化 DNA 或 RNA 样本中特定序列数量的先进技术。qPCR 技术通过结合传统 PCR 的扩增能力和荧光检测技术，能够在扩增过程中实时监测目标序列的数量变化[77]。在 qPCR 中，样品中的 DNA 或经过逆转录的 RNA 首先被特异性引物和 DNA 聚合酶扩增，而荧光标记的探针或染料用于检测扩增产物的数量。

qPCR 的关键在于荧光强度信号的实时监测，该信号与目标 DNA 序列的初始量成正比。扩增过程中，荧光强度信号的增加与 DNA 复制的每个循环相对应，从而允许对扩增产物进行定量分析。每经过一个循环收集一个荧光强度信号，通过荧光强度变化监测产物量的变化，最终得到一条荧光扩增曲线，扩增曲线横坐标表示循环数，纵坐标表示荧光强度信号。一般而言，qPCR 扩增曲线可以分为 3 个阶段：荧光背景信号阶段（基线期）、荧光强度信号指数扩增阶段（指数增长期）和平台期（见图 4.21）。荧光探针的选择至关重要，因为它们直接影响到检测的特异性和灵敏度。常用的荧光探针有 TaqMan 探针和 SYBR Green 染料[78]。

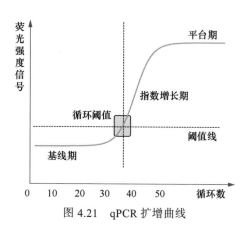

图 4.21　qPCR 扩增曲线

qPCR 技术在生物学和医学研究中有着广泛的应用，特别是在基因表达分析、病原体检测以及遗传疾病诊断中。例如，在传染病学研究中，qPCR 用于快速检测和量化病原体的 DNA 或 RNA，从而提供一种高效的诊断工具[79]。此外，qPCR 在癌症研究中也扮演着重要角色，用于监测癌症相关基因的表达水平，从而有助于研究人员理解癌症的发病机制和发展新的治疗策略[80]。在生物计算中，qPCR 技术主要用来监测可行解的扩增。

2. RT-PCR

RT-PCR 是一种结合了逆转录和 PCR 的技术，用于从 RNA 样本中扩增特定 DNA 序列。在 RT-PCR 中，首先使用逆转录酶将 RNA 模板转录成 cDNA，然后利用标准 PCR 技术对 cDNA 进行扩增[81]。RT-PCR 是研究基因表达和病毒载量的强大工具。通常，RT-PCR 分为一步法 RT-PCR 和两步法 RT-PCR（见图 4.22）。一步法 RT-PCR 把逆转录与 PCR 扩增结合在一起，使逆转录酶与 DNA 聚合酶在同一个管内同样缓冲液条件下完成反应。一步法 RT-PCR 只需要利用序列特异性引物。在两步法 RT-PCR 中，逆转录和 PCR 扩增过程在两个管中完成，使用不同的缓冲液、反应条件以及引物设计策略。

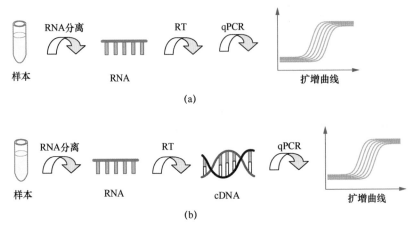

图 4.22　一步法 RT-PCR 和两步法 RT-PCR 示意

（a）一步法 RT-PCR　（b）两步法 RT-PCR

在逆转录阶段，RNA 模板的选择至关重要，因为它直接影响到 cDNA 的质量和后续扩增的效率。逆转录酶的类型和反应条件也会影响逆转录的效率和特异性。常用的逆转录酶有反转录酶 M-MLV 和反转录酶 AMV[82]。

RT-PCR 在生物医学研究中具有广泛应用，尤其在病毒学和癌症生物学领域。例如，RT-PCR 被用于量化 HIV 和乙肝病毒的 RNA 水平，从而评估病毒复制的活性和治疗效果[83]。在癌症研究中，RT-PCR 被用于检测和量化肿瘤标志物的表达，有助于癌症的早期诊断和治疗监测[84]。

3. dPCR

dPCR 是一种先进的分子生物学技术，用于精确量化 DNA 样本中特定序列的绝对数量。与传统 PCR 和 qPCR 不同，dPCR 通过将 DNA 样本分割成数千至数万个独立的微反应单元，实现对单个分子的检测和计数[85]。在 dPCR 中，每个微反应单元包含零个或多个 DNA 样本分子，而 PCR 扩增在所有单元中同时进行。dPCR 的关键在于样本分割和数据分析。样本分割创建了大量独立的微反应单元，每个单元都可以视为一个独立的 PCR。这种分割使得 dPCR 能够降低样本间的变异性，提高检测的精确度和重复性。在扩增后，通过计数扩增阳性和阴性的微反应单元，可以直接确定目标序列的绝对数量[86]（见图 4.23）。

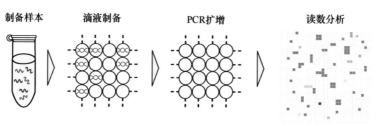

图 4.23　dPCR 的基本原理

dPCR 技术在生物医学研究中具有广泛应用，特别是在低丰度目标序列的检测、单核苷酸变异（Single Nucleotide Variant，SNV）的检测以及复杂样本的基因表达分析中。例如，dPCR 被用于癌症研究中循环肿瘤 DNA（circulating tumor DNA，ctDNA）的检测，提供了一种非侵入性的癌症诊断和监测方法[87]。此外，dPCR 在遗传疾病的诊断和治疗监测中也显示出独特的优势[88]。近年来，dPCR 技术的发展引入了新的微流控芯片和数字化分析方法，使得 dPCR 成为一种高通量、高灵敏度的分析工具。这些进步不仅提高了 dPCR 的操作便利性，还扩展了它在临床诊断和生物学研究中的应用范围[89]。在生物计算中，dPCR 技术主要用来监测可行解的扩增及解析。

4. 多重 PCR

多重 PCR 是一种高效的分子生物学技术，允许在单一反应中同时扩增多个不同的 DNA 目标序列。这种技术通过使用多对特异性引物，结合了传统 PCR 的扩增能力，实现了对多个基因序列的并行检测和分析[90]。在多重 PCR 中，每对引物被专一性地结合到不同的目标序列上，而所有目标序列在同一 PCR 中被扩增。多重 PCR 技术的关键在于引物设计和反应条件的优化。引物必须具有高度的特异性和最小的相互作用，以避免产生非特异性扩增和引物二聚体。此外，PCR 条件（如复性温度和循环次数）需要精确控制以确保所有目标序列的有效扩增[91]。

多重 PCR 在临床诊断、病原体检测、遗传疾病筛查及法医学中具有广泛应用。例如，在传染病学中，多重 PCR 被用于同时检测多种病原体，从而提高诊断的效率和准确性[92]。在遗传学研究中，多重 PCR 用于快速筛查多个遗传标记，有助于遗传疾病的早期诊断和风险评估[93]。近年来，多重 PCR 技术引入了新的检测平台和分析方法，如 qPCR 和高通量测序，进一步提高了灵敏度和多样性。这些进步不仅提高了多重 PCR 的操作便利性，还扩展了它在生物医学研究和临床应用中的应用范围[94]。

　　随着新一代生物计算技术的进步，精准 PCR 的概念被提出。这项概念性技术克服了原有 PCR 技术固有的缺点（如复制错误），可用来进行解空间的解析，使得生物计算向实用和更大规模的应用更进一步。

参考文献

［1］ LODISH H F, BERK A, et al. Molecular cell biology［M］. 5th ed. New York: Freeman W H, 2003.

［2］ SUZUKI T, SASSA A, GRÚZ P, et al. Error-prone bypass patch by a low-fidelity variant of DNA polymerase zeta in human cells［J］. DNA Repair, 2021, 100(4): 103052.

［3］ CHIEN A, EDGAR D B, TRELA J M. Deoxyribonucleic acid polymerase from the extreme thermophile thermus aquaticus［J］. Journal of Bacteriology, 1976, 127 (3): 1550-1557.

［4］ SAIKI R K, et al. Primer-directed enzymatic amplification of DNA with a thermostable DNA polymerase［J］. Science, 1988, 239 (4839): 487-491.

［5］ SAIKI R K, et al. Enzymatic amplification of beta-globin genomic sequences and restriction site analysis for diagnosis of sickle cell anemia［J］. Science, 1985, 230 (4732): 1350-1354.

［6］ LAWYER F C, et al. High-level Expression, Purification, and Enzymatic Characterization of Full-length Thermus Aquaticus DNA polymerase and a truncated form deficient in 5' to 3' exonuclease activity［J］. Genome Research, 1993, 2(4): 275-287.

［7］ TINDALL K R, KUNKEL T A. Fidelity of DNA synthesis by the thermus aquaticus DNA polymerase［J］. Biochemistry, 1988, 27 (16): 6008-6013.

［8］ 黄洪振, 王正起. 临床细胞学与组织病理学诊断［M］. 济南: 山东大学出版社, 1995: 628-629.

［9］ TAMÁS L, HUTTOVÁ J, MISTRK I, et al. Effect of carboxymethyl chitin-glucan on the activity of some hydrolytic enzymes in maize plants［J］. Chemical Papers, 2002, 56 (5): 326-329.

[10] MAXAM A M, GILBERT W. Sequencing end-labeled DNA with base-specific chemical cleavages[J]. Methods in Enzymology, 1980, 65 (1): 499-560.

[11] BRAICH R S, CHELYAPOV N, JOHNSON C, et al. Solution of a 20-variable 3-SAT problem on a DNA computer[J]. Science, 2002, 296: 499-502.

[12] ROSE J A. The fidelity of DNA computation[D]. Memphis: The University of Memphis, 1999.

[13] AMOS M. DNA computing[D]. Coventry: The University of Warwick, 1997.

[14] FU B. Volume bounded computation[D]. New Haven: Yale University, 1997.

[15] 吴乃虎. 基因工程原理[M]. 北京: 科学出版社, 2002.

[16] HEAD T, KAOLAN P D, BLADERGROEN R R, et al. Computing with DNA by operating on plasmids[J]. Biosystems, 2000, 57: 87-93.

[17] FODOR S P A, READ J L, PIRRUNG M C, et al. Spatially addressable parallel chemical synthesis[J]. Science, 1991, 251:767-773.

[18] EDITORAL. To affinity … and beyond[J]. Nature Genetics, 1996, 14(4): 367-370.

[19] 基因有限公司. 生物芯片及应用简介[EB/OL]. (2001-3-1)[2024-12-4].

[20] 马立人, 蒋中华. 生物芯片[M]. 北京: 化学工业出版社, 2000.

[21] 高志贤, 房彦军, 王红勇, 等. 硅烷法固定ssDNA制作的压电式DNA传感器[J]. 传感器技术, 2004, 21(12): 60-64.

[22] CHENG J, EDWARD L S, WU L, et al. Preparation and hybridization analysis of DNA/RNA From E. coli. on microfabricated bioelectronic chips[J]. Nature Biotechnology, 1998, 16: 541-546.

[23] RATH D, AMLINGER L, RATH A, et al. The CRISPR-Cas immune system: biology, mechanisms and applications[J]. Biochimie, 2015, 117: 119-128.

[24] MOJICA F J M, DÍEZ-VILLASEÑOR C, GARCÍA-MARTÍNEZ J, et al. Short motif sequences determine the targets of the prokaryotic CRISPR defence system[J]. Microbiology, 2009, 155(3): 733-740.

[25] DELTCHEVA E, CHYLINSKI K, SHARMA C M, et al. CRISPR RNA maturation by trans-encoded small RNA and host factor RNase Ⅲ [J]. Nature, 2011, 471(7340): 602-607.

[26] STERNBERG S H, REDDING S, JINEK M, et al. DNA Interrogation by the CRISPR RNA-guided endonuclease Cas9[J]. Nature, 2014, 507(7490): 62-67.

[27] KOMOR A C, KIM Y B, PACKER M S, et al. Programmable editing of a target base in genomic DNA without double-stranded DNA cleavage[J]. Nature, 2016, 533(7603): 420-424.

[28] GAUDELLI N M, KOMOR A C, REES H A, et al. Programmable base editing of A·T to G·C in genomic DNA without DNA cleavage[J]. Nature, 2017, 551(7681): 464-471.

[29] GUILINGER J P, THOMPSON D B, LIU D R. Fusion of catalytically inactive Cas9 to Fok I nuclease improves the specificity of genome modification[J]. Nature Biotechnology, 2014, 32(6): 577-582.

[30] ZETSCHE B, GOOTENBERG J S, ABUDAYYEH O O, et al. Cpf1 is a single RNA-guided endonuclease of a class 2 CRISPR-Cas system[J]. Cell, 2015, 163(3): 759-771.

[31] CHEN J S, MA E, HARRINGTON L B, et al. CRISPR-Cas12a target binding unleashes indiscriminate single-stranded DNase activity[J]. Science, 2018, 360(6387): 436-439.

[32] LI S Y, CHENG Q X, LIU J K, et al. CRISPR-Cas12a has both cis- and trans-cleavage activities on single-stranded DNA[J]. Cell Research, 2018, 28(4): 491-493.

[33] LI X, WANG Y, LIU Y, et al. Base editing with a Cpf1—cytidine deaminase fusion[J]. Nature Biotechnology, 2018, 36(4): 324-327.

[34] SIUTI P, YAZBEK J, LU T K. Synthetic circuits integrating logic and memory in living cells[J]. Nature Biotechnology, 2013, 31(5): 448-452.

[35] KARI L. DNA computing: arrival of biological mathematics[J]. The Mathematical Intelligencer, 1997, 19:9-22.

[36] TABATABAEI YAZDI S M, YUAN Y, MA J, et al. A rewritable, random-access DNA-based storage system[J]. Scientific Reports, 2015, 5(1): 1-10.

[37] MIYAMOTO T, RAZAVI S, DEROSE R, et al. Synthesizing biomolecule-based boolean logic gates[J]. ACS Synthetic Biology, 2013, 2(2): 72-82.

[38] LIU Y, ZENG Y, LIU L, et al. Synthesizing AND gate genetic circuits based on CRISPR/Cas9 for identification of bladder cancer cells[J]. Nature Communications, 2014, 5(1): 5393.

[39] GONG S, WANG X, ZHOU P, et al. AND logic-gate-based CRISPR/Cas12a biosensing platform for the sensitive colorimetric detection of dual miRNAs[J]. Analytical Chemistry, 2022, 94(45): 15839-15846.

[40] WINFREE E, LIU F, WENZLER L A, et al. Design and self-assembly of two-dimensional DNA crystals[J]. Nature, 1998, 394(6693): 539-544.

[41] YANG X P, WENZLER L A, QI J, et al. Ligation of DNA triangles containing double crossover molecules[J]. Journal of the American Chemical Society, 1998, 120(38): 9779-9786.

[42] ZHANG C, HE Y, CHEN Y, et al. Aligning one-dimensional DNA duplexes into two-dimensional crystals[J]. Journal of the American Chemical Society, 2007, 129(46): 14134.

[43] HELL S W, SAHL S J, BATES M, et al. The 2015 super-resolution microscopy roadmap[J]. Journal of Physics D: Applied Physics, 2015, 48(44): 443001.

[44] HUANG B, BATES M, ZHUANG X. Super-resolution fluorescence microscopy[J]. Annual Review of Biochemistry, 2009, 78(1): 993-1016.

[45] BETZIG E, PATTERSON G H, SOUGRAT R, et al. Imaging intracellular fluorescent proteins at nanometer resolution[J]. Science, 2006, 313(5793): 1642-1645.

[46] HESS S T, GIRIRAJAN T P K, MASON M D. Ultra-high resolution imaging by fluorescence photoactivation localization microscopy[J]. Biophysical Journal, 2006, 91(11): 4258-4272.

[47] RUST M J, BATES M, ZHUANG X. Sub-diffraction-limit imaging by stochastic optical reconstruction microscopy (STORM)[J]. Nature Methods, 2006, 3(10): 793-796.

[48] HEILEMANN M, VAN DE LINDE S, SCHÜTTPELZ M, et al. Subdiffraction-resolution fluorescence imaging with conventional fluorescent

probes[J]. Angewandte Chemie-International Edition, 2008, 47(33): 6172-6176.

[49] SHARONOV A, HOCHSTRASSER R M. Wide-field subdiffraction imaging by accumulated binding of diffusing probes[J]. Proceedings of the National Academy of Sciences, 2006, 103(50): 18911-18916.

[50] JUNGMANN R, AVENDAÑO M S, WOEHRSTEIN J B, et al. Multiplexed 3D cellular super-resolution imaging with DNA-PAINT and exchange-PAINT[J]. Nature Methods, 2014, 11(3): 313-318.

[51] JUNGMANN R, AVENDAÑO M S, DAI M, et al. Quantitative super-resolution imaging with qPAINT[J]. Nature Methods, 2016, 13(5): 439-442.

[52] HUNTER R J. Foundations of Colloid Science[M]. Oxford: Oxford University Press, 1989.

[53] REUSS F F. Sur un nouvel effet de l'électricité galvanique[J]. Mémoires de la Société Impériale des Naturalistes de Moscou, 1809, 2: 327-337.

[54] HANAOR D, MICHELAZZI M, VERONESI P, et al. Anodic aqueous electrophoretic deposition of titanium dioxide using carboxylic acids as dispersing agents[J]. Journal of the European Ceramic Society, 2011, 31(6):1041-1047.

[55] SAMBROOK J, RUSSEL D W. Molecular cloning: a laboratory manual[M]. 3rd ed. [s.l.]: Cold Spring Harbor Laboratory Press, 2001.

[56] LING I T, COOKSLEY S, BATES P A, et al. Antibodies to the glutamate dehydrogenase of plasmodium falciparum[J]. Parasitology, 1986, 92(2): 313-324.

[57] BAKER D R. Capillary electrophoresis[M]. NY: John Wiley & Sons, 1995.

[58] JORGENSON J W, LUKACS K D. Zone electrophoresis in open-tubular glass capillaries[J]. Analytical Chemistry, 1981, 53 (8): 1298-1302.

[59] DOVICHI N J, ZHANG J. How Capillary electrophoresis sequenced the human genome[J]. Angewandte Chemie, 2000, 39 (24): 4463-4468.

[60] WOOLLEY A T, MATHIES R A. Ultra-high-speed DNA sequencing using capillary electrophoresis chips[J]. Analytical Chemistry, 1995, 67 (20): 3676-3680.

［61］REN X, GELINAS A D, von Carlowitz I, et al. Structural basis for IL-1α recognition by a modified DNA aptamer that specifically inhibits IL-1α signaling［J］. Nature Communications, 2017, 8(1): 810.

［62］HUANG C C, CAO Z, CHANG H T, et al. Protein-protein interaction studies based on molecular aptamers by affinity capillary electrophoresis［J］. Analytical Chemistry, 2004, 76 (23): 6973-6981.

［63］POHL H A. Dielectrophoresis: the behavior of neutral matter in nonuniform electric fields［M］. Cambridge: Cambridge University Press, 1978.

［64］JONES T B. Electromechanics of Particles［M］. Cambridge: Cambridge University Press, 1995.

［65］HUGHES M P. Nanoelectromechanics in engineering and biology［M］. Florida: CRC Press, 2002.

［66］CHOI J W, PU A, PSALTIS D. Optical detection of asymmetric bacteria utilizing electro orientation［J］. Optics Express, 2006, 14 (21): 9780-9785.

［67］MAHABADI S M, LABEED F H, HUGHES M P. Effects of cell detachment methods on the dielectric properties of adherent and suspension cells［J］. Electrophoresis, 2015, 36 (13): 1493-1498.

［68］POMMER M S. Dielectrophoretic separation of platelets from diluted whole blood in microfluidic channels［J］. Electrophoresis, 2008, 29 (6): 1213-1218.

［69］POHL H A, HAWK I. Separation of living and dead cells by dielectrophoresis［J］. Science, 1966, 152 (3722): 647-649.

［70］TRAPANI M D, MANARESI N, MEDORO G. DEPArray™ system: an automatic image‐based sorter for isolation of pure circulating tumor cells［J］. Cytometry Part A, 2018. 93(12):1260-1266.

［71］ALBERT A, CARLO S. Biochemical and biological applications of isotachophoresis［J］. Elsevier Scientific Publishing Company, 1980.

［72］CREVILLÉN A G, DE FRUTOS M, DIEZ-MASA J C. On-chip single column transient isotachophoresis with free zone electrophoresis for preconcentration and separation of α-lactalbumin and β-lactoglobulin［J］. Microchemical Journal, 2017, 133: 600-606.

[73] MULLIS K B. The Unusual origin of the polymerase chain reaction[J]. Scientific American, 1990, 262 (4): 56-65.

[74] MULLIS K. Dancing naked in the mind field[M]. NY: Vintage Books, 2000.

[75] RUTLEDGE R G, CÔTÉ C. Mathematics of quantitative kinetic PCR and the application of standard curves[J]. Nucleic Acids Research, 2003, 31 (16): e93.

[76] HOFF M. DNA amplification and detection made simple (relatively) [J]. PLoS Biology, 2006, 4 (7): e222.

[77] HEID C A, STEVENS J, LIVAK K J, et al. Real time quantitative PCR[J]. Genome Research, 1996, 6 (10): 986-994.

[78] GIBSON U E, HEID C A, WILLIAMS P M. A novel method for real time quantitative RT-PCR[J]. Genome Research, 1996, 6 (10): 995-1001.

[79] MACKAY I M. Real-time PCR in the microbiology laboratory[J]. Clinical Microbiology and Infection, 2004, 10 (3): 190-212.

[80] BUSTIN S A. Quantification of mRNA using real-time reverse transcription PCR (RT-PCR): trends and problems[J]. Journal of Molecular Endocrinology, 2002, 29 (1): 23-39.

[81] BUSTIN S A, NOLAN T. Pitfalls of quantitative real-time reverse-transcription polymerase chain reaction[J]. Journal of Biomolecular Techniques, 2004, 15 (3): 155-166.

[82] FREEMAN W M, WALKER S J, VRANA K E. Quantitative RT-PCR: pitfalls and potential[J]. BioTechniques, 1999, 26 (1): 112-125.

[83] DROSTEN C, et al. Detection of mycobacterium tuberculosis by real-time PCR: a comparative study of IS6110 and MPB64[J]. Journal of Clinical Microbiology, 2003, 41 (6): 3043-3047.

[84] SLAMON D J, et al. Studies of the HER-2/neu proto-oncogene in human breast and ovarian cancer[J]. Science, 1989, 244 (4905): 707-712.

[85] VOGELSTEIN B, KINZLER K W. Digital PCR[J]. Proceedings of the National Academy of Sciences, 1999, 96 (16): 9236-9241.

[86] HINDSON B J, et al. High-throughput droplet digital PCR system for absolute quantitation of DNA copy number[J]. Analytical Chemistry,

2011, 83 (22): 8604-8610.

[87] NEWMAN A M, et al. An ultrasensitive method for quantitating circulating tumor DNA with broad patient coverage[J]. Nature Medicine, 2014, 20 (5): 548-554.

[88] TALY V, PEKIN D, BENHAIM L, et al. Detecting biomarkers with microdroplet technology[J]. Trends in Molecular Medicine, 2013, 19 (7): 405-416.

[89] DAY E, DEAR P H, MCCAUGHAN F. Digital PCR strategies in the development and analysis of molecular biomarkers for personalized medicine[J]. Methods, 2013, 59 (1): 101-107.

[90] HENEGARIU O, HEEREMA N A, DLOUHY S R, et al. Multiplex PCR: critical parameters and step-by-step protocol[J]. BioTechniques, 1997, 23 (3): 504-511.

[91] EDWARDS M C, GIBBS R A. Multiplex PCR: advantages, development, and applications[J]. PCR Methods and Applications, 1994, 3 (4): S65-S75.

[92] ELNIFRO E M, ASHSHI A M, COOPER R J, et al. Multiplex PCR: optimization and application in diagnostic virology[J]. Clinical Microbiology Reviews, 2000, 13 (4): 559-570.

[93] STROM C M, VERMA I M. Multiplex PCR for diagnosis of AIDS-related lymphomas[J]. Methods in Molecular Medicine, 2002, 70: 77-87.

[94] SCHOSKE R, VALLONE P M, RUITBERG C M, et al. High throughput multiplex PCR and amplicon quantitation for human identity testing[J]. Analytical Biochemistry, 2003, 316 (1): 1-9.

第 5 章

DNA 编码理论与算法

DNA 计算模型作为一种新兴的计算模型，因在生物分子层面上的独特优势而广受关注。自阿德曼于 1994 年首次提出 DNA 计算概念以来，该领域在解决 NP 完全问题、信息安全、图像加密、疾病控制和纳米技术等方面取得了显著进展。DNA 计算的关键在于设计高质量的 DNA 编码，以有效减少非特异性杂交并提高计算可靠性。DNA 编码设计是一个典型的组合优化问题，旨在构造满足特定约束的高质量编码集，并使 DNA 序列尽可能短。设计过程中，主要考虑解链温度（T_m）、特异性杂交以及编码数量的需求。本章首先介绍 DNA 编码的背景与发展，随后深入探讨 DNA 编码问题、基于 GC 含量的 DNA 编码计数理论、模板编码理论及算法、进化多目标优化 DNA 编码理论及算法和隐枚举编码理论及算法[1]。

5.1　DNA 编码的背景与发展

在这个数据爆炸的时代，社会发展面临着前所未有的挑战，其中最突出的是电子计算机在求解 NP 完全问题时的局限性。随着问题规模的扩大，这类问题所需的计算量呈指数级增长，超出了传统计算模型的处理能力。因此，迫切需要探索新的计算工具，以应对妨碍社会进步的"瓶颈"问题。作为一种新兴的计算模式，DNA 计算具备高度的并行性和海量的存储能力，尤

---

[1] 本章内容大部分源自作者团队发表的论文：XU J, LIU W B, ZHANG K et al. DNA coding theory and algorithms[J]. Artificial Intelligence Review, 2025.

其在解决 NP 完全问题方面展现出了巨大的潜力。自 1994 年阿德曼[1]提出利用 DNA 分子求解 7 个顶点的哈密顿路径问题以来，DNA 计算逐步发展成以 DNA 分子作为信息载体、以生物酶和 PCR 等生化操作作为计算算子的独特计算方式。随后，多个 DNA 计算模型相继被提出[2]，并成功应用于求解各种 NP 完全问题，如 SAT 问题[3-4]、旅行商问题[5]和图着色问题[6]等。此外，DNA 计算模型还被拓展到加密领域[7]，通过 DNA 的复杂性实现数据的加密与解密操作。同时，DNA 计算模型也被用于构建逻辑电路，如交叉抑制电路[8]和 4 线-2 线（4 Wire-2 Wire）优先编码器逻辑电路[9]，为 DNA 计算在生物逻辑和可编程生物系统中的应用提供了新思路。

尽管 DNA 计算具有巨大的计算潜力，但实际应用仍面临不少挑战。由于 DNA 计算依赖的生化操作存在一定的误差，如 PCR 扩增效率约为 90%，生物酶的效率为 80%～95%，随着计算过程中循环次数的增多，这些误差会逐渐累积，影响计算结果的准确性。更关键的是，DNA 计算中的核心操作——杂交反应，往往在不完全互补的情况下也会发生，这种非特异性杂交可能会导致不希望的二级结构形成，进一步偏离设计目标，进而导致错误的计算结果。这些问题使得 DNA 计算可求解的问题规模相对较小，截至本书成稿之日，可解决的最大规模为 61 个顶点的 3-着色图问题[6]。

在扩展 DNA 计算求解问题的规模方面，设计高质量的 DNA 序列是一个关键挑战[10]。在 DNA 计算中，待解问题被转化为 DNA 序列，通过 DNA 分子的特异性杂交生成代表问题解的 DNA 分子。然而，低质量的 DNA 序列可能导致非特异性杂交和解链温度不一致，甚至计算失败。因此，设计高可靠性的 DNA 序列是提升 DNA 计算效率的关键，不仅影响计算过程的准确性和效率，还直接决定了 DNA 计算在实际应用中的可扩展性和可靠性。优化 DNA 序列面临一系列复杂问题，包括如何最小化 DNA 序列长度、如何满足结构和热力学约束，以及如何确保编码在反应过程中稳定并执行预期功能。DNA 编码设计过程涉及多个因素，如解链温度、特异性配对、稳定性、计算效率和资源消耗等，针对这方面的研究不仅是推动 DNA 计算发展的关键，还是挖掘 DNA 计算在复杂问题求解中的潜力的基础。

DNA 编码设计本质上是典型的组合优化问题，并已被证明为 NP 完全问题[10]，这就导致在 4^n 的解空间中找到合适的编码序列非常困难，其中 n 表示编码的长度。在进行编码设计时，如果考虑的约束过少，那么编码质量无法得到保证；相反，如果考虑的约束过多，那么可行解空间就会被缩小，计算复杂度也会增加，进而加大求解难度。此外，DNA 序列问题可能涉及多个相互冲突的约束，如距离约束和解链温度，所以在设计时还需要考虑多个优化目标，这进一步加大了编码设计的难度。因此，如何平衡约束，进而找到高质量的编码也是挑战之一。

为应对上述挑战，一系列 DNA 编码优化算法被相继提出。1996 年，Deaton 等人[11]首次将遗传算法应用于 DNA 编码搜索，并探讨了温度对 DNA 杂交的影响。尽管该算法在约束较少时能够有效生成符合要求的编码，但在约束较多时，遗传算法的表现则大大下降[12-13]。1997 年，Frutos 等人[14]提出了模板编码算法，利用汉明距离和反补汉明距离降低序列间的相似性，并通过建立满足约束的二进制编码集生成 DNA 编码集。为了拓展模板编码算法的应用，后续研究重点关注模板编码算法的优化和性质[15-17]。

随着搜索策略的发展，诸如穷举搜索算法、隐枚举算法等被提出，用于 DNA 编码的设计。尽管穷举搜索算法能够设计满足约束的 DNA 序列，但计算时间过长，仅适用于小规模问题[18]。为了克服这个难题，隐枚举算法通过渐进式边扩展搜索的方式优化了编码设计，成为常用的算法之一[19]。此外，为进一步提高编码设计的效率，动态规划算法[15]和随机搜索算法[20]等也被相继引入。虽然随机搜索算法有机会发现高质量的解，但它难以高效地收敛到最优解。因此，通常将它与其他算法（如启发式算法[21-22]）结合使用。为了解决随机搜索算法最优解收敛慢的问题，研究人员开始尝试将这些算法应用于 DNA 编码问题。例如，Tanaka 等人[23]引入一个评价 DNA 序列的适应度函数，利用模拟退火算法设计 DNA 序列，并提出自补汉明距离来评价 DNA 编码质量。Cui 等人[24]利用粒子群优化求解 DNA 编码问题。Wang 等人[25]提出了基于遗传模拟退火混合算法的 DNA 序列设计算法。Xiao 等人[26]利用多目标载波混沌优化进化算法进行 DNA 编码设计。Kawashimo 等人[27]应用局部搜索算法求解满足热力学自由能约束的 DNA 短序列。Kurniawan 等人[28]应用蚁群优化算法设计 DNA 编码。数学模型和图论算法也被广泛应用于 DNA 编码设计的研究中。此外，Caserta 等人[29]将数学规划技术应用到 DNA 编码问题中，设计了一种数学启发式算法。Fouihoux 等人[30]利用图的二部划分来解决 DNA 编码问题。Marco 等人[31]通过将数学规划技术和元启发式方案结合进行 DNA 编码设计。

为了进一步提高 DNA 编码的质量，研究人员不仅专注于优化算法，还在约束的改进和扩展方面展开了深入探索。例如，Feldkamp 等人[32]提出了一种定义序列间相似度的算法。该算法要求所有长度为 n_s 的 DNA 序列间的最大相同子串的长度为 $n_b - 1$，且长度为 n_b 的子串在编码集中最多只能出现一次。于是，可以由参数 $\phi = 1 - (n_b - 1)/n_s$ 来衡量编码间的相似度。Garzon 等人[33]于 1997 年提出 H-measure 约束，其本质是通过一个序列相对于另一个序列的移位来计算汉明距离的最小值。针对不同的编码需求，研究人员还提出了更加精细化的约束。例如，反补汉明距离约束[24-26,34]、自补汉明距离约束[19,23]及序列 3'末端 H-measure 约束[23]，这些约束旨在进一步减少杂交错误，提高编码的可靠性和适用性。此外，DNA 序列的二级结构（如发卡结构）和连续性约束在编码设计中同样扮演着重要角色[35-36]。Penchovsky 等人[20]研究了 DNA 序列在发夹、内环和凸环等复杂结构中的杂交能力，通过热力学数据计算杂交体的稳定性，并利用动态规划算法设计出一组高特异性杂交的 DNA 序列。Tanaka 等人[37]提出了一种结合贪心搜索的过滤算法，提高了基于热力学的编码算法中自由能计算的效率，缩短了设计时间。以上研究共同推动了 DNA 编码设计向着更高效、可靠和精细化的方向发展。

　　尽管上述算法在一定程度上提升了 DNA 编码的质量，但是不同算法往往考虑不同的约束集，而且许多约束是互相冲突的，所以要想找到在多个约束上都表现出色的 DNA 编码序列非常困难。多目标优化算法的应用使得 DNA 编码设计得到了显著改善。例如，Shin 等人[38]开发的核酸计算模拟工具包/序列生成器（Nucleic Acid Computing Simulation Toolkit/Sequence Generator，NACST/Seq）系统基于约束多目标优化，超越了传统遗传算法和模拟退火算法。近年来，改进的优化算法均提升了 DNA 序列设计的可靠性，进一步推动了 DNA 编码的研究进展。2014 年，Chaves-González 等人[10]通过改进萤火虫算法提出了算法 MO-FA，并生成了可靠的序列。2019 年，Chaves-González 等人[39]通过将 DNA 编码视为包含 4 个目标和 2 个约束的约束多目标优化问题，并基于多目标进化算法（Multi-Objective Evolutionary Algorithm，MOEA）提出了新的 DNA 编码设计算法——并行多目标人工蜂群（parallel Multi-Objective Artificial Bee Colony，pMO-ABC）算法，得到了可靠的序列。最近，Xie 等人[40]提出了一种改进的台球算法算术优化算法（Billiard Hitting Arithmetic Optimization Algorithm，BHAOA），该算法生成的序列也有着较高的可靠性。2024 年，Yang 等人[41]提出了连续碱基配对约束，并开发了层次蚁群（Hierarchy-Ant Colony，H-ACO）算法，该算法在 DNA 序列设计中表现良好。此外，他们还将生成的序列通过 NUPACK 工具进行了验证比较。尽管如此，多个编码约束之间的冲突仍然是 DNA 编码设计中的一个主要挑战。未来的研究可能会着重于如何平衡不同目标之间的矛盾，进一步提升算法的效率和编码设计的可靠性。

5.2 DNA 编码问题

在 DNA 计算中，解的生成、提取、PCR 扩增和检测等关键步骤均依赖 DNA 分子间的特异性杂交。特异性杂交不仅是 DNA 计算的核心基础，它的可靠性和精确性还直接影响计算过程的效率与准确性。杂交错误主要分为两类[42-43]：假阳性和假阴性。假阳性指不完全互补的 DNA 分子错误地杂交形成双链分子，图 5.1 所示为 4 种 DNA 杂交模式。假阳性的发生通常是 DNA 分子间存在足够的反向互补"相似度"，导致非特异性结合。假阴性指完全互补的 DNA 分子未能成功杂交，未能与期望的靶标分子形成双链。假阴性的发生通常是由反应条件不当或生化操作失误引起。有效的编码策略是减少假阳性和假阴性发生的关键。合理的编码设计能够确保计算过程（或生化反应）严格按照预定模型进行，从而提高 DNA 计算的准确性与效率。特异性杂交的实现依赖编码间的距离约束以及其他生化约束，如相似的热力学特性、避免形成二级结构以及特殊酶切位点等，这些因素共同确保了生化反应体系的可靠性和高效性。

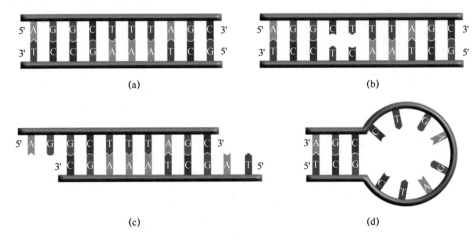

图 5.1　4 种 DNA 杂交模式

（a）完全配对　（b）不完全配对　（c）移位杂交　（d）发卡结构

在后续的探讨中，对于正整数 n，设 $S(n)$ 表示所有长度为 n 的 ssDNA 序列构成的集合。对于任意序列 $x \in S(n)$，我们定义 x^r 和 x^c 分别表示 x 的逆序列和互补序列。具体地，若序列 $x = 5'\text{-}x_1x_2\cdots x_n\text{-}3'$，则其逆序列 $x^r = 3'\text{-}x_nx_{n-1}\cdots x_1\text{-}5'$，而互补序列 $x^c = 3'\text{-}x_1^c x_2^c \cdots x_n^c\text{-}5'$，其中 x_i 与 x_i^c（$i=1,2,\cdots,n$）是满足沃森-克里克互补原则的碱基对，具体的互补规则如下：若 $x_i = \text{A}$，则 $x_i^c = \text{T}$；若 $x_i = \text{T}$，则 $x_i^c = \text{A}$；若 $x_i = \text{C}$，则 $x_i^c = \text{G}$；若 $x_i = \text{G}$，则 $x_i^c = \text{C}$。此外，定义 $x^{rc} = (x^r)^c$，$x^{cr} = (x^c)^r$。显然，$x^{rc} = x^{cr}$。把 x^{rc} 称为 x 的逆互补序列。

5.2.1　DNA 编码的常见约束

DNA 编码的常见约束可以分为 4 类：距离约束、热力学约束、二级结构约束和序列约束。

1. 距离约束

编码的特异性是信息表示和正确计算的基础。距离约束是确保合法编码特异性的主要手段。在传统信息论中，主要基于汉明距离来衡量编码之间的差异程度。

基于汉明距离的编码约束可以有效地限制 DNA 序列间产生非特异性杂交，从而使每条 DNA 序列仅和其互补序列生成双螺旋结构。常用的距离约束主要有如下 7 种。令 $x = 5'\text{-}x_1x_2\cdots x_n\text{-}3'$ 和 $y = 5'\text{-}y_1y_2\cdots y_n\text{-}3'$ 为两个长度为 n 的 ssDNA 序列，其中 $x_i, y_i \in \{\text{A,G,C,T}\}$ 代表碱基。

（1）汉明距离约束[13]。

两个 DNA 序列之间的汉明距离是指其在对应位置上碱基不同的总数。在 DNA 编码设计中，汉明距离被用作衡量序列间不相似程度的指标。两个序列 x 和 y 的汉明距离越大，表明它们之间对应位置碱基不同的数量越多，x 与 y 互补序列 y，以及 y 与 x 互补序列 x 之间发生特异性杂交的可能性也就越小。序列 x 和 y 之间的汉明距离定义如下：

$$H(x,y) = \sum_{i=1}^{n} h(x_i, y_i)，\text{ 其中 } h(x_i, y_i) = \begin{cases} 0, x_i = y_i \\ 1, x_i \neq y_i \end{cases} \quad (5.1)$$

（2）H-measure 约束[33]。

鉴于 DNA 分子之间可能发生移位杂交，H-measure 约束用于限制两条

DNA 序列之间的碱基互补程度。H-measure 通过计算序列 x 和 y 的逆补序列 y^{rc} 之间的最小滑动汉明距离得到，计算公式如下：

$$H\text{-}\mathrm{measure}(x,y) = \min_{-n<k<n} H\left(x,\sigma^k\left(y^{rc}\right)\right) \tag{5.2}$$

其中，$\sigma^k\left(y^{rc}\right)$ 表示将序列 y^{rc} 右移 k 个位置，H-measure 可以更准确地描述两个序列间的差异度。H-measure(x,y) 的值越小，x 和 y^{rc} 之间的相似度越大，x 和 y 之间越容易发生移位杂交；反之，越不容易发生移位杂交。由于 DNA 杂交的复杂性，移位距离提供了一种计算简单的距离测度。

此外，在基于优化的编码方法中，H-measure 的评估函数[24]被定义为一个最小化问题。对于包含 m 条长度为 n 的序列的集合 S，其中序列 $x \in S$ 的 H-measure 评估函数定义如下：

$$H\text{-}\mathrm{measure}(x) = \max_{y \in S, y \neq x} \max_{-n<k<n} n - H\left(x,\sigma^k\left(y^{rc}\right)\right) \tag{5.3}$$

为了更精确地评估 DNA 序列间的杂交，Shin 等人[38]引入带间隔的 H-measure 评估函数，定义如下：

$$H\text{-}\mathrm{measure}(x) = \sum_{y \in S, y \neq x} \max_{0 \leqslant g \leqslant n} \max_{0 \leqslant k \leqslant n+g-1} C\left(x^{(\_)g}x, \sigma^k\left(y^r\right)\right) \tag{5.4}$$

其中，$(\_)g$ 表示在序列 x 中插入 g 个间隔。函数 $C\left(x^{(\_)g}x, \sigma^k\left(y^r\right)\right)$ 用于计算 $x^{(\_)g}x$ 和 $\sigma^k\left(y^r\right)$ 中出现的互补碱基的数量。此外，结合连续互补区域的惩罚[11]，可以进一步提高 H-measure 约束的有效性。H-measure(x) 的值越大，x 和 S 中其他序列之间越容易发生杂交；反之，越不容易发生杂交。

（3）相似度约束[15]。

相似度约束用于衡量一个序列集 S 中序列 x 与其他序列在碱基组成上的相似性程度。满足相似度约束的序列 x 与其他序列的同向序列尽可能唯一，并且在任意滑动条件下尽量避免重复。对于包含 m 条长度为 n 的序列的集合 S，序列 $x \in S$ 的相似度评估函数定义如下：

$$\mathrm{Similarity}(x) = \max_{y \in S, y \neq x} \max_{-n<k<n} n - H\left(x,\sigma^k\left(y\right)\right) \tag{5.5}$$

同样，Shin 等人[38]引入带间隔的相似度评估函数，定义如下：

$$\mathrm{Similarity}(x) = \sum_{y \in S, y \neq x} \max_{0 \leqslant g \leqslant n} \max_{0 \leqslant k \leqslant n+g-1} E\left(x^{(\_)g}x, \sigma^k\left(y\right)\right) \tag{5.6}$$

其中，函数 $E\left(x^{(\_)g}x, \sigma^k\left(y\right)\right)$ 用于计算 $x^{(\_)g}x$ 和 $\sigma^k\left(y\right)$ 中出现的相同碱基的数

量。类似地，结合连续相同碱基惩罚[11]，可以进一步提高相似度约束的有效性。

（4）反补汉明距离约束[16]。

序列 x 可能和 y 的逆序列 y^r 发生杂交。反补汉明距离用来描述 x 和 y 的逆互补序列 y^{rc} 之间的相似程度。序列 x 和 y 的反补汉明距离用 $H^{rc}(x,y)$ 表示，定义为序列 x 和 y^{rc} 的汉明距离，即 $H^{rc}(x,y)=H(x,y^{rc})$。

（5）自补汉明距离约束[24]。

为了避免 DNA 分子和自身的逆序列杂交，Tanaka 等人[23]提出了自补汉明约束。序列 x 的自补汉明距离用 $H^s(x)$ 表示，定义为序列 x 和 x 之间的最小滑动汉明距离，即

$$H^s(x)=\min_{-n<k<n}H(x,\sigma^k(x^{rc}))\tag{5.7}$$

（6）序列 3'末端 H-measure 约束[24]。

如果一个 DNA 序列的 3'末端与另一个序列的一部分互补，则会在 PCR 过程中发生错误的扩增。该情况可以通过序列 3'末端 H-measure 约束来避免。序列 x 和 y 的序列 3'末端 H-measure 用 $H\text{-}\mathrm{measure\_end}(x,y)$ 表示，定义如下：

$$H\text{-}\mathrm{measure\_end}(x,y)=\mathrm{CN}(x,y^{(k)})\tag{5.8}$$

其中，$\mathrm{CN}(x,y^{(k)})$ 表示序列 x 与序列 y 的 3'末端的 k 位碱基构成的子序列之间互补的位数，k 为常数。

（7）重叠子序列约束（最小子串约束）[44]。

重叠子序列约束要求任意两段长度为 m 的子序列都不会重复，以确保任意两个DNA序列间不会出现过长的连续相同子序列，从而有效降低序列间的相似度。

除了上述约束，汉明距离还有一些简单的扩展形式。例如，汉明反距离 $H^r(x,y)$ 定义为序列 x 和序列 y 的反序列 y^r 之间的汉明距离，即 $H^r(x,y)=H(x,y^r)$；汉明补距离 $H^c(x,y)$ 定义为序列 x 和序列 y 的互补序列 y^c 之间的汉明距离，即 $H^c(x,y)=H(x,y^c)$。

2. 热力学约束

与传统基于汉明距离约束的编码不同，热力学约束通过量化DNA序列的

解链温度和自由能变化，更精确地评估序列的稳定性和特异性。这种算法能有效避免非特异性杂交。通过引入热力学约束，可以综合考虑序列间的相互作用及其在特定环境条件下的行为，为 DNA 序列的设计提供更加科学和实用的指导。

（1）解链温度[23]。

DNA 计算中的一个关键生化操作是 dsDNA 分子的解链。由于参与生化反应的 DNA 分子数量巨大，且要求在较短时间内对所有目标 DNA 分子完成解链，因此需要作为"数据"的 DNA 分子具有尽可能相近的解链温度。ssDNA 序列 x 的解链温度用 $T_m(x)$ 表示，定义为：x 和其互补序列形成的 dsDNA 分子在变性过程中，50% 的碱基对转变为单链时的温度。它是衡量 DNA 分子热力学稳定性的一个重要参数。

DNA 分子的 T_m 不仅与浓度、溶液 pH 值有关，还与分子大小及 GC 含量有关，甚至与碱基序列的排列有关。理论上，T_m 的热力学算法计算公式如下[45]：

$$T_m = \Delta H^\circ / (\Delta S^\circ + R \ln C_t) \tag{5.9}$$

其中，ΔH° 和 ΔS° 分别为杂交反应的标准摩尔焓变（简称标焓变）和熵变，R 为气体常数，取 $1.987 \mathrm{cal \cdot K^{-1} \cdot mol^{-1}}$（1cal=4.184J），$C_t$ 为 DNA 分子的物质的量浓度（当 DNA 分子为对称序列时，物质的量浓度取 $C_t / 4$）。通常，DNA 序列的杂交配对程度越高，双链结构越稳定，相应的解链温度也越高。对于长度为 n 的 DNA 分子 $x_1 x_2 \cdots x_n$，ΔH° 和 ΔS° 可以通过以下近似公式计算：

$$\Delta X = \theta + \sum_{i=1}^{n-1} w(x_i, x_{i+1}) \tag{5.10}$$

其中，θ 为修正值，w 表示 2bp 碱基 $x_i x_{i+1}$ 的一个负的焓或熵权值。

沃森-克里克碱基对的最近邻（Nearest Neighbor）热力学参数见表 5.1。

表 5.1　沃森-克里克碱基对的最近邻热力学参数[46]

碱基对序列 5'→3'/3'→5'	ΔH° （kcal·mol^{-1}）	ΔS° （e.u.）	ΔG° （kcal·mol^{-1}）
AA/TT	−7.6	−21.3	−1.00
AT/TA	−7.2	−20.4	−0.88
TA/AT	−7.2	−21.3	−0.58
CA/GT	−8.5	−22.7	−1.45
GT/CA	−8.4	−22.4	−1.44

碱基对序列 5'→3'/3'→5'	$\Delta H°$ （kcal·mol^{-1}）	$\Delta S°$ （e.u.）	$\Delta G°$ （kcal·mol^{-1}）
CT/GA	−7.8	−21.0	−1.28
GA/CT	−8.2	−22.2	−1.30
CG/GC	−10.6	−27.2	−2.17
GC/CG	−9.8	−24.4	−2.24
GG/CC	−8.0	−19.9	−1.84
初始化	+0.2	−5.7	+1.96
末端 AT 惩罚	+2.2	+6.9	+0.05
对称性校正	0	−1.4	+0.43

（2）自由能变化[19]。

自由能变化（ΔG）表示两条 ssDNA 分子杂交形成 dsDNA 的过程中能量的变化。由于 DNA 杂交通常释放热量，因此 ΔG 一般为负值。ΔG 是衡量 dsDNA 稳定性的重要参数，绝对值越大，双链结构越稳定。为了防止 DNA 序列间的非特异性杂交，需要对 DNA 解集 C 中的序列施加最小自由能约束。具体而言，设定一个最小自由能变化阈值 ΔG_{min}，要求解集 C 中任意两条 DNA 分子在非特异性杂交时的 ΔG 均大于 ΔG_{min}。这确保了无法形成稳定的双链结构，从而有效阻止非特异性杂交的发生。自由能采用最近邻热力学模型[45]，计算公式如下：

$$\Delta G = \sum_i n_i \Delta G(i) + \Delta G(\text{ini GC}) + \Delta G(\text{ini AT}) + \Delta G(\text{sym}) \qquad (5.11)$$

其中，$\Delta G(i)$ 表示近邻碱基对的自由能，如 $\Delta G(1)=\Delta G(\text{AA/TT})$、$\Delta G(2)=\Delta G(\text{TA/AT})$ 等，共包含 10 种沃森-克里克近邻碱基对组合；n_i 表示 $\Delta G(i)$ 的数量；$\Delta G(\text{ini GC})$ 表示起始位置 GC 配对的修正值；$\Delta G(\text{ini AT})$ 表示起始位置 AT 配对的修正值；$\Delta G(\text{sym})$ 表示自补 DNA 序列的修正值。

3. 二级结构约束[26]

由于存在反向互补的子序列，ssDNA 分子可能会自发折叠，形成各种复杂的二级结构，如发卡结构。二级结构在合成、测序以及解的生成和检测过程中都可能对 DNA 计算的顺利执行产生影响。因此，DNA 编码一般尽可能避免编码及其生成解过程中形成二级结构。

对于一个长度为 l 的序列 x，形成发卡结构的计算公式如下：

$$\text{Hairpin}(x) \sum_{p=P_{\min}}^{\lfloor l-R_{\min}/2 \rfloor} \sum_{r=R_{\min}}^{l-2p} \sum_{i=1}^{l-2p-r} T\left(\sum_{j=1}^{p} \text{bp}\left(x_{p+i-j}, x_{p+i+r+j}\right), \frac{p}{2}\right) \tag{5.12}$$

其中，p 表示发卡的茎长（ $p = \text{pinlen}(p,r,i) = \min(p+i, l-r-i-p)$ ），$P_{\min}$ 表示为最小茎长，r 表示发卡的环长（环上的碱基数），$R_{\min}$ 表示为最小环长。$T(a, T_{\text{value}})$ 是一个阈值函数，当 $a > T_{\text{value}}$ 时，返回 a，否则返回 0。$\text{bp}(b_i, b_j)$ 用于判断碱基 b_i 和 b_j 是否互补，互补则返回 1，否则返回 0。

4. 序列约束

在 DNA 计算中，序列约束是确保编码特异性和实验可靠性的核心内容，主要分为以下 4 个方面。

（1）GC 含量约束[47]。

dsDNA 分子中，腺嘌呤（A）与胸腺嘧啶（T）之间形成两个氢键，而鸟嘌呤（G）与胞嘧啶（C）之间形成 3 个氢键。因此，GC 含量是影响 DNA 分子解链温度 T_{m} 和自由能变化 ΔG 的关键因素。通过控制 GC 含量，我们可以将 T_{m} 和 ΔG 维持在相对较小的范围内。一般而言，PCR 引物设计以及 DNA 计算编码中推荐的 GC 含量约为 50%。

（2）连续性约束[24]。

如果一个 DNA 序列中，相同的碱基连续出现，那么在碱基分子氢键力作用下会出现非预期的二级结构。因此，序列设计通常会限制连续相同碱基的长度，避免因碱基连续重复影响序列的稳定性和实验结果。对于一个长度为 l 的序列 x，连续性的计算公式如下：

$$\text{Continuity}(x) = \sum_{i=1}^{l-t+1} \sum_{\alpha \in \{A,T,G,C\}} T\left(C_\alpha(x,i), t\right)^2 \tag{5.13}$$

其中，$C_\alpha(x,i)$ 是一个函数，如果存在 c 使得 $x_i \neq \alpha$、$x_{i+j} = \alpha$（对于 $1 \leq j \leq c$），且 $x_{i+c+1} \neq \alpha$，则返回 c，否则返回 0。x_i 表示序列 x 中第 i 位碱基。

（3）碱基约束[48]。

碱基约束是指对 DNA 序列中特定碱基的使用进行限制，以满足实验需求或优化序列性能。例如，某些实验可能需要保留特定碱基用于特殊功能，或限制某些碱基的出现以减少潜在干扰。研究表明，序列中仅包含 A、T 和 C 而无 G 可以显著减少序列间的杂交和降低二级结构的稳定性[3,49-50]。尽管碱基约束会降低序列的多样性，但有助于提高 DNA 库的特异性和实验的可靠性。

（4）特殊子序列约束[15]。

酶是具有特殊功能的蛋白质或 DNA 分子，如连接酶可以连接 DNA 分子、限制酶可以断开 DNA 分子。生物酶极大地丰富了 DNA 计算的算子工具，能够提高算法设计的灵活性，为计算过程以及解的检测提供便利等。生物酶能够特异性地识别特定的碱基序列，在编码设计中必须避免使用这些特殊功能的子序列，否则会在生物实验中出现错误。此外，还需排除特定序列（如密码子），以避免在特定实验条件下引发非预期的分子反应。这种对特定序列的排除或限制，能够有效降低实验风险，提高 DNA 编码的可靠性与实验成功率。

5.2.2　编码问题及其数学模型

DNA 编码问题通常涉及 3 个关键指标：编码数量、编码长度和编码质量。编码质量受多种约束控制，包括距离约束、热力学约束、二级结构约束和序列约束等。约束越严格，编码质量越高，计算过程中的生化反应可靠性与稳定性也越高。在给定约束下，编码长度越长，能够提供的编码数量也越多，但合成成本随之增加，且实验中控制 DNA 长链的难度也会加大；相反，编码长度越短，能够提供的编码数量也越少，合成成本也会降低，并且 DNA 长链在实验中更容易控制。设 $x = 5'\text{-}x_1 x_2 \cdots x_n\text{-}3'$ 为一个长度为 n 的 ssDNA 序列，其中 $x_i \in \{A, G, C, T\}$ 代表碱基。令 $S(n)$ 是长度为 n 的 ssDNA 序列的集合，则 $S(n)$ 的大小为 $|S(n)| = 4^n$。DNA 编码设计意在求 $S(n)$ 的一个子集 $S \subseteq S(n)$，使得 S 中 DNA 序列满足给定的多个约束。由于编码数量、长度和质量之间相互制约，DNA 编码问题是一个多约束优化问题。下面给出 DNA 编码问题的两种等价的定义形式，分别称为最小编码长度问题和最大编码集问题。

定义 5.1（最小编码长度问题）　给定约束准则集 $C = \{f_1, f_2, \cdots, f_l\}$ 和编码数量 N，最小编码长度问题的目标是确定最小的正整数 n，使得 $S(n)$ 包含一个子集 $S \subseteq S(n)$，满足 $|S| \geq N$ 且 S 中的 DNA 序列对 C 中的每个约束 $C = \{i = 1, 2, \cdots, l\}$ 均成立。

定义 5.2（最大编码集问题）　给定约束集 $C = \{f_1, f_2, \cdots, f_l\}$ 和编码长度 n，最大编码集问题的目标是寻找 $S(n)$ 的最大子集 $S \subseteq S(n)$，满足 S 中的 DNA 序

列对 C 中的每个约束 $C_i = \{i = 1, 2, \cdots, l\}$ 均成立。

上述两个定义本质上是等价的，它们分别是在给定约束下优化编码的长度和数量。定义 5.1 是确定最小的序列长度 n，使得 4^n 个解空间中至少含有满足约束的 N 个序列；定义 5.2 是要从 4^n 的解空间中挑选出满足约束的序列长度为 n 的最大序列集。在实际应用中，往往需要根据具体需求来设计约束函数的具体形式。此外，由于生化操作的局限性，编码长度通常限制在 50nt 以下，所以在设计算法时，往往是针对定义 5.2，即在给定编码长度的前提下，寻求可能的最大编码集。下面针对定义 5.2，根据 5.2.1 小节介绍的约束准则，给出最大编码集问题的一个具体实例。

定义约束准则集 $C = \{f_1, f_2, f_3, f_4\}$ 如下：f_1 表示距离约束，即对于任意两个编码的 DNA 序列 s_i、s_j，都有 $f_1(s_i, s_j) \geqslant d_{\min}$ 成立，其中 $f_1(s_i, s_j)$ 表示序列 s_i、s_j 之间的某种距离测度，$d_{\min}$ 表示最小距离；f_2 表示热力学约束，即对于任意编码的 DNA 序列 s_i，都有 $T_{\min} \leqslant f_2(s_i) \leqslant T_{\max}$，其中 $f_2(s_i)$ 表示序列 s_i 的解链温度 T_m，$T_{\min}$ 和 $T_{\max}$ 表示预先设定的解链温度的下限和上限；f_3 表示二级结构约束，即任意编码的 DNA 序列 s_i 不会形成二级结构，用 $f_3(s_i) = 0$ 表示；f_4 表示特殊子序列约束，即任意编码的 DNA 序列 s_i 不含某些特殊子序列，用 $f_4(s_i) = 0$ 表示。基于上述约束准则，给定编码长度 n，对应的最大编码集问题可表示为

$$\text{argmax}_{S \subseteq S_n} |S|$$

$$\text{s.t.} \begin{cases} f_1(s_i, s_j) \geqslant d_{\min}, & \forall s_i, s_j \in S \\ T_{\min} \leqslant f_2(s_i) \leqslant T_{\max}, & \forall s_i \in S \\ f_3(s_i) = 0, & \forall s_i \in S \\ f_4(s_i) = 0, & \forall s_i \in S \end{cases} \tag{5.14}$$

5.2.3 当前 DNA 编码算法分类

在 DNA 计算过程中，各种非预期的碱基互补配对可能导致实验失败。为避免此类杂交，研究人员在序列设计阶段深入分析了 DNA 的潜在互补配对方式，并提出了多项针对性的约束。这些约束之间既可能存在一定的相似性，也可能相互冲突。因此，在 DNA 编码设计过程中，通常需要从众多约束中选

择若干个满足编码需求的关键条件。DNA 编码设计研究过程中所采用的约束可以分为 4 类：距离约束、热力学约束、二级结构约束和序列约束。此外，早期的 DNA 编码算法研究多将编码设计问题建模为基于阈值的任务，通过检查每对序列的某些特性是否超出预设阈值来完成设计。这些算法包括穷举搜索算法、随机搜索算法、动态规划算法、模板映射算法、图论算法和统计算法等。随着启发式算法的发展，DNA 编码问题逐渐转化为优化问题，群体智能优化算法和进化算法已被广泛应用于此领域，而进化多目标优化算法已在解决 DNA 编码问题时表现出显著优势。

为了深入分析当前 DNA 编码算法所采用的约束及其异同，下面对现有算法在生成 DNA 编码过程中所使用的约束进行系统性总结，见表 5.2。该表列出了 14 种常见约束，包括相似性（Similarity）、*H*-measure、反补汉明距离约束、自补汉明距离约束、序列 3'末端 *H*-measure 约束、最小子串约束、汉明距离约束、自由能约束、解链温度约束、发卡结构及其他复杂结构约束、GC 含量约束、连续性约束、碱基约束、特殊子序列约束。为方便描述，上述约束依次用（1）～（14）表示。这些约束在 DNA 编码设计中扮演着至关重要的角色，旨在确保所设计的 DNA 序列在实验过程中能够稳定、有效地执行计算任务，同时避免潜在的干扰和降低不稳定性。

表 5.2　当前 DNA 编码算法分类

算法类型及对应文献			距离约束							热力学约束		二级结构约束	序列约束			
			(1)	(2)	(3)	(4)	(5)	(6)	(7)	(8)	(9)	(10)	(11)	(12)	(13)	(14)
基于阈值的算法	搜索算法	[20]						√	√				√			√
		[21]								√	√			√	√	
		[28]								√						
		[35]			√				√							
	模板映射算法	[15]	√	√								√	√	√		√
		[16]			√				√	√			√			√
		[18]	√								√					√
	图论算法	[31]		√												
		[51]								√						
		[45] [52]						√			√		√			√
	统计算法	[24]	√			√	√				√		√			√

续表

算法类型及对应文献			距离约束						热力学约束		二级结构约束	序列约束			
			(1)	(2)	(3)	(4)	(5)	(6)	(7)	(8)	(9)	(10)	(11)	(12)	(13)	(14)
基于启发式算法	进化算法	[26]			√				√		√	√	√	√		
		[53]	√	√				√								
		[54]							√							
	进化多目标优化算法	[55]	√	√			√				√	√	√	√		
		[25]	√	√							√		√			
		[27]	√	√					√		√		√	√		
		[11][39][40][56]	√	√							√	√				
		[49]	√	√			√				√	√	√	√	√	
		[57]	√	√						√	√	√	√	√		
	群体智能优化算法	[29][42][58]	√	√							√	√	√	√		
		[41]	√	√						√	√	√	√	√		

值得注意的是，不同的约束在编码设计中的应用不仅反映了不同算法对 DNA 序列性质的关注点，还揭示了在实际设计中对优化目标的不同选择。例如，自补汉明距离约束主要用于避免序列中的自我配对问题，而 GC 含量约束和解链温度约束直接关系到 DNA 序列的物理稳定性。因此，选择合适的约束往往依赖特定应用需求和实验环境，这也解释了当前 DNA 编码算法在实现效果和效率上的多样性。

5.3　基于 GC 含量的 DNA 编码计数理论

dsDNA 分子的解链温度与其 GC 含量正相关，因此，在 DNA 编码设计中，通常确保 GC 含量约为 50%。本节的目标是构建基于 GC 含量的 DNA 编码计数理论，并提出相应的构造算法。

5.3.1　DNA 编码计数理论

对于两个序列 $x, y \in S(n)$，它们之间的杂交距离是指 x 与 y 对应位置之间沃森-克里克互补的数量，记为 $l(x, y)$：

$$l(x, y) = \sum_{i=1}^{n} l(x_i, y_i) \qquad (5.15)$$

其中，

$$l(x_i, y_i) = \begin{cases} 1, & x_i \text{ 与 } y_i \text{ 为沃森} - \text{克里克互补} \\ 0, & \text{其他} \end{cases} \qquad (5.16)$$

下面对集合 $S(n)$ 进行细化：对于小于等于 n 的正整数 m、λ、μ、r，令 $S(n, m) \subset S(n)$ 表示由所有 GC 含量（包含碱基 G 或 C 的数量）恰好为 m 且长度为 n 的 DNA 序列构成的集合；$S(n, m, \lambda) \subseteq S(n, m)$ 表示 $S(n, m)$ 任意两个序列 x 和 y 之间的杂交距离符合以下 4 个条件的序列构成的集合：

$$\begin{cases} l(x, y) \leqslant \lambda \\ l(x, y^{\mathrm{r}}) \leqslant \lambda \\ l(x, y^{\mathrm{c}}) \leqslant \lambda \\ l(x, y^{\mathrm{rc}}) \leqslant \lambda \end{cases} \qquad (5.17)$$

$S(n, m, \lambda, \mu) \subseteq S(n, m, \lambda)$ 表示 $S(n, m, \lambda)$ 中任意两个序列 x 和 y 之间最长公共子序列的长度小于等于 μ 的所有序列构成的集合；$S(n, m, \lambda, \mu, r) \subseteq S(n, m, \lambda, \mu)$ 表示 $S(n, m, \lambda, \mu)$ 中每个序列的连续相同碱基的数量不超过 r 的所有序列构成的集合。

在 DNA 计算或其他 DNA 杂交反应中，通常预先确定所需的 DNA 序列数量 N，因此需要设计出至少 N 条满足多重约束的 DNA 序列，同时使得所设计的序列长度尽可能小。然而，很难精确计算满足多重约束的最小长度 ssDNA 序列的数量。这个问题称为 DNA 序列的计数问题。显然，最具挑战的部分是计算 $S(n, m, \lambda, \mu, r)$ 中序列的数量。

下面主要针对 $S(n, m)$ 展开研究，给出其计数公式，并探讨 $|S(n, m)|$ 与 $|S(n)|$ 之间的关系。

定理 5.1　对于任意正整数 n 和 m（$1 \leqslant m \leqslant n-1$），有

$$\left|S(n,m)\right| = \begin{bmatrix} n \\ m \end{bmatrix} \times 2^n = \frac{n!}{m!(n-m)!} \times 2^n \qquad （5.18）$$

证明　首先，从 n 个位置中任意选出 m 个位置，这种选择的方案数等于从 n 个元素中任取 m 个元素的组合数：

$$\begin{bmatrix} n \\ m \end{bmatrix} = \frac{n!}{m!(n-m)!}$$

其次，由 G 和 C 构成的长度为 m 的 DNA 序列共有 2^m 个。最后，对于每个由 G 或 C 构成的长度为 m 的序列，总共有 2^{n-m} 个长度为 n 的 DNA 序列与之对应。因此，长度为 n 且 GC 含量为 m 的 DNA 序列的总数为

$$\begin{bmatrix} n \\ m \end{bmatrix} \times 2^m \times 2^{n-m} = \frac{n!}{m!(n-m)!} \times 2^m \times 2^{n-m} = \frac{n!}{m!(n-m)!} \times 2^n \qquad ∎$$

由定理 5.1，推论 5.2 显然成立。

推论5.2　长度为 n 且 GC 含量为 $\lfloor n/2 \rfloor$ 的 DNA 序列的总数 $\left|S(n,\lfloor n/2 \rfloor)\right|$ 为

$$\frac{n!}{\lceil (n-1)/2 \rceil! \lfloor (n+1)/2 \rfloor!} \times 2^n \qquad （5.19）$$

推论 5.2 提供了计算 GC 含量接近序列长度 50% 的 DNA 序列数的公式。例如，长度 $n=8$ 且 GC 含量为 4 的 DNA 序列数为

$$\frac{8!}{4!4!} \times 2^8 = 70 \times 2^8 = 17920$$

长度 $n=9$、GC 含量为 4 的 DNA 序列数为

$$\frac{9!}{4!5!} \times 2^9 = 126 \times 2^9 = 64512$$

引理5.3　对于长度为 n、GC 含量为 $\lfloor n/2 \rfloor$ 的 DNA 序列集 $S(n,\lfloor n/2 \rfloor)$，有

$$\lim_{n \to +\infty} \frac{\left|S(n,\lfloor n/2 \rfloor)\right|}{\left|S(n)\right|} = 0 \qquad （5.20）$$

证明　由推论 5.2 知

$$\frac{\left|S(n,\lfloor n/2 \rfloor)\right|}{\left|S(n)\right|} = \frac{n!}{2^n \lceil (n-1)/2 \rceil! \lfloor (n+1)/2 \rfloor!}$$

下面证明

$$\lim_{n \to +\infty} \frac{n!}{2^n \lceil (n-1)/2 \rceil! \lfloor (n+1)/2 \rfloor!} = 0$$

$$\frac{n!}{2^n \lceil (n-1)/2 \rceil! \lfloor (n+1)/2 \rfloor!}$$

$$= \frac{n!}{2^{\lceil (n-1)/2 \rceil} \times (\lceil (n-1)/2 \rceil!) \times 2^{\lfloor (n+1)/2 \rfloor} \times (\lfloor (n+1)/2 \rfloor!)}$$

$$= \frac{n!}{(2 \times 4 \times 6 \times \cdots \times 2\lceil (n-1)/2 \rceil)(2 \times 4 \times 6 \times \cdots \times (2\lfloor (n+1)/2 \rfloor - 2) \times 2\lfloor (n+1)/2 \rfloor)}$$

$$= \frac{1 \times 3 \times 5 \times \cdots \times (2\lfloor (n-1)/2 \rfloor - 1) \times (2\lfloor (n-1)/2 \rfloor + 1)}{2 \times 4 \times 6 \times \cdots \times (2\lfloor (n+1)/2 \rfloor - 2) \times 2\lfloor (n+1)/2 \rfloor}$$

$$= \frac{\sqrt{1 \times 3} \times \sqrt{3 \times 5} \times \sqrt{5 \times 7} \times \cdots \times \sqrt{(2\lfloor (n-1)/2 \rfloor - 1) \times (2\lfloor (n-1)/2 \rfloor + 1)} \times \sqrt{(2\lfloor (n-1)/2 \rfloor + 1)}}{2 \times 4 \times 6 \times \cdots \times (2\lfloor (n+1)/2 \rfloor - 2) \times 2\lfloor (n+1)/2 \rfloor}$$

根据几何平均数与代数平均数的关系：对于非负实数 a、b，有 $\sqrt{ab} \leqslant \dfrac{a+b}{2}$。故

$$\sqrt{1 \times 3} \leqslant 2,$$
$$\sqrt{3 \times 5} \leqslant 4,$$
$$\sqrt{5 \times 7} \leqslant 6,$$
$$\cdots$$
$$\sqrt{(2\lfloor (n-1)/2 \rfloor - 1) \times (2\lfloor (n-1)/2 \rfloor + 1)} \leqslant 2\lfloor (n-1)/2 \rfloor$$

从而有

$$0 \leqslant \frac{n!}{2^n \lceil (n-1)/2 \rceil! \lfloor (n+1)/2 \rfloor!}$$

$$\leqslant \frac{2 \times 4 \times 6 \times \cdots \times 2\lfloor (n-1)/2 \rfloor \times \sqrt{(2\lfloor (n-1)/2 \rfloor + 1)}}{2 \times 4 \times 6 \times \cdots \times (2\lfloor (n+1)/2 \rfloor - 2) \times 2\lfloor (n+1)/2 \rfloor}$$

$$= \frac{\sqrt{(2\lfloor (n-1)/2 \rfloor + 1)}}{2\lfloor (n+1)/2 \rfloor} < \frac{\sqrt{2\lfloor (n+1)/2 \rfloor}}{2\lfloor (n+1)/2 \rfloor} = \frac{1}{\sqrt{2\lfloor (n+1)/2 \rfloor}} \to 0(n \to \infty)$$

故

$$\lim_{n \to +\infty} \frac{n!}{2^n \lceil (n-1)/2 \rceil! \lfloor (n+1)/2 \rfloor!} = 0$$

由引理 5.3 可知，GC 含量接近序列长度 50%的 DNA 序列数与同长度的所有 DNA 序列总数相比，随着序列长度的增加，前者几乎可以忽略不计。

定理 5.4 对于长度为 n 且 GC 含量为 m（$1 \leqslant m \leqslant n-1$）的 DNA 序列集 $S(n,m)$，当 n 趋于无穷大时，$|S(n,m)|$ 与 $|S(n)|$ 为 0，即式（5.16）成立：

$$\lim_{n \to +\infty} \frac{|S(n,m)|}{|S(n)|} = 0 \qquad (5.21)$$

证明 因为对于任意 m（$1 \leqslant m \leqslant n-1$），均有

$$\begin{bmatrix} n \\ m \end{bmatrix} \leqslant \begin{bmatrix} n \\ \lfloor n/2 \rfloor \end{bmatrix}$$

故由定理 5.1 知，$|S(n,m)| \leqslant |S(n,\lfloor n/2 \rfloor)|$。再由引理 5.3，结论成立。 ■

由定理 5.4 可知，引理 5.3 的结论对任意长度为 n 且 GC 含量为 m 的 DNA 序列集 $S(n,m)$ 都成立。

解链温度 T_m 可通过 GC 含量来调控。为了使所有 DNA 序列的 T_m 相近，可以设计每个 DNA 序列具有相同的 GC 含量。在实际应用中，对于给定的 DNA 序列长度为 n，每个序列的 GC 含量为 m 的取值范围通常为

$$\frac{1}{3}n \leqslant m \leqslant \frac{2}{3}n$$

5.3.2　GC 含量相等的 DNA 编码设计

本小节将在 5.3.1 小节的基础上给出长度为 n 且每个序列的 GC 含量均为 m（$1 \leqslant m \leqslant n-1$）的 DNA 序列集 $S(n,m)$ 的构造算法。为方便处理，用 0、$\bar{0}$、1、$\bar{1}$ 分别表示 4 个碱基，具体映射算法如下：

$$A \to 0, T \to \bar{0}, C \to 1, G \to \bar{1}$$

这样，DNA 序列就可以用含 0、$\bar{0}$、1、$\bar{1}$ 的序列进行编码。例如，序列 AATGCTGCATGG 所对应的编码为 $00\bar{0}\bar{1}1\bar{0}\bar{1}10\bar{0}\bar{1}\bar{1}$。

接下来，给出 $S(n,m)$ 编码算法的具体实现步骤。

步骤 1：确定长度为 n 的序列中 m 个 1 的位置。当然，$n-m$ 个 0 的位置随之确定。这种位置的组合数为

$$\begin{bmatrix} n \\ m \end{bmatrix}$$

具体确定方法是：将长度为 n 的序列视作一个二进制数，并依次按照从小到大（或从大到小）的顺序进行排列。例如，$n=5$、$m=2$ 时的序列为

$$00011\ 00101\ 00110\ 01001\ 01010$$
$$01100\ 10001\ 10010\ 10100\ 11000$$

步骤 2：对步骤 1 所确定的每个序列的 m 个 1 进行补操作。对于每个序列，对应的取补数量显然都是 2^m 个。取补的操作方法是依次按照从小到大（或从大到小）的顺序进行排列。例如，对于序列 00101，对 1 取补的结果为

$$00101\ 0010\overline{1}\ 00\overline{1}01\ 00\overline{1}0\overline{1}$$

步骤 3：对步骤 2 所确定的每个序列的 $n-m$ 个 0 进行补操作。每个序列的取补数量为 2^{n-m}。取补的方法与步骤 2 相同，依次按照从小到大（或从大到小）的顺序进行排列。例如，对于上述 5 个序列中的 $00\overline{1}01$，对 0 取补的结果为

$$00\overline{1}01\ \overline{0}0\overline{1}01\ 00\overline{1}0\overline{1}\ \overline{0}0\overline{1}01$$
$$\overline{0}0\overline{1}01\ 00\overline{1}0\overline{1}\ 00\overline{1}0\overline{1}\ 00\overline{1}0\overline{1}$$

按照上述方法，可以构造出 $S(n,m)$ 中的所有序列。

5.4　模板编码理论与算法

模板编码算法是早期经典的生成 DNA 编码的算法，该算法由 Frutos 等人[14]首次提出。模板编码算法通过搜索二进制模板集 T 和映射集 M，根据以下规则生成满足特定要求的 DNA 序列集 S：

$$T \times M \to S \tag{5.22}$$

生成规则为：$1 \times 1 \to T$，$1 \times 0 \to A$，$0 \times 1 \to G$，$0 \times 0 \to C$。该算法成功应用于基于表面 DNA 计算解决 SAT 问题。根据上述生成序列的规则可知：模板集的主要作用是确定序列中的 AT/GC 位置，映射集则决定了所确定位置的具体碱基是 A 还是 T、是 G 还是 C。

5.4.1　模板编码理论

模板编码通常要求满足以下关键条件。

（1）编码的 GC 含量约为 50%。

（2）任意两个生成的编码 s_i、s_j 的汉明距离 $H(s_i,s_j)$ 以及反补汉明距离 $H^{rc}(s_i,s_j)$ 必须同时满足 $H(s_i,s_j) \geq d$ 和 $H^{rc}(s_i,s_j) \geq d$，以避免两个编码发

生互补杂交，其中 d 通常小于编码长度的一半。

条件（1）可以通过确保模板集 T 中序列的 0 和 1 的比例相等来实现。为了实现条件（2），需要将模板集 T 进行细化，下面介绍具体的方法。

对于给定的模板序列 $t \in T$ 和映射序列 $m \in M$，令 $s = t \times m$（$3' \to 5'$）是由 t 和 m 生成的序列，那么根据模板编码的定义容易推出：s 的逆序列 s^r 可由 t 的逆序列 t^r 和 m 的逆序列 m^r 生成，即 $s^r = t^r \times m^r$（$3' \to 5'$）；s 的互补序列 s^c 可由 t 的逆序列 t^r 和 m 的逆互补序列 m^{rc} 生成，即 $s^c = t^r \times m^{rc}$（$3' \to 5'$）。特别地，如果模板序列 $t \in T$ 是对称的，映射序列 $m_1, m_2 \in M$ 满足 $m_1^r = m_2^c$，那么由 t 和 m_1 生成的序列 $s_1 = t \times m_1$ 与由 t 和 m_2 生成的序列 $s_2 = t \times m_2$ 是反向互补的。基于此发现，将模板集 T 划分为两个子集 T_n 和 T_s，即 $T = T_n \cup T_s$ 且 $T_n \cap T_s = \varnothing$，其中 T_n 中的序列都是非对称的，故称为非对称模板集，T_s 中的序列都是对称的，故称为对称模板集。与非对称模板集 T_n 和对称模板集 T_s 对应的映射集分别表示为 M_n 和 M_s。这样，当 T_n、T_s、M_n 和 M_s 确定后，模板算法所能生成的编码集 S 的大小可以表示为

$$|S| = |T_n| \times |M_n| + |T_s| \times |M_s| \tag{5.23}$$

模板编码有如下 3 个性质。

（1）当非对称模板集 T_n 满足汉明距离及反补汉明距离时，如果 M_n 满足汉明距离，则由 T_n 和 M_n 生成的序列集 S_n 同时满足汉明距离及反补汉明距离。

（2）当对称模板集 T_s 仅满足汉明距离，而对称映射集 M_s 同时满足汉明距离及反补汉明距离时，由 T_s 和 M_s 生成的序列集 S_s 同时满足汉明距离及反补汉明距离。

（3）当模板集 T_n 和 T_s 均满足汉明距离时，$S = S_n \cup S_s$ 同时满足汉明距离及反补汉明距离。

模板编码算法可以归结为：当模板序列 $t_1, t_2 \in T$ 或映射 $m_1, m_2 \in M$ 满足某种距离约束时，由其生成的两个 DNA 序列 s_1、s_2 也满足相应的性质。该算法的核心思想是将定义在 $\Sigma_{DNA} = \{A, G, C, T\}$ 上的编码问题转化为定义在 $\Sigma_{01} = \{0, 1\}$ 上的编码问题，通过搜索满足特定条件的最大非对称模板集 T_n 和对称模板集 T_s，以及它们对应的映射序列集 M_n 和 M_s 来生成最终的编码集。

由性质（3）知，只需确定满足汉明距离的模板编码集 T_n 和 T_s，就可以得到满足模板编码条件（2）的编码集 S。该问题可以通过图论算法来求解。下面给出一种通过在 n 维超立方体中寻找独立集来确定模板集的方法。

假设要生成长度为 n 的 DNA 编码集，为了在 2^n 个长度为 n 的 01 序列中找出满足汉明距离的 T_n 和 T_s，首先构造 n 维超立方体 G_n：顶点集是 2^n 个长度为 n 的 01 序列，两个顶点相邻当且仅当它们代表的 n 长 01 序列之间的汉明距离为 1，即恰好有一个位置对应的值不同。显然，G_n 中每个顶点恰好与 n 个顶点相邻。这时，满足汉明距离的 T_n 和 T_s 分别对应 G_n 的独立集，即任意两个顶点都不相邻的顶点子集。

为方便起见，将 G_n 中的顶点分成 $n+1$ 类，每一类占一列，其中第 i（$i=1,2,\cdots,n+1$）类中的顶点对应所有恰好含有 $i-1$ 个 1 且长度为 n 的 01 序列。显然，以每列作为模板生成的序列的 GC 含量均相同，但以不同列作为模板生成的序列的 GC 含量不同。为了满足模板编码的条件（1），即编码的 GC 含量约为 50%，只能在中间的 3 列（第 $\lfloor n/2 \rfloor$、$\lfloor n/2 \rfloor-1$ 和 $\lfloor n/2 \rfloor+1$ 列）进行搜索。这样，确定 T_n 和 T_s 的问题即可转化为在 G_n 中搜索独立集的问题。

5.4.2　模板编码的搜索算法

Frutos 等人[14]采用了一种半分析半推理的方法，推导出了编码长度 $n=8$ 时的最大模板集 T 和最大映射集 M。为了扩展该结论，即构建不同编码长度下的模板集 T 和映射集 M，文献[17]提出了一种随机搜索算法。

1.　模板集 T
步骤 1：生成 0 和 1 数量相等的二进制串集 B。
步骤 2：将 B 划分为对称子集 B_s 和非对称子集 B_n。
步骤 3：删除 B_n 中所有满足 $H^r(x,x)<d$ 的二进制串 x（$x \in B_n$）。
步骤 4：在 B_n 中随机选择一个二进制串 x，将其加入非对称模板集 T_n，并删除 B_n 中所有与 T_n 的汉明距离小于 d 的二进制串。
步骤 5：重复步骤 4，直到 B_n 为空，最终得到非对称模板集 T_n。
步骤 6：删除 B_s 中所有与 T_n 的汉明距离小于 d 的二进制串。
步骤 7：在 B_s 中随机选择一个二进制串 x，将其加入对称模板集 T_s，并删除 B_s 中所有与 T_s 的汉明距离小于 d 的二进制串。
步骤 8：重复步骤 7，直到 B_s 为空，最终得到对称模板集 T_s。

2. 映射集 M

步骤 1：在 B 中，随机选择一个二进制串 x，将其加入 M_n，并删除 B 中所有与 M_n 的汉明距离小于 d 的二进制串。

步骤 2：重复步骤 1，直到 B 为空，最终得到 M_n。

步骤 3：删除 B 中所有满足 $H^{rc}(x,x)<d$ 的二进制串 x（$x \in B$）。

步骤 4：在 B 中，随机选择一个二进制串 x，将其加入 M_s，并删除 B 中所有与 M_s 的汉明距离小于 d 的二进制串。

步骤 5：重复步骤 4，直到 B 为空，最终得到 M_s。

注：一个二进制串与一个集合的汉明距离是指其与该集合中所有二进制串的最小汉明距离。

需要说明的是，给定编码长度和汉明距离约束，满足条件的模板和映射集并不是唯一的。在实际应用中，可以利用 Garzon 提出的 H-measure[33] 对模板和映射集进一步优化，以增强编码对移位杂交的抵抗能力。表 5.3 列出了编码长度 n 分别为 8、12、16 和 20 时，最大模板集 T 和最大映射集 M 的大小。从信息论中的编码方法可知，M_n 实际上是一种特殊的汉明码（$4k,8k,2k$）（$k=1,2,3\cdots$），即在 $n=4k$ 维汉明空间中，汉明距离大于或等于 $2k$ 的最大编码数为 $8k$。由于去除了两个特殊的编码序列 0_n 和 1_n，计算结果是 $8k-2$。此外，由于二进制超立方体中每一列的顶点之间的距离均为偶数，只有当距离要求 d 被设定为偶数时才具有实际意义。显然，当 $d>2k$ 时，模板集 T 的规模会急剧减小，因此，$d=2k$ 可视为编码距离要求的上限。

表 5.3　最大模板集 T 和映射集 M 的大小

n	8	12	16	20
T_n	6	6	12	9
T_s	2	2	6	0
M_n	14	22	30	38
M_s	5	5	13	0
S	94	142	438	342

5.4.3　编码的热力学稳定性

为了增强 DNA 分子特异性杂交的能力，Frutos 等人[14] 在每个生成的

DNA 序列两侧加上一对对称的词标（Word Label）。每个编码加上词标后的形式为 5'-GCTTvvvvvvvvTTCG-3'。为了验证模板编码算法的特异性，他们在镀金的玻璃表面进行了杂交实验。结果表明，在 22℃时有两个编码出现了假阳性。当温度升高到 37℃时，每个编码只在完全互补的情况下才发生杂交。这说明适当提高反应温度可以有效防止假阳性的产生。

5.4.4　模板集的优化

鉴于模板序列对编码质量的影响，可以从以下两个方面来优化模板质量[18]：单个模板序列自身的 H-measure 性质和模板序列间的 H-measure 性质。由于 DNA 序列的方向性，不仅要保证两个编码在同一方向保持足够的移位 H-measure，还要确保他们之间相互杂交的可能性很小。因此，要求模板集满足以下条件。

（1）对于任意一个模板序列 x，它的自身移位距离 $h(x,x)$ 满足

$$h(x,x) = \min\left(H\text{-measure}\left(x,x^{\mathrm{r}}\right), H\text{-measure}(x,x)\right) \geqslant d \qquad (5.24)$$

（2）对于任意两个模板序列 x、y，它们的移位距离 $h(x,y)$ 满足

$$h(x,y) = \min\left(H\text{-measure}\left(x,y^{\mathrm{r}}\right), H\text{-measure}(x,y)\right) \geqslant d' \qquad (5.25)$$

其中，d、d' 为正整数，且 $d \geqslant d'$。

一般情况下，对于编码长度 n，$d' \leqslant \lfloor n/3 \rfloor$。

映射序列对编码的影响相对较小。因此，通常仅要求其中任意两个映射序列 x、y 满足汉明距离 $H(x,y) \approx \lfloor n/2 \rfloor$。

在上述模板集和映射集的约束下，对任意两个生成的编码 $s,t \in S$，有

$$H\text{-measure}(s,t) \geqslant d' \qquad (5.26)$$

$$H\text{-measure}\left(s^{\mathrm{r}},t^{\mathrm{c}}\right) \geqslant d' \qquad (5.27)$$

此外，在确定模板集的搜索空间（具有特定 01 含量的二进制序列）之后，该空间中可能存在大量自身移位距离较小的二进制串。这些序列的存在不仅容易导致随机搜索算法选择移位距离特性较差的二进制序列，进而影响候选模板集的整体移位距离性质，而且会增加搜索过程的复杂性。因此，为了有效削弱不良序列的影响并提高算法效率，将模板集的搜索过程分为两个阶段：第一个阶段为筛选初始搜索空间，第二个阶段则是在筛选后的空间中进

行随机搜索[59]。具体的算法步骤如下。

步骤 1：生成具有特定 01 含量的二进制串集 B。

步骤 2：从 B 中选取一个二进制串 x，并将其从集合中删除；若 $h(x,x) \geq d$，则将其加入集合 A。

步骤 3：重复步骤 2，直到 B 为空。

步骤 4：基于 A 构建一个关系矩阵 M。对于 A 中的任意两个序列 x 和 y，若 $h(x,y) \geq d'$，则 M_{ij} 为 1，否则 M_{ij} 为 0（由于 $d \geq d'$，因此矩阵的正对角线上都是 1）。

步骤 5：首先，从矩阵 M 中选择 1 的数量最多的行及其对应的列（若有多行，随机抽取一行），将对应的二进制串加入模板集 T；随后删除该行及其对应的列和行中元素为 0 的列。

步骤 6：重复步骤 5，直到矩阵 M 为空，得到模板集 T。

通过分阶段的搜索策略，在编码长度为 8、12、16、20、24 的情况下，可以明显提高模板集中二进制序列的移位距离。

模板编码算法提供了一种定制化的 DNA 序列生成方法，能够确保生成的 DNA 编码满足设定的一些距离约束，具体应用中可以根据实际需求确定相应参数。但是，上述模板编码算法也存在缺陷，即无法控制两个编码组合在一起的长链可能形成二级结构或错误杂交。

为了进一步提高模板编码算法所生成的编码集 S 在实际中的应用质量，文献[60]引入了模板框的概念。给定模板集 $T = \{t_1, t_2, \cdots, t_m\}$，一个模板框是 T 中序列按某种排列方式组成的 $m \times n$ 长序列，其中假设 T 中的模板序列长度为 n。最佳的模板框是使得作用在 $t_1, t_2, \cdots, t_m$ 上的移位距离和最大的模板框。令 $P_{\text{best}} = t_1 t_2 \cdots t_m$ 是一个最佳模板框。这样生成的编码集 S 就可以按照生成它们的模板序列划分为 m 个不相交的子集 $S = S_1 \cup S_2 \cup \cdots \cup S_m$，其中 $S_i(i = 1, 2, \cdots, m)$ 表示由序列 t_i 和映射集生成的编码子集。关于编码框具体细节可参阅文献[61-62]。

5.5　进化多目标优化 DNA 编码理论与算法

可靠的 DNA 序列设计需要同时考虑多个约束，这些约束可视为多个优化目标，因此，DNA 编码问题可以转化成多目标优化问题，涉及多个互相冲突的目标。近年来，许多启发式算法被提出，用于解决 DNA 编码对应的多目标优化问题，如遗传算法[63]、蚁群优化算法[64-66]、粒子群算法[67-68]及蜂群算法[69]等。这些群体智能算法在 DNA 编码问题中展现出了显著的优势和潜力。

通常，DNA 编码设计的多目标优化考虑 6 个约束（编码目标函数），包括 H-measure 约束（用 f_{Hm} 表示）、相似度约束（用 f_S 表示）、发卡结构约束（用 f_{Ha} 表示）、连续度（用 f_C 表示）约束、GC 含量约束（用 f_{GC} 表示）和解链温度约束（用 f_{Tm} 表示）。基于这些约束，DNA 编码多目标优化问题可以描述如下：

$$\text{Minimize: } F(X) = \left[f_{Hm}(X), f_S(X), f_{Ha}(X), f_C(X), f_{GC}(X), f_{Tm}(X) \right]$$

优化的目标是找到一个满足上述目标函数最优值的 DNA 序列集 X，即寻找一个包含 N 条长度为 n 的 DNA 序列的集合 $X = \{x_1, x_2, \cdots, x_n\}$，使得 X 中的 DNA 序列同时在 6 个约束上实现最小化。这 6 个约束的计算方法如下：

$$f_{Hm}(X) \sum_{i=1}^{N} H\text{-}\mathrm{measure}(x_i)$$

$$f_S(X) = \sum_{i=1}^{N} \mathrm{Similarity}(x_i)$$

$$f_{Ha}(X) = \sum_{i=1}^{N} \mathrm{Hairpin}(x_i)$$

$$f_C(X) = \sum_{i=1}^{N} \mathrm{Continuity}(x_i)$$

$$f_{GC}(X) = \sum_{i=1}^{N} \left| \mathrm{GC}(x_i) - \mathrm{GC}^* \right|$$

$$f_{Tm}(X) = \sum_{i=1}^{N} \left| T_m(x_i) - T_m^* \right|$$

其中，GC^* 和 T_m^* 为设定的 GC 含量和解链温度。

5.5.1　进化多目标优化 DNA 编码理论

在多目标优化问题中，个体的优劣通过支配关系进行评价。若个体 u 在所有目标函数值上均优于个体 v，或在所有目标函数值上不差于且至少在一个目标函数上优于 v，则称 u 支配 v，用 $u \prec v$ 表示。如果 u 和 v 之间互有优劣，即在某些目标上 u 优于 v，但在其他目标上不如 v，则 u 和 v 为相互非支配，无法直接比较优劣。图 5.2 展示了支配关系的所有情况。支配关系是多目标优化中用于评估个体质量和构建帕累托前沿的重要工具。

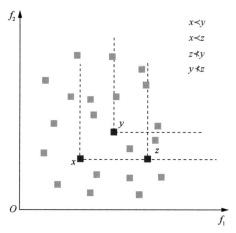

图 5.2　支配关系的所有情况

　　尽管相互非支配的候选解之间难以直接比较优劣，但通常更倾向于选择在各个目标函数上表现均衡的解。以相似度和 H-measure 为例，如果两个 DNA 序列 x 和 y 的相似度过高，那么 x 与 y 的互补序列之间可能发生非特异性杂交；而 x 和 y 的 H-measure 值过高，可能导致 x 和 y 的直接发生互补，从而引发非特异性杂交错配。所以，在相互非支配的候选解集中，理想的情况是选择那些相似度和 H-measure 这两个指标较平衡的解。这种类型的 DNA 分子集将有效地减少 DNA 分子间的非特异性杂交，确保 DNA 计算的可靠性。因此，适应度函数通常在对目标函数值进行归一化的基础上，通过引入 Similarity 目标函数值和 H-measure 目标函数值之差的平方项，引导算法选择冲突目标较均衡的解。适应度函数如下：

$$\text{Fitness}(X) = (f_S - f_{Hm})^2 + \sum_{i=1}^{m} \frac{f_i(X) - f_i^{\min}}{f_i^{\max} - f_i^{\min}}$$

其中，$f_i(X)$ 表示 DNA 序列集 X 的第 i 个目标函数值；m 为约束目标的数量，通常为 6。

5.5.2　基于进化多目标优化的 DNA 编码算法框架

进化多目标优化算法是解决多目标优化问题的核心框架之一，基本思想是通过种群的迭代进化逐步逼近帕累托最优解。设第 t 代种群为 P_t，其中 $P_t(i)$ 表示种群中的第 i 个个体，每个个体代表一个候选解，即 DNA 序列集。算法的初始步骤是生成种群 P_t，并计算每个个体 p 的目标函数值。接着，算法通过变异操作从种群中产生新的候选个体 q。如果 $q \prec p$，即 q 在所有目标函数值上不劣于 p，且至少在一个目标函数上优于 p，则用 q 替换 p。若 $p \prec q$，则丢弃 q。如果 p 和 q 之间不存在支配关系，即 $q \nprec p$ 并且 $p \nprec q$，则需要根据适应度函数对两者进行比较：若 q 的适应度函数值更小，则用 q 替代 p，否则丢弃 q。反复进行这个过程，通过多代的迭代进化逐步逼近帕累托最优解，直到算法满足预定的终止条件为止。

上述框架描述了进化多目标优化算法的基本形式，广泛应用于各种多目标优化问题。进化多目标优化 DNA 编码算法框架见算法 5.1。

算法 5.1　进化多目标优化 DNA 编码算法框架

1.　Initialization　//初始化
2.　while ($t <$ max iteration)　//设置进化最大迭代数
3.　　for i=1 to P
4.　　　$p = P_t(i)$
5.　　　$q = \text{Mutation}\left(P_t(i)\right)$　//对个体进行变异
6.　　　Calculate Objective Functions p, q　//计算 p 和 q 的目标函数值
7.　　　if $q \prec p$ then　//如果新个体 q 支配 p，则替换 p
8.　　　　$P_t(i) = q$
9.　　　else if $(q \nprec p)$ and $(p \nprec q)$ then　//如果 p 和 q 相互非支配
10.　　　　if Fitness(q) > Fitness(p) then
11.　　　　　$P_t(i) = q$　//如果新个体 q 具有更好的适应度，则替换 p
12.　　　　end if
13.　　　end if
14.　　end for
15.　　$t=t+1$
16.　end while

进化多目标优化 DNA 编码算法通过非支配排序和进化机制，在多个冲突目标之间实现均衡优化，生成高质量的 DNA 序列集。2019 年，Chaves-González 等人[39]基于约束多目标优化问题，展开对多进化目标优化算法的并行可能性研究，并生成了可靠的 DNA 序列。2020 年，Bano 等人[70]提出了一种基于对立的模因广义差分进化算法来处理可靠 DNA 序列设计的 4 个相互冲突的设计标准。2023 年，Duan 等人[71]利用约束函数和阻断（Block）算子对 DNA 编码问题进行降维，使得目标函数减少为两个，进而利用进化多目标优化算法进行优化。由于进化多目标优化算法存在容易陷入局部最优的问题，研究人员针对算法的局部和全局搜索能力展开了探索。2023 年，Xie 等人[40]利用台球击球策略来改变种群的位置，增大了全局搜索范围，并利用随机透镜对立学习机制增强了算法摆脱局部最优的能力。同年，Zhang 等人[72]提出一种两阶段约束多目标进化算法，克服了传统算法在解决 DNA 编码问题时易陷入局部最优的缺点。2024 年，Wu 等人[73]通过折射对立学习和逆向学习两种学习策略，提高了所提算法学习粒子群优化（Learning Particle Swarm Optimization，LPSO）的局部和全局搜索能力。同年，Zhu 等人[74]提出了一种基于正态云的 Jaya 算法，该算法先利用组合学习的算法更新最优位置和最差位置，并以此操纵后续的优值搜索均值，再通过正态云模型增强个体的局部搜索能力，最后通过和声搜索算法剔除最差解，以寻找更加合理、高质量的解。

尽管进化多目标优化算法在 DNA 编码设计中表现出色，但如何进一步提升它解决高维复杂问题的能力，以及在面对特定实验条件时的通用性，仍是研究人员需要关注的重点。同时，为了在大规模问题中保持高效性，算法的效率也需要进一步优化。

5.6　隐枚举编码理论与算法

对于给定 DNA 编码长度 n，解空间中有 4^n 个长度为 n 的 DNA 序列。为了在其中找到满足给定约束的最大 DNA 编码集，最简单的方法是对每个候选 DNA 序列进行逐一判断。然而，随着编码长度 n 的增加，解空间呈指数级扩展，导致枚举法的计算复杂度急剧增加。Balinski[75]指出，解决这个问题的关键在于巧妙地进行枚举，即在枚举过程中采用有效策略，提前排除大量不符合要求的 DNA 序列，从而减少不必要的计算。早在 1965 年，Balas[76]就提出了一种隐枚举算法，只检验变量组合中的部分元素即可获得问题的最优解。这种算法已成功应用于求解 0-1 整数规划问题。基于此，文献 [19] 提出了一种结合隐枚举技术的 DNA 编码设计算法（称为基于隐枚举编码的核酸序列设计算法，简称隐枚举算法）：首先将 12 种 DNA 编码约束转化为整数线性规划中的条件不等式，然后通过剪枝策略高效搜索 4^n 解空间，从中筛选出满足约束的最大 DNA 序列集。该算法能够显著提高搜索效率，有效应对随着问题规模扩大而带来的计算挑战。下面对该算法进行详细介绍。

5.6.1　隐枚举编码理论

对于给定编码长度 n，将任意 n 个碱基组合的序列 $x = 5'\text{-}x_1 x_2 \cdots x_n\text{-}3'$ 称为一个**候选解**，其中 $x_i \in A, C, G, T$ 称为**碱基变量**。若候选解满足给定的编码约束，则称此候选解为**可行解**。DNA 编码的目的是寻找最大的可行解集。隐枚举算法并不对 4^n 个候选解进行枚举判断，而是将候选解分为许多组，按组进行隐枚举。为了解释如何将候选解分组，需要引入部分解的概念。**部分解**是指一个由碱基和**碱基变量**组成的序列。例如，$5'\text{-}CTGx_4 x_5\text{-}3'$ 是一个长度为 5 的部分解，其中 $x_1 = C$、$x_2 = T$、$x_3 = G$，x_4 和 x_5 为碱基变量。部分解的**完备集**是通过将部分解中的所有碱基变量赋予确切的碱基后形成的候选解构成的集合。上述例子中，部分解 $5'\text{-}CTGx_4 x_5\text{-}3'$ 的完备集为

5'-CTG**CC**-3'	5'-CTG**AC**-3'	5'-CTG**TC**-3'	5'-CTG**GC**-3'
5'-CTG**CA**-3'	5'-CTG**AA**-3'	5'-CTG**TA**-3'	5'-CTG**GA**-3'
5'-CTG**CT**-3'	5'-CTG**AT**-3'	5'-CTG**TT**-3'	5'-CTG**GT**-3'
5'-CTG**CG**-3'	5'-CTG**AG**-3'	5'-CTG**TG**-3'	5'-CTG**GG**-3'

显然，如果一个长度为 n 的部分解 x 中有 $n-m$ 个碱基变量，那么 x 可以生成 4^{n-m} 个不同的候选解，即 x 的完备集包含 4^{n-m} 个候选解。注意，当部分解 x 中没有自由变量时，它的完备解集仅有一个，即 x 本身。

隐枚举算法首先产生一个候选解，然后用编码约束测试候选解的部分解，同时考虑每个部分解的完备集。该算法从一个含有 n 个碱基变量的部分解 x 开始，即 $x = 5'\text{-}x_1 x_2 \cdots x_n\text{-}3'$，通过给碱基变量赋予具体的碱基来逐渐减少碱基变量的数量。每次得到碱基变量减少 1 的部分解，并用编码约束测试所得到的部分解是否满足约束。如果所有碱基变量都被赋值，并且所得到的部分解仍满足编码约束，那么该候选解为一个可行解。如果某个部分解不满

足编码约束，那么该部分解的完备集中的每一个候选解都不满足编码约束，不可能成为可行解，所以算法排除此部分解，不再进一步基于此部分解生成候选解。

具体地，隐枚举算法主要包括以下 4 个步骤。

步骤 1：参数初始化。根据 DNA 计算问题的规模，设定编码长度、编码数量及各编码约束等相关参数。

步骤 2：新候选解的生成策略。通过枚举所有可能的编码组合，生成最优解和可行解。在此过程中，根据各编码的多个目标约束，选择收敛速度最快的约束参数来产生新的候选解。

步骤 3：候选 DNA 序列的约束评估。对生成的每个候选 DNA 序列进行约束测试，评估其是否符合 DNA 编码规则。若某一候选序列不满足约束，则将违反的约束转化为新的生成参数，用以产生新的候选解，从而减少枚举次数并加快算法收敛速度。

步骤 4：算法终止规则。当算法遍历所有可能的 4^n 个编码，或已生成足够数量符合要求的 DNA 序列时，算法终止。

每次生成新的候选 DNA 序列时，都会依次检查该序列是否满足所有编码约束。如果候选序列满足所有约束，则将其加入 DNA 序列集 S 中；若不满足某个约束，则将该约束转化为生成新候选解的参数，并重复约束测试，直到满足所有约束或遍历所有可能的解空间。最终，当生成的 DNA 序列数量达到预定要求，或者解空间全部搜索完毕时，算法结束。

5.6.2　隐枚举算法的应用

与模板映射算法、遗传算法、模拟退火算法和进化多目标优化算法等算法相比，隐枚举算法在 DNA 编码质量上更加稳定可靠，且具有较好的扩展性。该算法能够高效地生成满足编码约束的最大 DNA 序列集，适用于各种核酸实验的 DNA 分子设计需求[19]。基于隐枚举算法，作者团队开发了 DNA 编码分析与设计系统，如图 5.3 所示。该系统能够根据不同编码需求，设计符合特定约束的 DNA 编码，并提供每个编码的性能分析。用户可根据实验需求选择热力学、汉明距离、二级结构、碱基组成等多种编码约束。该系统能高效遍历 4^n 个候选解，生成满足约束的最大 DNA 分子集。

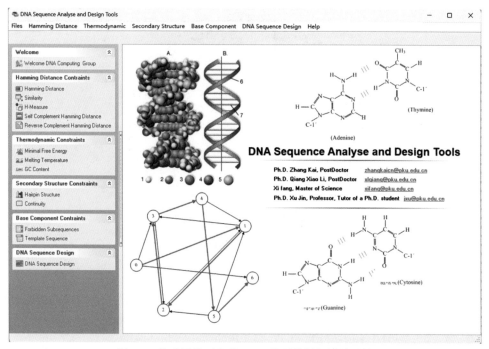

图 5.3　作者团队开发的 DNA 编码分析与设计系统

　　图着色问题是一个著名的 NP 完全问题，在现实生活中有很多应用场景，如排课表问题、电路布局问题及寄存器分配问题等。针对图 5.4 所示的 61 个顶点 3-着色问题，该系统设计了 129 条 DNA 序列，所有序列均满足：GC 含量约为 50%，最大连续碱基为 3，最小重叠子序列长度为 6，3'末端 *H*-measure 约束，禁止 ssDNA 发卡折叠，以及统一的解链温度。详细的序列信息参见文献[6]。利用上述编码，作者团队成功得到了一个 61 个顶点 3-着色问题的唯一解序列。图 5.5 展示了使用 ABI 公司 DNA 序列分析仪测定的 DNA 分子序列。这证明了设计的编码能够有效防止 DNA 分子间的非特异性杂交，同时一致的解链温度保证了实验条件的稳定性。这也验证了隐枚举算法在 DNA 计算中的有效性和可靠性。

　　综上所述，DNA 编码质量在 DNA 计算中至关重要，直接影响计算是否能成功，以及结果的准确性。一方面，良好的 DNA 编码需确保信息的唯一性和可扩展性，保证计算的精确性；另一方面，编码设计必须充分考虑生化反应中的潜在问题，如假阳性、假阴性、探针杂交脱靶、分子热力学稳定性差等。这些因素使得 DNA 编码问题复杂且涉及多个优化目标。

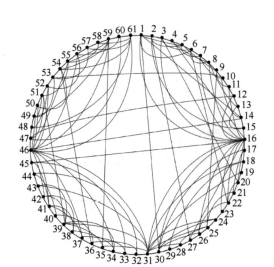

图 5.4　61 个顶点 3-着色问题

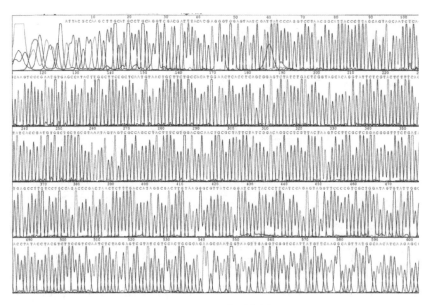

图 5.5　DNA 序列分析

　　尽管 DNA 计算研究已取得一定进展，但编码问题依然面临挑战。现有的算法，如启发式算法、进化算法和图论算法，虽在一定程度上解决了多约束下的优化问题，但仍有局限。随着编码长度和约束的增加，搜索空间呈指数级增长，导致计算复杂度急剧上升。尽管隐枚举等剪枝技术能够提高搜索效率，但在大规模编码问题中，仍面临时间和空间的开销问题。此外，现有算法通过汉明距离约束来近似计算二级结构的稳定性，但无法完全代表复杂的二级结构（如多环结构等），且序列间的碱基互补配对数量不足以全面捕捉二级结构的稳定性。

未来的研究可从以下 3 个方向展开。首先，优化算法效率仍是关键，尤其是在大规模解空间中的高效搜索。结合机器学习和群体智能优化算法等新兴技术，有望在解空间中找到更优的搜索策略。其次，DNA 编码设计应更加关注多目标优化，开发适应性强的算法，以平衡多种约束，找到最优解或近似最优解。最后，随着实验技术的发展，新型测序技术和实验数据为算法优化提供了宝贵的参考，因此，基于实验数据的反馈优化将成为未来 DNA 编码设计的一个重要方向。

总之，DNA 编码仍是 DNA 计算领域的核心挑战之一，涉及数学、计算机科学和生物学的交叉研究。未来，不断发展的技术和算法有望为这些问题提供更加高效和可靠的解决方案。

参考文献

[1] ADLEMAN L M. Molecular computation of solutions to combinatorial problems[J]. Science, 1994, 266(5187): 1021-1024.

[2] LIPTON R J. DNA solution of hard computational problems[J]. Science, 1995, 268(5210): 542-545.

[3] BRAICH R S, CHELYAPOV N, JOHNSON C, et al. Solution of a 20-variable 3-SAT problem on a DNA computer[J]. Science, 2002, 296(5567): 499-502.

[4] LIU W, GAO L, LIU X, et al. Solving the 3-SAT problem based on DNA computing[J]. Journal of Chemical Information and Computer Sciences, 2003, 43(6): 1872-1875.

[5] ZIMMERMANN K H. Efficient DNA sticker algorithms for NP-complete graph problems[J]. Computer Physics Communications, 2002, 144(3): 297-309.

[6] XU J, QIANG X, ZHANG K, et al. A DNA computing model for the graph vertex coloring problem based on a probe graph[J]. Engineering,

2018, 4(1): 61-77.

[7] ZHU E, LUO X, LIU C, et al. An operational DNA strand displacement encryption approach[J]. Nanomaterials, 2022, 12(5): 877.

[8] LIU C, LIU Y, ZHU E, et al. Cross-inhibitor: a time-sensitive molecular circuit based on DNA strand displacement[J]. Nucleic Acids Research, 2020, 48(19): 10691-10701.

[9] WANG F, ZHANG X, CHEN X, et al. Priority encoder based on DNA strand displacement[J]. Chinese Journal of Electronics, 2024, 33(6): 1538-1544.

[10] CHAVES-GONZÁLEZ J M, VEGA-RODRÍGUEZ M A. A multiobjective approach based on the behavior of fireflies to generate reliable DNA sequences for molecular computing[J]. Applied Mathematics and Computation, 2014, 227: 291-308.

[11] DEATON R J, MURPHY R C, GARZON M H, et al. Good encodings for DNA-based solutions to combinatorial problems [C]// Dimacs. Proceedings of the Second Annual Meeting on DNA based Computers. Providence: AMS, 1996: 247-258.

[12] DEATON R, GARZON M, MURPHY R C, et al. Reliability and efficiency of a DNA-based computation[J]. Physical Review Letters, 1998, 80(2): 417.

[13] DEATON R, CHEN J, BI H, et al. A PCR-based protocol for in vitro selection of non-cross hybridizing oligonucleotides[C]// Hokkaido University and CREST JST. DNA Computing: 8th International Workshop on DNA-based Computers. Berlin: Springer, 2003: 196-204.

[14] FRUTOS A G, LIU Q, THIEL A J, et al. Demonstration of a word design strategy for DNA computing on surfaces[J]. Nucleic Acids Research, 1997, 25(23): 4748-4757.

[15] MARATHE A, CONDON A E, CORN R M. On combinatorial DNA word design[J]. Journal of Computational Biology, 2001, 8(3): 201-219.

[16] LIU W, WANG S, GAO L, et al. DNA sequence design based on template strategy[J]. Journal of chemical information and computer sciences, 2003, 43(6): 2014-2018.

[17] ARITA M, KOBAYASHI S. DNA sequence design using templates[J]. New Generation Computing, 2002, 20: 263-277.

[18] HARTEMINK A J, GIFFORD D K, KHODOR J. Automated constraint-based nucleotide sequence selection for DNA computation[J]. Biosystems, 1999, 52(1-3): 227-235.

[19] ZAI K, PAN L XU J. A global heuristically search algorithm for DNA encoding[J]. Natural Science, 2007, 17(6), 745-749.

[20] PENCHOVSKY R, ACKERMANN J. DNA library design for molecular computation[J]. Journal of Computational Biology, 2003, 10(2): 215-229.

[21] ZHU E, JIANG F, LIU C, et al. Partition independent set and reduction-based approach for partition coloring problem[J]. IEEE Transactions on Cybernetics, 2020, 52(6): 4960-4969.

[22] ZHU E, ZHANG Y, WANG S, et al. A dual-mode local search algorithm for solving the minimum dominating set problem[J]. Knowledge-based Systems, 2024, 298: 111950.

[23] TANAKA F, NAKATSUGAWA M, YAMAMOTO M, et al. Developing support system for sequence design in DNA computing [C]// University of South Florida. DNA Computing: 7th International Workshop on DNA-Based Computers. Berlin: Springer, 2002: 129-137.

[24] CUI G, NIU Y, WANG Y, et al. A new approach based on PSO algorithm to find good computational encoding sequences[J]. Natural Science, 2007, 17(6): 712-716.

[25] WANG W, ZHENG X, ZHANG Q, et al. The optimization of DNA encodings based on GA/SA algorithms[J]. Natural Science, 2007, 17(6): 739-744.

[26] XIAO J, XU J, GENG X, et al. Multi-objective carrier chaotic evolutionary algorithm for DNA sequences design[J]. Natural Science, 2007, 17(12): 1515-1520.

[27] KAWASHIMO S, ONO H, SADAKANE K, et al. Dynamic neighborhood searches for thermodynamically designing DNA sequence [C]// The University of Memphis. DNA Computing: 13th International Meeting on DNA Computing. Berlin: Springer, 2008: 130-139.

[28] KURNIAWAN T B, KHALID N K, IBRAHIM Z, et al. An ant colony system for DNA sequence design based on thermos dynamics[C]// IASTED. Proceedings of the 4th International Conference on Advances in Computer Science and Technology. Calgary: ACTA Press, 2008: 144-149.

[29] CASERTA M, VOß S. A math-heuristic algorithm for the DNA sequencing problem [C]// University of Trento. Proceedings of the International Conference on Learning and Intelligent Optimization. Berlin: Springer, 2010: 25-36.

[30] FOUILHOUX P, MAHJOUB A R. Solving VLSI design and DNA sequencing problems using bipartization of graphs[J]. Computational Optimization and Applications, 2012, 51: 749-781.

[31] MARCO C, STEFAN V. A hybrid algorithm for the DNA sequencing problem[J]. Discrete Applied Mathematics, 2014, 163: 87-99.

[32] FELDKAMP U, BANZHAF W, RAUHE H. A DNA sequence compiler [C]// Leiden University. Proceedings of the 6th International Meeting on DNA-based Computer. Berlin: Springer, 2000: 1-10.

[33] GARZON M, NEATHERY P, DEATON R, et al. A new metric for DNA computing [C]// Stanford University. Proceedings of the 2nd Annual Conference on Genetic Programming. San Francisco: Morgan Kaufmann Publishers, 1997: 636-638.

[34] TULPAN D C, HOOS H H, CONDON A E. Stochastic local search algorithms for DNA word design[C]// Hokkaido University and CREST JST. DNA Computing: 8th International Workshop on DNA-based Computers. Berlin: Springer, 2003: 229-241.

[35] LI X, WANG B, LV H, et al. Constraining DNA sequences with a triplet-bases unpaired[J]. IEEE Transactions on Nanobioscience, 2020, 19(2): 299-307.

[36] LI X, WEI Z, WANG B, et al. Stable DNA sequence over close-ending and pairing sequences constraint[J]. Frontiers in Genetics, 2021, 12: 644484.

[37] TANAKA F, KAMEDA A, YAMAMOTO M, et al. Design of nucleic acid sequences for DNA computing based on a thermodynamic approach[J].

Nucleic Acids Research, 2005, 33(3): 903-911.

[38] SHIN S Y, LEE I H, KIM D, et al. Multiobjective evolutionary optimization of DNA sequences for reliable DNA computing[J]. IEEE Transactions on Evolutionary Computation, 2005, 9(2): 143-158.

[39] CHAVES-GONZÁLEZ J M, MARTÍNEZ-GIL J. An efficient design for a multi-objective evolutionary algorithm to generate DNA libraries suitable for computation[J]. Interdisciplinary Sciences: Computational Life Sciences, 2019, 11: 542-558.

[40] XIE L, WANG S, ZHU D, et al. DNA sequence optimization design of arithmetic optimization algorithm based on billiard hitting strategy[J]. Interdisciplinary Sciences: Computational Life Sciences, 2023, 15(2): 231-248.

[41] YANG X, ZHU D, YANG C, et al. H-ACO with consecutive bases pairing constraint for designing DNA sequences[J]. Interdisciplinary Sciences: Computational Life Sciences, 2024: 1-15.

[42] DEATON R, GARZON M. Thermodynamic constraints on DNA-based computing[J]. Computing with Bio-Molecules, 1998: 138-152.

[43] 朱翔鸥, 刘文斌, 孙川. DNA 计算编码研究及其算法[J]. 电子学报, 2006, 34(7): 1169.

[44] FELDKAMP U, RAUHE H, Banzhaf W. Software tools for DNA sequence design[J]. Genetic Programming and Evolvable Machines, 2003, 4: 153-171.

[45] SANTALUCIA JR J. A unified view of polymer, dumbbell, and oligonucleotide DNA nearest-neighbor thermodynamics[J]. Proceedings of the National Academy of Sciences, 1998, 95(4): 1460-1465.

[46] SANTALUCIA JR J, Hicks D. The thermodynamics of DNA structural motifs[J]. Annu. Rev. Biophys. Biomol. Struct., 2004, 33(1): 415-440.

[47] ARITA M, NISHIKAWA A, Hagiya M, et al. Improving sequence design for DNA computing [C]// International Society for Genetic Algorithms. Proceedings of the 2nd Annual Conference on Genetic and Evolutionary Computation. San Francisco: Morgan Kaufmann Publishers, 2000: 875-882.

[48] KIM D, SOO-YONG S, IN-HEE L, et al. NACST/Seq: a sequence design system with multiobjective optimization[C]// Hokkaido University and CREST JST. DNA Computing: 8th International Workshop on DNA-based Computers. Berlin: Springer, 2003: 242-251.

[49] BRAICH R S, JOHNSON C, ROTHEMUND P W K, et al. Solution of a satisfiability problem on a gel-based DNA computer [C]// Leiden University. DNA Computing: 6th International Workshop on DNA-based Computers. Berlin: Springer, 2001: 27-42.

[50] FAULHAMMER D, CUKRAS A R, LIPTON R J, et al. Molecular computation: RNA solutions to chess problems[J]. Proceedings of the National Academy of Sciences, 2000, 97(4): 1385-1389.

[51] DEATON R, CHEN J, BI H, et al. A software tool for generating non-crosshybridizing libraries of DNA oligonucleotides[C]// University of South Florida. DNA Computing: 7th International Workshop on DNA-based Computers. Berlin: Springer, 2002: 252-261.

[52] FELDKAMP U, SAGHAFI S, BANZHAF W, et al. DNASequenceGenerator: a program for the construction of DNA sequences[C]// University of South Florida. DNA Computing: 7th International Workshop on DNA-based Computers. Berlin: Springer, 2002: 23-32.

[53] ZHANG B T, SHIN S Y. Molecular algorithms for efficient and reliable DNA computing[J]. Genetic Programming, 1998, 98: 735-742.

[54] DEATON R, GARZON M, Murphy R C, et al. Genetic search of reliable encodings for DNA-based computation [C]// Stanford University. Proceedings of the First Annual Conference on Genetic Programming. Cambridge: MIT Press, 1996: 419-421.

[55] SHIN S Y, KIM D M, LEE I H, et al. Evolutionary sequence generation for reliable DNA computing [C]// IEEE. Proceedings of the 2002 Congress on Evolutionary Computation. Piscataway: IEEE, 2002, 1: 79-84.

[56] YANG G, WANG B, ZHENG X, et al. IWO algorithm based on niche crowding for DNA sequence design[J]. Interdisciplinary Sciences: Computational Life Sciences, 2017, 9: 341-349.

[57] XIAO J H, JIANG Y, HE J J, et al. A dynamic membrane evolutionary

algorithm for solving DNA sequences design with minimum free energy[J]. MATCH Commun. Math. Comput. Chem, 2013, 70(3): 971-986.

[58] KHALID N K, KURNIAWAN T B, IBRAHIM Z, et al. A model to optimize DNA sequences based on particle swarm optimization [C]// Nanyang Technological University. Proceedings of the 2008 Second Asia International Conference on Modelling & Simulation. Piscataway: IEEE, 2008: 534-539.

[59] REIF J H, LABEAN T H, PIRRUNG M, et al. Experimental construction of very large-scale DNA databases with associative search capability[C]// University of South Florida. DNA Computing: 7th International Workshop on DNA-based Computers. Berlin: Springer, 2002: 231-247.

[60] 刘文斌, 陈丽春, 白宝钢, 等. DNA 计算中的模板框优化方法研究 [J]. 电子学报, 2007, 35(8): 1490-1494.

[61] 刘文斌, 朱翔鸥, 王向红, 等. 一种优化 DNA 计算模板性能的新方法[J]. 电子与信息学报, 2008, 30(5): 1131-1135.

[62] 王向红, 刘文斌, 朱翔鸥, 等. DNA 计算中的单模板编码方法改进研究[J]. 电子学报, 2009, 37(12): 2720-2724.

[63] WU J S, LEE C, WU C C, et al. Primer design using genetic algorithm[J]. Bioinformatics, 2004, 20(11): 1710-1717.

[64] KURNIAWAN T B, IBRAHIM Z, KHALID N K, et al. A population-based ant colony optimization approach for DNA sequence optimization [C]// Parahyangan Catholic University. Proceedings of the 2009 Third Asia International Conference on Modelling & Simulation. Piscataway: IEEE, 2009: 246-251.

[65] MUSTAZA S M, ABIDIN A F Z, IBRAHIM Z, et al. A modified computational model of ant colony system in DNA sequence design [C]// Multimedia University. Proceedings of the 2011 IEEE Student Conference on Research and Development. Piscataway: IEEE, 2011: 169-173.

[66] YAKOP F, IBRAHIM Z, ABIDIN A F Z, et al. An ant colony system for solving DNA sequence design problem in DNA computing[J]. International Journal of Innovative Computing, Information and Control, 2012, 8(10): 7329-7339.

[67] ZHU D, HUANG Z, LIAO S, et al. Improved bare bones particle swarm optimization for DNA sequence design[J]. IEEE Transactions on Nanobioscience, 2022, 22(3): 603-613.

[68] ZHANG W, ZHU D, HUANG Z, et al. Improved multi-strategy matrix particle swarm optimization for DNA sequence Design[J]. Electronics, 2023, 12(3): 547.

[69] CHAVES-GONZÁLEZ J M, VEGA-RODRÍGUEZ M A, GRANADO-CRIADO J M. A multiobjective swarm intelligence approach based on artificial bee colony for reliable DNA sequence design[J]. Engineering Applications of Artificial Intelligence, 2013, 26(9): 2045-2057.

[70] BANO S, BASHIR M, YOUNAS I. A many-objective memetic generalized differential evolution algorithm for DNA sequence design[J]. IEEE Access, 2020, 8: 222684-222699.

[71] DUAN H, ZHANG K, ZHANG X. A DNA coding design based on multi-objective evolutionary algorithm with constraint [C]// Chongqing University of Posts and Telecommunications. Proceedings of the 2023 7th International Conference on Machine Learning and Soft Computing. New York: ACM, 2023: 40-45.

[72] ZHANG X, ZHANG K, WU N, et al. A two-stage constrained multi-objective evolutionary algorithm for DNA encoding problem [C]// IEEE Systems, Man, and Cybernetics Society. Proceedings of the 2023 IEEE International Conference on Systems, Man, and Cybernetics. Piscataway, NJ: IEEE, 2023: 548-555.

[73] WU H, ZHU D, HUANG Z, et al. Enhanced DNA sequence design with learning PSO[J]. Evolutionary Intelligence, 2024: 1-15.

[74] ZHU D, WANG S, HUANG Z, et al. A JAYA algorithm based on normal clouds for DNA sequence optimization[J]. Cluster Computing, 2024, 27(2): 2133-2149.

[75] BALINSKI M L. Integer programming: methods, uses, computations[J]. Management Science, 1965, 12(3): 253-313.

[76] BALAS E. An additive algorithm for solving linear programs with zero-one variables[J]. Operations Research, 1965, 13(4): 517-546.

第 6 章
枚举型 DNA 计算模型

1994—2004 年，DNA 计算的研究在计算模型、编码、实验及检测等诸多方面均处于初始阶段。特别值得一提的是，此阶段的计算模型皆为枚举型。其间的研究成果不仅为深入研究 DNA 计算提供了条件，还为 RNA 计算，乃至整个生物计算奠定了坚实基础。本章针对枚举型 DNA 计算模型，选取部分具有代表性的成果予以介绍并深入剖析。

6.1 有向哈密顿路径问题的 DNA 计算模型

定义 6.1 设 G 是一个有向图，v_1 和 v_2 是 G 的两个顶点，如果存在一条从 v_1 出发并到达 v_2，且经过 G 中其他每个顶点一次且只有一次的有向路径 P，则称 P 是从 v_1 到 v_2 的一条有向哈密顿路径，类似定义无向图的无向哈密顿路径。众所周知，寻找（有向）图的有向 HPP 是一个困难的 NP 完全问题。1994 年，Adleman 首次提出了求解有向 HPP 的 DNA 计算模型[1]，此模型的基本思想如下。

（1）为有向图的每一个顶点随机分配一条长度为 20 的寡核苷酸。在此基础上，使图中的每一条弧对应特定的长度为 20 的寡核苷酸。

（2）加入适量的连接酶，并通过 PCR 扩增技术获取从起点到终点的全部有向路径。

（3）通过电泳技术检测出所需要的有向哈密顿路径。

Adleman 对图 6.1 所示的有向图进行了实验验证。该实验历时长达一周，成功求出了从指定起点"0"到终点"6"的哈密顿路径。这项开拓性实验开辟了用 DNA 分子通过生化反应进行计算的新纪元。下面简要介绍 Adleman 的算法步骤以及相应的生化实验。

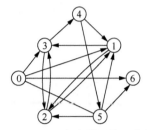

图 6.1　Adleman 实验所用的 7 阶有向图

不失一般性，针对 n 阶图求解 HPP 的理论算法步骤如下。

（1）随机生成通过该图的路径。

（2）仅保留起点为 v_{in}、终点为 v_{out} 的路径。

（3）仅保留有 n 个顶点的路径。

（4）仅保留该图经过所有顶点至少一次的路径。

（5）如果存在满足上述条件的路径，输出"YES"，否则输出"NO"。

对于上述算法的每一步，Adleman 通过生化实验来完成，具体如下。

1. 算法第一步的生化实验操作

（1）令图中每个顶点 i 对应一条随机的长度为 20 的寡核苷酸 $S(i)$，这些寡核苷酸的片段的方向是 5'→3'，并记 $S(i)$ 的沃森-克里克互补序列为 $\overline{S}(i)$，如：

$$S(2): \text{TATCGGATCG GTATATCCGA}$$

$$S(3): \text{GCTATTCGAG CTTAAAGCTA}$$

$$S(4): \text{GGCTAGGTAC CAGCATGCTT}$$

$$\overline{S}(3): \text{TAGCTTTAAG CTCGAATAGC}$$

（2）对于图中的每一条弧 $i{\rightarrow}j$，构造一条寡核苷酸 $S(i{\rightarrow}j)$。方法如下：将 $S(i)$ 中的序列分为两个部分——$S_1(i)$ 和 $S_2(i)$，其中，$S_1(i)$ 为 $S(i)$ 的前 10 个碱基，$S_2(i)$ 为 $S(i)$ 的后 10 个碱基序列。

基于上述设计，Adleman 将图 6.1 中每一条 $i{\rightarrow}j$ 弧编码为对应的寡核苷酸序列 $S(i \rightarrow j) = S_2(i)S_1(j)$。例如：

$$S(2{\rightarrow}3)=\text{GTATATCCGA GCTATTCGAG}$$

$$S(3{\rightarrow}2)=\text{CTTAAAGCTA TATCGGATCG}$$
$$S(3{\rightarrow}4)=\text{CTTAAAGCTA GGCTAGGTAC}$$

（3）生成路径。对于图中每个顶点和每一条弧，在单个连接反应中，分别取出 50pmol 的 $\overline{S}(i)$ 和 50pmol 的 $S(i{\rightarrow}j)$ 并混合在一起；用 $\overline{S}(i)$ 核苷酸充当夹板，将相容的弧连接在一起，连接反应的最终结果导致表示对应图的随机路径的 DNA 分子产生。

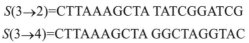

$$\begin{array}{cc} S(2{\rightarrow}3) & S(3{\rightarrow}4) \end{array}$$

$$\downarrow$$

5'-GTATATCCGA GCTATTCGAGCTTAAAGCTA GGCTAGGTAC-3'
3'-CGATAAGCTCGAATTTCGAT-5'
$$\overline{S}(3)$$

（4）连接反应分析。对于图中的每条弧，大约需要 3×10^{13} 个拷贝（约 50pmol）加入连接反应。因此，若存在哈密顿路径，则编码有向哈密顿路径的 DNA 分子一定会生成。

2．算法第二步的生化实验操作

以第一步的产物为模板，通过以 $S(0)$ 和 $\overline{S}(6)$ 为引物来进行 PCR 扩增，得到的 DNA 分子就代表起点为 0、终点为 6 的所有路径的集合。

3．算法第三步的生化实验操作

对第二步的产物进行凝胶过滤层析，分离出含有 140bp 的所有 DNA 分子，它们表示恰好有 7 个顶点的路径。将这些 DNA 分子浸泡在双蒸水（ddH$_2$O）中以便提取。所得产物先经过 PCR 扩增、琼脂糖凝胶过滤层析，再经过纯化数次，可以进一步提高纯度。

4．算法第四步的生化实验操作

用磁珠分离系统对第三步的产物进行亲和层析。首先将 dsDNA 变性，解链成各种 ssDNA，然后用与磁珠结合的 $\overline{S}(1)$ 孵育试管中的 ssDNA。只有那些含有序列 $S(1)$（编码了顶点 1 至少一次）的 ssDNA 分子得以保留。此后，用与磁珠结合的 $\overline{S}(2)$、$\overline{S}(3)$、$\overline{S}(4)$ 和 $\overline{S}(5)$ 依次重复上述步骤。

5．算法第五步的生化实验操作

以第四步的产物为底物进行 PCR 扩增和凝胶电泳分析，从中筛选出包含所有顶点的 DNA 序列，进而得到问题的解。

上面详细介绍了 Adleman 所创造的用于求解有向图的有向 HPP 的 DNA

计算模型。作者团队在此模型的基础上，进一步对赋权型 HPP（包括有向与无向两种类型）建立了 DNA 计算模型。因篇幅有限，本书不详细阐述，有兴趣的读者可查阅文献[2]。

6.2 可满足性问题的 DNA 计算模型

定义 6.2 设 $A = \{x_1, x_2, \cdots, x_n\}$ 是一组布尔变量集。一个子句是一个公式 $C = b_1 \vee b_2 \vee \cdots \vee b_k$。其中，符号 $\vee$ 表示逻辑"或"，b_i 是 A 中的变量或者 A 中变量的否定。A 中的元素 x_i 的否定用符号 $\bar{x}_i$ 来表示。一个命题公式可以看作由若干个子句的"与"构成的式子：$F = C_1 \wedge C_2 \wedge \cdots \wedge C_r$。其中，$C_r$ 是子句，符号 $\wedge$ 表示逻辑"与"。

SAT 问题旨在求出满足逻辑式 $F = 1$ 的解的集合。显然，这个问题是一个 NP 完全问题。目前，基于 DNA 计算的 SAT 问题有众多模型。本节重点介绍 Lipton[3]在 1995 年以及 Braich 等人[4]在 2002 年取得的工作成果。关于其他相关模型，参见文献[5]。

1995 年，Lipton[3]仿效 Adleman 的方法，针对 SAT 问题提出了一种 DNA 计算模型。首先，让 SAT 问题的每一个可行解对应一个 n 位二进制数，通过构造简单接触网络 G_n，把 n 位二进制数据池对应为网络 G_n 中从起点 a_1 到终点 $a_n + 1$ 的有向路径（见图 6.2）。然后，用沃森-克里克碱基配对原则构造 DNA 数据池，借助 4 种基本的分子生物技术来获得 SAT 问题的全部解。

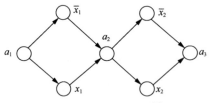

图 6.2 接触网络 G_n[3]

基本思想如下。

（1）如果一个公式 $F = C_1 \wedge C_2 \wedge \cdots \wedge C_r$ 包含 k 个变量，则它构成所有的 k 位 DNA 分子串，将其放入一个试管 t_0 之中。

（2）对于每个子句 $C_i = b_1 \vee b_2 \vee \cdots \vee b_m$（$m \leqslant k$，$i = 1, 2, \cdots, r$），以及

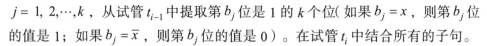

$j = 1, 2, \cdots, k$，从试管 t_{i-1} 中提取第 b_j 位是 1 的 k 个位（如果 $b_j = x$，则第 b_j 位的值是 1；如果 $b_j = \bar{x}$，则第 b_j 位的值是 0）。在试管 t_i 中结合所有的子句。

（3）如果在最后的试管 t_r 中存在 DNA，则答案为"是"，否则为"非"。

接下来，介绍具体计算步骤。

（1）对图 6.2 中的顶点及有向边采用与 Adleman 相同的方法进行编码：顶点和边的长度均为 20bp；任意顶点 i 用 $p_i q_i$ 表示，p_i 和 q_i 分别代表顶点 i 的 DNA 分子的前 10bp 和后 10bp 序列；任意有向边 $i \rightarrow j$ 用 $\bar{q}_i \bar{p}_j$ 表示。将编码顶点和边的 DNA 分子放入初始试管 t_0，经过充分反应后就会形成代表图 G 中各种有向路径的 DNA 分子。

（2）以 p_{a1} 和 $\bar{q}_{a3}$ 为引物搜索出试管 t_0 中以 a_1 开始、以 a_3 结尾的有向路径，于是 t_0 中就剩下代表上面 4 条路径的 DNA 分子。

（3）首先，从试管 t_0 中搜索出第一位为 1（$x{=}1$）的 DNA 分子并放入试管 t_1 中，剩下的放入试管 t_1' 中；然后，从试管 t_1' 中搜索出第二位为 1（$y{=}1$）的 DNA 分子放入试管 t_2 中；最后，将试管 t_1 和 t_2 合并为 t_3，得到满足第一个子句的 DNA 分子。

（4）首先，从试管 t_3 中搜索出第一位为 0（$\bar{x}{=}1$）的 DNA 分子并放入试管 t_4 中，剩下的放入试管 t_4' 中；然后，从试管 t_4' 中搜索出第二位为 0（$\bar{y}{=}1$）的 DNA 分子，放入试管 t_5 中；最后，将试管 t_4 和 t_5 合并为 t_6，得到满足第二个子句的 DNA 分子。

（5）检查试管 t_6，如果有 DNA 分子，它就是 SAT 问题的解；否则，该问题无解。

Lipton 的主要贡献是把 DNA 分子上的碱基对翻译成一串 1 和 0 的编码。他将已经测定了序列的 DNA 分子从不同的试管里取出并混合在一起，这样的操作使得 DNA 分子能够模仿逻辑门做出"是"与"非"的判断。也就是说，他让 DNA 有了"思维"，具备了逻辑判断能力。Faulhammer 等人[6]在实验中用生物技术实现了 Lipton 的上述设计。

1999 年，Landweber 等人[7]利用 RNA 酶 H 能够特异性地识别并水解与 DNA 完全互补的 RNA 序列这个特性，提出了一种基于 RNA "破坏性"的求解 SAT 问题的算法。该算法的原理是利用 RNA 酶 H 破坏解空间中那些不满足条件的解。2000 年，日本东京大学的 Sakamoto 等人[8]巧妙地运用 ssDNA 分子的发卡结构，将逻辑运算的约束编码于 DNA 分子中，通过 DNA 分子的自组织过程（形成发卡结构）解决了一个 3-SAT 问题。2003 年，刘文斌等人在 Sakamoto 等人研究的基础上提出了一种基于 DNA 计算解决 3-SAT 问题的新算法[5]。他们提出的基于文字字符串策略的改进算法具有以下优点。

（1）计算过程中产生的最大文字字符串数量大大减少。

（2）文字字符串的长度缩短。

（3）该算法的主要操作是提取和合成。

2000 年，Liu 等人[9]给出了一种基于表面计算的求解 SAT 问题的算法，并成功地用实验证实了 $(w \vee x \vee y) \wedge (w \vee y \vee z) \wedge (x \vee y) \wedge (w \vee y)$ 这一 SAT 问题。该方法可以简单描述为：一组 ssDNA 分子代表所有可能的解决方案，一个给定的计算问题合成（"制造"）并"固定"在表面，通过活性官能团 x 在每个 N 连续周期的 DNA 计算中，对子集的组合混合物的标记进行补充"标记"的操作，使它们形成双链；在"标记"操作之后，添加一种酶（如大肠杆菌外切酶Ⅰ），它可以"破坏"以未杂交单链形式存在的表面结合的寡核苷酸；在"取消标记"操作中去除所有杂交链；在 N 个周期结束时，那些留在表面上的链通过运用 PCR 在"读出"操作中确定它们的身份。基于表面计算的求解 SAT 问题的算法的操作原理示意如图 6.3 所示。

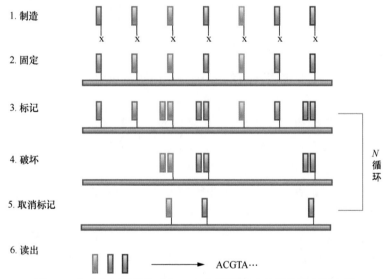

图 6.3　基于表面计算的求解 SAT 问题的算法的操作原理示意[9]

2001 年，Wu[10]在文献[9]的基础上，提出了一种基于表面计算的求解 SAT 问题的改进算法。该算法具有以下特点。

（1）需要合成的独特寡核苷酸的数量从 2^n 减少到 $4n$（n 为变量数），降低了成本。

（2）只需要添加 3 种寡核苷酸，大大节省了操作时间。

（3）表面是可重用的，因为在"取消标记"操作后，表面被重新生成为一个新的表面。

（4）不需要 PCR 扩增后杂交到一个地址阵列就能得到最终结果。

质粒是一种环状的超螺旋结构，文献[11]提出了用质粒来进行 SAT 问题的求解。2000 年，Faulhammer 等人[12]用 RNA 分子代替 DNA 分子给出了 SAT 问题的一种实验性的计算模型，并讨论了国际象棋问题的 RNA 计算模型。

2002 年，Braich 等人[4]应用 Sticker 模型等给出了具有 20 个变量的 SAT 问题的 DNA 计算模型，且生化实验取得了成功。Braich 等人提出了一个 DNA 计算装置，并称之为 DNA 计算机。在此 DNA 计算机上，他们对一个含有 20 个变量的 3-SAT 问题进行求解，经过对 2^{20} 种可能性进行暴力搜索，找到了唯一的答案（见图 6.4）。

$$\Phi = (\sim x_3 \text{ or } \sim x_{16} \text{ or } x_{18}) \text{ and } (\sim x_5 \text{ or } x_{12} \text{ or } \sim x_9) \text{ and } (\sim x_{13} \text{ or } x_2 \text{ or } x_{20})$$
$$\text{and } (x_{12} \text{ or } \sim x_9 \text{ or } \sim x_5) \text{ and } (x_{19} \text{ or } \sim x_4 \text{ or } x_6) \text{ and } (x_9 \text{ or } x_{12} \text{ or } \sim x_5) \text{ and }$$
$$(\sim x_1 \text{ or } x_4 \text{ or } \sim x_{11}) \text{ and } (x_{13} \text{ or } \sim x_2 \text{ or } \sim x_{19}) \text{ and } (x_5 \text{ or } x_{17} \text{ or } x_9) \text{ and }$$
$$(x_{15} \text{ or } x_9 \sim x_{17}) \text{ and } (\sim x_5 \text{ or } \sim x_9 \text{ or } \sim x_{12}) \text{ and } (x_6 \text{ or } x_{11} \text{ or } x_4) \text{ and }$$
$$(\sim x_{15} \text{ or } \sim x_{17} \text{ or } x_7) \text{ and } (\sim x_6 \text{ or } x_{19} \text{ or } x_{13}) \text{ and } (\sim x_{12} \text{ or } \sim x_9 \text{ or } x_5)$$
$$\text{and}(x_{12} \text{ or } x_1 \text{ or } x_{14}) \text{ and } (x_{20} \text{ or } x_3 \text{ or } x_2) \text{ and } (x_{10} \text{ or } \sim x_7 \text{ or } \sim x_8)$$
$$\text{and } (\sim x_5 \text{ or } x_9 \text{ or } \sim x_{12}) \text{ and } (x_{18} \text{ or } \sim x_{20} \text{ or } x_3) \text{ and } (\sim x_{10} \text{ or } \sim x_{18} \text{ or } \sim x_{16})$$
$$\text{and } (x_1 \text{ or } \sim x_{11} \text{ or } \sim x_{14}) \text{ and } (x_8 \text{ or } \sim x_7 \text{ or } \sim x_{15}) \text{ and } (\sim x_8 \text{ or } x_{16} \text{ or } \sim x_{10})$$

(a)

x_1=F，x_2=T，x_3=F，x_4=F，x_5=F，x_6=F，x_7=T，x_8=T，x_9=F，x_{10}=T，
x_{11}=T，x_{12}=T，x_{13}=F，x_{14}=F，x_{15}=T，x_{16}=T，x_{17}=T，x_{18}=F，x_{19}=F，x_{20}=F

(b)

图 6.4　Braich 等人在 DNA 计算机上求解的 3-SAT 问题

（a）20 个变量的 3-SAT 问题　（b）该问题的唯一解[4]

该模型的基本思路与 Roweis 等人[13]提出的粘贴模型有关。粘贴模型包含两个基本的计算操作：基于子序列的分离和粘贴操作（该研究只涉及分离操作）。首先，研究人员用聚丙烯酰胺凝胶填充玻璃模块，将寡核苷酸探针（ssDNA）固定在玻璃模块中来实现分离。携带信息的 DNA 序列通过电泳在模块中移动，与固定探针序列互补的 DNA 序列会被捕获并保留在模块中，不互

补的 DNA 序列则相对自由地通过模块。然后，在高于探针-DNA 信息链组成的双链体的解链温度下再次进行电泳，则可以释放被捕获的 DNA 序列。在分离过程中，共价键既不形成也不断裂，DNA 序列和玻璃模块可以多次用于计算。

文献[4]中的 DNA 计算机原理示意如图 6.5 所示。

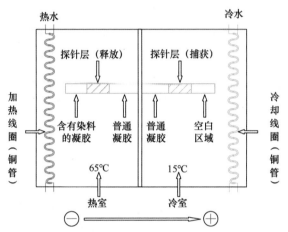

图 6.5　文献[4]中的 DNA 计算机原理示意

详细的算法步骤如下。

（1）使用 Lipton 编码表示所有变量的真值。20 个变量中的每一个变量 $x_k(k=1,\cdots,20)$ 都用两个不同的 15bp 的"值序列" $X_k^z(k=1,\cdots,20,\ Z\in\{T,F\})$ 表示：一个表示"真"（T，X_k^T），另一个表示"假"（F，X_k^F）。$\bar{X}_k^Z$ 表示 X_k^Z 的沃森-克里克互补序列。

（2）库链的构建及检测。每一种真值赋值都由 300bp 的"库序列"表示。库序列由每一个变量的一个值序列有序连接而成。具有库序列的 ssDNA 分子被称为"库链"。所有库链与互补序列的集合被称为一个"完整库"。先创建两个"半库"，再组成完整库。左半库用于 x_1 到 x_{10}，右半库用于 x_{11} 到 x_{20}。库链构建完成后，通过将相应的丙烯酸酯修饰探针添加到聚丙烯酰胺凝胶中创建一个"捕获层"来检验库链。对于每一个探针，半库中大约一半的链被捕获，而大约一半的链通过。结果表明，对于每一个变量，代表真值为"真"的半库链的数量与代表真值为"假"的半库链的数量大致相等。此后，进一步利用 PCR 技术证明每个变量在库链中的预期位置均是正确的。

（3）非解的删除。具体包含以下 4 步。

步骤 1：将库模块插入电泳箱的热室，第一子句模块插入电泳箱的冷室。热室中，库模块中库链与丙烯酸酯修饰的探针链解链，并迁移到第一个子句模块所在冷室中，满足第一子句真值赋值的库链在捕获层中被捕获，而编码不满足赋值的库链穿过捕获层并继续进入缓冲库。例如，具有序列 X_3^F、X_{16}^F 或 X_{18}^T 的库链被保留在捕获层中，而具有序列 X_3^T、X_{16}^T 或 X_{18}^F 的库链穿过捕获层。

步骤 2：更换冷热室的计算模块，将冷室中的模块插入热室中，下一个子句模块插入冷室中，重复步骤 1。

步骤 3：对其余 22 个子句依次重复上述步骤。计算结束时，最终的子句模块（第 24 个子句模块）将包含 24 个子句模块中捕获的那些库链，即满足式 Φ 中每一个子句的真值赋值和式 Φ 的真值赋值。

步骤 4：从最后一个子句模块中提取解链，进行 PCR 扩增，并"读出"解。使用引物组 $\langle X_1^T, \bar{X}_k^T \rangle$、$\langle X_1^T, \bar{X}_k^F \rangle$、$\langle X_1^F, \bar{X}_k^T \rangle$、$\langle X_1^F, \bar{X}_k^F \rangle$（$k = 2, 3, \cdots, 20$）分别扩增每一个 k 值，对应的凝胶电泳显示有且仅有一种引物组合存在预期长度的条带。根据条带信息，得到每个变量的真值。实验得到的每个变量的真值就是式 Φ 唯一的解。

6.3　图的最大团与最大独立集问题的 DNA 计算模型

定义 6.3　设 G 是一个简单图，S 是 G 的一个非空顶点子集。如果由 S 在 G 中的导出子图 $G[S]$ 是图 G 的一个完全子图（完全空图），则称 S 是 G 的一个团（独立集）。设 S 是图 G 的一个团，如果对于图 G 中的任意一个团 S'，均有 $|S'|$，则称 S 是图 G 的一个最大团（最大独立集）。显然，若 S 是图 G 的一个最大团，则 S 是图 G 的补图 $\bar{G}$ 的最大独立集。因此，求一个图的最大团与最大独立集这两个问题是等价的。

图的最大团问题与最大独立集问题属于困难的 NP 完全问题。它们不仅在工程技术领域有直接或者间接的应用，还在数学理论领域有良好的应用，如著名的拉姆齐（Ramsey）数问题[14]等。因此，给出快速、准确的图的最大团或者最大独立集算法具有重大意义。关于这方面的研究成果有很多，如常规算法、神经网络算法与遗传算法等[15-17]，但这些算法都是以电子计算机为工具设计的，因而很难有实质性的突破。

1997 年，Ouyang 等人[18]仿效 Adleman 的方法，提出了求解一个图的最大团问题的 DNA 解法。基本思想是：首先将图 6.6 所示的一个团对应一个二进制 0-1 序列，然后让一个 n 位的二进制序列对应一个长度为 $n > 30$ 的 DNA 序列。通过应用图与其补图的关系，Ouyang 等人给出了求解图的最大团问题的 DNA 解法，对 6 个顶点的图进行了 DNA 计算的生化实验并取得了成功。下面简要介绍 Ouyang 等人的工作。

求解图最大团问题的算法步骤如下。

（1）对于有 n 个顶点的图 G，每一个可能的团用一个 n 位二进制数来表示。

（2）构造出图 G 的补图 $\bar{G}$。

（3）从完全数据池中剔除所有在补图中有一条边相连的顶点对应的数字。

（4）将剩余的数据池分类，找出含元素 1 最多的数据，这些数据中的每个 1 代表相应团中的 1 个顶点。因此，元素 1 数量最多的数据反映了最大团的大小。

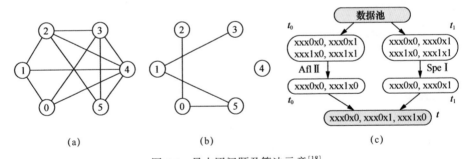

图 6.6 最大团问题及算法示意[18]

（a）6 阶图 （b）6 阶图的补 （c）算法示意

除 Ouyang 等人的计算模型外，2000 年，Head 等人[11]基于质粒 DNA 计算对图 6.7 所示的图应用由他们建立的质粒 DNA 计算模型，并与 Ouyang 等人的工作进行了比较。他们指出，质粒 DNA 计算模型应用于解决图的最大团与最大独立集问题优于 Ouyang 等人的 dsDNA 计算模型。

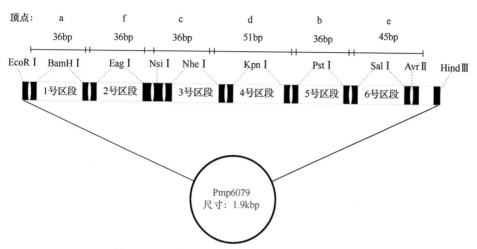

图 6.7　用于表示 6 阶图的质粒 DNA 计算模型[11]

文献[19]给出了基于表面计算的图的最大团问题的 DNA 计算模型，该模型有两个特点：①当样品被固定在固体表面而非溶液中时，样品的处理更简单，容易自动化；②大大减少了 DNA 序列在化学操作中的损失，从而使 DNA 计算错误率降低。

2012 年，Wang 等人[20]提出了一种求解最大加权独立集问题的 DNA 自组装模型。该模型主要由两个部分（非确定性搜索系统和加法系统）组成。在非确定性搜索系统中，每个顶点经过编码后作为输入，根据图的邻接矩阵识别所有符合定义的独立集。在加法系统中，每个独立集的总权值是通过将每个独立集顶点权值相加来计算的，最终确定最大加权独立集。

2013 年，Li 等人[21]在闭环 DNA 计算模型及其生物化学实验的基础上，提出了最大加权独立集问题的闭环 DNA 算法。在该算法中，首先通过适当的编码和删除实验得到所有独立集，然后通过电泳实验和检测实验找到最大加权独立集。

2018 年，Yin 等人[22]受 DNA Origami 纳米技术的启发，提出在一个有 6 个顶点和 11 条边的无向图中搜索最大团。首先，将一种独特类型的支架折叠成 n 个发卡状结构的链池，或者方便形成对应 6 个顶点团的集合的发卡结构。然后，用订书钉（Staple）重新折叠支架，根据补图中的边进行一系列选择。通过凝胶电泳选择编码正确小团的支架。当这个选择进程终止时，所有的团都被发现。通过同时展开所有团内发卡并进行凝胶电泳，选择团内发卡数量最多的支架。接着，通过展开链逐个展开团外发卡，判断给定图中的每个顶点是否在最大团中。当判断进程终止时，会找到给定图中的最大团。这项工作表明，通过支架、订书钉和展开链的简单设计，NP 问题可以通过使用 DNA Origami 技术轻松、可靠地解决，这进一步扩展了 DNA Origami 技术的应用领域。

6.4　0-1 规划问题的 DNA 计算模型

0-1 规划是整数规划的特殊情形，它的变量 x_i 仅取值 0 或 1，这时 x_i 称为 0-1 变量或二进制变量。0-1 规划问题的应用非常广泛。与它相关的算法很多，如穷举算法、隐枚举算法等，但截至本书成稿之日还没有好的算法[23]。2018 年，殷志祥教授的团队[24]提出基于 DNA 序列位移的 0-1 规划问题的循环 DNA 模型。该模型基于环状 DNA，包含多个 DNA 识别区域和小的保护区。它具有比普通的 DNA 模型更高的识别精度和更灵活的结构。在文献[24]中，作者利用 DNA 计算解决如下这种特殊的 0-1 规划问题。

$$\max(\min)z = c_1x_1 + c_2x_2 + \cdots + c_nx_n$$

$$\begin{cases} a_{11}x_1 + a_{12}x_2 + \cdots + a_{1n}x_n \leq (=,\geq)b_1 \\ a_{21}x_1 + a_{22}x_2 + \cdots + a_{2n}x_n \leq (=,\geq)b_2 \\ \cdots \\ a_{m1}x_1 + a_{m2}x_2 + \cdots + a_{mn}x_n \leq (=,\geq)b_m \end{cases}$$

其中，x_j 和 a_{ij} 为 0 或 1，b_i 和 c_j 为非负整数。

文献[24]给出的 0-1 规划问题的算法步骤如下。

步骤 1： 生成给定问题的变量取值为 0 或 1 的所有可能组合。

步骤 2： 利用每个约束剔除非可行解（保留可行解）。

步骤 3： 生成剩余的解。

步骤 4： 重复步骤 2 和步骤 3，直到删除所有的非解得到问题的所有可行解。

步骤 5： 比较各可行解对应的目标函数值，进而得到最优解。

上述算法对应的生物实验操作步骤简述如下。

（1）对于一个含有 n 个变量 $x_1, x_2, \cdots, x_n$ 和 m 个方程的方程组，首先合成 $4n$ 种短的寡核苷酸。等分为 4 组，第 1 组的 n 种寡核苷酸分别表示变量 $x_1, x_2, \cdots, x_n$；第 2 组的 n 种寡核苷酸分别表示变量 $\overline{x}_1, \overline{x}_2, \cdots, \overline{x}_n$；第 3 组的 n 种

寡核苷酸分别是第 1 组对应的互补序列，并分别记为 $x_1', x_2', \cdots, x_n'$ ；第 4 组的 n 种寡核苷酸分别是第 2 组对应的互补序列，并分别记为 $\bar{x}_1', \bar{x}_2', \cdots, \bar{x}_n'$ 。为了避免它们之间的错误杂交，所选择的前两组寡核苷酸应具有较大差异，至少有 4 个是不同的。注意，这里 x_i 对应的寡核苷酸表示变量 x_i 取值为 1，而 $\bar{x}_i$ 对应的寡核苷酸表示变量 x_i 取值为 0。

（2）首先，连接代表每个变量 x_i 的 ssDNA，形成环状 ssDNA。然后，利用前两组的 $2n$ 种寡核苷酸来构造 2^n 种 DNA 序列（所有变量的可能解）。

（3）将构建的环状 DNA 序列放入测试管中，然后将（2）中构建的 ssDNA 基团放入试管中，在室温下进行 DNA 序列置换反应。

（4）通过检测反应后的荧光量，得到满足约束方程的可行解。

（5）重复（2）和（3），得到满足所有约束方程的可行解。

（6）计算所有可行的解决方案对应的目标函数值，选择最优解。

文献 [24] 以一个含有 3 个变量和 3 个约束方程的 0-1 规划问题为例，给出了具体的实验操作步骤，计算示意如图 6.8 所示。

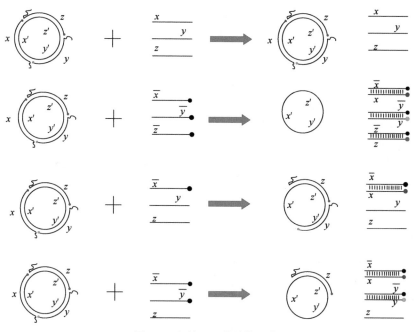

图 6.8　文献 [24] 的计算示意

此后，文献 [25] 提出了基于 DNA 序列置换反应网络的 0-1 整数规划问题的模型。该模型以 DNA 序列置换反应为基本原理，设计了 3 个化学反应模块，分别是加权反应模块、和反应模块及阈值反应模块。这些模块作为形成化学反应网络的基本元素，可用于解决 0-1 整数规划问题。

6.5 图顶点着色问题的 DNA 计算模型

定义 6.4 设 $G(V,E)$ 是一个简单无向图，其中 V 是 $G(V,E)$ 的顶点集，E 是 $G(V,E)$ 的边集。图 G 的顶点着色是指为 G 中的每个顶点分配一种颜色，使得相邻的顶点着不同的颜色。换言之，是指对图 G 中的顶点集 $V(G)$ 的剖分：

$$V(G) = V_1 \bigcup V_2 \bigcup \cdots \bigcup V_k，V_i \neq \varnothing，V_i \bigcap V_j = \varnothing，i = 1,2,\cdots,k$$

满足图 G 正常着色的最小的颜色数称为色数，记为 $\chi(G)$。图 G 的一个正常 k-顶点着色（简称 k-着色）是指用 k（$k \geqslant \chi(G)$）种颜色对图 G 进行着色。

图的着色问题是一个困难的组合优化问题，具有良好的应用前景，在工序问题、排课表问题、寄存器分配问题等问题中均有直接的应用[26-27]。这里以作者团队早期的研究成果[28]为例进行介绍。

对于具有 n 个顶点的图，图的每一种可能的 3-着色方案都可以表示为由 0、1 和 2 组成的 n 位数字串，其中 0、1 和 2 分别表示 3 种颜色。把具有 n 个顶点的图可能的各种着色方案转化为由 0、1 和 2 组成的 n 位数字串的集合，称为完全数据池。理论算法步骤如下。

步骤 1：对运算对象编码并建立完全数据池，将所建立的完全数据池作为 DNA 分子计算的输入数据。

每个顶点的编码由 3 个部分构成，如图 6.9 所示。第一段的 P_i 和第三段的 P_{i+1} 表示位置，目的是进一步生成完全数据池；中间部分 V_i 表示各顶点颜色的编码。对每个顶点而言，V_i 有不同的编码，分别用来表示不同颜色，且这部分编码采用具有特殊酶切位点的寡核苷酸序列，用于解的分离。

位置串P_i	位置串V_i	位置串P_{i+1}

图 6.9 顶点编码示意

步骤 2：对完全数据池中的数据进行搜索，保留满足着色条件的数据集。

步骤 3：给出运算结果。

下面给出具体的实现步骤。

（1）建立数据池，以 dsDNA 表示数据结构，用 i 表示所处的位置，当 i 为奇数时表示为 $P_i V_i^m P_{i+1}$（$m = 0,1,2$），当 i 为偶数时表示为 $\overline{P_{i+1} V_i^m P_i}$。为了有效地识别顶点的不同颜色，必须加入具有特殊酶切位点的限制性序列。采用并行重叠技术建立数据池。

（2）根据图的着色的定义，用限制酶对数据池中的 DNA 串进行筛选。若顶点 1 和 2 是图中相邻的两个顶点，则需要删除代表顶点 1 和 2 着同色的 DNA 串。以顶点 1 和 2 同时为 0 为例，删除操作的过程如下：首先，将数据池中的数据分到两个试管 t_1 和 t_2 中，在 t_1 中用 EcoR I 切断含 V_1^0 的串，在 t_2 中用 Kpn I 切断含 V_2^0 的串；然后，将两个试管中的液体进行合并，记为试管 t，试管 t 中不含顶点 1 和 2 同时为 0 的数据串。重复上述操作，直至完成非解删除。

（3）采用聚丙烯酰胺凝胶电泳鉴定上述操作完成后的酶切产物，并对 DNA 序列进行测序，根据测序结果得到每个顶点的着色。

除了利用限制内切酶来删除非解，作者团队还提出了一种探针–磁珠分离技术删除非解的 DNA 计算模型[29]，并以一个 5 阶图为例（见图 6.10）完成了实验验证。

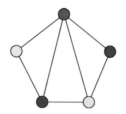

图 6.10　5 阶图示例

具体实现步骤如下。

步骤 1：编码。对于图 G 的每个顶点 $i \in V(G)$，令 r_i、b_i、y_i 分别表示顶点 i 着色为红色、蓝色和黄色，且 x_i 为含有 l 个碱基的单链寡核苷酸序列，$x_i \in \{r_i, b_i, y_i\}$，并根据这些编码生成相应的探针序列，这些探针序列构成的探针库则用于删除图 G 的非解。

步骤 2：合成初始解空间。按照图 G 的标定顺序，合成代表所有可能解的 DNA 序列，用来代表图 G 的所有可能顶点 3-着色方案。该初始解空间中应该含有 3^n 种 DNA 序列，且每个序列的长度为 $n \times l$。同时，合成用于删除非解的探针序列（生物素标记）。

步骤 3：删除非解。对不满足图 G 正常着色的，用探针与初始解空间中的 ssDNA 发生杂交反应，删除代表不满足图正常 3-着色的 DNA 序列，保留剩余解。

步骤 4：重复步骤 3，继续删除非解。这一步保留了代表满足给定问题的解的 DNA 序列。

步骤 5：利用 PCR 技术，对解进行检测。

1999 年，Jonoska 等人[30]从理论角度描述了通过复杂分子结构的自组装来解决图顶点着色问题和其他计算问题的一般程序。他们将图 G 中的每个 k 度顶点都表示为一个 k-臂 DNA 分子，这些分支状的 DNA 分子被称为顶点构件（Vertex Building Block）。除了表示顶点外，2-臂结构通常用于边构件（Edge Building Block）。顶点构件和边构件示意如图 6.11 所示。

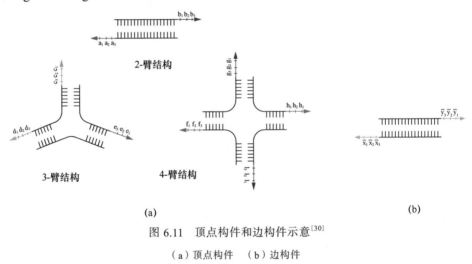

图 6.11　顶点构件和边构件示意[30]

（a）顶点构件　（b）边构件

2009 年，Wu 等人[31]在此基础上通过实验实现了一个 6 阶图的 3-着色问题的求解。他们通过分支 DNA 分子结构编码顶点，并连接成图。在编码中加入特异的限制酶序列，用以删除非解。

2010 年，Lin 等人[32]提出了一种非确定性的图顶点着色算法，见算法 6.1。该算法确保了在一定的非确定性选择下，可以得到合适的图顶点着色方案。首先，通过分离相邻信息和着色信息，得到算法的输入。然后，引入两个参考表：邻接表和着色表。邻接表用于指示图中顶点的相邻关系，着色表则用于辅助设计自组装的组件。最后，基于所设计的组件，通过自组装模型对非确定性算法进行仿真。在自组装过程中，根据组件的特性和规则，逐步构建出可能的图顶点着色方案，直到找到满足条件的方案。

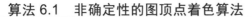

算法 6.1　非确定性的图顶点着色算法

Non-Determinstic Algorithm (G, f)

1.　For each $V_i \in V(G)$ {

2.　　　　Color for $V_i : f(i) \rightarrow$ {r, b, y}　//为顶点着色

3.　　　　Check all $(V_i, V_j) \in E(G)$　if exist $f(i) = f(j)$　//检查所有边，如果 $f(i) = f(j)$

4.　　　　Break and return failure　//中断并返回失败

5.　　　 }

6.　If all $V_i \in V(G)$ are colored　//如果所有顶点都被着色

7.　Return success and output $f(G)$　//返回成功，并输出 $f(G)$

8.　Else return failure　//否则，返回失败

Lin 等人同时引入了 3D DNA 分子结构（见图 6.12），用来完成该模型的自组装计算建模。成功的自组装计算结果如图 6.13 所示。

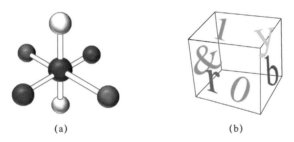

（a）　　　　　　　　　　（b）

图 6.12　Lin 等人引入的 3D DNA 分子结构

（a）3D DNA 分子模型　（b）从分子模型中抽象出六面体模型[32]

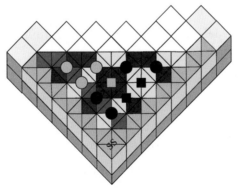

图 6.13　成功的自组装计算结果[32]

　　许多研究人员从不同的角度对求解图顶点着色问题的分子计算模型进行了研究，如利用 DNA 量子点求解图顶点着色问题的计算模型[33]、图顶点着色问题的自组装计算模型[34-35]等，有兴趣的读者可以阅读相应的文献以了解这些模型的详细内容。

参考文献

[1] ADLEMAN L M. Molecular computation of solutions to combinatorial problems[J]. Science, 1994, 266(5187): 1021-1024.

[2] 刘文斌, 许进. 赋权型 Hamilton 路问题的 DNA 计算模型[J]. 系统工程与电子技术, 2002, 24(6): 99-102.

[3] LIPTON R J. DNA solution of hard computational problems[J]. Science, 1995, 268(5210): 542-545.

[4] BRAICH R S, CHELYAPOV N, JOHNSON C, et al. Solution of a 20-variable 3-SAT problem on a DNA computer[J]. Science, 2002, 296(5567): 499-502.

[5] LIU W B, GAO L, LIU X R, WANG S D, XU J. Solving the 3-SAT problem based on DNA computing[J]. Journal of Chemical Information and Computer Science, 2003, 43(6): 1872-1875.

[6] FAULHAMMER D, LIPTON R J, LANDWEBER L F. Counting DNA estimating the complexity of a test tube of DNA[J]. Biosystems, 1999, 52(1-3): 193-196.

[7] CUKRAS A R, FAULHAMMER D, LANDWEBER L F, et al. Chess games: a model for RNA based computation[J]. Biosystems, 1999, 52(1-3): 35-45.

[8] SAKAMOTO K, GOUZU H, KOMIYA K, et al. Molecular computation by DNA hairpin formation[J]. Science, 2000, 288(5469):1223-1226.

[9] LIU Q H, WANG L M, FRUTOS A G, et al. DNA computing on surfaces[J]. Nature, 2000, 403(6766): 175-178.

[10] WU H Y. An improved surface-based method for DNA computation[J]. Biosystems, 2001, 59(1):1-5.

[11] HEAD T, ROZENBERG G, BLADERGROEN R B, et al. Computing with DNA by operating on plasmids[J]. Biosystems, 2000, 57(2): 87-93.

[12] FAULHAMMER D, CUKRAS A R, LIPTON R J, et al. Molecular computation: RNA solutions to chess problems[J]. Proceedings of the National Academy of Sciences of the United States of America, 2000, 97(4): 1385-1389.

[13] ROWEIS S, WINFREE E, BURGOYNE R, et al. A sticker based architecture for DNA computation[J]. Journal of Computational Biology, 1996, 5(4): 1-29.

[14] XU J, WONG C K. Self-complementary graphs and ramsey numbers, part I : the decomposition and construction of self-complementary graphs[J]. Discrete Mathematics, 2000, 223(1-3): 309-326.

[15] 许进, 保铮. 神经网络与图论[J]. 中国科学（E 辑: 技术科学）, 2001, 31(6): 533-555.

[16] XU J, BAO Z. Neural networks and graph theory[J]. Chinese Science (F), 2002, 45(1): 1-24.

[17] HOLLAND J H. Adaptation in natrue and artificial systems[M]. Cambridge, Mass: Mit Press, 1992.

[18] OUYANG Q, KAPLAN P D, LIU S M, et al. DNA solution of the maximal clique problem[J]. Science, 1997, 278(5337): 446-449.

[19] PAN L Q, XU J, LIU Y C. A surface-based DNA algorithm for the maximal clique problem[J], Chinese Journal of Electronics, 2002, 11(4): 469-471.

[20] WANG Y F, WEI D H, CUI G Z, et al. DNA self-assembly for maximum weighted independent set problem[J]. Advanced Science Letters, 2012, 17(1): 21-26.

[21] LI Q Y, YIN Z X, CHEN M. Closed circle DNA algorithm of maximum weighted independent set problem[J]. Advances in Intelligent Systems and Computing, 2013, 212: 113-121.

[22] CHEN J Z, YIN Z X, YANG J, et al. Searching for maximum clique by DNA origami[C]// 2018 14th International Conference on Natural

Computation, Fuzzy Systems and Knowledge Discovery (ICNC-FSKD), 2018.

[23] 殷志祥, 张凤月, 许进. 0-1 规划问题的 DNA 计算模型[J]. 电子学与信息科学学报, 2003, 25(1): 62-66.

[24] TANG Z, YIN Z X, YANG J, et al. The circular DNA model of 0-1 programming problem based on DNA strand displacement[C]// 2018 14th international Conference on Natural Computation, Fuzzy Systems and Knowledge Discovery (ICNC-FSKD), 2018.

[25] TANG Z, YIN Z X, WANG L H, et al. Solving 0-1 integer programming problem based on DNA strand displacement reaction network[J]. ACS Synthetic Biology, 2021, 10(9):2318-2330.

[26] BERGE C, MINIEKA E. Graphs and hypergraphs[M]. NY: Elsevier Science Publishing Co. Inc., 1973.

[27] CHAITIN G J. Register allocation & spilling via graph coloring[C]// Proceedings of the ACM Sigplan 1982 Conference on Compiler Construction. Boston: ACM, 1982: 98-105.

[28] 高琳, 许进. 图的顶点着色问题的 DNA 算法[J]. 电子学报, 2003, 31(4): 494-497.

[29] XU J, QIANG X L, FANG G, et al. A DNA computer model for solving vertex coloring problem[J]. Chinese Science Bulletin, 2006, 51(20): 2541-2549.

[30] JONOSKA N, KARL S A, SAITO M. Three dimensional DNA structures in computing[J]. Biosystems, 1999, 52(1-3): 143-153.

[31] WU G, JONOSKA N, SEEMAN N C. Construction of a DNA nano-object directly demonstrates computation[J], Biosystems, 2009, 98(2): 80-84.

[32] LIN M Q, XU J, ZHANG D F, et al. 3D DNA self-asembly model for graph vertex coloring[J]. Journal of Computational and Theoretical Nanoscience, 2010, 7: 246-253.

[33] LI J W, SONG Z C, ZHANG C, et al. A molecular computing model for graph coloring problem using DNA quantum dot[J]. Journal of Computational and Theoretical Nanoscience, 2015, 12(7): 1272-1276.

［34］XU J, CHEN C Z, SHI X L. Graph computation using algorithm self-assembly of DNA molecules［J］. ACS Synthetic Biology, 2022, 11(7): 2456-2463.

［35］ZHANG X C, NIU Y Y, CUI G Z, et al. Application of DNA self-assembly on graph coloring problem［J］. Journal of Computational and Theoretical Nanoscience, 2009, 6(5): 1067-1074.

非枚举型图顶点着色 DNA 计算模型

第 6 章介绍了求解 NP 完全问题的枚举型 DNA 计算模型，但随着问题规模的增大，初始解空间中的 DNA 分子量必然指数级增长。粗略估计，求解阶数为 200 的一个图的 4-着色问题，按枚举思想构建的解空间中有 4^{200} 个 DNA 分子，假设代表一个顶点的 DNA 序列长为 50nt，则每条 DNA 分子长为 10000nt。这使得解空间中的 DNA 分子的质量甚至远超地球的质量。Sakamoto 等人在文献[1]中提出了一种发卡结构 DNA 计算模型，并指出，为求解更大规模的 SAT 问题，须改进编码方法，减少所需 DNA 分子数量，即应建立非枚举型 DNA 计算模型。文献[2]首次提出了非枚举型图顶点着色 DNA 计算模型，用于求解图顶点着色问题。

7.1 基本思想

该 DNA 计算模型将编码问题和初始解空间问题一体化考虑，对编码方案和初始解空间构建进行了优化，通过减少编码的数量，使得在构建初始解空间时，初始解空间中的 DNA 分子里大大减少，进而克服"随问题规模增大，初始解空间 DNA 分子量指数级剧增"这个难题。这主要通过以下两点来实现：第一，在编码时，使代表各个顶点的不同着色的寡核苷酸片段的数量尽可能少；第二，尽可能使图中的相邻顶点在标定时也是相邻的。该模型主要是通过 PCR 实现非解删除的操作，并通过 DNA 测序技术检测最终解。

非枚举型图顶点着色 DNA 计算模型的算法步骤如下。

步骤 1：确定颜色集。

步骤 2：设计并合成代表不同顶点的不同颜色的寡核苷酸片段，并确定合成用于构建初始解空间的探针。

步骤 3：生成初始解空间。

步骤 4：删除非解，保留生成的剩余解。

步骤 5：重复步骤 4，直至非解删除完毕。

步骤 6：检测解。

下面以图 7.1 为例，详细解释该模型的具体生物实现过程。

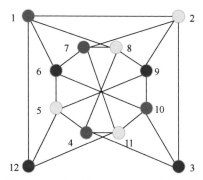

图 7.1   12 个顶点的唯一 3-可着色图[3]

图 7.1 所示为一个不含三角形的唯一 3-可着色图，也是一个哈密顿图，这里称其为图 G。其中，顶点子集 {1,4,7,10} 着红色，{2,5,8,11} 着黄色，{3,6,9,12} 着蓝色。

7.2 生物实现

7.2.1 生物操作步骤

对应上述 DNA 计算模型和算法步骤，具体生化操作的简单描述如下。

步骤 1：根据给定的图，建立从顶点颜色集到寡核苷酸序列集的一个映射，即按照一定的约束对待求解图顶点的颜色进行编码，并设计相应的探针序列，这些编码序列和探针序列将被用于建立初始解空间。

步骤 2：将所得到的代表颜色集和探针混合，利用杂交反应、PCR 等技术，生成代表给定问题所有可能解的 DNA 链。

步骤 3：利用 PCR 技术，提取并扩增出代表图正常着色的 DNA 链，从而删除非解。代表图正常着色的 DNA 链通过琼脂糖凝胶电泳分离并纯化回收。

步骤 4：以上一步的回收产物为可行解库，重复步骤 3，直到所有的非解被删除，最后保留下来的 DNA 序列就是问题的解。

步骤 5：测序获代表图 G 正常 3-着色的 DNA 序列，分析序列得到着色方案。

下面将具体给出每个步骤所对应的具体生化实验的方法及实验结果。

7.2.2 实例分析与相关生化实验

本节将详细介绍以图 7.1 为实例的 DNA 计算模型的生物实现过程和详细的实验结果。

1. 编码

对图 7.1 而言，令顶点 1 和 12 分别着红色和蓝色时，与顶点 1 和 12 相邻的顶点的着色方案可以随之确定。例如，由于顶点 1 着红色，故与顶点 1 相邻的顶点 2、6、8 着蓝色或黄色；而顶点 12 着蓝色，故与顶点 12 相邻的顶点 5、11 着红色或黄色。

令 x_i 代表顶点 i 的着色，$x_i \in \{r_i, y_i, b_i\}$（$i = 1, 2, \cdots, 12$）。按照上面的分析，图 G 各个顶点的着色方案如图 7.2 所示。

1	2	3	4	5	6	7	8	9	10	11	12
r_1		r_3	r_4	r_5		r_7		r_9	r_{10}		
	y_2	y_3	y_4	y_5	y_6	y_7	y_8	y_9	y_{10}	y_{11}	
	b_2	b_3	b_4		b_6		b_8	b_9	b_{10}	b_{11}	b_{12}

图 7.2　图 G 各个顶点的着色方案

把图 G 所有可能的 k-着色记为 $C_k(G)$。令 X_i（$i = 1, 2, \cdots, 12$）表示顶点 i 所有可能的着色方案构成的集合，根据相邻顶点不能着同色的原则，显然，$X_2 = \{y_2, b_2\}$、$X_3 = \{r_3, y_3, b_3\}$、$X_4 = \{r_4, y_4, b_4\}$、$X_5 = \{r_5, y_5\}$、$X_6 = \{y_6, b_6\}$、

$X_7 = \{r_7, y_7, b_7\}$、$X_8 = \{y_8, b_8\}$、$X_9 = \{r_9, y_9, b_9\}$、$X_{10} = \{r_{10}, y_{10}, b_{10}\}$、$X_{11} = \{r_{11}, y_{11}\}$，以及 $C_k(G) = \{x_1 x_2 \cdots x_{12}, x_i \in X_i, 1 \leq i \leq 12\}$。

由图 7.2 不难看出，这里不需要再枚举出每个顶点所有可能的着色，可使得所需要的编码数量减少。也就是说，这里只需要设计 27 条寡核苷酸片段来代表不同顶点可能的着色。这不仅为克服初始解空间 DNA 分子量"指数级剧增"奠定了基础，同时也使采用更短的碱基序列对顶点进行编码成为现实。这个实验方案主要通过 PCR 来执行，而 PCR 中引物的优劣直接关系到 PCR 实验的成功与否。因此，为了得到特异性强的编码，必须考虑生化实验中引物设计的原则。引物设计的基本原则有以下 3 条[4-5]。

（1）引物与模板的序列（所要扩增的 DNA 序列）要紧密互补。

（2）引物本身或上下游引物之间避免形成稳定的二聚体或发卡结构。

（3）引物必须特异性地与模板的序列结合，即不能在模板的非目的位点引发 DNA 聚合反应。

在生化实验中要实现这 3 条基本原则，作为引物的 DNA 序列的本身因素以及具体的实验要求等诸多因素都应该加以考虑，如引物长度（Primer Length）、引物的解链温度（Melting Temperature，T_m）、引物的 GC 含量（GC-content）、引物与模板形成双链的内部稳定性（Internal Stability）、引物自身二聚体（Primer Dimer）、引物对之间的二聚体（Cross Dimer）及发卡结构、产物长度（Product Length）等。

为了得到足够多的可靠编码，文献[2]对上述生物条件进行了取舍，并针对编码条件中的组合约束（包括引物长度、GC 含量、最小子串的长度，以及热力学约束）给出具体参数，以便进行程序设计。具体方法在第 5 章已有介绍，这里不赘述。编码后的 DNA 序列满足如下约束。

（1）设计的每个编码都由 20 个碱基组成，A、T、G、C 这 4 种碱基随机分布。

（2）任意一条编码没有连续 4 个或以上相同的碱基出现。

（3）任意编码的 GC 含量为 40%～60%。

（4）任意两条编码没有连续 6 个或以上的碱基序列是相同的。

（5）任意一条编码自身不存在连续 4 个碱基的互补序列。

（6）任意一条编码的 3' 或 5' 末端的连续 4 个碱基和其他编码中的任意 4 个碱基不能相同。

　　根据上述约束，根据引物设计的原则，使用生化实验计算机辅助软件 Primer Premier 5.0 对构成引物的寡核苷酸片段进行检测以获得适合该模型的 DNA 编码。用 x_i 来表示图 G 中每个顶点的可能着色的 DNA 序列，它的沃森-克里克互补序列则用 $\overline{x_i}$ 表示。每个 x_i 对应的寡核苷酸序列编码见表 7.1。对部分编码使用 Primer Premier 5.0 进行检测的结果如图 7.3 所示。

表 7.1　代表每个顶点的可能着色的寡核苷酸序列编码

寡核苷酸序列编码	寡核苷酸序列编码
r_1 =5'-CTGGTCCTCTCCTCTAATCC-3'	y_2 =5'-TCACCTACTACCTTCCCAAA-3'
b_2 =5'-CCATTCACACACCTTCACTC-3'	r_3 =5'-TAACTCCACCATAACCACAA-3'
y_3 =5'-TACCATCATTCCTATCACCC-3'	b_3 =5'-AACTTCTACCCTCAACCTCA-3'
r_4 =5'-TCTTGAGCACTGACCTGACA-3'	y_4 =5'-TCAGTCGGCATCAACATAGT-3'
b_4 =5'-TACTTTCCACTTCCTAACCC-3'	r_5 =5'-TGTTCGCAATCTATTCTCAG-3'
y_5 =5'-TACAGGCTCTTCAGAACGAT-3'	y_6 =5'-CATCACATAGCACTCCATCG-3'
b_6 =5'-CACAACCAGACCTGCTATCA-3'	r_7 =5'-ATAGTTCCGAGTCTTAGGCA-3'
y_7 =5'-TTACACGAGCGTCTTCTGAT-3'	b_7 =5'-CAATGGCAACGATAACTTTC-3'
y_8 =5'-TACATTCAAGGACGACAGGT-3'	b_8 =5'-GAAGTCATCGTTGGGTAGTC-3'
r_9 =5'-GATGATAAGCACGGAGTAGC-3'	y_9 =5'-GTTACGGTTGTCTTTGCTGA-3'
b_9 =5'-TAAAGTGTAGGGAGGGAAAC-3'	r_{10} =5'-TTGAACACAGGTATGCGATT-3
y_{10} =5'-CCGTTATGAGCAGGTGTAAT-3'	b_{10} =5'-ACGACACGACGAGATAGGAT-3'
r_{11} =5'-TTAGTGAGAATGCCAGTTGC-3'	y_{11} =5'-CGTGATTGTTGGACTATTGG-3'
b_{12} =5'-CTTACCGCCTTACCAACTAC-3'	

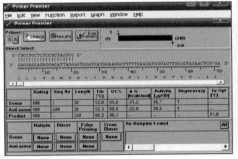 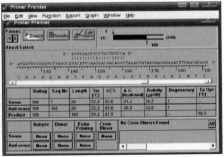

图 7.3　部分编码的检测结果

检测结果表明，大多数引物的 T_m 相差不大，且其基本没有影响反应正常进行的二级结构，因此所设计的 DNA 序列可用于该模型的实验研究。

2. 设计探针库

按照正常着色原则（图中相邻顶点着不同颜色的原则）来构建非枚举型初始解空间。因为顶点 i 与顶点 $i+1$ 总是相邻的，故所构建的初始解空间（记作 T）应为 $T = \{x_1 x_2 \cdots x_{11} x_{12}\}$，且 x_i 与 x_{i+1} 中的 x 不同时为 r、y 或 b。例如，当 $i = 3$ 时，T 中的 b_3 和 b_4 不在同一个序列中出现，即不允许相邻的顶点着相同的颜色。

令代表顶点 i 的颜色的 DNA 序列 x_i 的前 10nt 构成的序列为 x_i^1，后 10nt 构成的序列为 x_i^2。为了建立数据库 T，取 x_i^2 与 x_{i+1}^1 合成长度为 20bp 的 DNA 序列组成一个探针，记为 $\overline{x_i x_{i+1}}$。例如，对于序列

$$y_2 = 5\text{'-TCACCTACTACCTTCCCAAA-3'}$$
$$r_3 = 5\text{'-TAACTCCACC ATAACCACAA-3'}$$
$$b_4 = 5\text{'-TACTTCCAC TTCCTAACCC-3'}$$

有

$$\overline{y_2 r_3} = 5\text{'-CCTTCCCAAATAACTCCACC-3'}$$
$$\overline{r_3 b_4} = 5\text{'-ATAACCACAA TACTTCCAC-3'}$$

故

$$\overline{y_2 r_3} = 5\text{'-GGTGGAGTTATTTGGGAAGG-3'}$$
$$\overline{r_3 b_4} = 5\text{'-GTGGAAAGTATTGTGGTTAT-3'}$$

按照这种方法构建了 43 个探针，这 43 个探针及其序列如表 7.2 所示。

表 7.2　43 个探针及其序列

探针及其序列	探针及其序列
$\overline{r_1 y_2}$ = 5'-TAGTAGGTGAGGATTAGAGG-3'	$\overline{r_1 b_2}$ = 5'-GTGTGAATGGGGATTAGAGG-3'
$\overline{y_2 r_3}$ =5'-GGTGGAGTTATTTGGGAAGG-3'	$\overline{y_2 b_3}$ = 5'-GGTAGAAGTTTTTGGGAAGG-3'
$\overline{b_2 r_3}$ = 5'-GGTGGAGTTAGAGTGAAGGT-3'	$\overline{b_2 y_3}$ = 5'-AATGATGGTAGAGTGAAGGT-3'
$\overline{r_3 y_4}$ = 5'-TGCCGACTGATTGTGGTTAT-3'	$\overline{r_3 b_4}$ = 5'-GTGGAAAGTATTGTGGTTAT-3'
$\overline{y_3 r_4}$ = 5'-GTGCTCAAGAGGGTGATAGG-3'	$\overline{y_3 b_4}$ = 5'-GTGGAAAGTAGGGTGATAGG-3'
$\overline{b_3 r_4}$ = 5'-GTGCTCAAGATGAGGTTGAG-3'	$\overline{b_3 y_4}$ = 5'-TGCCGACTGATGAGGTTGAG-3'
$\overline{r_4 y_5}$ = 5'-AGAGCCTGTATGTCAGGTCA-3'	$\overline{y_4 r_5}$ = 5'-ATTGCGAACAACTATGTTGA-3'

续表

探针及其序列	探针及其序列
$\overline{b_4 r_5}$ = 5'-ATTGCGAACAGGGTTAGGAA-3'	$\overline{b_4 y_5}$ = 5'-AGAGCCTGTAGGTTAGGAA-3'
$\overline{r_5 b_6}$ = 5'-TCTGGTTGTGCTGAGAATAG-3'	$\overline{r_5 y_6}$ = 5'-CTATGTGATGCTGAGAATAG-3'
$\overline{y_5 b_6}$ = 5'-TCTGGTTGTGATCGTTCTGA?-3'	$\overline{b_6 r_7}$ = 5'-TCGGAACTATTGATAGCAGG-3'
$\overline{b_6 y_7}$ = 5'-GCTCGTGTAATGATAGCAGG-3'	$\overline{y_6 r_7}$ = 5'-TCGGAACTATCGATGGAGTG-3'
$\overline{y_6 b_7}$ = 5'-GTTGCCATTGCGATGGAGTG-3'	$\overline{r_7 y_8}$ = 5'-CTTGAATGTATGCCTAAGAC-3'
$\overline{r_7 b_8}$ = 5'-CGATGACTTCTGCCTAAGAC-3'	$\overline{b_7 y_8}$ = 5'-CTTGAATGTAGAAAGTTATC-3'
$\overline{y_7 b_8}$ = 5'-CGATGACTTCATCAGAAGAC-3'	$\overline{y_8 r_9}$ = 5'-GCTTATCATCACCTGTCGTC-3'
$\overline{y_8 b_9}$ = 5'-CTACACTTTAACCTGTCGTC-3'	$\overline{b_8 r_9}$ = 5'-GCTTATCATCGACTACCCAA-3'
$\overline{b_8 y_9}$ = 5'-CAACCGTAACGACTACCCAA-3'	$\overline{r_9 y_{10}}$ = 5'-CTCATAACGGGCTACTCCgT-3'
$\overline{r_9 b_{10}}$ = 5'-GTCGTGTCGTGCTACTCCGT-3'	$\overline{y_9 r_{10}}$ = 5'-CTGTGTTCAATCAGCAAAgA-3'
$\overline{y_9 b_{10}}$ = 5'-GTCGTGTCGTTCAGCAAAGA-3'	$\overline{b_9 r_{10}}$ = 5'-CTGTGTTCAAGTTTCCCTCC-3'
$\overline{b_9 y_{10}}$ = 5'-CTCATAACGGGTTTCCCTCC-3'	$\overline{r_{10} y_{11}}$ = 5'-AACAATCACGAATCGCATAC-3'
$\overline{y_{10} r_{11}}$ = 5'-TTCTCACTAAATTACACCTG-3'	$\overline{b_{10} r_{11}}$ = 5'-TTCTCACTAAATCCTATCTC-3'
$\overline{b_{10} y_{11}}$ = 5'-AACAATCACGATCCTATCTC-3'	$\overline{y_{11} b_{12}}$ = 5'-AGGCGGTAAGCCAATAGTCC-3'
$\overline{r_{11} b_{12}}$ = 5'-AGGCGGTAAGGCAACTGGCA-3'	

3. 合成初始解空间

在 T4 DNA 连接酶的作用下，通过上述 43 个探针将代表颜色的 27 条 DNA 序列按照图 7.1 中图 G 的顶点标定的先后次序依次连接，形成的 DNA 链就是代表所有可能的着色方案的初始解空间。由于每个寡核苷酸序列含有 20nt，因此初始解空间中的每条 DNA 链的长度为 240bp。合成初始解空间的原理示意如图 7.4 所示。

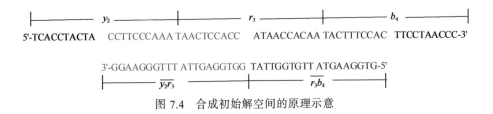

图 7.4　合成初始解空间的原理示意

根据已标定的顶点序列，不难看出顶点 i 和 $i+1$ 总是相邻。用 T 代表生成的初始解空间，即集合 $T = \{x_1 x_2 \cdots x_{11} x_{12}\}$，且顶点 i 和 $i+1$ 不能着相同的颜色。

合成初始解空间的具体步骤如下。

步骤 1：5' 末端磷酸化。将代表每个顶点的不同着色的序列在 T4 多核苷酸激酶存在的条件下，37℃ 温育 1h。反应后，反应产物标记为磷酸化产物。

步骤 2：复性。取上一步的反应产物与所有探针混合（在 94℃ 条件下），5min 后缓慢降至室温。

步骤 3：连接。取复性产物 6µl 加入 T4 DNA 连接酶，在 16℃ 条件下过夜。

步骤 4：PCR 扩增。

步骤 1～4 完成后，所得到的长度为 240bp 的 DNA 序列就是代表图 G 的 3-可着色问题的初始解空间（见图 7.5）。为进一步纯化并增加初始解空间中 DNA 分子量，需要以连接产物为模板，以 r_1 和 $\bar{b}_{12}$ 为引物完成此步骤的 PCR 扩增。

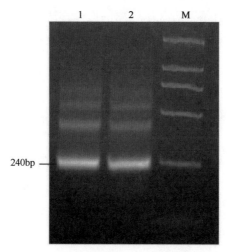

图 7.5　3-可着色问题的初始解空间（图中 M 即 DNA marker DL2000[1]）

步骤 5：初始解空间检测。检测所构建的初始解空间中的 DNA 序列，将步骤 4 的回收产物稀释 100 倍后，分别以 $\langle x_i, \bar{b}_{12}\rangle$ 和 $\langle x_i, \bar{x}_{i+1}\rangle$ 为引物，检测库链是否完备。PCR 的反应体系和反应条件同上。结果表明，在相应的位置均有相应大小合适的 DNA 片段产生，从而证明，该初始解空间基本完备。

需要强调的是，根据已标定的顶点序列，不难看出顶点 i 和 $i+1$ 总是相邻。因此，在构建初始解空间时，不使用形如 $\overline{r_i r_{i+1}}$、$\overline{b_i b_{i+1}}$ 和 $\overline{y_i y_{i+1}}$ 的探针。这样，就删除了顶点 i 和 $i+1$ 着相同颜色的非解，使得所构建的初始解空间大大减小。

---

[1] DNA marker DL2000 是一种 DNA 分子量标准物。它由一系列已知大小的 DNA 片段混合而成，这些片段的大小一般包括 500bp、1000bp、1500bp 和 2000bp。

据计算，所生成的初始解空间中只含有 283 种代表图 G 的可能的着色方案的 DNA 序列，远小于 3^{12}。

4. 删除非解

记 $C=123\cdots(12)1$，除去 C 和边 $e=\{1,6\}$、$e=\{1,8\}$、$e=\{5,12\}$，$E(G)$ 为空，则通过上述步骤构建的初始解空间中的所有 DNA 序列均代表图 G 的真解。否则，产生的初始解空间中必然存在非解。我们利用 PCR 这种生物操作来删除非解。对于 $E(G)$ 剩余的每条边 $e=\{i,j\}$（$i,j=1,2,\cdots,12$，$i\neq j$），都需要进行 3 次 PCR 操作来删除相应的非解。

在第一次 PCR 操作时，分别以 $\langle r_1,\overline{x}_i\rangle$、$\langle x_i,\overline{x}_j\rangle$ 及 $\langle x_j,\overline{b}_{12}\rangle$ 为引物对进行扩增。显然，x_i 和 x_j 不能同时为 r、b 或 y，这样代表顶点 i 和 j 着同色的 DNA 序列将不被扩增出来。对每条边采用同样的操作方法，从而删除所有不满足图 G 正常 3-着色的解。以边 $e=\{6,10\}$ 为例，删除非解的生物操作原理如图 7.6 所示。

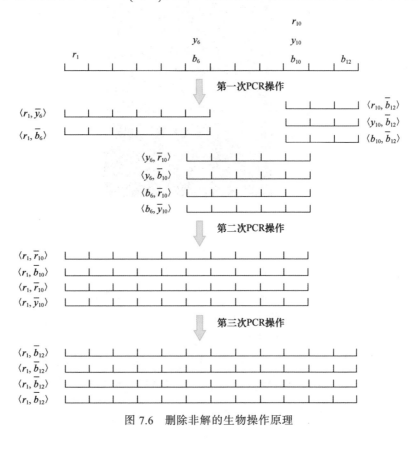

图 7.6　删除非解的生物操作原理

（1）第一次 PCR 操作。分别用引物对 $\langle r_1, \bar{y}_6 \rangle$、$\langle r_1, \bar{b}_6 \rangle$、$\langle y_6, \bar{r}_{10} \rangle$、$\langle y_6, \bar{b}_{10} \rangle$、$\langle b_6, \bar{r}_{10} \rangle$、$\langle b_6, \bar{y}_{10} \rangle$、$\langle r_{10}, \bar{b}_{12} \rangle$、$\langle y_{10}, \bar{b}_{12} \rangle$ 和 $\langle b_{10}, \bar{b}_{12} \rangle$ 进行扩增，分别标记为①~⑨。其中，①和②产物的 DNA 片段大小为 120bp，③~⑥产物的 DNA 片段大小为 100bp，⑦~⑨产物的 DNA 片段大小则为 60bp。第一次 PCR 操作的结果如图 7.7 所示。

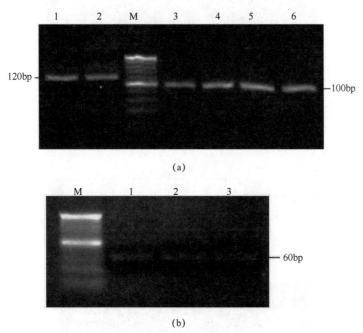

图 7.7 第一次 PCR 操作的结果

（a）以顶点 1 和顶点 6、顶点 6 和顶点 10 为引物 （b）以顶点 10 和顶点 12 为引物

在图 7.7（a）中，泳道 1 和 2 所显示的产物分别对应引物对 $\langle r_1, \bar{y}_6 \rangle$ 和 $\langle r_1, \bar{b}_6 \rangle$。泳道 3、4、5 和 6 则分别对应引物对 $\langle y_b, \bar{r}_{10} \rangle$、$\langle y_b, \bar{b}_{10} \rangle$、$\langle b_b, \bar{r}_{10} \rangle$ 和 $\langle b_b, \bar{y}_{10} \rangle$。在图 7.7（b）中，泳道 1、2 和 3 分别对应引物对 $\langle r_{10}, \bar{b}_{12} \rangle$、$\langle y_{10}, \bar{b}_{12} \rangle$ 和 $\langle b_{10}, \bar{b}_{12} \rangle$。通过这次 PCR 操作，一条全长为 240bp 的 DNA 序列就被分解成了 3 个不同大小的 DNA 片段。这里，以顶点 6 和顶点 10 为引物的组合中，没有相同的颜色序列构成的引物对。因此，PCR 的产物中，就删除了顶点 6 和 10 着相同颜色的非解 DNA 链，而保留了代表这两个顶点正常着色的 DNA 序列。

（2）第二次 PCR 操作。引物对分别为 $\langle r_1, \bar{r}_{10} \rangle$、$\langle r_1, \bar{y}_{10} \rangle$ 和 $\langle r_1, \bar{b}_{10} \rangle$，结果如图 7.8 所示。

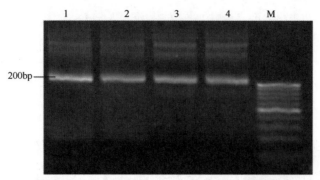

图 7.8　第二次 PCR 操作的结果

在图 7.8 中，泳道 1 对应的引物对为 $\langle r_1, \bar{r}_{10} \rangle$，模板为图 7.7 中泳道 1 和泳道 3 所示的 PCR 产物的混合物，模板为①+③；泳道 2 对应的引物对为 $\langle r_1, \bar{b}_{10} \rangle$，模板为①+④；泳道 3 所对应的引物对为 $\langle r_1, \bar{y}_{10} \rangle$，模板为②+⑤；泳道 4 的 PCR 产物的引物对为 $\langle r_1, \bar{y}_{10} \rangle$，模板为②+⑥。

（3）第三次 PCR 操作。将图 7.8 所示的各个 PCR 产物和图 7.7（b）所示的产物按照顶点 10 的颜色进行组合，作为新的模板。在这次 PCR 操作中，所用的引物对只有 $\langle r_1, \bar{b}_{12} \rangle$，结果如图 7.9 所示。

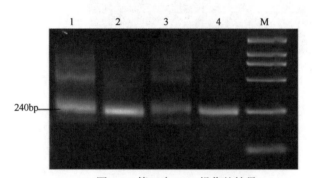

图 7.9　第三次 PCR 操作的结果

在图 7.9 中，各泳道所用的引物均为 $\langle r_1, \bar{b}_{12} \rangle$，只是模板不同。其中，泳道 1 产物对应模板是图 7.8 中泳道 1 的产物和第一次 PCR 操作中⑦产物的混合物；泳道 2 产物对应模板是图 7.8 中泳道 2 的产物和第一次 PCR 操作中⑨产物的混合物；泳道 3 产物对应模板是图 7.8 中泳道 3 的产物和第一次 PCR 操作中⑦产物的混合物；泳道 4 的产物对应模板是图 7.8 中泳道 4 的产物和第一次 PCR 操作中⑧产物的混合物。

对集合 $E(G)$ 中剩余的边来讲，采用完全相同的方法来删除其他非解。当所有的边都完成相应操作后，图 7.1 中图 G 的非解被删除完毕，剩余的 DNA 序列代表图 G 的正常着色方案。

5. 检测解

为了读取最终得到的满足图 G 正常 3-着色的解，将最后一轮 PCR 操作的产物连接在 TaKaRa 的 pMD 19-T 载体上，并转化 E. coli DH5α。经过 PCR 鉴定和双酶切反应鉴定后，选取 25 个单克隆测序。其中，PCR 的反应体系和反应条件与上述条件一致。PCR 鉴定结果和双酶切反应鉴定结果分别如图 7.10 和图 7.11 所示。

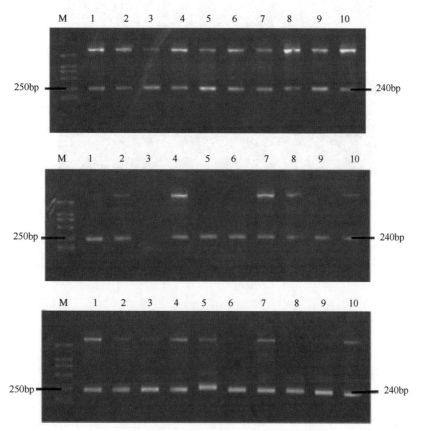

图 7.10　PCR 鉴定结果

测序结果如图 7.12 所示。经 Bioedit 软件分析，并与所设计的序列比较可知，图 G 只有一个解，如图 7.13 所示。

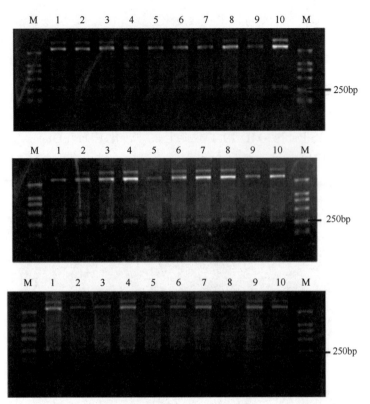

图 7.11　双酶切反应鉴定结果

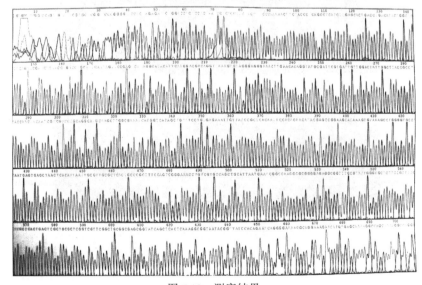

图 7.12　测序结果

$5'-$ ... $-3'$

$r_1 \quad y_2 \quad b_3 \quad r_4 \quad y_5 \quad b_6 \quad r_7 \quad y_8 \quad b_9 \quad r_{10} \quad y_{11} \quad b_{12}$

图 7.13   图 G 的解的示意

实验结果表明，利用该 DNA 计算模型建立的编码方案和初始解空间的构建方案可使初始解空间大大减小，便于后续生化实验的进行。同时，利用该模型建立的编码参数合理，实验重复性较好。

7.3   计算模型分析

如前所述，当顶点 1 和与其相关联的顶点 n 分别被预先给定一个颜色（假设为红色和蓝色）时，代表各个顶点可能的颜色的寡核苷酸序列数随之减少为 $3n - d_1 - d_n - k$。这里，$d_1 = d_{12} = 2$，k 为顶点 1 和 n 的度之和减 2。而在过去的研究中，由于初始解空间采用的是枚举思想，故一般所合成的代表各种可能的颜色数的 DNA 分子量为 $3n$。

对一个具有 n 个顶点的图进行 k-着色（$k \geqslant 3$），可能的着色数是 k^n，当 $k = 3$ 时，为 3^n。若要确定一对相邻顶点的着色，则其搜索次数是 3^{n-2}。从图 7.2 可知，在编码时已经将代表每个顶点 i 的颜色集 X_i 进行了优化，且从探针构建原则可知，所构建的解空间中 DNA 分子量小于 2^{n-2}。初始解空间的减小使得一部分非解在合成时就被删除，从而降低了生化实验的复杂度并减少了次数，成本也更低。更重要的一点是，该思想可以用在其他 DNA 计算模型中，以减小初始解空间，简化生物操作步骤。

该模型通过多轮 PCR 操作来搜索可行解，其中每轮 PCR 操作包括 3 次 PCR 操作。在本节中，PCR 操作的总反应次数为 24。若集合 $E(G)$ 中剩余 m 条边，则 PCR 操作的总反应次数为 $3m$。

文献 [2] 是针对一个哈密顿图进行的实验，并且选择了哈密顿圈来构建初始解空间，从而使得解空间大大减小。所建立的初始解空间大小为 283，仅约为利用枚举型 DNA 计算模型构建的初始解空间（3^{12}）的 0.0532%，大部分非解在构建初始解空间时被删除。对非哈密顿图来讲，操作原则完全一致，最大的区别在于合成初始解空间时所用的探针不同。

7.4 其他非枚举型 DNA 计算模型

非枚举型 DNA 计算模型提供了一种减小所求解问题的初始解空间的方法，不仅降低了算法的计算复杂度，还大大降低了生物操作的复杂度。有许多研究人员利用此方法构建了不同的非枚举型 DNA 计算模型。

2010 年，文献[6]在非枚举思想的基础上，利用回溯删除方法构建了基于环状 DNA 的"纳米拨号"分子计算模型，并对图 7.14 所示的图的 3-着色问题进行了求解。

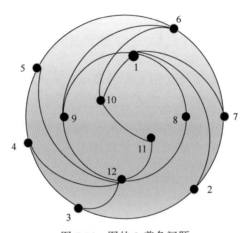

图 7.14 图的 3-着色问题

"纳米拨号"分子计算模型的主要算法步骤如下。

（1）DNA 编码和解空间的生成。

计算的第一步是生成一个 DNA 分子集，以代表完整的数据池。这一步利用了非枚举思想。首先，给出每个顶点可能的着色方案，即每个顶点的颜色集（见表 7.3）；随后，采用杂交连接法来生成初始解空间（见图 7.15）。这种非枚举思想使得可行解库中的 DNA 分子大大减少，方便后续回溯算法的执行。

表 7.3 每个顶点的颜色集

顶点	1	2	3	4	5	6	7	8	9	10	11	12
颜色集	r_1		r_3	r_4	r_5	r_6					r_{11}	
		y_2	y_3	y_4	y_5		y_7	y_8	y_9	y_{10}	y_{11}	
		b_2				b_6	b_7			b_{10}		b_{12}

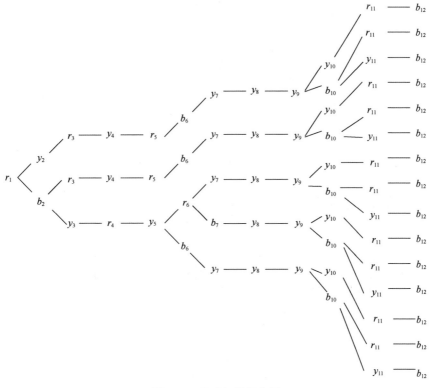

图 7.15　生成初始解空间

（2）在图 G 中搜索回溯。

文献 [6] 定义两个顶点在数字顺序上不相邻的边就是类型 2 的边。算法中主要采用回溯法对类型 2 的边进行非解删除操作。在类型 2 的边 (v_i, v_j) 中，如果 $C_i \cap C_j \neq \varnothing$（$C$ 表示顶点颜色集），则这两个顶点的关系被称为回溯。完成此步骤需要在搜索回溯之前先找到图 G 中类型 2 的边，再判断两个顶点的颜色集是否满足 $C_i \cap C_j \neq \varnothing$。

（3）利用回溯删除法删除非解。

回溯删除会使回溯的两个顶点具有不同的颜色。为了实现回溯删除，文献 [6] 使用了 5 种生物操作：选择、检测、放入试管、清除和混合。这些操作可确保在最终真解中确定代表顶点颜色的 DNA 序列。回溯删除程序的流程如图 7.16 所示。其中，M 表示解空间，v_i 表示图的顶点，t_i 表示顶点着色（红色用 r 表示，黄色用 y 表示，蓝色用 b 表示）的 DNA 序列，Mt_i 表示只包含 t_i 的 DNA 分子集合，数字（如 $1, 2, \cdots, 9$）表示试管编号。

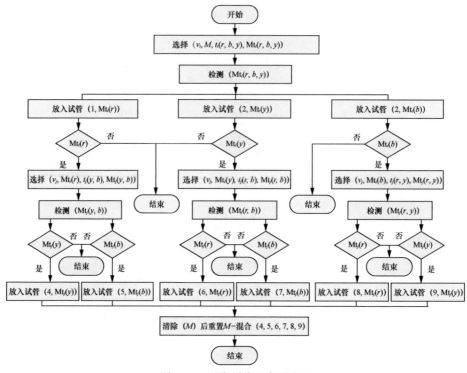

图 7.16　回溯删除程序的流程

（4）解的读取。

上述步骤完成后得到代表真解的所有 DNA 链。通过测序，就能获取图的真解。

Shukla 等人[7]在发表的论文中引用了非枚举型 DNA 计算模型，并给出评价："研究人员利用 DNA 计算技术在优化生物操作的基础上提出了一种生成图形着色解的最佳方法。虽然实验数据集很小，但它提供了解决问题的新技术，也可以应用于寻找具有大量顶点的图的解"。非枚举型 DNA 计算模型在理论上具有减小初始解空间的作用，生物实现方法相对稳定，也是第 8 章将要介绍的并行型图顶点着色 DNA 计算模型的基础之一。

参考文献

[1]　SAKAMOTO K, GOUZU H, KOMIYA K, et al. Molecular computation

by DNA hairpin formation[J]. Science, 2000, 288(5469):1223-1226.

[2] XU J, QIANG X, YANG Y, et al. An unenumerative DNA computing model for vertex coloring problem[J]. IEEE Transactions on Nanobioscience, 2011, 10(2): 94-98.

[3] HARARY F, HEDETNIEMI S T, ROBINSON R W. Uniquely colorable graphs[J]. Journal of Combinatorial Theory, 1969, 6: 264-270.

[4] 林万明. PCR 技术操作与应用指南[M]. 北京: 人民军医出版社, 1993.

[5] 郑仲承. 寡核苷酸的优化设计[J]. 生命的化学, 2001, 21(3): 254-256.

[6] ZHANG C, YANG J, XU J, et al. A "Nano-Dial" molecular computing model based on circular DNA[J]. Current Nanoscience, 2010, 6(3): 285-291.

[7] SHUKLA A, BHARTI V, GARG M L. A greedy technique based improved approach to solve graph colouring problem[J]. EAI Endorsed Transactions on Scalable Information Systems, 2021, 8(31): 4.

第 8 章

并行型图顶点着色 DNA 计算模型

第 7 章介绍的非枚举型图顶点着色 DNA 计算模型能在构建初始解空间时就删除大量的非解，有效克服了初始解空间中 DNA 分子量"指数级剧增"的问题，这为进一步研究利用 DNA 分子求解更大规模的复杂问题奠定了基础。为进一步探索 DNA 计算对较大规模的复杂计算问题的求解能力，文献[1]通过综合考虑分子、算法和实验等多个层面的并行处理思想，提出了一种并行型图顶点着色 DNA 计算模型（简称并行 DNA 计算模型），利用该模型所求解的问题规模是 DNA 计算领域中最大的。本章重点介绍这个模型。

8.1 模型与算法

文献[1]提出了并行的基本思想：对规模较大的图而言，首先将其分解成若干个子图，这种子图划分方式不仅可以在构建解空间时删除更多的非解，还可使生物操作更容易实现。然后，对子图并行求解，求解过程涉及顶点排序、桥点（子图中一对度数最大的相邻顶点）的确定、每个顶点颜色集的确定、DNA 序列编码、探针的确定、初始解空间的建立、非解的删除等步骤。最后，合并各个子图并逐步删除非解，直到合成为原始图时终止操作。

该计算模型通过优化子图分解、减少顶点颜色集和子图顶点排序等方法来克服初始解空间 DNA 分子里"指数级剧增"的问题，同时还设计了一种并行型 PCR 技术，这种技术可以一次对图中多条边进行非解删除，使得生物操作次数大大减少，极大地提高了计算效率。

并行思想使得求解较大规模的复杂计算问题成为可能。文献 [1] 对图 5.4 所示的 61 个顶点的图进行了实验计算，得到了满足该图正常 3-着色的所有 8 个解。可以证明，当 v_1 和 v_n 给定着色方案后，该模型的计算能力可以达到 $O(3^{59})$。具体的算法见算法 8.1。

算法 8.1　并行 DNA 计算模型算法

输入：无向连通图 G、颜色集 C

输出：图 G 的正常着色

1. subgraphs = divide_subgraphs(G)　// 为给定图 G 划分子图

2. Initialize color_set_dict = {}, probe_dict = {}, initial_solutions = {}

3. color_set_dict = encode_subgraph(subgraphs, C)　// 确定子图集对应颜色集

4. probe_dict = determine_probe(subgraphs)　// 对子图集进行编码确定对应探针

5. for subgraph in subgraphs:

6. 　// 遍历子图集并生成各个子图对应初始解空间

7. 　initial_solutions.append(generate_initial_solution(subgraph))

8. while not all_solutions_valid(subgraphs, initial_solutions):

9. 　// 根据图路径利用 PCR 删除每个子图的非解，直到非解全部删除完毕

10. 　remove_non_solutions(subgraphs, initial_solutions)

11. merged = merge_and_remove(subgraphs, initial_solutions) // 子图合并，并删除非解

12. while not all_solutions_valid(merged, initial_solutions):

13. 　// 判断非解是否全部删除完毕，没有则继续删除

14. 　remove_non_solutions(merged, initial_solutions)

15. return merged // 输出解 merged，并进行测序

8.1.1　子图划分与桥点的确定

应用并行 DNA 计算模型时，第一步是进行子图划分。用 G_j（$V(G_j) \subset V(G)$，$E(G_j) \subset E(G)$，$j = 1, 2, \cdots, m-1$）代表一级子图，子图划分的步骤如下。

步骤 1：确定子图的大小。一般划分的子图的顶点数为 15～20，且每个子图的边数尽可能多。这种一级子图确定方法可使大多数非解在处理子图时就被删除。并且，在一级子图中删除的非解越多，后面合成的二级子图中的非解就越少，这不仅能使生化操作更加容易，还能使计算的复杂度不会随着子图的逐步合并增加过快。

例如，对于图 8.1（a）所示的图 G，可以给出两种不同的划分。其中，图 8.1（b）（c）代表第一种划分，图 8.1（d）（e）代表第二种划分。虽然这两种划分所得的子图大小基本一致，但是每个子图包含的边数不同。显然，第二种划分更容易在构建子图时删除更多的非解。

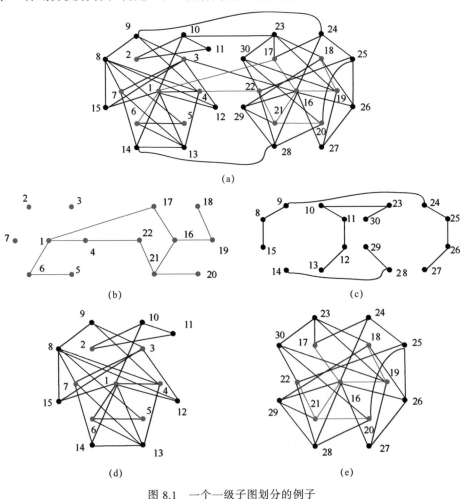

(a)

(b)   (c)

(d)   (e)

图 8.1 一个一级子图划分的例子

（a）图 G （b）子图 G_1' （c）子图 G_2' （d）子图 G_3' （e）子图 G_4'

步骤 2： 确定第一个一级子图 G_1 并确定该子图的两个桥点 u_1、u_2。这两个桥点必须相邻，且满足在子图中度数之和最大。若满足该条件的顶点对不止一个，则选择以此两点分别为起点和终点的顶点排序后边数最多的那一对，即满足 $N_{\mathrm{edge}}(u_1 = v_{i1}v_{i2}\cdots v_{in} = u_2)$ 最大；若满足上述条件的不止一对顶点，则选择其中之一即可。

步骤 3： 确定第二个一级子图 G_2，该子图应包含 u_2。在子图 G_2 中选择一个新的桥点 u_3，满足与 u_2 相邻且在 G_2 中度数最大。选择条件同步骤 2。

步骤 4： 重复步骤 3，直到完成最后一个一级子图的划分。

图 8.2 所示为图 5.4 所示的图 G 划分出的 4 个一级子图，其中顶点 1、16、31、46、61 是 5 个桥点。需要指出的是，最后一个一级子图 G_m 的顶点数一般与前面子图的顶点数不同，G_m 的桥点有可能是前一个子图的一个桥点 u_{m-1} 与第一个子图的桥点 u_1 构成。桥点的选择是模型中的关键一步，因为通过桥点可利用 PCR 技术将各一级子图合并成二级子图。子图桥点的确定需满足以下条件：在一个子图中两个桥点的度数之和尽可能大。两个桥点的度数之和越大，表明与这两个顶点相邻的顶点越多，进而会减少相应顶点的颜色集中的颜色数，从而使得初始解空间变小。

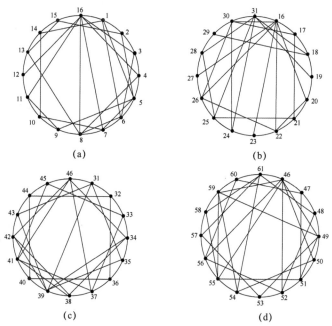

图 8.2　由图 G 划分出的 4 个一级子图

（a）子图 G_1　　（b）子图 G_2　　（c）子图 G_3　　（d）子图 G_4

8.1.2　子图顶点排序与子图中每个顶点颜色集的确定

1. 子图顶点排序

完成子图划分后，每个子图的桥点也随之确定。子图顶点排序就是求解出该子图以两个桥点分别为起点和终点的一种顶点排序，使在该排序中相邻两个顶点之间的边数尽可能多。以子图 G_1 为例，若子图 G_1 的顶点集为 $V(G_1) = \{v_1, v_2, \cdots, v_t\}$，令 v_1、v_t 是它的两个桥点，不失一般性，设排序的顶点序列为 $v_1 = v_{i1}v_{i2}v_{i3}\cdots v_{it} = v_t$，需要满足

$$\max\left\|\left[\left(v_{ij}v_{i(j+1)}\right)\right]\right\|, \quad v_{ij}, v_{i(j+1)} \in V(G_1); j = 1, 2, \cdots, t-1 \qquad (8.1)$$

在给出顶点排序算法之前须引入根点路径集的概念。

定义 8.1　设 v 是图 G 的一个顶点。把以顶点 v 为起点的 G 中所有路径构成的路径集称为 v-根点路径集，或简称为 v-路径集，记作 $P(v)$。

求一个顶点的路径集是不困难的，如首先取 v 的邻域 $N(v)$，接着对 $N(v)$ 中每个顶点求邻域，记作 $N^2(v)$，$N^2(v)$ 中不含元素 v，如此下去，得到如 $N^3(v)$、$N^4(v)$ 等，在 $|V(G)|-1$ 步终止。这种方法实际上是所谓的剪枝算法，是一种 NP 算法，由于模型中所确定的一级子图的顶点数在 20 之内，故容易实现。

下面介绍一级子图顶点排序算法。G_1 顶点排序的算法步骤如下。

步骤 1：求出两个桥点 v_1、v_t 的根点路径集 $P(v_1)$、$P(v_t)$，若 $P(v_1)$ 中含有子图 G_1 的哈密顿路径，则选择该路径，否则，转向步骤 2。

步骤 2：若 $P(v_1) \cup P(v_t) = V(G_1)$，则从 $P(v_1)$ 与 $P(v_t)$ 中分别选出 P_1 和 P_t 两条路径，这两条路径应满足 3 个条件：① $P_1 = v_1 v_{i2} v_{i3} \cdots v_{ir}$，$P_t = v_{is} v_{is+1} \cdots v_t$；② $\max\left(|E(P_1)| + |E(P_t)|\right)$；③ $V(P_1) \cap V(P_t) = \varnothing$。

步骤 3：若 $V' = V(G_1) - P(v_1) - P(v_t) \neq \varnothing$，则从导出子图 $G[V']$ 中找出最长的路径，记作 $P' = u_1 u_2 \cdots u_m$。若 $V'' = V(G_1) - P(v_1) - P(v_t) - V' = \varnothing$，则子图 G_1 的顶点排序为 $v_1 v_{i2} v_{i3} \cdots v_{ir} u_1 u_2 \cdots u_m v_{is} v_{is+1} \cdots v_t$。若 $V'' = V(G_1) - P(v_1) - P(v_t) - V' = \{u_{i1}, u_{i2}, \cdots, u_{iq}\} \neq \varnothing$，则子图 G_1 的顶点排序为 $v_1 v_{i2} v_{i3} \cdots v_{ir} u_1 u_2 \cdots u_m u_{i1} u_{i2} \cdots u_{iq} v_{is} v_{is+1} \cdots v_t$。

以图 8.1（d）所示的子图 G'_3 为例，它的两个桥点为 1 与 13，可先从桥点

1 的根点路径集中找到路径 1—10—11—2，并从桥点 13 的根点路径集中找到路径 13—14—7—8—15—3—9—4，得到 $V' = \{5, 6, 12\}$，再从导出子图 $G[V']$ 中找出最长的路径 5—6，得到 $V'' = \{12\}$。因此，得到的顶点排序如图 8.3（a）所示。图 8.3（b）则展示了另外一种排序方法，且这种排序方法比图 8.3（a）所示的排序方法好。由此可见，在图 8.2（a）中，第一个子图顶点的排序是 $1, 2, \cdots, 16$，这种排序是最好的，每对相邻的顶点 i、$i+1$（$i = 1, 2, \cdots, 15$）均有边相邻。

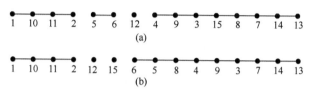

图 8.3　子图 G_3' 的两种顶点排序方法

（a）排序方法一　（b）排序方法二

步骤 4：顶点重新标定。当子图的顶点按照上述步骤排序之后，需对图的顶点进行重新标定。假设标设前的子图的顶点排序为 $v_1, v_2, \cdots, v_t$，顶点重新排列后的序列为 $v_{\sigma(1)}, v_{\sigma(2)}, \cdots, v_{\sigma(t)}$。显然，顶点下标通过下列置换获得：

$$\sigma = \begin{pmatrix} 1 & 2 & \cdots & t \\ \sigma(1) & \sigma(2) & \cdots & \sigma(t) \end{pmatrix}$$

对上述子图 G_3' 的顶点排序后，顶点重新标定的映射为

$$\sigma = \begin{pmatrix} 1 & 2 & 3 & 4 & 5 & 6 & 7 & 8 & 9 & 10 & 11 & 12 & 13 & 14 & 15 \\ 1 & 10 & 11 & 2 & 5 & 6 & 12 & 4 & 9 & 3 & 15 & 8 & 7 & 14 & 13 \end{pmatrix}$$

不失一般性，对顶点排序后的子图的顶点进行重新标定，标定的原则是：将顶点 $\sigma(1)$ 标定为 i，其中 $i = 1, 2, \cdots, t$。

2. 子图顶点颜色集的确定

设颜色集 $C_3(G) = \{r, b, y\}$，r_i、y_i、b_i 分别表示图中的顶点 v_i 着红色、黄色和蓝色。由于子图的桥点相邻，不失一般性，对于第一个一级子图 G_1 的两个桥点 v_1、v_t，令顶点 v_1 着红色，记作 r_1，v_t 着蓝色，记作 b_t（顶点 v_t 也可以着黄色，只需要在着蓝色的情况下计算出所有解后进行一次颜色置换，即可得到 v_t 着黄色的解，也就是在红色不变的情况下，将黄色与蓝色互换得到另外一种着色。其他的子图亦同样处理，不再说明）；除顶点 v_t 外，顶点 v_1 的领域 $N(v_1)$ 中的每个顶点着蓝色或黄色；同理，除顶点 v_1 外，

顶点 v_t 的领域 $N(v_t)$ 中的顶点着红色或黄色。图 8.2 中 4 个一级子图的颜色集如表 8.1 所示，其中设定 $C(1)=\{r_1\}$、$C(16)=\{b_{16}\}$、$C(31)=\{r_{31}\}$、$C(46)=\{b_{46}\}$、$C(61)=\{y_{61}\}$。

表 8.1　图 8.2 中 4 个一级子图的颜色集

子图 G_1		子图 G_2		子图 G_3		子图 G_4	
v_i	$C(v_i)$	v_i	$C(v_i)$	v_i	$C(v_i)$	v_i	$C(v_i)$
v_1	$\{r_1\}$	v_{16}	$\{b_{16}\}$	v_{31}	$\{r_{31}\}$	v_{46}	$\{b_{46}\}$
v_2	$\{y_2,b_2\}$	v_{17}	$\{r_{17},y_{17}\}$	v_{32}	$\{y_{32},b_{32}\}$	v_{47}	$\{r_{47},y_{47}\}$
v_3	$\{r_3,y_3\}$	v_{18}	$\{y_{18},b_{18}\}$	v_{33}	$\{r_{33},y_{33},b_{33}\}$	v_{48}	$\{r_{48},b_{48}\}$
v_4	$\{r_4,y_4\}$	v_{19}	$\{y_{19},b_{19}\}$	v_{34}	$\{r_{34},y_{34}\}$	v_{49}	$\{r_{49},y_{49}\}$
v_5	$\{y_5,b_5\}$	v_{20}	$\{r_{20},y_{20}\}$	v_{35}	$\{y_{35},b_{35}\}$	v_{50}	$\{r_{50},y_{50}\}$
v_6	$\{y_6,b_6\}$	v_{21}	$\{r_{21},y_{21},b_{21}\}$	v_{36}	$\{r_{36},y_{36},b_{36}\}$	v_{51}	$\{r_{51},y_{51},b_{51}\}$
v_7	$\{r_7,y_7\}$	v_{22}	$\{r_{22},y_{22}\}$	v_{37}	$\{r_{37},y_{37}\}$	v_{52}	$\{r_{52},y_{52}\}$
v_8	$\{r_8,y_8\}$	v_{23}	$\{r_{23},y_{23}\}$	v_{38}	$\{r_{38},y_{38},b_{38}\}$	v_{53}	$\{r_{53},y_{53},b_{53}\}$
v_9	$\{r_9,y_9,b_9\}$	v_{24}	$\{y_{24},b_{24}\}$	v_{39}	$\{y_{39},b_{39}\}$	v_{54}	$\{r_{54},b_{54}\}$
v_{10}	$\{r_{10},y_{10},b_{10}\}$	v_{25}	$\{y_{25},b_{25}\}$	v_{40}	$\{r_{40},y_{40},b_{40}\}$	v_{55}	$\{r_{55},y_{55}\}$
v_{11}	$\{r_{11},y_{11}\}$	v_{26}	$\{r_{26},y_{26}\}$	v_{41}	$\{r_{41},y_{41}\}$	v_{56}	$\{r_{56},y_{56}\}$
v_{12}	$\{r_{12},y_{12}\}$	v_{27}	$\{r_{27},y_{27}\}$	v_{42}	$\{r_{42},y_{42}\}$	v_{57}	$\{r_{57},b_{57}\}$
v_{13}	$\{r_{13},y_{13},b_{13}\}$	v_{28}	$\{y_{28},b_{28}\}$	v_{43}	$\{y_{43},b_{43}\}$	v_{58}	$\{r_{58},b_{58}\}$
v_{14}	$\{y_{14},b_{14}\}$	v_{29}	$\{r_{29},y_{29},b_{29}\}$	v_{44}	$\{r_{44},y_{44},b_{44}\}$	v_{59}	$\{r_{59},y_{59}\}$
v_{15}	$\{r_{15},y_{15}\}$	v_{30}	$\{y_{30},b_{30}\}$	v_{45}	$\{r_{45},y_{45}\}$	v_{60}	$\{r_{60},b_{60}\}$
v_{16}	$\{b_{16}\}$	v_{31}	$\{r_{31}\}$	v_{46}	$\{b_{46}\}$	v_{61}	$\{y_{61}\}$

8.1.3　DNA 序列的编码

定理 8.2　将代表顶点 v_i 可能颜色的 DNA 序列标记为 $x_i(x \in \{r,b,y\}$，$i=1,2,\cdots,n$)。它的沃森-克里克互补序列则用 $\bar{x}_i$ 表示。根据每个顶点可能的颜色集可以确定，对任意一个图来讲，需要编码的 DNA 序列数为：

$$N_{\text{DNA}} = k_n - d_1 - d_m - 2(k-1) \qquad (8.2)$$

并行 DNA 计算模型采用的编码，不仅要考虑特异性杂交反应，还要考虑采用 PCR 技术的生物约束，同时还要考虑大规模的数量因素。按照以下约束综合设计，进行编码。

（1）所有编码没有连续 4 个或以上 A、4 个 T、4 个 C 或 4 个 G 的现象。

（2）任意编码的 GC 含量为 40%～60%。

（3）任意两条编码没有连续 8 个或以上的碱基是相同的。

（4）任意一条编码自身不存在连续 4 个碱基的互补序列。

（5）任意一条编码的 3' 或 5' 末端的连续 5 个碱基和其他编码中的任意 5 个碱基不能相同。

（6）作为引物的 DNA 序列自身形成二聚体的化学自由能变化的绝对值（$|\Delta G|$）一般不超过 6.0kcal/mol。

（7）作为引物的 DNA 序列间形成的二聚体的 $|\Delta G|$ 一般不超过 9.0kcal/mol，而引物间 3' 末端形成的二聚体的 $|\Delta G|$ 则不能高于 6.0kcal/mol。

8.1.4　根据探针图确定探针

探针只在由 8.1.2 小节中确定排序的两个相邻顶点之间建立，即只在顶点 v_i 与 v_{i+1} 之间建立，两者之间的探针记作 $\overline{x_i x_{i+1}}$。若 v_i 与 v_{i+1} 在 G 中相邻，则 x_i 和 x_{i+1} 不能取相同颜色；若 v_i 与 v_{i+1} 在 G 中不相邻，则 x_i 和 x_{i+1} 可以取相同颜色。这里，$C(i)$ 表示顶点 v_i 的颜色集，$i = 1, 2, \cdots, n$。图 G 的探针图记作 $B(G)$，在不致混淆的情况下简记为 B，定义为

$$V(B) = \bigcup_{i=1}^{n} C(i), \quad E(B) = \bigcup_{i=1}^{n} \left\{ \overline{xz}, x \in C(i), z \in C(i+1) \right\} \qquad (8.3)$$

确定探针的具体步骤如下。

步骤 1：给出每个一级子图的探针图。

步骤 2：按照探针图的顶点和边给出探针集。例如，图 8.3 给出的子图 G_1 中顶点 7 的颜色集为 $\{r_7, y_7\}$，顶点 8 的颜色集为 $\{r_8, y_8\}$，根据 G_1 的探针图［见图 8.4（a）］可得探针 $\overline{r_7 y_8}$ 和 $\overline{y_7 r_8}$。

步骤 3：确定代表每个探针的 **DNA 序列**。探针 $\overline{x_i x_{i+1}}$ 是由代表 x_i 的 DNA 序列的后半段和代表 x_{i+1} 的 DNA 序列的前半段组成的序列的互补序列。例

如，若有

$$y_7 = 5'\text{-AATACGCACTCATCACATCG-3'}$$
$$r_8 = 5'\text{-GACCTTACCGTTTAGAGTCG-3'}$$

则有

$$y_7 r_8 = 5'\text{- CATCACATCGGACCTTACCG - 3'}$$
$$\overline{y_7 r_8} = 5'\text{- CGGTAAGGTCCGATGTGATG - 3'}$$

图8.4所示为图8.2中4个一级子图对应的探针图，分别记作 B_1、B_2、B_3 和 B_4。从每个探针图中可以很清楚地看到相应一级子图的探针数及分布情况。

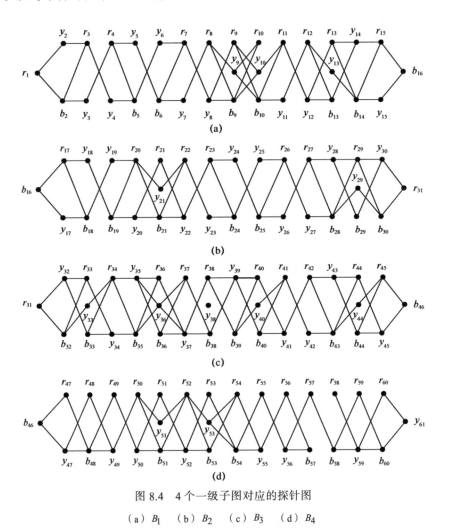

图 8.4   4个一级子图对应的探针图

（a）B_1 （b）B_2 （c）B_3 （d）B_4

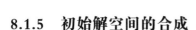

8.1.5　初始解空间的合成

初始解空间的合成采用 Adleman[2]于 1994 年提出的方法，但是合成后的初始解空间不再是枚举出的所有可能解，而是在前面几个步骤的作用下，删除大量非解后剩余的可能解。用 $S(G_j)$ 代表一级子图 G_j 的初始解空间，即集合 $S(G_j) = \{x_1 x_2 \cdots x_t\}$。如果每个 x_i 的长为 l bp，且每个子图的顶点个数为 t，则所生成的代表可能解的 DNA 序列含 $t \times l$ bp。

需要注意的是，在合成每个一级子图的初始解空间时，如果顶点 v_i 和 v_{i+1} 之间有边，则这两个顶点之间的探针本身就不包含两个顶点着相同颜色的情况。因此，在构建初始解空间时，就可以删除一些相邻顶点着同色的非解。一级子图 G_j 的 $N_{\text{edge}}(G_j)$ 越大，在构建初始解空间时删除的非解越多。

8.1.6　非解删除

令 $E_j^1 = \left\{ (v_i v_{i+1}) \in E(G_j), \vee (v_i v_t) \in E(G_j); i = 1, 2, \cdots, t-1 \right\}$，$E_j^2 = \left\{ (v_1 v_i) \in E(G_j), i = 2, 3, \cdots, t \right\}$，$E_j^3 = E(G_j) - E_j^1 - E_j^2$（$j = 1, 2, \cdots, m$）。删除非解就是将代表 E_j^3 中的每条边所关联的两个顶点着相同颜色的 DNA 序列从初始解空间 $S(G_j)$ 中删除。删除非解的过程主要通过 PCR 技术来完成，具体过程中，需要将 E_j^3 中的边按以下情况分别进行处理。

1.　正向边

定义 8.3　令 G_j 为含有顶点子集 $V(G_j) = \{v_1, v_2, \cdots, v_t\}$ 的子图，$v_1 v_2 \cdots v_t$ 为它的顶点序列。$\forall e = v_i v_k \in E(G_j)$，若 $1 \leqslant i < k \leqslant t$，则 $e = v_i v_k$ 是一个正向边；否则，为反向边。若路径中所有的边均为正向边，则称该路径为正向路径，否则为反向路径。

以正向路径 $P = v_i v_j v_k v_l$（$1 \leqslant i \leqslant j \leqslant k \leqslant l \leqslant t$）为例，介绍正向边情况下删除非解的原理。这种情况下，需要通过多次 PCR 并行处理来删除非解。路径 P 上包含 3 条正向边（$v_i v_j$、$v_j v_k$、$v_k v_l$），在第一次 PCR 操作时，首先分别以 $\langle x_1, \bar{x}_i \rangle$、$\langle x_i, \bar{x}_j \rangle$、$\langle x_j, \bar{x}_k \rangle$、$\langle x_k, \bar{x}_l \rangle$ 和 $\langle x_l, \bar{x}_t \rangle$ 为引物对进行扩增，除第一对

和最后一对外，其余引物对中的两个顶点的着色不能同色。这样，DNA 序列就被分为 5 个片段，且每个片段的两个端点所代表的顶点的着色为这两个顶点间的一个正常着色。然后，逐级合并成含 $t×l$ bp 的 DNA 序列。这种情况下，可并行删除多条边对应的非解。

2. 单边

在对 E_j^3 按照第一种情况删除非解后，有可能剩下一些单边。单边删除非解的操作根据与这条边关联的两个顶点的着色是否确定而所有不同。

在对每个子图的 E_j^3 中的边完成非解删除操作后，就可得到代表每个一级子图 G_j 正常着色的 DNA 序列。

8.1.7 子图逐级合并与非解删除

在获得代表每个一级子图的解的 DNA 链后，对子图进行逐级合并，并在每次合并后都实施对该级子图的非解删除，主要包括以下 3 步。

步骤 1：合并一级子图 G_j 和 G_{j+1}。利用桥点的 DNA 序列，将删除非解后代表这两个一级子图正常着色的 DNA 序列拼接在一起。若 $\left|V(G_j)\right|=t_1$、$\left|V(G_{j+1})\right|=t_2$，则形成含 $(t_1+t_2-1)×l$ bp 的 DNA 序列，这些 DNA 序列将作为图 G 的二级子图 $G\left[V(G_j)\bigcup V(G_{j+1})\right]$ 的所有可能解。

步骤 2：按照 **8.1.6** 小节所述的非解删除方法，对每个二级子图 $G\left[V(G_j)\bigcup V(G_{j+1})\right]$ 进行非解删除操作。更确切地讲，删除边集 $E_{j,j+1}=\left\{(uv)\in E(G);u\in V(G_j),v\in V(G_{j+1})\right\}$ 中每条边对应的非解，进而得到代表二级子图 $G\left[V(G_j)\bigcup V(G_{j+1})\right]$ 正常着色的 DNA 序列。

步骤 3：对二级或更高级的子图重复步骤 **1** 和步骤 **2**，直至合并为图 G，最终获得代表图 G 正常着色的 DNA 序列。

8.1.8 解的检测

通过测序的方法容易得到代表图正常着色的最终 DNA 序列，这里不赘述。

8.2　具体算例

本节将详细介绍以图 5.4 为计算实例的并行 DNA 计算模型的生物操作及计算结果。

8.2.1　子图划分与颜色集确定

由 8.1.1 小节介绍的方法可得到如图 8.2 所示的图 G 的 4 个子图。按照 8.1.2 小节介绍的方法，4 个一级子图的颜色集如表 8.1 所示。

8.2.2　编码

根据 8.1.3 小节提出的约束，采用文献[3]中的方法进行初步编码，可得到代表颜色的 129 个 DNA 序列。

同时，根据每个子图所对应的探针图以及 8.1.4 小节介绍的探针构建方法，共需要构建的探针数为 185 个，记为 $\overline{x_i x_{i+1}}$，其中 $x_i \in C_i$，$x_{i+1} \in C_{i+1}$，且 $x_i \neq x_{i+1}$。

8.2.3　构建初始解空间

接下来，以子图 G_1 为例介绍初始解空间的构建方法及检测结果。首先，将代表顶点颜色的 33 条 DNA 序列的 5' 末端磷酸化，与相应的 46 个探针混合复性，反应条件为分别 94℃、5min，50℃、10min。然后，用 T4 DNA 连接酶连接反应产物，16℃过夜。最后，用引物对 $\langle r_1, \overline{b}_{16} \rangle$ 进行扩增，得到大小为 320bp 的 DNA 序列的集合 $S(G_1)$ [见图 8.5（a）]。回收产物溶于 50μl 的无菌水中，测其浓度为 400ng/μl。$S(G_2)$、$S(G_3)$ 和 $S(G_4)$ 的构建方法相同，实验结果如图 8.5（b）～（d）所示。

以 $\langle r_1, \overline{x}_i \rangle$（$x = \{r, b, y\}$，$i = 2, 3, \cdots, 16$）为引物对进行 PCR 扩增，判断初始解空间的完备性。检测结果如图 8.5（e）（f）所示。实验结果表明，DNA

序列中每个顶点的位置与相应子图的顶点排序一致，且每个顶点可能的着色方案均存在于初始解空间中。

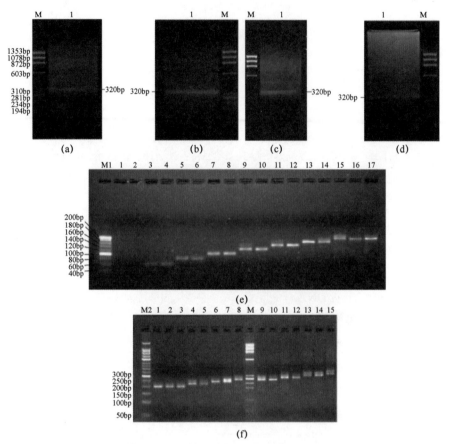

图 8.5　初始解空间的构建及检测（图中 M 为 φX 174-Hae Ⅲ digest DNA marker[1]，泳道 1 为所构建的每个子图的初始解空间）

（a）$S(G_1)$　（b）$S(G_2)$　（c）$S(G_3)$　（d）$S(G_4)$　（e）解库的检测结果一　（f）解库的检测结果二

8.2.4　子图删除非解

本小节按照 8.1.6 小节提到的情况分别给出实验结果。

---

　　[1]　φX174-Hae Ⅲ digest DNA marker 是一种常用的 DNA 分子量标准物，由一系列长度为 72～1353bp 的 DNA 片段组成。

1. 由正向边形成的路或圈

每次可按照多边约束进行并行非解删除，使得 PCR 操作次数大大减少。以子图 G_2 中的圈 C（16—20—22—26—30—31—16）为例给出实验结果。

（1）分别以 $\langle b_{16}, \bar{r}_{20}\rangle$、$\langle b_{16}, \bar{y}_{20}\rangle$、$\langle r_{20}, \bar{y}_{22}\rangle$、$\langle y_{20}, \bar{r}_{22}\rangle$、$\langle r_{22}, \bar{y}_{26}\rangle$、$\langle y_{22}, \bar{r}_{26}\rangle$、$\langle r_{26}, \bar{y}_{30}\rangle$、$\langle r_{26}, \bar{b}_{30}\rangle$、$\langle y_{26}, \bar{b}_{30}\rangle$、$\langle y_{30}, \bar{r}_{31}\rangle$ 和 $\langle b_{30}, \bar{r}_{31}\rangle$ 为引物对，以初始解空间中的 DNA 为模板，把全长为 320bp 的 DNA 序列分解成 5 个大小不同的片段：100bp（16～20）、60bp（20～22）、100bp（22～26）、100bp（26～30）和 40bp（30～31），如图 8.6（a）（b）所示。其中，16～20 指从顶点 16 到顶点 20，其余类同。图 8.6（a）中泳道 5 的引物对为 $\langle r_{22}, \bar{y}_{26}\rangle$，无电泳条带产生，这是由于在构建初始解空间时不存在同时含有 r_{22} 与 y_{26} 的 DNA 序列。这也进一步证明了部分非解在构建初始解空间时就被删除。

（2）进行该圈第二次 PCR 操作。分别以 $\langle b_{16}, \bar{y}_{22}\rangle$ 为引物对，以图 8.6（a）中泳道 1、3 的 PCR 产物的混合物为模板，得到长度为 140bp 的电泳条带；以 $\langle r_{26}, \bar{r}_{31}\rangle$ 为引物对，以图 8.6（b）中泳道 1、4 的 PCR 产物的混合物为模板，得到长度为 120bp 的电泳条带；以 $\langle r_{26}, \bar{r}_{31}\rangle$ 为引物对，以图 8.6（b）中泳道 2、5 的 PCR 产物的混合物为模板，得到长度为 120bp 的电泳条带。电泳结果如图 8.6（c）所示。

（3）进行该圈第三次 PCR 操作。以 $\langle b_{16}, \bar{r}_{26}\rangle$ 为引物对，以图 8.6（a）中泳道 6 和图 8.6（c）中泳道 1 的 PCR 产物的混合物为模板，得到长度为 220bp 的电泳条带。电泳结果如图 8.6（d）所示。

（4）进行该圈第四次 PCR 操作。以 $\langle b_{16}, \bar{r}_{31}\rangle$ 为引物对，以图 8.6（d）中泳道 1 和图 8.6（c）中泳道 2 的 PCR 产物的混合物、图 8.6（d）中泳道 1 和图 8.6（c）中泳道 3 的 PCR 产物的混合物为模板，分别得到两个长度为 320bp 的电泳条带，电泳结果如图 8.6（e）所示。

上述反应结束后，生成了两组解：$b_{16}r_{20}y_{22}r_{26}y_{30}r_{31}$ 和 $b_{16}r_{20}y_{22}r_{26}b_{30}r_{31}$。这两组解将作为新的模板进入下一个非解删除流程。

2. 相关联的顶点着色未定的单边

以子图 G_1 中的边 $e = \{4,8\}$ 为例给出实验结果。

（1）以上轮 PCR 产物为模板，分别以 $\langle r_1, \bar{r}_4\rangle$、$\langle r_4, \bar{y}_8\rangle$、$\langle y_8, \bar{b}_{16}\rangle$、$\langle r_1, \bar{y}_4\rangle$、$\langle y_4, \bar{r}_8\rangle$、$\langle r_8, \bar{b}_{16}\rangle$ 为引物对进行第一次 PCR 操作，结果如图 8.7（a）所示。其中，当以 $\langle y_4, \bar{r}_8\rangle$ 为引物对时，没有 PCR 产物生成。

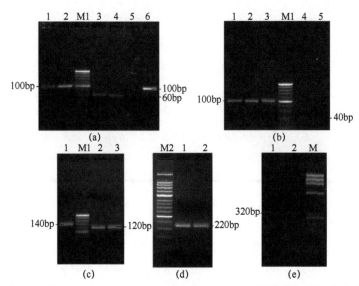

图 8.6 对圈 C=（16—20—22—26—30—31—16）删除非解的实验结果

（a）DNA 片段 16—20，20—22，22—26　（b）DNA 片段 26—30，30—31

（c）第二次 PCR 操作结果　（d）第三次 PCR 操作结果　（e）第四次 PCR 操作结果

（2）以 $\langle r_1, \overline{y}_8 \rangle$ 为引物对，以图 8.7（a）中泳道 1 和 3 的 PCR 产物的混合物为模板，进行第二次 PCR 操作，得到长度为 160bp 的电泳条带，如图 8.7（b）所示。

（3）以 $\langle r_1, \overline{b}_{16} \rangle$ 为引物对，以图 8.7（a）中泳道 5 和图 8.7（b）中泳道 1 的 PCR 产物的混合物为模板，进行第三次 PCR 操作，得到长度为 320bp 的电泳条带，如图 8.7（c）所示。至此，$e=\{4,8\}$ 的 3 次 PCR 操作完成，得到长度为 320bp 的 DNA 序列的集合，且 DNA 序列中顶点 4 和 8 的着色方案已经确定为 r_4、y_8。

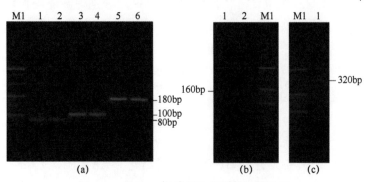

图 8.7 对边 $e=\{4,8\}$ 删除非解的实验结果

（a）第一次　（b）第二次　（c）第三次

3.　相关联的顶点着色已定的单边

以子图 G_3 的边 $e=\{39,42\}$ 为例给出实验结果，如图 8.8 所示。当在子图 G_3 中完成删除圈 $C_1(31—35—39—43—31)$[1] 的所有 PCR 操作，顶点 39 的着色已经确定，而圈 $C_2(34—38—42—46—34)$ 完成第一次 PCR 操作后，顶点 42 的着色随之确定。这时，可以在删除圈 C_2 非解的同时，对 $e=\{39,42\}$ 采用排除法删除非解。利用引物对 $\langle y_{39},\bar{y}_{42}\rangle$，以上述反应后产生的 6 条 DNA 序列为模板进行 PCR 扩增，出现 DNA 片段的就是非解。在图 8.8 中，泳道 5、6、7、8、11、12 中出现了长度为 80bp 的电泳条带，表明这些泳道对应的 DNA 序列代表了顶点 39 和 42 着相同颜色的情况，需要被丢弃；没有形成长度为 80bp 电泳条带的模板则代表顶点 39 和 42 为正常着色情况，将被保留并用于后续的非解删除。

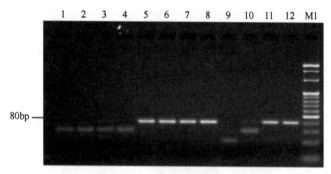

图 8.8　对边 $e=\{34,39\}$ 删除非解的实验结果

8.2.5　子图合并与非解删除

完成对每个子图的并行操作后，需要将各个子图的解合并，并进一步删除非解。经过上述反应后，将代表子图 G_1 和 G_2 正常 3-着色的解的 DNA 序列混合后作为模板，以 r_1 与 $\bar{r}_{31}$ 为引物进行 PCR 扩增，得到长度为 620bp 的 DNA 序列，就是图 G 中导出的子图 $G[V_1\cup V_2]$ 的所有可能的 3-着色解，也就是子图 $G[V_1\cup V_2]$ 的初始解空间。对 $S\big(G[V_1\cup V_2]\big)$ 实施上述的子图非解删除，进而获得代表满足子图 $G[V_1\cup V_2]$ 的正常着色的 DNA 链。得到的解记为 X_i（$i=1,2,3,4$），如图 8.9（a）（b）所示。

$X_1=r_1b_2y_3r_4y_5b_6r_7y_8r_9b_{10}y_{11}r_{12}b_{13}y_{14}r_{15}b_{16}r_{17}y_{18}b_{19}r_{20}b_{21}y_{22}r_{23}b_{24}y_{25}r_{26}y_{27}b_{28}r_{29}y_{30}r_{31}$；

---

[1] 原文（文献[1]）中有误，这里已经更正。

$X_2 = r_1b_2y_3r_4y_5b_6r_7y_8r_9b_{10}y_{11}r_{12}b_{13}y_{14}r_{15}b_{16}r_{17}b_{18}y_{19}r_{20}b_{21}y_{22}r_{23}b_{24}y_{25}r_{26}y_{27}b_{28}r_{29}y_{30}r_{31}$ ；

$X_3 = r_1b_2y_3r_4y_5b_6r_7y_8b_9y_{10}r_{11}y_{12}r_{13}b_{14}y_{15}b_{16}r_{17}y_{18}b_{19}r_{20}b_{21}y_{22}r_{23}b_{24}y_{25}r_{26}y_{27}b_{28}r_{29}y_{30}r_{31}$ ；

$X_4 = r_1b_2y_3r_4y_5b_6r_7y_8b_9y_{10}r_{11}y_{12}r_{13}b_{14}y_{15}b_{16}r_{17}b_{18}y_{19}r_{20}b_{21}y_{22}r_{23}b_{24}y_{25}r_{26}y_{27}b_{28}r_{29}y_{30}r_{31}$ 。

用相同的方法处理子图 G_3 和 G_4，得到子图 $G[V_3 \cup V_4]$ 的解记为 Y_i（$i = 1,2,3,4,5,6$），如图 8.9（c）～（e）所示。

$Y_1 = r_{31}b_{32}y_{33}r_{34}b_{35}y_{36}r_{37}b_{38}y_{39}r_{40}y_{41}r_{42}b_{43}y_{44}r_{45}b_{46}r_{47}b_{48}r_{49}y_{50}b_{51}r_{52}y_{53}b_{54}r_{55}y_{56}r_{57}b_{58}y_{59}r_{60}y_{61}$ ；

$Y_2 = r_{31}b_{32}y_{33}r_{34}b_{35}y_{36}r_{37}b_{38}y_{39}r_{40}y_{41}r_{42}b_{43}y_{44}r_{45}b_{46}r_{47}b_{48}r_{49}y_{50}b_{51}r_{52}y_{53}b_{54}r_{55}y_{56}r_{57}b_{58}y_{59}b_{60}y_{61}$ ；

$Y_3 = r_{31}b_{32}y_{33}r_{34}b_{35}y_{36}r_{37}b_{38}y_{39}r_{40}y_{41}r_{42}b_{43}y_{44}r_{45}b_{46}r_{47}b_{48}r_{49}y_{50}b_{51}r_{52}y_{53}b_{54}r_{55}y_{56}r_{57}b_{58}y_{59}b_{60}y_{61}$ ；

$Y_4 = r_{31}b_{32}y_{33}r_{34}b_{35}y_{36}r_{37}b_{38}y_{39}b_{40}y_{41}r_{42}b_{43}y_{44}r_{45}b_{46}r_{47}b_{48}r_{49}y_{50}b_{51}r_{52}y_{53}b_{54}r_{55}y_{56}r_{57}b_{58}y_{59}r_{60}y_{61}$ ；

$Y_5 = r_{31}b_{32}y_{33}r_{34}b_{35}y_{36}r_{37}b_{38}y_{39}b_{40}y_{41}r_{42}b_{43}y_{44}r_{45}b_{46}r_{47}b_{48}r_{49}y_{50}b_{51}r_{52}y_{53}b_{54}r_{55}y_{56}r_{57}b_{58}y_{59}b_{60}y_{61}$ ；

$Y_6 = r_{31}b_{32}y_{33}r_{34}b_{35}y_{36}r_{37}b_{38}y_{39}b_{40}y_{41}r_{42}b_{43}y_{44}r_{45}b_{46}r_{47}b_{48}r_{49}y_{50}b_{51}r_{52}y_{53}b_{54}r_{55}y_{56}r_{57}b_{58}y_{59}b_{60}y_{61}$ 。

图 8.9（a）中，泳道 1、2 的 PCR 产物为 X_1 和 X_2。图 8.9（b）中，泳道 1、2 的 PCR 产物为 X_3，泳道 3、4 的 PCR 产物为 X_4，它们的引物对均为 $\langle r_1, \overline{r}_{31} \rangle$。图 8.9（c）中，泳道 1、2 的产物为 Y_1，泳道 3 的产物为 Y_2。图 8.9（d）中，泳道 1 的产物为 Y_3，泳道 2 的产物为 Y_4。图 8.9（e）中，泳道 1、2 的产物为 Y_5，泳道 3、4 的产物为 Y_6，它们的引物对均为 $\langle r_1, \overline{y}_{61} \rangle$。

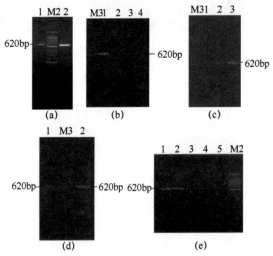

图 8.9 子图 $G[V_1 \cup V_2]$ 和 $G[V_3 \cup V_4]$ 的解

类似地，将代表满足子图 $G[V_1 \cup V_2]$ 和 $G[V_3 \cup V_4]$ 的解的 DNA 序列混合，以 $\langle r_1, \overline{y}_{61} \rangle$ 为引物对进行 PCR 扩增，得到长度为 1220bp 的 DNA 序列的集合，代表图 G 的解库。用同样的方法进行非解删除，得到的 DNA 序列代表了

满足图 G 正常 3-着色的解。共有 8 条 DNA 序列，分别代表 8 个解（见图 8.10）。测序后就得到满足图 G 正常 3-着色的解，记作 Z_i（$i=1,2,\cdots,8$），分别对应图 8.10 中的泳道 1～8。

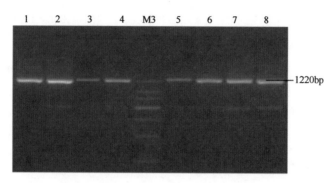

图 8.10　图 G 的解（M3 为 150bp ladder DNA marker[1]）

$Z_1 = r_1b_2y_3r_4y_5b_6r_7y_8r_9b_{10}y_{11}r_{12}b_{13}y_{14}r_{15}b_{16}r_{17}y_{18}b_{19}r_{20}b_{21}y_{22}r_{23}b_{24}y_{25}r_{26}y_{27}b_{28}r_{29}y_{30}r_{31}$
$\qquad b_{32}y_{33}r_{34}b_{35}y_{36}r_{37}b_{38}y_{39}r_{40}y_{41}r_{42}b_{43}y_{44}r_{45}b_{46}y_{47}b_{48}r_{49}y_{50}b_{51}r_{52}y_{53}b_{54}r_{55}y_{56}r_{57}b_{58}y_{59}r_{60}y_{61}$；

$Z_2 = r_1b_2y_3r_4y_5b_6r_7y_8r_9b_{10}y_{11}r_{12}b_{13}y_{14}r_{15}b_{16}r_{17}y_{18}b_{19}r_{20}b_{21}y_{22}r_{23}b_{24}y_{25}r_{26}y_{27}b_{28}r_{29}y_{30}r_{31}$
$\qquad b_{32}y_{33}r_{34}b_{35}y_{36}r_{37}b_{38}y_{39}r_{40}y_{41}r_{42}b_{43}y_{44}r_{45}b_{46}y_{47}b_{48}r_{49}y_{50}b_{51}r_{52}y_{53}b_{54}r_{55}y_{56}r_{57}b_{58}y_{59}b_{60}y_{61}$；

$Z_3 = r_1b_2y_3r_4y_5b_6r_7y_8r_9b_{10}y_{11}r_{12}b_{13}y_{14}r_{15}b_{16}r_{17}y_{18}b_{19}r_{20}b_{21}y_{22}r_{23}b_{24}y_{25}r_{26}y_{27}b_{28}r_{29}y_{30}r_{31}$
$\qquad b_{32}y_{33}r_{34}b_{35}y_{36}r_{37}b_{38}y_{39}b_{40}y_{41}r_{42}b_{43}y_{44}r_{45}b_{46}y_{47}b_{48}r_{49}y_{50}b_{51}r_{52}y_{53}b_{54}r_{55}y_{56}r_{57}b_{58}y_{59}r_{60}y_{61}$；

$Z_4 = r_1b_2y_3r_4y_5b_6r_7y_8r_9b_{10}y_{11}r_{12}b_{13}y_{14}r_{15}b_{16}r_{17}y_{18}b_{19}r_{20}b_{21}y_{22}r_{23}b_{24}y_{25}r_{26}y_{27}b_{28}r_{29}y_{30}r_{31}$
$\qquad b_{32}y_{33}r_{34}b_{35}y_{36}r_{37}b_{38}y_{39}b_{40}y_{41}r_{42}b_{43}y_{44}r_{45}b_{46}y_{47}b_{48}r_{49}y_{50}b_{51}r_{52}y_{53}b_{54}r_{55}y_{56}r_{57}b_{58}y_{59}r_{60}y_{61}$；

$Z_5 = r_1b_2y_3r_4y_5b_6r_7y_8r_9b_{10}y_{11}r_{12}b_{13}y_{14}r_{15}b_{16}r_{17}b_{18}y_{19}r_{20}b_{21}y_{22}r_{23}b_{24}y_{25}r_{26}y_{27}b_{28}r_{29}y_{30}r_{31}$
$\qquad b_{32}y_{33}r_{34}b_{35}y_{36}r_{37}b_{38}y_{39}r_{40}y_{41}r_{42}b_{43}y_{44}r_{45}b_{46}y_{47}b_{48}r_{49}y_{50}b_{51}r_{52}y_{53}b_{54}r_{55}y_{56}r_{57}b_{58}y_{59}r_{60}y_{61}$；

$Z_6 = r_1b_2y_3r_4y_5b_6r_7y_8r_9b_{10}y_{11}r_{12}b_{13}y_{14}r_{15}b_{16}r_{17}b_{18}y_{19}r_{20}b_{21}y_{22}r_{23}b_{24}y_{25}r_{26}y_{27}b_{28}r_{29}y_{30}r_{31}$
$\qquad b_{32}y_{33}r_{34}b_{35}y_{36}r_{37}b_{38}y_{39}r_{40}y_{41}r_{42}b_{43}y_{44}r_{45}b_{46}y_{47}b_{48}r_{49}y_{50}b_{51}r_{52}y_{53}b_{54}r_{55}y_{56}r_{57}b_{58}y_{59}b_{60}y_{61}$；

$Z_7 = r_1b_2y_3r_4y_5b_6r_7y_8r_9b_{10}y_{11}r_{12}b_{13}y_{14}r_{15}b_{16}r_{17}b_{18}y_{19}r_{20}b_{21}y_{22}r_{23}b_{24}y_{25}r_{26}y_{27}b_{28}r_{29}y_{30}r_{31}$
$\qquad b_{32}y_{33}r_{34}b_{35}y_{36}r_{37}b_{38}y_{39}b_{40}y_{41}r_{42}b_{43}y_{44}r_{45}b_{46}y_{47}b_{48}r_{49}y_{50}b_{51}r_{52}y_{53}b_{54}r_{55}y_{56}r_{57}b_{58}y_{59}r_{60}y_{61}$；

$Z_8 = r_1b_2y_3r_4y_5b_6r_7y_8r_9b_{10}y_{11}r_{12}b_{13}y_{14}r_{15}b_{16}r_{17}b_{18}y_{19}r_{20}b_{21}y_{22}r_{23}b_{24}y_{25}r_{26}y_{27}b_{28}r_{29}y_{30}r_{31}$
$\qquad b_{32}y_{33}r_{34}b_{35}y_{36}r_{37}b_{38}y_{39}b_{40}y_{41}r_{42}b_{43}y_{44}r_{45}b_{46}y_{47}b_{48}r_{49}y_{50}b_{51}r_{52}y_{53}b_{54}r_{55}y_{56}r_{57}b_{58}y_{59}r_{60}y_{61}$。

---

[1] 150bp ladder DNA marker 是一种由特定长度 DNA 片段组成的分子量标准物，通常包含一系列以 150bp 为间隔的 DNA 片段，常见的有 150bp、300bp、450bp、600bp、750bp、900bp、1200bp、1500bp 等。

8.3　复杂性分析

本节从理论上对并行DNA计算模型降低初始解空间的复杂性和提高并行性进行分析。为便于理解，引入链的计算公式，该公式可用于求解图的任意两个顶点之间的路径数。

引理 8.4[4]　设 G 是一个 n 阶图，且 $V(G)=\{v_1,v_2,\cdots,v_n\}$。$A$ 是 G 的相邻矩阵。那么从顶点 v_i 开始到 v_j 结束的长度为 l 的路径数为矩阵 A^l 中 (i,j) 位置的值。其中，A^l 是 l 个 A 相乘后得到的矩阵。

8.3.1　降低初始解空间的复杂性

为了减小并行 DNA 计算模型的初始解空间，模型中采用了两种方法，分别是 8.1.1 小节和 8.1.2 小节中给出的子图划分方法和子图顶点颜色集确定方法。探针图的引入则将这两种方法的信息全部包括在其中，利用探针图可进一步给出模型初始解空间中不同 DNA 序列数量的计算公式（见定理 8.5）。

定理 8.5　设 G 是一个 n 阶图，G_1 是图 G 的一个子图。若 $V(G_1)=\{v_1,v_2,\cdots,v_t\}$，且顶点 v_1 与顶点 v_t 分别是它的两个桥点，用 $B(G_1)$ 表示 G_1 的探针图，则 G_1 的初始解空间中不同 DNA 链的数量是 $B(G_1)$ 中从顶点 v_1 到顶点 v_t 的长度为 $t-1$ 的路径数，记作 $N_P(1,t)$，由式（8.4）给出：

$$N_P(v_1,v_t)=A^{t-1}\big[B(G_1)\big](1,t-1) \tag{8.4}$$

证明　由探针图 $B(G_1)$ 的定义知，$B(G_1)$ 中的顶点 x_i 代表图中顶点 v_i 可着的颜色，$B(G_1)$ 的边 $\{x_i,z_{i+1}\}$ 表示 x_i 与 z_{i+1} 之间构成的探针，即表示在初始解空间中，当顶点 v_i 着色为 x 时，顶点 v_{i+1} 可以着颜色 z。因此，$B(G_1)$ 中任意一条从顶点 r_1 到顶点 b_t 的路径代表了子图 G_1 的一种着色，而从顶点 r_1 到顶点 b_t 的所有路径代表初始解空间中全部可能的解。

进一步考察 $B(G_1)$ 的结构，该图可分为 t 组，下标为 i 的表示第 i 组。由 $B(G_1)$ 的定义可知：第 i 组只与第 $i+1$ 组之间有边相连，且一定有边相连。因此，在探针图 $B(G_1)$ 中，从顶点 r_1 到顶点 b_t 的每条路径的长度只能为 $t-1$。故由引理 8.4，本定理获证。■

推论 8.6　图 8.2 所示的子图 G_1、G_2、G_3 和 G_4 初始解空间中不同 DNA 链的数量分别是 89、81、412 和 151 条，枚举型初始解空间中被删除的非解占比分别是 99.9998%、99.9998%、99.999% 和 99.9997%。

证明　由定理 8.5 可知，图 G_1 初始解空间中 DNA 链的数量就是 G_1 的探针图 B_1（见图 8.4）中从顶点 r_1 到顶点 b_{16} 之间长度为 15 的路径的数量 $N_{33}(r_1, b_{16})$。

为了计算 $N_{33}(r_1, b_{16})$，利用引理 8.4 得到探针图 B_1 的相邻矩阵 $A(B_1)$：

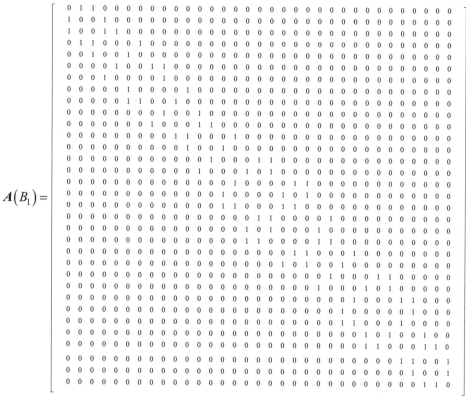

其中，相邻矩阵 $A(B_1)$ 中行列的标记与探针图 B_1 中顶点的对应关系为

$$\begin{bmatrix} 1 & 2 & 3 & 4 & 5 & 6 & 7 & 8 & 9 & 10 & 11 & 12 & 13 & 14 & 15 & 16 & 17 \\ r_1 & y_2 & b_2 & r_3 & y_3 & r_4 & y_4 & y_5 & b_5 & y_6 & b_6 & r_7 & y_7 & r_8 & y_8 & r_9 & y_9 \\ 18 & 19 & 20 & 21 & 22 & 23 & 24 & 25 & 26 & 27 & 28 & 29 & 30 & 31 & 32 & 33 & \\ b_9 & r_{10} & y_{10} & b_{10} & r_{11} & y_{11} & r_{12} & y_{12} & r_{13} & y_{13} & b_{13} & y_{14} & b_{14} & r_{15} & y_{15} & b_{16} & \end{bmatrix}$$

易得出，$A(B_1)^{15}(1, 33) = 89$。这说明对子图 G_1 进行 3-着色，代表所有可

能 3-着色的初始解空间中含有不同 DNA 链的数量为 89。与枚举型初始解空间的 DNA 链数量 3^{16}（43046721）相比，大约为：

$$\frac{89}{43046721} \approx 0.000002 = 0.0002\%$$

也就是说，在构建子图 G_1 的初始解空间 $S(G_1)$ 时，约 99.9998% 的非解被删除。类似地，对于子图 G_2，有 $A(B_2)^{15}(1,32)=81$；对于子图 G_3，有 $A(B_3)^{15}(1,35)=412$；对于子图 G_4，有 $A(B_4)^{15}(1,32)=151$。说明在构建 $S(G_2)$、$S(G_3)$ 和 $S(G_4)$ 时，分别有约 99.9998%、99.999% 和 99.9997% 的非解被删除。 ■

8.3.2　提高并行性

采用并行 PCR 技术可大大减少生物操作次数，本小节具体介绍相关原理，给出采用并行 PCR 技术删除非解的一般性方法与步骤。

设 $P = v_{i0} \cdots v_{im}$ 是子图 G_1 中一条顶点数为 $m+1$、边数为 m 的正向路径。由于在进行并行 PCR 时必须考虑整个子图，因而在进行 PCR 扩增操作时必须考虑两个桥点 v_1 和 v_t，故有如下 3 种情况。

情况 1　路径的两个端点不是子图的桥点，即 $v_{i0} \neq v_1$、$v_{im} \neq v_t$。对于此情况，需要增加两个桥点 v_1、v_t，如图 8.11（a）所示。

情况 2　路径的两个端点中恰有一个是子图的桥点，即 $v_{i0}=v_1$、$v_{im} \neq v_t$，或 $v_{i0} \neq v_1$、$v_{im}=v_t$。对于此情况，需要增加一个桥点 v_t 或 v_1，如图 8.11（b）所示。

情况 3　路径的两个端点都是子图的桥点，即 $v_{i0}=v_1$ 且 $v_{im}=v_t$。对于此情况，只考虑路径 P，如图 8.11（c）所示。

实际上，情况 2 和情况 3 可以看作情况 1 的特例。也就是说，对于情况 2、情况 3，删除与桥点相邻的边：从情况 2 的路径 P 删除一条边 $\{v_{i0}, v_{i1}\}$ 或 $\{v_{i(m-1)}, v_{im}\}$，得到与情况 1 相似的路径 P'；从情况 3 的路径 P 中删除两条边 $\{v_{i0}, v_{i1}\}$ 和 $\{v_{i(m-1)}, v_{im}\}$，得到与情况 1 相似的路径 P''。因此，下面的介绍仅考虑情况 1。

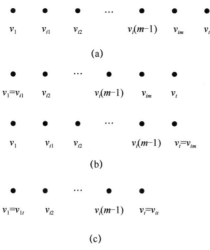

图 8.11　正向路径与桥点的 3 种情况

（a）情况 1　　（b）情况 2　　（c）情况 3

由图 8.11 可知，PCR 扩增的次数与路径 P 中的顶点数有关。第一次 PCR 操作主要是为了获取正确的着色方案，它所需的引物对分别为 $\langle v_1, v_{i0}\rangle, \langle v_{i0}, v_{i1}\rangle, \cdots, \langle v_{i(m-1)}, v_{im}\rangle, \langle v_{im}, v_t\rangle$；第二次 PCR 操作是对第一次 PCR 操作后相邻的两个片段进行连接；第三次 PCR 操作则是对第二次 PCR 操作后相邻的两个片段进行连接，以此类推。这里分别对 5 个顶点（两条边的路径）和 6 个顶点（3 条边的路径）的情况给予说明（见图 8.12），图中连接边表示对两个或多个顶点之间实行的并行 PCR 扩增操作。

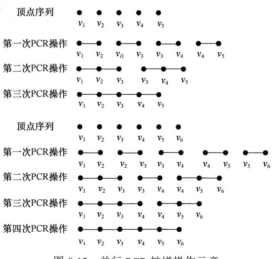

图 8.12　并行 PCR 扩增操作示意

定理 8.7 设 P 是子图 G_1 中一条边数为 x 的正向路径。当 $2^{l-1} < x \leq 2^l$ 时，定义 $\langle x \rangle = 2^l$，则并行 PCR 扩增操作次数 $\mathrm{PCR}(x)$ 应为：

$$\mathrm{PCR}(x) = 1 + \log_2 x + 2, \quad x \geq 1 \tag{8.5}$$

证明 对情况 1 进行证明。此时，路径的两个端点不是子图的桥点，即 $v_{i0} \neq v_1$、$v_{im} \neq v_t$；如果路径 P 包含 x 条边，那么路径的顶点数为 $x+1$，由于此路径不含桥点 v_1、v_t，按照并行 PCR 技术，需要再增加两个桥点，使得顶点数为 $x+3$ [见图 11（a）]。假设 $x+2 = 2^l$，第一次 PCR 操作的顶点对数就是增加了桥点 v_1、v_t 后的边数，为 $(x+3) - 1 = x + 2 = 2^l$。按照并行 PCR 技术的定义，第二次 PCR 操作的顶点对数为 $(x+2)/2$，即 2^{l-1}，第三次 PCR 操作的顶点对数为 2^{l-2}，以此类推，第 l 次 PCR 操作的顶点对数为 $2^{l-(l-1)} = 2$。直至第 $l+1$ 次 PCR 操作完成，就完成了全部 PCR 操作，可推出：当 $x+2 = 2^l$ 时，PCR 操作的次数为 $l+1$。所以，$\mathrm{PCR}(x) = l + 1 = 1 + \log_2 2^l = 1 + \log_2 \langle 2^l \rangle = 1 + \log_2 \langle x+2 \rangle$，也就证明了当 $x+2 = 2^l$ 时结论成立。同理，可以证明当 $x+2 = 2^{l+1}$ 时结论成立，即 $\mathrm{PCR}(x) = l + 2$。

接下来，证明 $x+2 = 2^l + 1$ 的情况。

与上述证明过程相似，路径 P 的顶点数为 $x+1$，加上两个桥点，使得顶点数为 $x+3$。当 $x+2 = 2^l + 1$ 时，顶点数为 $x+3 = 2^l + 2$。因此，第一次 PCR 操作的顶点对数为 $(x+3) - 1 = x + 2 = 2^l + 1$；第二次 PCR 操作的顶点对数为 $2^{l-1} + 1$，第三次 PCR 操作的顶点对数为 $2^{l-2} + 1$，以此类推，第 l 次 PCR 操作的顶点对数为 $2^{l-(l-1)} + 1 = 3$，第 $l+1$ 次 PCR 操作的顶点对数为 2，第 $l+2$ 次 PCR 操作完成后就完成了全部 PCR 操作。将 $x+2 = 2^l + 1$ 代入，有

$$\mathrm{PCR}(x) = l + 2 = 1 + (l+1) = 1 + \log_2 2^{l+1} = 1 + \log_2 \langle 2^l + 1 \rangle$$
$$= 1 + \log_2 \langle x+2 \rangle$$

因此，当 $x+2 = 2^l + 1$ 时，结论成立。

由于对任意 $2 \leq y < 2^l$，$x+2 = 2^l + y$ 对应的 PCR 操作次数不小于 $x+2 = 2^l + 1$ 对应的次数，但不大于 $x+2 = 2^{l+1}$ 对应的次数，而这两个 PCR 操作次数均为 $l+2$，这就证明，对于任意 $2 \leq y < 2^l$，$x+2 = 2^l + y$ 时，结论成立。

如上所述，图 8.11 中情况 2 和情况 3 最终都可以转换成情况 1，所以本定理得证。 ∎

定理 8.7 完整地刻画了采用并行 PCR 技术时，正向路径的长度 x 与 PCR

操作次数的关系。显然，采用并行 PCR 技术可大大减少操作次数，使 DNA 计算机的运行速度得到极大提高。表 8.2 与图 8.13 展现了并行 PCR 技术的优势。表 8.2 中，x 表示边数，$3x$ 和 PCR(x)分别表示逐边删解和并行 PCR 技术对应的 PCR 操作次数。

表 8.2　逐边删解与并行 PCR 技术对应的 PCR 操作次数

x	1	2	3	4	5	6	7	8	9	10	11	12	13	14	15
$3x$	3	6	9	12	15	18	21	24	27	30	33	36	39	42	45
PCR(x)	3	3	4	4	4	4	5	5	5	5	5	5	5	5	6
x	16	17	18	19	20	21	22	23	24	25	26	27	28	29	30
$3x$	48	51	54	57	60	63	66	69	72	75	78	81	84	87	90
PCR(x)	6	6	6	6	6	6	6	6	6	6	6	6	6	6	6

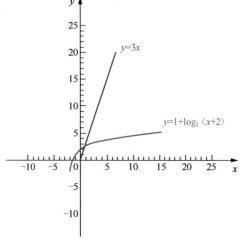

图 8.13　逐边删解与并行 PCR 技术对应的 PCR 操作次数曲线

（x 轴为正向路径 P 的边数，y 轴为 PCR 操作次数）

推论 8.8　设 P 是子图 G_1 中边数为 x 的一个正向路径，则有如下结论：

$$\lim_{x \to \infty} \frac{\log_2 \langle x+2 \rangle + 1}{3x} = 0 \tag{8.6}$$

证明　令 $x+2 = 2^l + y$、$1 \leqslant y < 2^l$，则有 $\langle x+2 \rangle = 2^{l+1} = 2(2^l + y - y) < 2(2^l + y)$；又因为 $2^l > y$，所以 $2^l + 2^l > y + 2^l$，即 $2^{l+1} > y + 2^l$，从而有 $y + 2^l < 2^{l+1} < 2(2^l + y)$，即

$$x+2 < \langle x+2 \rangle < 2(x+2)$$

从而有

$$\log_2(x+2) < \log_2\langle x+2\rangle < \log_2 2(x+2)$$

因而有

$$\frac{1+\log_2(x+2)}{3x} < \frac{1+\log_2\langle x+2\rangle}{3x} < \frac{1+\log_2 2(x+2)}{3x}$$

由洛必达法则，有

$$\lim_{x\to\infty}\frac{\log_2(x+2)+1}{3x} = \lim_{x\to\infty}\frac{\log_2 2(x+2)+1}{3x} = 0$$

至此，本推论得证。　　　　　　　　　　　　　　　　　　　■

推论 8.8 说明，子图中正向路径 P 的边数越多，并行 PCR 技术的优势越大，DNA 计算的速度也就越快。由于每次 PCR 操作需要的时间较长（约 30min），因此更显示出并行 PCR 技术的优势。

综上所述，并行 DNA 计算模型通过对图进行分解与合并，以及并行 PCR 技术的使用，不仅使所构建的初始解空间的复杂度大大降低，还极大地降低了生物计算的复杂度。并行 DNA 计算模型是围绕着如何克服初始解空间中 DNA 分子量"指数级剧增"的问题和扩大计算规模而设计的，它不仅可以使 99% 的非解在构建初始解空间时就被删除，同时利用 DNA 自组装和并行 PCR 技术，通过识别、拼接以及组装等操作得到解。该模型可用于求解具有 61 个顶点的图着色问题。该问题也是目前 DNA 计算所求解问题中规模最大的。然而随着问题规模的继续增大，DNA 计算所需要的基本 DNA 序列数也会增大，这就涉及第 5 章提到的编码问题。

参考文献

[1] XU J, QIANG X, ZHANG K, et al. A DNA computing model for the graph vertex coloring problem based on a probe graph[J]. Engineering, 2018, 4(1): 61-77.

[2] ADLEMAN L M. Molecular computation of solutions to combinatorial problems[J]. Science, 1994, 266(5187): 1021-1024.

[3] ZHANG K, PAN L, XU J. A global heuristically search algorithm for DNA encoding[J]. Progress in Natural Science, 2007, 17(6): 745-749.

[4] BIGGS N. Algebraic graph theory[M]. 2nd ed. Cambridge: Cambridge University Press, 1993.

本章介绍一种基于底层全并行的计算模型——探针机[1]。与传统图灵机不同，探针机突破了顺序计算的限制，允许任意两个数据在计算过程中同时进行信息处理，而不用依赖线性相邻关系。这种全并行计算机制使探针机在处理复杂问题时展现出卓越的效率，通常仅需一次或几次探针运算即可求出所有解。探针机在设计上强调高效并行性，计算能力显著优于传统模型，特别是在大规模问题求解方面展现出了独特优势。本章从探针机的产生背景、探针机的原理、探针机求解哈密顿问题、连接型探针机的一种实现技术、传递型探针机与生物神经网络，以及探针机功能分析这 6 个方面展开介绍，旨在为读者全面揭示该模型的科学价值与应用潜力。

9.1　探针机的产生背景

计算工具是人类社会文明不可缺少的工具之一，随着文明的进步而不断发展，历经由简单到复杂、由低级到高级的演化过程。不同的计算工具在不同的历史时期发挥了重要的作用。

从概念上来讲，计算机就是在一个计算模型的基础上，利用可实现该模型的材料制造的机器。例如，电子计算机的计算模型是图灵机[2]，实现该模型的材料是电子元器件[3]。图灵机为解决"丢番图方程可解性的判定性问题"提供了理论基础，该问题是希尔伯特在 1900 年 8 月于法

---

[1] 本章内容大部分基于作者发表的论文 "Probe Machine"[1]。

国巴黎召开的国际数学家大会上提出的 23 个问题中的第 10 个。图灵机由一个控制器、一条可无限伸延的带子和一个可以在带子上左右移动的读写头组成。

1945 年，冯·诺依曼以图灵机为计算模型，用二极管、三极管等作为实现该模型的主要材料，建立了电子计算机体系结构。1946 年 2 月，基于该体系结构的第一台通用电子数字计算机 ENIAC 研制成功。时至今日，电子计算机的发展主要经历了 4 个阶段：电子管数字计算机、晶体管数字计算机、集成电路数字计算机，以及大规模集成电路计算机。

研究发现，基于图灵机的计算设备（如电子计算机）在其发展过程中惊人地遵循摩尔定律[4]。所以，半个世纪以来，科学家们一直在探索新的计算模型，目的是研制出性能更强的计算机。2011 年，在纪念图灵诞辰 100 周年时，学界就曾面向全世界征集超越图灵机的新型计算模型。这样做的动机主要包括两个方面：第一，电子计算机的工艺制造技术即将达到极限；第二，由于图灵机模型的限制，电子计算机一直不能处理规模较大的 NP 完全问题。

在探索新型计算模型的过程中，人们相继提出了仿生计算（如神经网络、进化计算、粒子群优化计算等）、光计算、量子计算及生物计算等。截至本书成稿之日，仿生计算模型和光计算模型在计算能力上都与图灵机相当，因为仿生计算依靠电子计算机来实现，而光计算的实现材料虽然是光器件，但它的计算模型仍是图灵机[5-7]。

量子计算在处理 NP 完全问题时的最佳效果是：若在图灵机下某种算法的复杂度是 n，那么在量子计算模型下，其复杂度可降低为 $\sqrt{n}$[8-10]。所以，量子计算模型实际上并没有超越图灵机模型！相比之下，在生物计算的研究中，人们似乎看到了超越图灵机的曙光。拥有作为数据的纳米级 DNA 分子，以及特异性杂交时的巨大并行性，DNA 计算在较短的时间内求解一定规模的 NP 完全问题成为可能。DNA 计算的早期模型，如阿德曼等人提出的计算模型[11]、粘贴模型[12]、自组装模型[13-15]等，以及作者团队提出的非枚举型图顶点着色 DNA 计算模型[16]和并行 DNA 计算模型[17]，都是利用核酸分子的特性使计算速度大幅度提高，但计算过程中依然存在大量非解。近年来，为了解决复杂问题，许多基于神经网络的计算模型/架构被相继提出。例如，Hu 等人[18]提出了一种基于硬件的训练方案来削弱（甚至消除）大部分噪声。Duan 等人[19]引入了基于忆阻器的蜂窝非线性神经网络。Gong 等人[20]提出了一个针对深度神经网络的多目标稀疏特征学习模型。Xia 等人[21]提出了一种双投影神经网络,用于解决一类约束二次优化问题。

已证明,上述 DNA 计算模型的可计算性与图灵机是等价的,但不同模型的计算有效性不同。

9.2 探针机的原理

本节首先对图灵机机理进行分析,然后介绍探针机的数学模型。探针机的核心思想是通过探针运算同时处理多对数据,打破线性数据放置和串行数据处理的限制。探针机的结构模型可分为连接型和传递型两种,分别用于处理不同类型的数据纤维。

9.2.1 图灵机机理分析

考虑下面两个具有挑战的问题:为什么基于图灵机的计算机在求解 NP 完全问题的过程中总会产生大量非解?为什么已有的计算模型都等价于图灵机?本小节从以下两个角度对图灵机机理进行分析,从而回答上述问题。

1. 线性数据放置模式

现有的计算设备在计算过程中都依赖一种传统的数据存储模式,这种模式被称为**数据放置模式**。在人类数千年的文明发展进程中,无论是撰写文字,还是记录数字,一般采用从左到右,或者从上到下的方式,把文字(或者数字)一个挨着一个地记录下来。也就是说,数据单元是以线性的方式放置或存储的。可能受到这种"思维模式"的影响,人类所创造的各种各样的计算工具在进行信息处理时,也是将数据从左到右,或者从上到下一个挨着一个地放置。这种将数据一个挨着一个放置的模式称为**线性数据放置模式**。在线性数据放置模式下,只有相邻的两个数据才能进行信息处理,这极大地束缚了数据的"手脚",从而限制了计算工具的计算能力。前面提到的计算模型就受到线性数据放置模式的限制。例如,当一个计算机程序求解 NP 完全问题时,初始解空间中存在大量不是最优解的可行解,这使得在其中搜索真解如同大海捞针。数据的线性放置模式是产生大量非解,从而导致搜索真解困难的根源之一。

2. 串行数据处理模式

在线性数据放置模式下，基于图灵机的计算工具每进行一次运算，仅处理两个相邻的数据，这种模式被称为**串行数据处理模式**。串行数据处理模式也是求解问题时初始解空间中产生大量非解的根源之一。

仿生计算模型、量子计算模型，以及 DNA 计算模型等采用的都是线性数据放置模式和串行数据处理模式，这与图灵机相同，所以，这些计算模型本质上与图灵机是等价的。

因此，要想得到一个有效计算能力比图灵机更强的计算模型，必须打破上述两个限制，即每一次运算必须能同时对多对数据进行信息处理。换言之，必须尽可能地让更多数据相邻。因此，数据的放置模式必须是非线性的，这就是探针机被提出的动机。探针机的数据放置模式为空间自由的，且任意一对数据都可以直接进行信息处理。

9.2.2　探针机的数学模型

本小节介绍探针机的数学模型，包括数据库、探针库、数据控制器、探针控制器、探针运算、计算平台、检测器、真解存储器以及残支回收器等。

探针机（记作 PM）可定义为一个九元组：

$$PM = (X, Y, \sigma_1, \sigma_2, \tau, \lambda, \eta, Q, C)$$

其中，X 表示数据库，Y 表示探针库，σ_1 表示数据控制器，σ_2 表示探针控制器，τ 表示探针运算，λ 表示计算平台，η 表示检测器，Q 表示真解存储器，C 表示残支回收器。下面首先具体介绍这 9 个要素，然后介绍探针运算的步骤与探针机的结构模型。

1. 数据库

探针机的**数据库**定义了一种非线性的数据放置模式。数据库 X 由 n 个**数据池** $X_1, X_2, \cdots, X_n$ 构成，即 $X = \{X_1, X_2, \cdots, X_n\}$。对于每个 $i \in \{1, 2, \cdots, n\}$，数据池 X_i 中只存放一种数据 x_i，且 x_i 是海量的，如图 9.1（a）（b）所示。当只考虑数据库 X 中数据的类型时，把 X 视为 n 个元素集，可表示为 $X = \{x_1, x_2, \cdots, x_n\}$。

数据 x_i 由两个部分构成，一部分称为**数据胞**，另一部分称为**数据纤维**。数据胞只有一个，数据纤维有 p_i 种，分别记为 $x_i^1, x_i^2, \cdots, x_i^{p_i}$。其中，每种数据纤维 x_i^l 在该数据中含有海量相同的拷贝。数据胞与数据纤维相连，同类型的数据纤维分布在相同的连通区域。图 9.1（c）所示为数据 x_i 的结构示意：其中小球表示数据胞，小球的一个连通区域表示同类型的数据纤维， p_i 种数据纤维 $x_i^1, x_i^2, \cdots, x_i^{p_i}$ 分别用 p_i 种颜色线来表示， x_i 中所有 p_i 种数据纤维构成的集合用 $\Im(x_i)$ 表示，即 $\Im(x_i) = \{x_i^1, x_i^2, \cdots, x_i^{p_i}\}$。

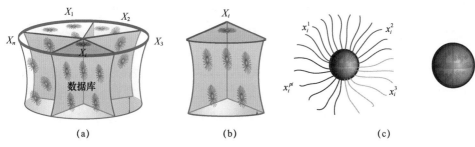

图 9.1　数据库示意

（a）数据库　（b）数据池 X_i　（c）数据 x_i

假设数据库中有 n 种不同的数据，分别记为 $x_1, x_2, \cdots, x_n$，用 p_i 表示数据 x_i 中数据纤维的种类数，用 i 表示数据 x_i 的数据胞，则数据 x_i 可表示为

$$x_i = (i; x_i^1, x_i^2, \cdots, x_i^{p_i}) \tag{9.1}$$

假设属于不同数据的数据纤维互不相同，并令 p 表示数据库中所有数据纤维的种类数，则有

$$p = p_1 + p_2 + \cdots + p_n \tag{9.2}$$

基于上述定义及假设，探针机中的数据库 X 还需强调以下 4 点。

（1）数据库 X 中含 n 种数据、 p 种数据纤维。

（2）每个数据池含有海量的数据 x_i 是指该数据取之不尽。

（3）每个数据池 X_i 均含可控输出系统，称为数据控制器（将在本小节后文介绍）。

（4）数据库 X 可用如下矩阵的形式表示：

$$X = \begin{bmatrix} x_1^1 & x_2^1 & \dots & x_n^1 \\ \vdots & & & \vdots \\ x_1^{p_1} & x_2^{p_2} & \dots & x_n^{p_n} \end{bmatrix}$$

其中， X 的第 i（$1 \leqslant i \leqslant n$）列对应数据 x_i 的所有 p_i 种数据纤维。当 $i \neq t$ 、 $1 \leqslant i$ 、 $t \leqslant n$ 时，有可能 $p_i \neq p_t$，故 X 可视为一个列数为 n 且行数不等的矩阵。

2. 探针库

探针是一种用于侦测特定物质的设备。这一概念源自多个领域，包括生物学、计算机科学、电子学、信息安全和考古学等，这里简要介绍生物学和电子学中的探针。

在生物学中，探针用于检测特定的核酸序列。探针通常是一小段 ssDNA 或 RNA 片段，长度为 20～500bp，它们被设计为与目标核酸序列互补的核酸序列。首先，dsDNA 会被加热以变性成单链，或者合成 ssDNA 分子。然后，这些 ssDNA 可以通过不同方法进行标记，如使用放射性同位素、荧光染料或酶，从而形成探针。在使用探针检测序列时，探针与待检测的样品进行杂交。如果探针与样品中的互补核酸序列相匹配，它们会通过氢键相互结合。接下来，任何未与样品中的核酸序列杂交的多余探针都会被洗去。最后，根据所选择的探针类型，可以使用放射性自显影、荧光显微镜、酶联放大等方法来确定样品中是否存在目标序列，以及目标序列所在的位置。

在电子学领域，存在多种类型的探针，可以根据探针在电子测试中的用途将其分为以下几种：光电路板测试探针，这些探针用于测试尚未安装元器件的电路板，主要用于检测短路等问题；在线测试探针，这些探针用于已安装元器件的 PCB 的检测；微电子测试探针，这类探针通常被用于晶圆测试或芯片检测。

本书介绍的探针，虽然与已有的探针概念上有相似之处，但它是一个抽象的概念。形象地说，它就像是用来发现并关联两个数据的"黏合剂"。设 x_i^l 与 x_t^m 是数据 i 的两个数据纤维，我们将 x_i^l 与 x_t^m 的**探针**表示为 $\tau^{x_i^l x_t^m}$，它是一个**算子**，通常被称为**探针算子**，需要满足以下 3 个条件。

（1）相邻性：在计算平台 λ 中，$\tau^{x_i^l x_t^m}$ 能够准确地找到 x_i^l 与 x_t^m。

（2）唯一性：在计算平台 λ 中，$\tau^{x_i^l x_t^m}$ 只能找到 x_i^l 与 x_t^m，不会关联其他数据纤维。

（3）可探针性：在计算平台 λ 中，$\tau^{x_i^l x_t^m}$ 能在找到 x_i^l 和 x_t^m 这两个数据纤维的同时执行某种属性（如连接型探针算子、传递型探针算子等）的探针运算，运算结果记为 $\tau^{x_i^l x_t^m}(x_i, x_t)$。

如果数据库中的两个数据纤维分别为 x_i^l 与 x_t^m，它们之间存在一个探针 $\tau^{x_i^l x_t^m}$，那么称 x_i^l 与 x_t^m 是**可探针的**，并把 x_i^l 与 x_t^m 称为探针 $\tau^{x_i^l x_t^m}$ 的**探针对象**，同时也称数据 x_i 与 x_t 是**可探针的**。相反地，如果 x_i^l 与 x_t^m 之间不存在任何探针，那么称 x_i^l 与 x_t^m 是**不可探针的**。如果分别来自数据 x_i 和数据 x_t 的每一对数据纤维都是**不可探针的**，那么称数据 x_i 与数据 x_t 是**不可探针的**。

设 $X' \subseteq X$ 是数据库 X 的任意子集，用 $\tau(X')$ 表示 X' 中所有可探针数据对应的探针算子构成的集合，并称其为 X' 的**探针子集**。下面，分别介绍探针机的两类探针算子：**连接型探针算子**（简称**连接算子**）与**传递型探针算子**（简称**传递算子**）。

（1）连接算子。

连接算子是指将目标数据纤维 x_i^l 与 x_t^m 连接起来的探针算子 $\tau^{x_i^l x_t^m}$。为了区分不同类型的探针算子，用 $\overline{x_i^l x_t^m}$ 表示连接 x_i^l 与 x_t^m 的连接算子。这里需要强调的是，连接算子 $\overline{x_i^l x_t^m}$ 与 $\overline{x_t^m x_i^l}$ 代表同一个探针算子，即连接算子不区分连接的两个数据纤维的连接方向。在计算平台 λ 中，连接算子能够识别目标数据纤维并在他们之间建立连接。图 9.2 对这个概念进行了形象的解释。图 9.2（a）展示了数据 x_i 与 x_t 的结构示意。图 9.2（b）则展示了连接算子 $\overline{x_i^l x_t^m}$，它可以被看作取自 x_i^l 与 x_t^m 中各一半数据纤维（不与数据胞连接的那一半）合成序列的互补序列。该互补序列具有吸附和连接目标数据纤维的能力，因此它可以将 x_i^l 和 x_t^m 这两个数据纤维连接在一起，进而将数据 x_i 与 x_t 连接在一起。更准确地说，数据 x_i 和 x_t 的连接是通过数据纤维 x_i^l 与 x_t^m 的连接来实现的。连接算子作用后的结果用 $\overline{x_i^l x_t^m}(x_i, x_t) \triangleq x_i x_t^{x_i^l x_t^m}$ 表示，如图 9.2（c）所示。

可以通过连接算子进行信息处理的数据纤维称为**连接型数据纤维**，与之相对应的数据称为**连接型数据**。通常情况下，连接型数据指的是所有数据纤维都是连接型数据纤维的数据。如果数据库中的每个数据都是连接型数据，那么该数据库称为**连接型数据库**。

在图 9.2 中，可以抽象地将 x_i^l 与 x_t^m 视为嵌入纳米颗粒的两条 DNA 链，其中数据胞是嵌入数据纤维的纳米颗粒。那么，连接算子 $\overline{x_i^l x_t^m}$ 可看作由分别代表数据纤维 x_i^l 与 x_t^m 的 DNA 链的一半链的互补序列通过氢键引力连接而成。

实际上，连接算子是一种形式化的数学定义，它抽象出了来自现实世界众多实例的特性，生物中的探针就是其中之一。从连接算子的定义可知，它的主要功能是寻找并连接两个目标数据纤维。因此，连接算子不考虑连接的方向。与之不同的是，传递算子则具有明确的方向性。

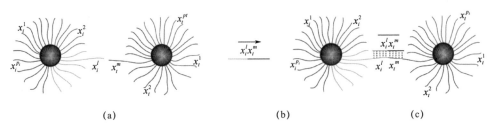

图 9.2　连接算子作用过程示意

（a）两个数据　（b）连接算子　（c）探针运算

（2）传递算子。

假设数据 x_i 与 x_t 上的所有数据纤维均携带信息，如图 9.3（a）所示。关于**数据纤维 x_i^l 与 x_t^m 的传递算子**是将信源数据纤维 x_i^l 的信息传递给**信宿数据纤维 x_t^m 的探针算子** $\tau^{x_i^l x_t^m}$，并用符号 $\overrightarrow{x_i^l x_t^m}$ 表示。与连接算子不同的是，传递算子区分两个数据纤维的连接方向，即 $\overrightarrow{x_i^l x_t^m}$ 与 $\overrightarrow{x_t^m x_i^l}$ 代表的是不同的传递算子。在计算平台 λ 中，传递算子能够识别目标数据纤维（信源数据纤维和信宿数据纤维）并通过在它们之间建立连接将 x_i^l 上的信息传递给 x_t^m。图 9.3 对这个过程进行了形象的解释，其中图 9.3（a）展示了数据 x_i 与 x_t 的结构，图 9.3（b）展示了关于 x_i^l 与 x_t^m 的传递算子的结构，图 9.3（c）展示了经过传递算子处理后得到的结果。这个过程具体如下：首先，传递算子 $\overrightarrow{x_i^l x_t^m}$ 定位并连接数据纤维 x_i^l 与 x_t^m，其中 x_i^l 是信源数据纤维，x_t^m 是信宿数据纤维；随后，在信源数据纤维 x_i^l 上执行操作，将所含信息传递给信宿数据纤维 x_t^m。传递算子 $\overrightarrow{x_i^l x_t^m}$ 作用后的结果用符号 $\overrightarrow{x_i^l x_t^m}(x_i, x_t) \triangleq x_i x_t^{\overrightarrow{x_i^l x_t^m}}$ 表示。

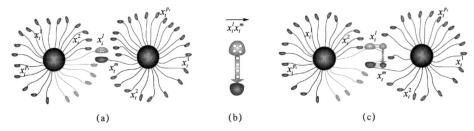

图 9.3　传递算子作用过程示意

（a）两个数据　（b）传递算子　（c）探针运算

可以通过传递算子进行信息处理的数据纤维称为**传递型数据纤维**，与之相对应的数据称为**传递型数据**。通常情况下，传递型数据指的是所有数据纤维都是传递型数据纤维的数据。如果数据库中的每个数据都是传递型数据，那么将该数据库称为**传递型数据库**。

（3）构建探针库。

在数据库的基础上构建探针库需遵循两个原则。第一，数据库 $X = \{x_1, x_2, \cdots, x_n\}$ 中的每个数据 x_i（$1 \leqslant i \leqslant n$）上任意一对数据纤维 x_i^l、x_i^t（$l \neq t$）之间没有探针；第二，数据库 X 中数据 x_i 与 x_t（$1 \leqslant i, t \leqslant n, \ i \neq t$）之间的任意一对数据纤维 x_i^l 与 x_t^m 之间均有可能存在探针。

在上述两个原则的基础上，基于连接型数据库与传递型数据库构建的探针库分别称为**连接型探针库**与**传递型探针库**。连接型探针库与传递型探针库分别用来存储连接算子和传递算子。

命题 9.1　令 $X = \{x_1, x_2, \cdots, x_n\}$ 是探针机的数据库，其中每个数据 x_i 含有 p_i 种数据纤维。若 X 为连接型数据库，那么其对应的连接型探针库最多含有 $\frac{1}{2}\left[p^2 - (p_1^2 + p_2^2 + \cdots + p_n^2)\right]$ 个不同的连接算子；若 X 为传递型数据库，那么其对应的传递型探针库最多含有 $p^2 - (p_1^2 + p_2^2 + \cdots + p_n^2)$ 个不同的连接算子。

证明　对于连接型数据库，若将每个数据纤维表示成一个顶点，当且仅当这两个顶点代表的数据纤维之间有一个连接算子，两个不同的顶点之间连接一条边。由探针库的第一个性质，按上述方法构建的图 G 是一个 n 部无向简单图，其中 n 个部分恰好对应 n 个数据 $x_1, x_2, \cdots, x_n$，即 n 个部分所含的顶点数分别为 $p_1, p_2, \cdots, p_n$。

显然，G 的边数就是连接型探针库中不同的连接算子数。那么，由探针库的第二个性质，当 G 是完全 n 部图时，所含的边数（连接算子数）最多，即 $\frac{1}{2}\left[p^2 - (p_1^2 + p_2^2 + \cdots + p_n^2)\right]$。

同理，对于传递型数据库，若将每个数据纤维表示成一个顶点，当且仅当存在传递算子 $\overrightarrow{x_i^l x_t^m}$，两个不同的顶点 x_i^l 与 x_t^m 之间连接一条有向边，其中 x_i^l 与 x_t^m 分别是信源和信宿数据纤维。同样由探针库的第一个性质，按上述方法构建的图是一个 n 部有向图 G，其中 n 个部分恰好对应 n 个数据 $x_1, x_2, \cdots, x_n$，即 n 个部分所含的顶点数分别为 $p_1, p_2, \cdots, p_n$。显然，G 的有向边数就是传递型探针库中不同的传递算子数。那么，由探针库的第二个性质，当 G 是完全 n 部有向图时（任意有序顶点对之间都存在一条有向边），所含的有向边数（传递算子数）最多，为 $p^2-(p_1^2+p_2^2+\cdots+p_n^2)$。

根据探针库的构建原则，探针库的结构可由子探针库组成。基于数据库 X，把数据 x_i 与 x_t 之间所有可能的探针构成的集合称为 (i,t)-**完全子探针库**，记作 Y_{it}，其中 $i,t=1,2,\cdots,n$ 且 $i\neq t$。在不区分具体数据的情况下，Y_{it} 简称**完全子探针库**。所有的完全子探针库构成了探针库 Y：

$$Y=\bigcup_{i,j-1,2,\cdots,n,i\neq j}Y_{ij}$$

基于上述定义，对于连接型探针库，显然有 $Y_{it}=Y_{ti}$。因此，连接型探针库 Y 中共有 $n(n-1)/2$ 个完全子探针库，如图 9.4（a）所示。图 9.4（b）展示了完全子探针库 Y_{it} 的结构示意。因为数据 x_i 与 x_t 分别含有 p_i 和 p_t 种数据纤维，所以 Y_{it} 共含有 $p_i\times p_t$ 种探针，即 $|Y_{it}|=p_i\times p_t$。Y_{it} 所含的元素为

$$Y_{it}=\left\{\overline{x_i^1x_t^1},\overline{x_i^1x_t^2},\cdots,\overline{x_i^1x_t^{p_t}};\overline{x_i^2x_t^1},\overline{x_i^2x_t^2},\cdots,\overline{x_i^2x_t^{p_t}};\cdots;\overline{x_i^{p_i}x_t^1},\overline{x_i^{p_i}x_t^2},\cdots,\overline{x_i^{p_i}x_t^{p_t}}\right\}\quad(9.3)$$

对于每个 $a=1,2,\cdots,p_i$、$b=1,2,\cdots,p_t$，构造一个**探针池**用来存放 Y_{it} 中的探针算子 $\overline{x_i^ax_t^b}$，并用 Y_{it}^{ab} 表示这个探针池，如图 9.4（c）所示。注意，Y_{it}^{ab} 只存放 $\overline{x_i^ax_t^b}$ 这一种类型的探针算子，并且存放的量是足够的。

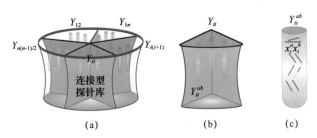

图 9.4　连接型探针库示意

（a）连接型探针库　（b）完全子探针库　（c）探针池

对于传递型探针库，因为 $Y_{it}\neq Y_{ti}$，所以共有 $n(n-1)$ 个完全子探针库，恰是连接型探针库中完全子探针库数量的 2 倍，如图 9.5（a）所示。另外，传递型探针库中完全子探针库所含的探针算子种类也恰是连接型探针库中完全子探针库所含的探针算子种类的 2 倍。图 9.5（b）展示了传递型完全子探针库 Y_{it} 的结构示意，它共含有 $2p_i\times p_t$ 种探针：

$$Y_{it}=\left\{\overrightarrow{x_i^1x_t^1},\overrightarrow{x_t^1x_i^1},\cdots,\overrightarrow{x_i^1x_t^{p_t}},\overrightarrow{x_t^{p_t}x_i^1};\cdots;\overrightarrow{x_i^{p_i}x_t^1},\overrightarrow{x_t^1x_i^{p_i}},\cdots,\overrightarrow{x_i^{p_i}x_t^{p_t}},\overrightarrow{x_t^{p_t}x_i^{p_i}}\right\}\quad(9.4)$$

同样地，对于每个 $a=1,2,\cdots,p_i$、$b=1,2,\cdots,p_t$，构造一个**探针池**来存放 Y_{it} 中的探针算子 $\overline{x_i^a x_t^b}$，并用 Y_{it}^{ab} 表示这个探针池，如图 9.5（c）所示。注意，Y_{it}^{ab} 只存放 $\overline{x_i^a x_t^b}$ 这一种类型的探针算子，并且存放的量是足够的。

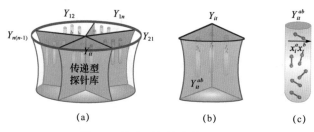

图 9.5　传递型探针库结构示意

（a）传递型探针库　（b）完全子探针库　（c）探针池

3. 数据控制器与探针控制器

数据控制器用符号 σ_1 表示，用于从数据池中提取所需数量的数据并将其传送至计算平台 λ。每个数据池都配备一个控制器，因此数据库中数据控制器的数量与数据池数量相等，总共有 n 个。

探针控制器用符号 σ_2 表示，用于从探针池中提取所需数量的探针并将其传送至计算平台 λ。每个探针池都配备一个控制器，因此，探针库中的探针控制器数量与探针池数量相等。从而，连接型探针库共有 $\left[p^2 - \left(p_1^2 + p_2^2 + \cdots + p_n^2 \right) \right]/2$ 个探针控制器，而传递型探针库共有 $\left[p^2 - \left(p_1^2 + p_2^2 + \cdots + p_n^2 \right) \right]$ 个探针控制器。

4. 探针运算

探针运算是用来识别目标数据纤维并将它们连接在一起的运算。具体地，对于数据库中的两个可探针的数据 x_i 与 x_t，令 x_i^l 与 x_t^m 分别是 x_i 与 x_t 上的数据纤维。x_i^l 与 x_t^m 的**基本探针运算**由两个阶段构成：准备阶段和执行阶段。准备阶段，在数据控制器和探针控制器的作用下，将 x_i 与 x_t 以及探针算子 $\tau^{x_i^l x_t^m}$ 放入计算平台 λ 中，使得 $\tau^{x_i^l x_t^m}$ 找到 x_i^l 与 x_t^m；执行阶段，$\tau^{x_i^l x_t^m}$ 作用在 x_i^l 与 x_t^m 上并完成相应的操作。

探针运算就是同时执行若干个基本探针运算的过程。其确切定义可以做如下描述。

令 X' 是数据库 X 的一个子集，Y' 是 $\tau(X')$ 的一个子集。基于 X' 与 Y' 的

探针运算用符号 τ 表示，是指将探针子集 Y' 作用于数据子集 X' 后得到的结果。也就是说，对于 Y' 中的每个探针算子，它们分别作用于 X' 中相应的数据对，即 Y' 中的所有探针算子对 X' 中相应数据上的数据纤维同时进行基本探针运算。将运算所得的结果称为 τ 的解，用符号 Θ 表示：

$$\Theta = \tau(X', Y') \tag{9.5}$$

Θ 是什么？这个问题与计算平台 λ 息息相关。为此，引入**探针运算图**的概念。数据子集 X' 与探针子集 Y' 的探针运算图记作 $G^{(X',Y')}$，是指经过探针运算后**某真解聚合体的拓扑结构**，它的顶点集 $V\left(G^{(X',Y')}\right)$ 是该真解聚合体中的数据，边集 $E\left(G^{(X',Y')}\right)$ 是真解聚合体中的探针。针对具体的问题，**探针运算图**是可以确定的，它的主要作用是解的检测。例如，本书后文求解图的哈密顿问题时，探针运算图要么是 4 圈，要么是 5 圈；求解一个图 G 的顶点着色问题时，探针运算图就是图 G 本身；求解一个给定图 G 的最大团问题时，探针运算图则是阶数最大的聚合体对应的拓扑结构。

实际上，探针运算可以看作一个反应过程：反应对象是数据子集 X'，反应的执行者是 Y' 中的探针算子，实现反应的载体是计算平台 λ。

5. 计算平台

计算平台用符号 λ 表示，是一种专门用于进行探针运算的环境。这种环境的基本功能是协助探针算子快速且准确地定位目标数据纤维，并执行相应的基本探针运算，结构示意如图 9.6 所示。其中，图 9.6（a）所示为连接型计算平台，图 9.6（b）所示为传递型计算平台。两个数据通过相应的探针连接在一起的聚合体称为 **2-数据聚合体**。类似地，如果一个 2-数据聚合体可以和另一个数据通过探针算子结合在一起，那么最后结合的产物称为 **3-数据聚合体**。以此类推，如果一个聚合体是在 m（$m \geqslant 2$）个数据的基础上通过若干次探针运算得到的，那么称其为 **m-数据聚合体**，并称 m 是该聚合体的**阶**。特别地，每个单独的数据 x_i 被称为 **1-数据聚合体**。通常，用 M 或带有下标的 M 来表示一个聚合体，并用 $|M|$ 表示 M 的阶数。

计算平台 λ 具有 3 个基本功能，见功能 9.1～功能 9.3。

功能 9.1　高聚合性。当把探针 $\tau^{x_i^l x_t^m}$ 放入计算平台 λ 中时，该探针总是寻找能产生**高阶数据聚合体**的两个目的数据纤维 x_i^l 与 x_t^m。具体遵循下述两个原则。

（1）设 M_1、M_2、M_3 是计算平台 λ 中的 3 个数据聚合体，其中 M_1 含有数据纤维 x_i^l，M_2 与 M_3 中均含 x_t^m，并且 x_i^l 与 x_t^m 是可探针的。那么，当 $|M_2|>|M_3|$ 时，计算平台 λ 会指导 $\tau^{x_i^l x_t^m}$ 选择 M_1 上的 x_i^l 与 M_2 上的 x_t^m 进行基本探针运算。

图 9.6　计算平台结构示意

（a）连接型计算平台　（b）传递型计算平台

（2）设 M_1、M_2 是计算平台 λ 中的两个数据聚合体，其中 M_1 和 M_2 都含有数据 x_i 和 x_t。如果探针算子 $\tau^{x_i^l x_t^m}$ 只能在 M_1、M_2 上，或 M_1 和 M_2 之间进行基本探针运算，那么当 $|M_1|>|M_2|$ 时，计算平台 λ 会指导 $\tau^{x_i^l x_t^m}$ 选择 M_1 上两个数据纤维 x_i^l 与 x_t^m 并实施基本探针运算；当 $|M_1|=|M_2|$ 时，计算平台 λ 会指导 $\tau^{x_i^l x_t^m}$ 选择探针算子数最多的一个数据聚合体，在其上选择两个数据纤维 x_i^l 与 x_t^m 并实施基本探针运算；当 $|M_1|=|M_2|$ 并且 M_1 和 M_2 含有相同数量的探针算子时，计算平台 λ 会指导 $\tau^{x_i^l x_t^m}$ 随机地在 M_1 或 M_2 上选择两个数据纤维 x_i^l 与 x_t^m 并实施基本探针运算。

功能 9.2　门限性。 经探针运算后，计算平台 λ 中的数据聚合体的阶数需要恰好等于探针运算图 $G^{(X',Y')}$ 的阶数，且基本探针运算的次数需恰好等于 $G^{(X',Y')}$ 的边数。因此，在探针运算中，若两个聚合体的阶数之和大于 $G^{(X',Y')}$ 的阶数，虽然二者之间存在可探针的数据，但在计算平台 λ 控制下，它们也不能实施基本探针运算。

功能 9.3　唯一性。 对于计算平台 λ 中阶数大于 1 的任意数据聚合体 M，M 中所含的同一种数据最多只能有一个，且在 M 的形成过程中，任意一对数据之间最多只能进行一次基本探针运算。

6. 检测器

探针机借助探针运算图进行解的检测。给定一个问题，经过探针运算后，计算平台 λ 上会产生大量的聚合体（又称问题的解），那么该问题的一个解是真解的充分必要条件是该解的拓扑结构与探针运算图同构。不与探针运算图同构的聚合体被称为**残支聚合体**（简称**残支**）。检测器 η 的任务就是在计算平台 λ 上识别问题的真解，并将真解与残支分离。具体地，令 X' 与 Y' 为表示问题所需的数据子集和探针子集，$G^{(X',Y')}$ 是探针运算后对应的探针运算图。这时，探针检测器 η 的基本功能可描述如下。

令 M 是计算平台 λ 中的任意一个数据聚合体，那么，当 M 的阶数与 $G^{(X',Y')}$ 的顶点数不同时，或者 M 中的探针算子数与 $G^{(X',Y')}$ 的边数不等时，将 M 分离到残支回收器；当 M 的阶数等于 $G^{(X',Y')}$ 的顶点数，且 M 的探针数等于 $G^{(X',Y')}$ 的边数时，由于每个探针唯一地对应一对可探针的数据纤维，故 M 就是对应于问题的真解，将其分离到真解存储器。

7. 真解存储器与残支回收器

真解存储器 Q 在计算平台中扮演着重要的角色，其主要职责是可靠地存储真解，并精确地读取这些解。在进行探针运算的过程中，计算平台 λ 可能会生成不与 $G^{(X',Y')}$ 同构的聚合体，即残支。这些残支随后被传送至残支回收器 C，如图 9.6 所示。残支回收器的主要任务是回收由计算平台在探针运算后产生的残支，并进行精细的分离和处理，以将其中的数据重新整合并归还到相应的数据库中。

8. 探针运算的步骤

令 X' 与 Y' 为表示给定问题所需的数据子集和探针子集。基于上述讨论，探针运算的具体操作步骤可描述如下。

步骤 1　确定探针运算图 $G^{(X',Y')}$，根据探针运算图，大致可以确定探针运算中 $G^{(X',Y')}$ 产生的概率。由于计算平台的高聚合性、门限性及唯一性，这个概率应该是很大的。

步骤 2　确定数据子库 X' 中每种数据的数量，以及子探针库 Y' 中每种探针的数量。方法是：根据 $G^{(X',Y')}$ 产生的概率，在确保经过探针运算后真解在 Θ 中存在的条件下，确定每种数据与每种探针的数量。

步骤 3　首先利用数据控制器 σ_1 与探针控制器 σ_2 从相应的数据池和探针池中取出所确定数量的 X' 中的数据和 Y' 中的探针，然后将它们放入计算平

台 λ。

步骤 4 基于计算平台 λ，执行探针运算 $\tau(X', Y')$，同时启用检测器 η，将真解分离到真解存储器，并将残支分离到残支回收器。

基于上述步骤所得真解的拓扑结构必与 $G^{(X', Y')}$ 同构，但是不同的真解可能有不同的权值（对应不同的数据纤维）。

9. 探针机的结构模型

基于探针机 9 个基本要素的讨论，可以给出探针机的两种结构模型：一种是连接型探针机模型，另一种是传递型探针机模型，如图 9.7 所示。

为了进一步说明探针机的计算性，9.3 节将介绍哈密顿问题的探针机求解方法，9.4 节还将给出连接型探针机的一种基于 DNA 纳米技术的实现方法，以及在图着色问题上的应用。

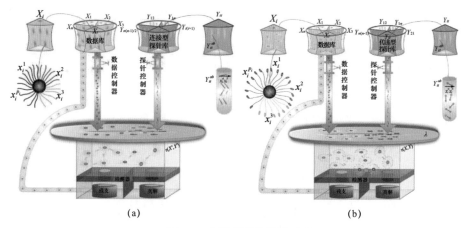

图 9.7 探针机结构模型示意

（a）连接型探针机模型 （b）传递型探针机模型

9.3 探针机求解哈密顿问题

哈密顿问题指的是判断图是否含有哈密顿圈（即经过图的每个顶点恰好一次的圈）。该问题于 1856 年首次被哈密顿[22]提出，是经典的 NP 完全问题。下面给出求解哈密顿问题的连接型探针机模型。

对于简单无向图 G，令 $V(G)$ 与 $E(G)$ 分别表示 G 的顶点集和边集，其中

$V(G) = \{v_1, v_2, \cdots, v_n\}$。对于任意 $v_k \in V(G)$，用符号 $N_G(v_k)$（在不至于引起混淆的情况下可简写为 $N(v_k)$）表示与顶点 v_k 相邻的顶点构成的集合，即 $N_G(v_k) = \{u \mid uv_k \in E(G), u \in V(G)\}$；用 $E(v_k)$ 表示与顶点 v_k 关联的边所构成的集合，即 $E(v_k) = \{v_k v_i \mid v_k v_i \in E(G); 1 \leq i \leq n\}$；用 $E^2(v_k)$ 表示以 v_k 为中心的 2 长路所构成的集合 [见图 9.8（a）]，即

$$E^2(v_k) = \left\{ v_i v_k v_j \triangleq x_{kij}; v_i, v_j \in N(v_k); i \neq j \right\} \qquad (9.6)$$

在 $E^2(v_k)$ 的基础上，构建哈密顿问题的连接型探针机数据库 X 为

$$X = \bigcup_{k=1}^{n} E^2(v_k) = \bigcup_{k=1}^{n} \left\{ x_{kij} \mid v_i, v_j \in N(v_k); i \neq j \right\} \qquad (9.7)$$

其中，每个数据 x_{kij} 上恰有两个数据纤维，分别记作 x_{kij}^i、x_{kij}^j，如图 9.8（b）所示。

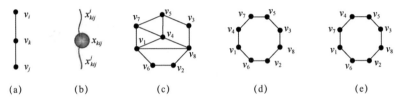

图 9.8　求解哈密顿问题的连接型探针机模型

（a）$E^2(v_k)$　（b）x_{kij} 上的数据纤维　（c）8 阶图　（d）和（e）为（c）的哈密顿圈

用基于上述构造的数据库 X 构建探针库 Y。这里，约定图 G 的阶数总是大于等于 5。对于两个顶点 v_i 和 v_t，这里分两种情况进行分析。

情况 1：v_i 与 v_t **不相邻**。数据库 X 中两个数据 x_{ilj} 与 x_{tab} 存在探针，当且仅当

$$\left| \{i, l, j\} \cap \{t, a, b\} \right| = \left| \{l, j\} \cap \{a, b\} \right| = 1 \qquad (9.8)$$

式（9.8）意味着，$i \notin \{t, a, b\}$，$t \notin \{l, j\}$ 且 $\{l, j\} \cap \{a, b\}$ 恰有一个元素。

情况 2：v_i 与 v_t **相邻**。这种情况下，数据 x_{ilj} 与 x_{tab} 之间存在探针的充分必要条件是下列之一成立：

① $\left| \{i, j, l\} \cap \{t, a, b\} \right| = \left| \{j, l\} \cap \{a, b\} \right| = 1$；

② $t \in \{l, j\}$，$i \in \{a, b\}$，且 $\left| \{l, j\} \cap \{a, b\} \right| = 0$。

其实，当用探针机模型求解哈密顿问题时，并不需要把每个顶点 v_k 的 2 长路集 $E^2(v_k)$ 作为数据库子集，只需选择 G 中的一个顶点覆盖，然后针对该

顶点覆盖中的顶点所对应的 2 长路构建数据库即可。当然，最小覆盖集是最优选择。下面以图 9.8（c）所示的 8 阶图为例，说明使用连接型探针机模型求解哈密顿问题的步骤。

步骤 1：构建数据库。

容易求得，$\{v_1, v_2, v_3, v_4, v_5\}$ 是该图的一个最小点覆盖，故数据库定义为

$$X = E^2(v_1) \bigcup E^2(v_2) \bigcup E^2(v_3) \bigcup E^2(v_4) \bigcup E^2(v_5)$$

其中

$$E^2(v_1) = \left\{ x_{174}, x_{178}, x_{176}, x_{148}, x_{146}, x_{186} \right\}$$
$$E^2(v_2) = \left\{ x_{268} \right\}$$
$$E^2(v_3) = \left\{ x_{358} \right\}$$
$$E^2(v_4) = \left\{ x_{458}, x_{451}, x_{457}, x_{481}, x_{487}, x_{417} \right\}$$
$$E^2(v_5) = \left\{ x_{534}, x_{537}, x_{547} \right\}$$

所以，数据库 X 中共有 17 种数据、34 种数据纤维，每种数据上的数据纤维分别为

$$\Im(x_{174}) = \left\{ x_{174}^7, x_{174}^4 \right\}, \quad \Im(x_{178}) = \left\{ x_{178}^7, x_{178}^8 \right\}, \quad \Im(x_{176}) = \left\{ x_{176}^7, x_{176}^6 \right\}$$
$$\Im(x_{148}) = \left\{ x_{148}^4, x_{148}^8 \right\}, \quad \Im(x_{146}) = \left\{ x_{146}^4, x_{146}^6 \right\}$$
$$\Im(x_{186}) = \left\{ x_{186}^8, x_{186}^6 \right\}, \quad \Im(x_{268}) = \left\{ x_{268}^6, x_{268}^8 \right\}, \quad \Im(x_{358}) = \left\{ x_{358}^5, x_{358}^8 \right\}$$
$$\Im(x_{458}) = \left\{ x_{458}^5, x_{458}^8 \right\}, \quad \Im(x_{451}) = \left\{ x_{451}^5, x_{451}^1 \right\}, \quad \Im(x_{457}) = \left\{ x_{457}^5, x_{457}^7 \right\}$$
$$\Im(x_{481}) = \left\{ x_{481}^1, x_{481}^8 \right\}, \quad \Im(x_{487}) = \left\{ x_{487}^7, x_{487}^8 \right\}, \quad \Im(x_{417}) = \left\{ x_{417}^7, x_{417}^1 \right\}$$
$$\Im(x_{534}) = \left\{ x_{534}^3, x_{534}^4 \right\}, \quad \Im(x_{537}) = \left\{ x_{537}^3, x_{537}^7 \right\}, \quad \Im(x_{547}) = \left\{ x_{547}^4, x_{547}^7 \right\}$$

步骤 2：构建探针库。

按照相邻与不相邻两种情况，构造基于 34 种数据纤维相关的子探针库。

$$Y_{12} = \overline{x_{178}^8 x_{268}^8}, \overline{x_{176}^6 x_{268}^6}, \overline{x_{148}^8 x_{268}^8}, \overline{x_{146}^6 x_{268}^6}$$

$$Y_{13} = \left\{ \overline{x_{178}^8 x_{358}^8}, \overline{x_{148}^8 x_{358}^8}, \overline{x_{186}^8 x_{358}^8} \right\}$$

$$Y_{14} = \{ \overline{x_{178}^7 x_{457}^7}, \overline{x_{178}^8 x_{458}^8}, \overline{x_{176}^7 x_{457}^7}, \overline{x_{176}^7 x_{487}^7}, \overline{x_{186}^8 x_{458}^8}, \overline{x_{186}^8 x_{487}^8}, \overline{x_{174}^4 x_{451}^1},$$
$$\overline{x_{174}^4 x_{481}^1}, \overline{x_{148}^4 x_{451}^1}, \overline{x_{148}^4 x_{417}^1}, \overline{x_{146}^4 x_{451}^1}, \overline{x_{146}^4 x_{481}^1}, \overline{x_{146}^4 x_{417}^1} \}$$

$$Y_{15} = \{ \overline{x_{174}^7 x_{537}^7}, \overline{x_{174}^4 x_{534}^4}, \overline{x_{178}^7 x_{537}^7}, \overline{x_{178}^7 x_{547}^7}, \overline{x_{176}^7 x_{537}^7}, \overline{x_{176}^7 x_{547}^7}, \overline{x_{148}^4 x_{534}^4},$$
$$\overline{x_{148}^4 x_{547}^4}, \overline{x_{146}^4 x_{534}^4}, \overline{x_{146}^4 x_{547}^4} \}$$

$$Y_{23} = \left\{ \overline{x_{268}^8 x_{358}^8} \right\}, \quad Y_{24} = \left\{ \overline{x_{268}^8 x_{458}^8}, \ \overline{x_{268}^8 x_{481}^8}, \ \overline{x_{268}^8 x_{487}^8} \right\}$$

$$Y_{34} = \left\{ \overline{x_{358}^5 x_{451}^5}, \ \overline{x_{358}^5 x_{457}^5}, \ \overline{x_{358}^8 x_{481}^8}, \ \overline{x_{358}^8 x_{487}^8} \right\}, \quad Y_{35} = \left\{ \overline{x_{358}^5 x_{534}^3}, \ \overline{x_{358}^5 x_{537}^3} \right\}$$

$$Y_{45} = \left\{ \overline{x_{487}^7 x_{537}^7}, \ \overline{x_{417}^7 x_{537}^7}, \ \overline{x_{458}^5 x_{534}^4}, \ \overline{x_{458}^5 x_{547}^4}, \ \overline{x_{451}^5 x_{534}^4}, \ \overline{x_{451}^5 x_{547}^4}, \ \overline{x_{457}^5 x_{534}^4} \right\}$$

步骤 3：执行探针运算。

利用数据控制器 σ_1 从数据库 X 中取出数据 x_{174}、x_{178}、x_{176}、x_{148}、x_{146}、x_{186}、x_{268}、x_{358}、x_{458}、x_{451}、x_{457}、x_{481}、x_{487}、x_{417}、x_{534}、x_{537}、x_{547}，并将它们放入计算平台 λ；用探针控制器 σ_2 分别从子探针库 Y_{12}、Y_{13}、Y_{14}、Y_{15}、Y_{23}、Y_{24}、Y_{34}、Y_{45} 中取出适量的探针，放入计算平台 λ，并执行探针运算 τ；在 λ 和 τ 的作用下得到问题的解。

步骤 4：检测解

检测器 η 将 4 阶或 5 阶聚合体放入真解存储器，其余放入残支回收器。图 9.8（d）（e）所示的两个 8 阶圈是所求的全部哈密顿圈。

9.4 连接型探针机的一种实现技术

如前所述，计算机就是基于某种计算模型，利用可实现该计算模型的材料而研制的机器。本章讨论的探针机也是一种计算模型。现在的问题是，如何寻找适合制造基于探针机的计算机的材料呢？这个问题相当具有挑战性。本节介绍一种用于实现连接型探针机的模型——**纳米-DNA 探针机模型**。在这个模型中，数据的基本材料是纳米颗粒与 DNA 分子组成的复合体，而探针的基本材料是 DNA 分子。我们认为，尽管目前的纳米技术和生物技术（特别是检测技术）可能难以用于解决大规模实际问题[23]，但随着检测技术的进步，有望开发出实用的纳米-DNA 探针计算机。

关于传递型探针机模型的实现，文献 [1] 给出了一种猜想：该模型中的数据是一种复合体，数据纤维携带的信息类似于神经递质（如乙酰胆碱等），探针运算是由类似于生物神经系统中的"动作电位"实现的。这方面的研究还处于探索阶段，关于传递型探针机模型与生物神经网络的探讨将在 9.5 节展开。这里主要介绍纳米-DNA 探针机模型，包括该模型的数据库、探针库及检测器。

（1）**数据库**。纳米-DNA 探针机模型的数据库中的数据是以纳米颗粒作为数据胞、以 DNA 链作为数据纤维的，结构示意如图 9.1（c）所示。这种数据被形象地称为"小星星"。一个携带 p_i 个数据纤维的数据 x_i 可以通过下述方法实现：首先将纳米颗粒均匀地分为 p_i 个连通区域，然后在每个区域上连接足量的同类型数据纤维，即 ssDNA。关于在纳米颗粒上连接 DNA 链的方法参见文献[24]。

（2）**探针库**。纳米-DNA 探针机模型的探针库中的探针设计如下。设 x_i^a 和 x_t^b 分别是数据 x_i 与 x_t 上的两个数据纤维，若这两个数据纤维可探针，将探针记作 $\overline{x_i^a x_t^b}$，则它是分别取自 x_i^a 和 x_t^b 各一半的 DNA 链（均未与纳米颗粒相连接的那一半）所连接而成的 DNA 链的互补序列，其结构如图 9.2（b）所示。

（3）**检测器**。在当前的技术水平下，设计纳米-DNA 探针机模型的检测器是一个难题。在生化实验中，基本上采用 PCR 仪或电镜来进行检测，但这种检测还很不成熟。一旦检测技术发展成熟，那么纳米-DNA 探针机将立刻走向实用。

下面通过一个具体的图顶点着色实例来详细说明纳米-DNA探针机模型的计算过程，该模型探针设计的基本原则是确保相邻的顶点不使用相同颜色的探针。给定一个图 G，它的一个**正常 k-着色**是从它的顶点集 $V(G)$ 到包含 k 种颜色的颜色集 C 的映射，使得相邻顶点的颜色不同。换句话说，图 G 的一个 k-着色就是给 G 的每个顶点分配一种颜色使得相邻顶点分配不同颜色的分配方案，其中每个顶点的颜色只能在同一个包含 k 种颜色的颜色集选择。实际上，图 G 的一个 k-着色还可以看作其顶点集 $V(G)$ 的一个 k-划分 $\{V_1, V_2, \cdots, V_k\}$（$V_1 \cup V_2 \cup \cdots \cup V_k = V(G)$ 且对于任意 $i, j \in 1, 2, \cdots, k$，$i \neq j$，都有 $V_i \cap V_j = \varnothing$），使得每个 V_i 都是一个独立集，其中图 G 的一个独立集是 $V(G)$ 的一个子集，且满足该子集中任意一对顶点在 G 中都不相邻。通常，将这样的 V_i 称为对应着色的**色组**。如果图 G 存在一个 k-着色，那么称其为 **k-可着色的**。对于 k-可着色图 G，如果 G 的顶点 v 不管在哪种 k-着色下，它都属于同一个色组（在色同构意义下），那么称 v 为图 G 的**着色不动点**。

图 9.9 所示为一个 12 阶的 4-色极大平面图（每个面都是三角形的平面图），顶点集为 $\{1, 2, \cdots, 12\}$，并且是 4-可着色的。令 V'' 表示该图的着色不动

点构成的集合。容易验证，$V'' = \{1,2,3,4,5\}$。下面给出纳米-DNA 探针机模型求解该图所有着色的方法。

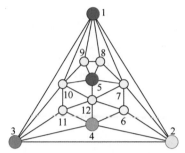

图 9.9　12 阶的 4-色极大平面图

在 V'' 的基础上，建立颜色数尽可能少的颜色表，如表 9.1 所示：最上层的数 $1,2,\cdots,12$ 表示图的顶点，每个顶点 i 所在的列表示该顶点允许被着的颜色，标记 r、y、b、g 分别表示红色、黄色、蓝色、绿色，下标为顶点标记。例如，r_6 表示顶点 6 着红色。这里需要强调的是，因为顶点 1、2、3、4、5 是着色不动点，所以不失一般性地固定它们所着的颜色，依次为红色、黄色、蓝色、绿色和红色。

（1）数据库的构建。基于表 9.1，数据库由 12 个数据构成，分别记为 $x_1, x_2, \cdots, x_{12}$。对于数据 x_i，它的数据胞标记为它对应顶点的名称 i，它的数据纤维对应顶点 i 所有可能的着色，即数据 x_i 的数据纤维种类恰好对应表 9.1 的第 i 列：$\mathfrak{I}_1 = \{r_1\}$、$\mathfrak{I}_2 = \{y_2\}$、$\mathfrak{I}_3 = \{b_3\}$、$\mathfrak{I}_4 = \{g_4\}$、$\mathfrak{I}_5 = \{r_5\}$、$\mathfrak{I}_6 = \{r_6, b_6\}$、$\mathfrak{I}_7 = \{b_7, g_7\}$、$\mathfrak{I}_8 = \{y_8, b_8, g_8\}$、$\mathfrak{I}_9 = \{y_9, b_9, g_9\}$、$\mathfrak{I}_{10} = \{y_{10}, g_{10}\}$、$\mathfrak{I}_{11} = \{r_{11}, y_{11}\}$、$\mathfrak{I}_{12} = \{y_{12}, b_{12}\}$。

表 9.1　图 9.9 中每个顶点可能的着色（共 21 个）

顶点名称	1	2	3	4	5	6	7	8	9	10	11	12
着色方案	r_1				r_5	r_6					r_{11}	
		y_2						y_8	y_9	y_{10}	y_{11}	y_{12}
			b_3			b_6	b_7	b_8	b_9			b_{12}
				g_4			g_7	g_8	g_9	g_{10}		

（2）探针库的构建。根据图 G 中的每条边来设计探针。为方便起见，这里用 x_i 来代替图 9.9 中的顶点。以边 $x_4 x_{12}$ 为例，由于顶点 x_{12} 有两种可能的着

色，所以边 x_4x_{12} 对应的探针算子有两个：$\overline{g_4y_{12}}$、$\overline{g_4b_{12}}$。按照这种方式，可以为其余边设计相应的探针，具体见表 9.2，其中每条边 x_ix_t 对应的列中到另一条边为止的部分恰是探针子库 Y_{it}，其中 $\{i,t\}\subset\{1,2,\cdots,12\}$，且 x_ix_t 是图 9.9 的边。例如，边 x_1x_2 对应的部分为 $\overline{r_1y_2}$，即它对应的探针算子只有 $\overline{r_1y_2}$。因为图 9.9 共有 30 条边，所以共有 30 个子探针库，总计 73 个探针。

表 9.2　图 G 中每条边对应的探针算子（共有 30 个子探针库，73 个探针）

x_1x_2	x_1x_3	x_1x_7	x_1x_8	x_1x_9	x_1x_{10}	x_2x_3	x_2x_4	x_2x_6	x_2x_7	x_3x_4
$\overline{r_1y_2}$			$\overline{r_1y_8}$	$\overline{r_1y_9}$	$\overline{r_1y_{10}}$			$\overline{y_2r_6}$		
	$\overline{r_1b_3}$	$\overline{r_1b_7}$	$\overline{r_1b_8}$	$\overline{r_1b_9}$		$\overline{y_2b_3}$		$\overline{y_2b_6}$	$\overline{y_2b_7}$	
		$\overline{r_1g_7}$	$\overline{r_1g_8}$	$\overline{r_1g_9}$	$\overline{r_1g_{10}}$		$\overline{y_2g_4}$		$\overline{y_2g_7}$	$\overline{b_3g_4}$

x_3x_{10}	x_3x_{11}	x_4x_6	x_4x_{11}	x_4x_{12}	x_5x_7	x_5x_8	x_5x_9	x_5x_{10}	x_5x_{12}	x_6x_7
$\overline{b_3y_{10}}$	$\overline{b_3r_{11}}$		$\overline{g_4r_{11}}$	$\overline{g_4b_{12}}$	$\overline{r_5b_7}$	$\overline{r_5y_8}$	$\overline{r_5y_9}$	$\overline{r_5y_{10}}$	$\overline{r_5y_{12}}$	$\overline{r_6b_7}$
$\overline{b_3g_{10}}$	$\overline{b_3y_{11}}$	$\overline{g_4r_6}$	$\overline{g_4y_{11}}$	$\overline{g_4y_{12}}$		$\overline{r_5b_8}$	$\overline{r_5b_9}$		$\overline{r_5b_{12}}$	$\overline{r_6g_7}$
		$\overline{g_4b_6}$			$\overline{r_5g_7}$	$\overline{r_5g_8}$	$\overline{r_5g_9}$	$\overline{r_5g_{10}}$		$\overline{b_6g_7}$

x_6x_{12}	x_7x_8		x_7x_{12}	x_8x_9		x_9x_{10}		$x_{10}x_{11}$	$x_{10}x_{12}$	$x_{11}x_{12}$
$\overline{r_6y_{12}}$	$\overline{b_7y_8}$	$\overline{g_7b_8}$	$\overline{b_7y_{12}}$	$\overline{y_8b_9}$	$\overline{b_8g_9}$	$\overline{y_9g_{10}}$	$\overline{g_9y_{10}}$	$\overline{y_{10}r_{11}}$	$\overline{y_{10}b_{12}}$	$\overline{r_{11}y_{12}}$
$\overline{r_6b_{12}}$	$\overline{b_7g_8}$		$\overline{g_7y_{12}}$	$\overline{y_8y_9}$		$\overline{b_9y_{10}}$		$\overline{g_{10}r_{11}}$	$\overline{g_{10}y_{12}}$	$\overline{r_{11}b_{12}}$
$\overline{b_6y_{12}}$	$\overline{b_7y_8}$	$\overline{g_7y_8}$	$\overline{g_7b_{12}}$	$\overline{b_8y_9}$	$\overline{g_8y_9}$	$\overline{b_9g_{10}}$		$\overline{g_{10}y_{11}}$	$\overline{g_{10}b_{12}}$	$\overline{y_{11}b_{12}}$

（3）探针运算步骤。

步骤 1： 制作 12 种纳米颗粒（直径为 2.5nm）作为 12 种数据胞，并对 21 种数据纤维对应的 DNA 序列进行编码，然后合成相应的 DNA 链。进而，将 DNA 链（数据纤维）嵌入相应的纳米颗粒（数据胞）。

步骤 2： 在步骤 1 的基础上，构建包含 73 种探针算子的探针库。

步骤 3： 从数据库中取出适量的 12 种数据，从探针库中取出适量的 73 种探针算子，并将它们加入计算平台中。经过 DNA 分子间的特异性杂交反应，在计算平台的作用下，形成多种类型的数据聚合体。需要说明的是，目前的计算平台还不能满足前面所提及的 3 个基本功能，如何设计出具有这 3 个基本功能的计算平台还有待进一步研究。但是，对纳米-DNA 探针机模型而言，即使计算平台不具有前述的 3 个基本功能，在足量的数据与探针情况下，也可以形成全部真解的数据聚合体。

步骤 4：通过检测技术，检测出所有与图 9.9 同构的 12 阶数据聚合体，这些数据聚合体就是问题的真解，即图的 4-着色。这里需要强调的是目前的电镜只能检测阶数较小的数据聚合体，很难检测阶数较大的数据聚合体。这也是当前此模型还不实用的关键所在。

理论上，通过一次探针运算便可求出图 9.9 的全部 14 个真解，即全部 4-着色。图 9.10 展示了这些着色。

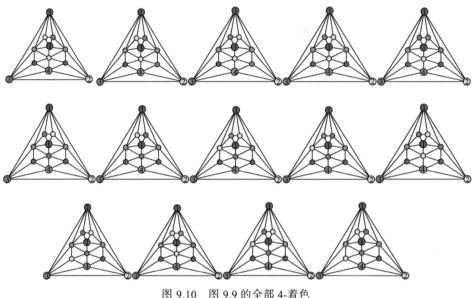

图 9.10　图 9.9 的全部 4-着色

9.5　传递型探针机与生物神经网络

探针机模型在自然界中是存在的。一个典型的例子是生物神经系统，它可以被看作一种传递型探针机模型。在生物神经系统中，存在各种类型的神经元。有些神经元伴随生物体的整个生命周期存在，例如大脑皮层的神经元就属于这一类；有些脑区则拥有干细胞，这些干细胞可以在脑区内某些神经元死亡或凋亡时，长出新的神经元来代替它们；还有一些神经元死亡或凋亡后，不会再有新的神经元来替代它们。可见，神经网络是一个随着时间不断变化的动态网络。神经元之间的信息传递是通过突触来实现的，而突触主要分为两种类型：电突触和化学突触。在化学突触中，信息传递是单向的，依赖化学物质（神经递质）作为传递媒介；而电突触通常是双向传导的，信息传递是通过电流（电信号）完成的。不管是化学突触还是电突触，神经元之间的信息传递都依赖动作电位，可以将动作电位视为基本的探针运算。自然地，神经元就是数据，神经递质就是探针机中传递的信息。

从数学模型的角度来看，探针机的探针有两种类型：连接算子和传递算子。传递算子的提出是基于对自然生物系统中神经元之间在动作电位的作用下通过突触进行信息传输的观察。因此，可将动作电位当作传递算子。虽然传递型探针机模型模拟了生物系统中的信息传输，但它有两个区别于生物系统的特性。首先，生物系统中任意两个神经元的位置是固定的，而传递型探针机模型中数据纤维的位置是变化的。在传递算子操作时，只有当探针机在计算平台上找到两个数据纤维后，信息传输才能发生。其次，生物系统中神经元之间的连接非常稀疏（人脑中大约有 10^{12} 个神经元，但只有 $10^{15} \sim 10^{16}$ 个突触），而探针机中数据之间的连接非常密集，甚至任何一对数据都有潜在连接的可能性。

9.6　探针机功能分析

为分析探针机的功能，首先回顾一下图灵机的定义。从结构上来看，图灵机由一个有限控制器、一条无限长的数据带和一个可以读写数据带上信息的读写头组成。形式化方面，图灵机 M 可以定义成一个七元组[25]：

$$M = \left(Q, \Sigma, \Gamma, \delta, q_0, q_{\text{accept}}, q_{\text{reject}} \right)$$

其中，Q 是非空有限状态集；Σ 是输入字符集，是不含空格字符 �□ 的有限非空集；Γ 是存储带上的可用字符有限集，满足 $\Sigma \subseteq \Gamma$ 且 $□ \in \Gamma$；$\delta: Q \times \Gamma \to Q \times \Gamma \times \{R, L\}$ 是状态转移函数，其中 R 和 L 分别表示读写头向右和向左移动；$q_0 \in Q$ 是初始状态；q_{accept} 是接收状态；q_{reject} 是拒绝状态，且 $q_{\text{accept}} \neq q_{\text{reject}}$。

根据图灵机的定义，所有图灵机构成的集合是可数的，但是 Σ 上的语言集是不可数的。也就是说，语言集的规模大于图灵机集的规模。因此，存在一些不能被图灵机识别的语言。这也表明了不可解问题确实存在，例如停机问题[25]。另一方面，在所有语言构成的集合和实数集之间存在一一对应的函数。同时，在所有图灵机的集合和有理数集之间也存在一一对应的函数。相比之下，图灵机存在大量不可识别的问题。

9.6.1 图灵机是探针机的一种特殊情况

对于图灵机的每一次运算，读写头向左或向右移动一个方格，执行读取方格中的字符、删除该方格中的字符或向该单元格写入一个字符。该过程的执行依据是状态转移函数 $\delta(Q,\Gamma)$ 所定的规则，其中 Q 是状态集，Γ 存储带上可用字符集。在有定义的情况下，$\delta(Q,\Gamma)$ 的值是一个三元组 (p,Y,D)，其中 $p\in Q$ 是下个状态，$Y\in \Gamma$ 是写在当前读写头所指向方格上的字符，D 表示控制读写头的方向，即向左移还是向右移。下面证明探针机可以模拟图灵机中的状态转移函数 $\delta(Q,\Gamma)$，从而证明图灵机是探针机的一种特殊情况。

探针机中的数据由两部分组成——数据胞和数据纤维，其中数据胞本身就是一个信息源，并携带许多数据纤维，如图 9.11（a）所示。简单起见，当数据胞上只含有两类数据纤维时，为每类数据纤维选择一个代表，如图 9.11（b）所示。在这个图中，数据 x_1 的数据胞携带信息 X，令它的两类数据纤维为 x_1^L 和 x_1^R，同样地，令数据 x_2 的两类数据纤维为 x_2^L 和 x_2^R，令数据纤维 x_1^R 和 x_2^L 之间的探针算子为 $\overline{x_1^R x_2^L}$。对应到图灵机的状态转移函数 $\delta(Q,\Gamma)$，不失一般性地假设此时图灵机的读写头要向左移动，那么数据纤维 x_1^R 和 x_2^L 被探针算子 $\overline{x_1^R x_2^L}$ 连接，如图 9.11（c）所示。如果 x_1^R 携带信息，那么此信息将被传送到数据 x_2 的数据胞，如图 9.11（d）所示。

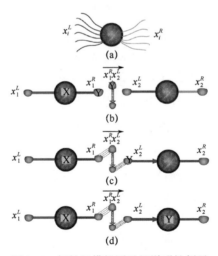

图 9.11　探针机模拟图灵机说明性例子

（a）数据组成　（b）选择数据纤维代表　（c）探针算子连接　（d）信息传送

9.6.2　图灵机能否模拟探针机

9.6.1 小节验证了探针机可以模拟图灵机，反过来，图灵机能模拟探针机吗？为了回答这个问题，首先从定义出发，回顾探针机的基本功能。

设 $X' \subseteq X$、$Y' \subseteq \tau(X')$，则对 (X', Y') 执行探针运算 $\tau(X', Y')$ 后所得结果为 Θ。Θ 所含的真解可能只有一个，也可能有多个，它们的拓扑结构均与 $G^{(X', Y')}$ 同构。即使这样，不同真解中顶点对应的赋权可能不尽相同，其中顶点的权值就是顶点上的数据纤维。在一次探针运算的过程中，基本探针运算的次数恰是所有解对应的图集中图的边数之和。探针机的底层计算具有全并行性，使得众多 NP 完全问题在求解时只需进行一次或几次探针运算即可，如哈密顿问题、图着色问题、SAT 问题、TSP、最大团与最小独立集问题、顶点覆盖问题等。在 1971 年，Cook 等人[26]证明了所有图灵机意义下的 NP 完全问题在多项式时间内的算法复杂度是等价的。也就是说，所有 NP 完全问题在探针机模型下将不再是 NP 完全问题。图灵机的每次操作是让读写头向左或向右移动一个方格，并将方格中的数据擦掉，写上指定数据。从拓扑结构来看，图灵机每运行一次的拓扑结构是长度为 1 的路径，仅对应某个特定图（解）的一条边。探索用图灵机模拟探针机是一项非常有意义的工作。

9.6.3　探针机的优势

探针机具有如下优势：信息处理能力随着数据库规模的增大而快速提升。一般而言，探针机一次探针运算所能处理信息的能力是 2^q，其中 q 等于 Θ 中与 $G^{(X', Y')}$ 同构的所有图的边数之和。这就意味着当数据规模 $n = 50$ 且每个数据之间均可探针时，探针机的处理能力可以达到 $2^{25 \times 49} = 2^{1225}$。这样的能力足以破译公钥密码体系。

此外，图灵机实际上每次只处理相邻数据，且数据的放置是线性的，这导致图灵机必为串行计算模式。不同于图灵机，探针机的数据放置是空间自由的，任意两个数据之间均可相邻，所以任意一对数据之间均可直接进行信息处理。这也是探针机"与生俱来"的并行性。故在求解问题时，一般只需要一次或几次探针运算即可。

探针机由 9 个要素组成，核心是数据库与探针库。针对数据库中数据所带数据纤维的类型，将基本探针运算分为连接型探针运算与传递型探针运算两种。连接型探针运算意味着两个数据纤维间的信息处理是不考虑方向的，而传递型探针运算的两个数据纤维间的信息处理是有方向的。本章所给出的求解哈密顿问题及图顶点着色问题的实例中，探针运算均为连接型探针运算；而生物神经元之间信息的处理均属于传递型探针运算。那么，是否存在这两种基本探针运算以外的其他基本探针运算呢？是否存在同时含有连接型探针与传递型探针的混合型探针机呢？这些有趣的问题非常值得思考和探索。

探针机是一个数学模型，理论上在解决众多困难问题时，其计算有效性优于图灵机。因而，基于探针机研制的计算机，对人类社会的发展，乃至文明程度的提升必有一定的贡献。一个现实的问题是：用什么样的材料来研制基于探针机的计算机？尽管已有纳米-DNA探针机模型被提出，但从目前的检测技术来讲，此模型还远远不能实用。相比之下，传递型探针机模型似乎有实现和实用的希望。我们认为，传递型探针机模型有希望在思维的某些功能上超越人类。

参考文献

[1] XU J. Probe machine[J]. IEEE Transactions on Neural Networks and Learning Systems, 2016, 27(7): 1405-1416.

[2] TURING A M. On computable numbers, with an application to the entscheidungsproblem[J]. J. of Math, 1936, 58(345-363): 5.

[3] TURING A M. Computability and λ-definability[J]. The Journal of Symbolic Logic, 1937, 2(4): 153-163.

[4] MOORE G E. Progress in digital integrated electronics[C]//International Electron Devices Meeting, Washington, D.C.: IEEE, 1975, 21: 11-13.

[5] FEITELSON D G. Optical Computing: a survey for computer scientists[M]. Cambridge, MA, United States: MIT Press, 1988.

[6] MCAULAY A D. Optical computer architectures: the application of optical concepts to next generation computers[M]. United States: John Wiley & Sons, Inc., 1991.

［7］ WITLICKI E H, JOHNSEN C, HANSEN S W, et al. Molecular logic gates using surface-enhanced raman-scattered light［J］. Journal of the American Chemical Society, 2011, 133(19): 7288-7291.

［8］ DIVINCENZO D P. Quantum computation［J］. Science, 1995, 270(5234): 255-261.

［9］ LI J S, LI Z B, Yao D X. Quantum computation with two-dimensional graphene quantum dots［J］. Chinese Physics B, 2012, 21(1): 017302.

［10］LI H O, YAO B, TU T, et al. Quantum computation on gate-defined semiconductor quantum dots［J］. Chinese Science Bulletin, 2012, 57: 1919-1924.

［11］ADLEMAN L M. Molecular computation of solutions to combinatorial problems［J］. Science, 1994, 266(5187): 1021-1024.

［12］ROWEIS S T, WINFREE E, BURGOYNE R, et al. A sticker based model for DNA computation［C］//DNA based Computers, Princeton, New Jersey, USA: Proceedings of a DIMACS Workshop, 1996: 1-29.

［13］WINFREE E, LIU F, WENZLER L A, et al. Design and self-assembly of two-dimensional DNA crystals［J］. Nature, 1998, 394(6693): 539-544.

［14］MAO C, LABEAN T H, REIF J H, et al. Logical computation using algorithmic self-assembly of DNA triple-crossover molecules［J］. Nature, 2000, 407(6803): 493-496.

［15］DOUGLAS S M, MARBLESTONE A H, TEERAPITTAYANON S, et al. Rapid prototyping of 3D DNA-origami shapes with caDNAno［J］. Nucleic Acids Research, 2009, 37(15): 5001-5006.

［16］XU J, QIANG X L, YANG Y, et al. An unenumerative DNA computing model for vertex coloring problem［J］. IEEE Transactions on Nanobioscience, 2011, 10(2): 94-98.

［17］XU J, QIANG X L, ZHANG K, et al. A DNA computing model for the graph vertex coloring problem based on a probe graph［J］. Engineering, 2018, 4(1): 61-77.

［18］HU M, LI H, CHEN Y, et al. Memristor crossbar-based neuromorphic computing system: a case study［J］. IEEE Transactions on Neural Networks and Learning Systems, 2014, 25(10): 1864-1878.

[19] DUAN S, HU X, DONG Z, et al. Memristor-based cellular nonlinear/neural network: design, analysis, and applications[J]. IEEE transactions on neural networks and learning systems, 2014, 26(6): 1202-1213.

[20] GONG M, LIU J, LI H, et al. A multiobjective sparse feature learning model for deep neural networks[J]. IEEE Transactions on Neural Networks and Learning Systems, 2015, 26(12): 3263-3277.

[21] XIA Y, WANG J. A bi-projection neural network for solving constrained quadratic optimization problems[J]. IEEE Transactions on Neural Networks and Learning Systems, 2015, 27(2): 214-224.

[22] HAMILTON W R. Letter to John Graves on the Icosian, 17 oct., 1856[J]. The Mathematical Papers of Sir William Rowan Hamilton, 1931, 3: 612-625.

[23] 许进, 李菲. DNA 计算机原理, 进展及难点 (V): DNA 分子的固定技术[J]. 计算机学报, 2009 (12): 2283-2299.

[24] COHEN R, SCHMITT B M, ATLAS D. Reconstitution of depolarization and Ca^{2+}-evoked secretion in xenopus oocytes monitored by membrane capacitance[J]. Exocytosis and Endocytosis, 2008: 269-282.

[25] SIPSER M. Introduction to the theory of computation[J]. ACM Sigact News, 1996, 27(1): 27-29.

[26] COOK S A. The complexity of theorem-proving procedures[C]//Proceedings of the Third Annual ACM Symposium on Theory of Computing. New York, United States: Association for Computing Machinery, 1971: 151-158.

第 10 章

DNA 算法自组装

从纳德里安·C. 西曼（Nadrian C. Seeman）提出使用 DNA 作为纳米材料开始，DNA 砖块（DNA Tile）和 DNA 折纸（DNA Origami）技术相继被提出，DNA 实现了从二维图形到三维空间结构的可编程组装。DNA 构建的纳米结构具有性质稳定、几何外观规则和空间可寻址等特点，被广泛应用于诸多领域。以序列、连接规则等方式调控自组装过程能实现 DNA 算法自组装。结合 DNA 序列的可编程性，设计 DNA 纳米结构实现 DNA 算法自组装的计算有良好进展。本章主要介绍 DNA Tile 计算、图灵等价的 DNA Tile 计算、可编程 DNA Tile 结构、单链 DNA Tile 计算、基于 SST 的通用 DNA 计算，以及 DNA Origami 计算等。

10.1　DNA Tile 计算

DNA Tile 是 DNA 纳米技术领域的一个重要概念。它是一种由精确设计的核酸序列形成的自组装纳米结构。每个 DNA Tile 由一系列短 DNA 链组成，这些 DNA 链通过沃森-克里克碱基配对原则相互结合，形成一个稳定的二维或三维结构。DNA Tile 的设计通常基于"分子模板"原理，其中一个 DNA 分子编码区域（称为模板）决定了另一个分子编码区域或一组分子编码区域的排列和组合方式。DNA Tile 中特定的 DNA 序列编码设计基于具有特异性的沃森-克里克碱基配对原则，通过 DNA Tile 结构暴露的单链黏性末端引导砖块（Tile）自动组装成预定的几何形状。这些 Tile 可以进一步组装成更复杂的结构，如晶格或其他复杂的纳米尺度图形和设备。

　　DNA Tile 的平铺就是把基础的 DNA 分子结构作为 Tile，像铺砖块一样铺满地面，或者像拼积木一样拼成特定的形状。这体现了自下而上的自组装思路，即把 DNA Tile 作为基础单元，按照一定的规则逐步扩大而拼接成特定的图形。通过对 DNA 序列编码并给定 DNA 分子黏性末端的拼接逻辑和限制条件，可使 DNA Tile 按照设定的方法形成规则的图形，这一可编程自组装技术体现了 DNA Tile 的可计算性。DNA Tile 是一种或几种最基本的结构，其可编程的自下而上的自组装方式也是 DNA Tile 自组装最重要的思想。

　　DNA Tile 的可编程自组装提供了实现 DNA Tile 计算的物理基础。DNA Tile 组装是构建物理结构的过程，而计算则是在这些结构上实现的逻辑和算法操作。组装是计算的基础，而计算则赋予组装更强的功能和更大的目标。

10.1.1　DNA Tile 类型

　　DNA Tile 的设计受到自然界的 DNA 霍利迪连接体（Holliday Junction）结构的启发，研究人员设计了一种非常简单但很有效的结构——四臂结 Tile。如图 10.1 所示，该结构能够在上、下、左、右 4 个方向进行连接，每一条链与另一条链并不完全结合，露出的尾端能够进行级联。四臂结以这样的连接方式相互连接，能形成大的网状结构。在此基础上对四臂结进行改进，可形成更加稳定的结构，并能应用于设计有限阵列。

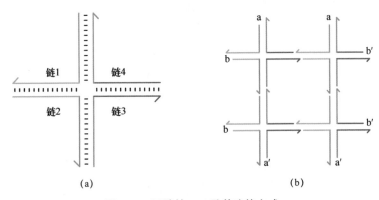

图 10.1　四臂结 Tile 及其连接方式

（a）四臂结 Tile　（b）连接方式

四臂结 Tile 虽然看起来是 4 相对称的，但实际上是 2 相对称。而且由于结构舒张，四臂结 Tile 的稳定性并不高。基于此，Seeman 等人开发出了 DX 型 DNA Tile（简称 DX Tile）[1]，这种结构包含两个交叉，由两股 DNA 双螺旋并排形成，每个结构包含 4~5 条单链。Fu 等人又设计出了多种不同的 DX Tile 结构[2]。但经过实验验证，只有两种比较稳定，即 DAE 和 DAO，如图 10.2 所示。

DAE　　　　　　　　　　　　DAO

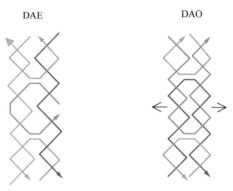

图 10.2　DX Tile 的稳定结构

这两种结构的取名方法代表了它们的结构特性：D 代表双交叉（Double Helix），意味着这两种结构都是双螺旋结构；A 代表交叉点处是反向平行的（Antiparallel）；O 代表并排双螺旋相邻两个交叉点跨越的螺距个数是奇数（Odd）；E 则代表偶数（Even）。实际上，在设计 DNA Tile 结构时，要注意螺距之间的关系，要求每条链在跨越螺距时都不产生扭力，因此最好的效果就是单链处于螺距的整数来进行跨越。实际上由于一个螺距约为 10.5~10.6bp，因此基于 DNA Tile 自组装的设计方案与实际情况会有一定的偏差，即每个螺距累积了约 5° 的偏差。在设计 DNA Tile 结构时，5° 的偏差几乎可以忽略不计，并且在自组装过程中，可以通过"正反正反"的连接形式将扭曲抵消。

DX Tile 的成功为其进行大规模组装打下了牢固的基础。文献[3]通过改变 Tile 的内部及横向的间距，使得 Tile 能够在同一方向进行错位相接，从而将图形从二维结构变成三维复杂结构（见图 10.3）。这个改进还可以实现复杂的多 Tile 系统的自组装，以及条纹修饰、链霉亲和素–蛋白复合物标记，为后来基于 DNA Origami 的自组装打下了坚实的基础。

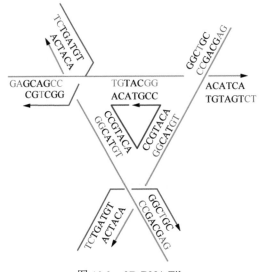

图 10.3　3D DNA Tile

DX Tile 结构比较小，因此比较稳定，凭此连接而成的大规模结构具有较高的鲁棒性。但是，由于 DX Tile 和三交叉 DNA 分子（TX）只是在两个方向上伸出黏性末端用于连接，因此它们的连接方向被限制了，无法在其他方向上进行扩增。2003 年，颜颢等人综合以上 DX/TX 结构的优点发明了 4×4 的 Tile 结构，简称十字 Tile。它有 4 个臂，可以在上、下、左、右 4 个方向上连接，每个臂上有一条用于稳定结构的专用链，并且每个臂与中心的公共中心链形成一个稳定的交叉。这种交叉能使整个结构非常稳固地在 4 个方向上连接，形成稳定的方形网状结构[4]。该结构不仅能够在 4 个垂直方向上连接，还可以通过调整臂之间的角度形成其他任意平面方向上的连接，实现一些特殊的应用，如分子印刷、有限网格、纳米标记等。

普渡大学的 Seeman 等人在以上 Tile 的基础上进行延伸扩展，把十字 Tile 中的每一个臂都设计为完全一样的对称的臂，得到了 3 臂/5 臂/6 臂的结构[5-6]。此结构为 N Tile 系列，其中 N 代表 Tile 的数量。N Tile 是一个通用型 Tile 系统，理论上每种 Tile 只需要 3 种 ssDNA 就能够形成。N Tile 能够组装出纳米级的规整网格和对称的立体结构，这些结构精确规则，体现了 N Tile 的强大自组装能力。

实际上，N Tile 向下还能够继续细分，通过臂之间的组装形成子砖块（Sub-Tile），2014 年，石晓龙等人[7]通过 Sub-Tile 策略实现了 N Tile 系统（见图 10.4），并进一步通过 Sub-Tile 组装出了完美的纳米管和纳米带，体现了 N Tile 自组装系统的编程能力。

DNA Tile 系统的设计不仅需要数学理论的证明，还需要实验的验证。截至本书成稿之日，理论设计的小分子 Tile 有几十种之多，但在实际实验过程中常用的还是上述已经验证过的成熟方案。

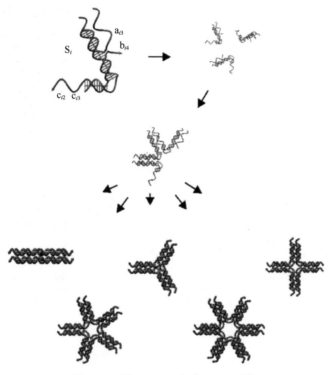

图 10.4　用 Sub-Tile 实现 N Tile 系统

10.1.2　DNA Tile 计算实例

利用上述 Tile 系统，我们能形成一维、二维或三维纳米结构。通过一种或几种 Tile 在溶液中的自由结合，可形成周期性的网状结构。这些 Tile 都是不受连接限制的，通过与自身或与其他 Tile 的周期性连接，可形成无限图形。

2005 年，文献[8]使用改进后的十字 Tile 形成了 3×3 的网格，并在网格上伸出探针实现了特异性的杂交。与此同时，Labean 课题组设计出了 4×4 的网格，在网格上特异性地进行生物素及链霉亲和素标记，实现了 5nm 级的 DNA 图形标记[9]。

根据对每个 Tile 编码的不同，最终形成的网状结构可以是实心的，也可以是空心的，甚至还能按照特定的规则进行生长和排布，实现停止或判断等规则性的连接。例如添加不同停止生长规则，可以生成2×2、3×3、4×4、5×5等大小的网状结构。如果停止生长规则定义在网状结构（见图10.5），就可生成不同大小的框架。

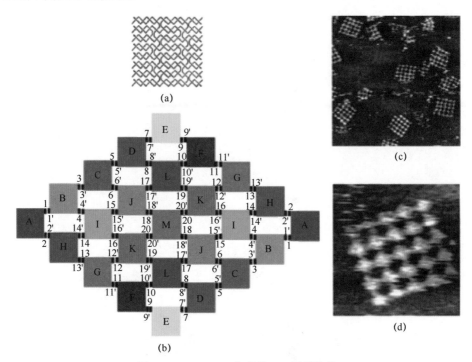

图 10.5　DNA Tile 实现的 5×5 网状结构

（a）5×5 DNA 网状结构设计　（b）5×5 DNA 网状结构连接逻辑，图中数字为连接的数量

（c）5×5 DNA 网状结构扫描出来的真实结果（900nm × 900nm）

（d）5×5 DNA 网状结构扫描出来的真实结果（180nm × 180nm）

　　Park 等人使用改进后的十字 Tile 设计出完全可寻址以及精确可编程的阵列。通过逐步层次组装的技术，制造出了完全可寻址的有限大小的阵列[9]。该 DNA Tile 每个臂都包含一个 DNA 霍利迪连接体结构，每个交叉结能保证臂的稳定性。通过原子力显微镜观察，纳米结构的尺寸与设计完全吻合，单个 Tile 的长度在 10nm 左右。他们设计的 DNA 纳米阵列可用作组织异质材料的开发模板。

　　通过十字交叉 Tile 的组装，Labean 等人验证了容易开发的通用组装系统。通过纳米技术和分子化学将结构控制在纳米规模，并使用自组装技术构建可完全寻址的、有限大小的阵列，展示出多种自组装程序模式。另外，他们还在组装结构上装饰了字母"D""N""A"形状的蛋白质，体现了该结构的完全可寻址性。

利用 DX Tile 的错位连接实现的累加异或（XOR）逻辑门是一个经典的例子。Rothemund 等人实现了 9 位数的加法，该结构在原子力显微镜下显示出的是一个完整的谢尔宾斯基三角（Sierpinski Triangle）图形[10]。该方案是首个将小分子 DNA Tile 用于数学计算的设计和实验，实验者不仅从数学原理上证明了该系统工作的计算效率，还从实验出发探讨了实验过程中可能出现的误差的原因。

Rothemund 等人利用 Tile 的拼接模型实现了经典的谢尔宾斯基三角。他们使用 DNA Tile 的二维自组装技术，基于自动机的更新规则来实现二进制运算，构成了谢尔宾斯基三角（见图 10.6）。谢尔宾斯基三角是三角形累加而成的图形，随着该结构越来越复杂，异或逻辑会使其形成分形图形。实现谢尔宾斯基三角时，抽象的三角形结构要被具象为双交叉图形的 DNA Tile。作为计算的输入，长 ssDNA 分子用于使 DNA Tile 形成累加结构。Rothemund 等人形成的谢尔宾斯基三角装配错误率为 1%～10%。虽然不完美，但是谢尔宾斯基三角的生成展示了任意 DNA 分子自动机实现计算的所有必要机制，即简单的粘贴模型。这表明 DNA 粘贴模型可被视为图灵通用生物分子系统，能够进行部分计算或构造任务算法。

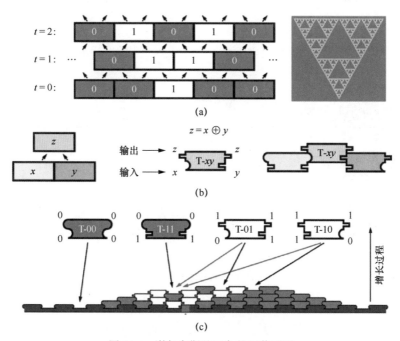

图 10.6　谢尔宾斯基三角的组装原理

（a）DNA Tile 的连接逻辑　　（b）图形化连接逻辑　　（c）连接过程中每一种 DNA Tile 的连接位置

Rothemund利用DNA Tile结构的凸起和凹陷来区分1和0，根据DNA Tile结构 4 个角的取值，只需要 4 种不同的计算模块就能实现谢尔宾斯基三角的组装。DNA 块的拼接实际上是累加异或逻辑门的计算。DNA 谢尔宾斯基三角的自组装展示了图灵等价计算所需的所有 4 个特征：结构构成结晶、扩展晶体的形成、DNA Tile 之间的可编程交互和输入输出信息的模板。

在实验中，Rothemund 等人使用了两种不同的 DNA Tile 结构——DAE 和 DAO（见图 10.7）。在 DAE 的实验设计中，顶部中心包括 4 个 DAE-E 分子，分别是 VE-00、UE-11、RE-01 和 SE-10，它们之间的连接可通过图形表示。图形中凹凸的部分，分别对应字符"0"或"1"。粉红色的部分显示了形状到粘贴序列的映射。VE-00 的分子图显示了每个 DAE-E Tile 是如何由 5 条 DNA 链组成的。DAO 的设计中采用了 6 个 DAO-E 的计算单元：S-00、R-00、S-11、R-11、S-01 和 R-01。DAO-E 分子的对称性允许每个分子用于一种计算模块，S-00、R-00 两个模块用于对输入结构进行限制。

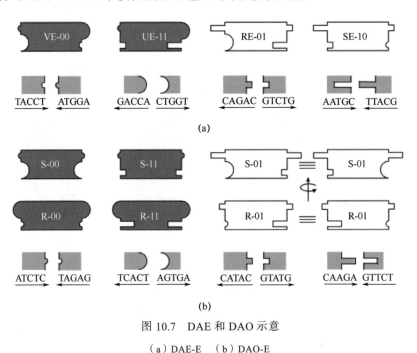

图 10.7　DAE 和 DAO 示意

（a）DAE-E　（b）DAO-E

谢尔宾斯基三角组装的原子力显微镜扫描结果如图 10.8 所示。实验发现，DAE 的连接效率没有 DAO 高，但是在结构的错配性上，DAE 具有更可靠的计算能力。事实上，算法自组装的研究可以进一步理解为简单的生物自组装，由简单的 DNA Tile 组成的算法晶体作为简单性和多功能性表明模板。但是，生物自组装更加复杂和精密，包括构象变化、耗散机制、ATP 水解、遗传相互作用等。

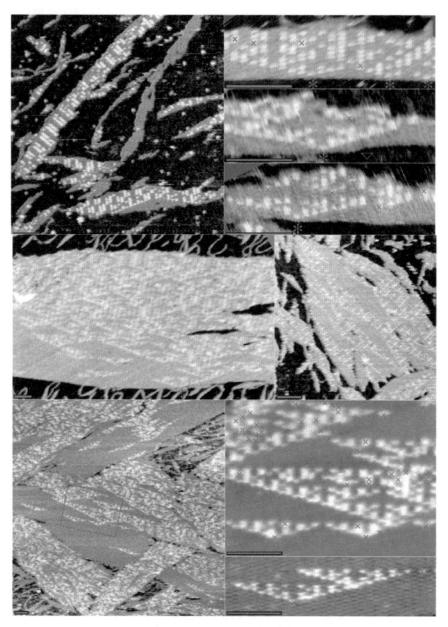

图 10.8　谢尔宾斯基三角组装的原子力显微镜扫描结果

DNA Tile 之间的交互是由黏性末端序列的选择性关联决定的，设计好的初始输入层 Tile 通过输入信息引发受控成核生长。这种平铺方法可用于实现其他细胞自动机规则。DNA Tile 自组装是可编程的，并且是图灵等价的。此外，出于制造目的，可以使用通过自组装的计算来控制方向和增长的程度，从而允许任意形状的高效创建。截至本书成稿之日，限制自组装计算的主要是生长过程中的错误，这源于目前分子生物技术手段的局限性。该实验中存在几种类型的错误，其中包括晶格位错、不匹配的 Tile 连接的结构错误，以及生长过程中的错误。开发出准确的定量模型对算法自组装来说是非常有价值的。

10.2 图灵等价的 DNA Tile 计算

DNA Tile 计算的数学定义可以从计算机算法和数学逻辑的角度来阐述。DNA Tile 计算涉及将可计算问题转化为一系列的可编程分子自组装的过程。DNA Tile 计算系统在理论上可以被设计为图灵完备的系统，能够模拟任何可计算的算法。具体地说，通过适当设计 DNA Tile 和它们的相互作用规则，可以构造出执行任意图灵等价复杂算法的可计算系统。

DNA Tile 计算常通过可编程分子自组装模型来描述，该模型定义了 DNA Tile 如何基于它们边缘的互补配对自组装成更复杂的结构。每种 Tile 类型可以视为一个"状态"，而它们之间的可编程连接模拟了图灵计算系统的状态转移。

10.2.1 DNA Tile 计算的数学模型

DNA Tile 计算的数学模型源自 20 世纪 60 年代的地板砖拼接问题。1961 年，美籍华裔数学家王浩在《贝尔系统技术期刊》（*Bell System Technical Journal*）上提出了一个基于地板砖拼装的数学问题——Wang Tile[11]，即是否存在一组地板砖，可以非周期性地平铺整个平面。

Wang Tile 规定的一组地板砖是具有一定规则形状和不同颜色的多边形图形。基本规则是相同颜色的边可以进行组装连接到一起，而且形状必须匹配，即对应边能够进行嵌套。一组 DNA Tile 按照这个规则逐个组装，构成平面结构，这种计算过程就是 DNA Tile 自组装。同时，DNA Tile 计算也是图灵等价的。

直观上看，每个 DNA Tile 都有一个连接方向，在其上、下、左、右 4 个方向，相邻边的匹配强度大于当前的单个块的稳定性，因此发生连接。这种连接方式属于熵驱动的边连接，不需要对黏性末端进行编码。而基于沃森–克里克碱基配对原则的连接方式，则涉及算法设计。Winfree 对自组装连接模型进行了完整的定义[12]，并且在之后的一系列实验中对该模型进行了验证[13-14]。DNA Tile 在分子热运动的驱动下能够大量地与其他 Tile 进行接触，DNA Tile 链条的黏性末端在沃森–克里克碱基配对原则的约束下进行连接。需要注意的是，该连接的稳定性是由连接分子的熵稳定性和外界环境中的温度决定的。当分子连接的热稳定性大于环境温度时，该连接才是稳定的。DNA Tile 系统的定义和运算如下。

DNA Tile 的 4 个连接域可定义为一个有限集 Σ，连接域的连接规则可定义为 μ。当一个 Tile 没有其他 Tile 进行连接时，该 Tile 可以定义为"空"。T 为一组特定的 Tile 集，τ 为连接所需的能量（一般为分子热驱动）。

在连接集 Σ 中，空集也被包含在内，即 null $\in \Sigma$。对于一个 Tile，具有 4 个连接方向的运算记为 δ，该 Tile 记作 $<\delta N \quad \delta W \quad \delta E \quad \delta S> \in \Sigma$。其中，方向函数集 D 为 $\{N,W,E,S\}$，实现位置映射。对于某一位置 $(x,y) \in \mathbf{Z}$，方向集 D 可以表示为

$$N(x,y)=(x,y+1); W(x,y)=(x-1,y)$$
$$E(x,y)=(x+1,y); S(x,y)=(x,y-1) \qquad (10.1)$$

两个 Tile[(x,y) 和 (m,n)]相邻的定义记为

$$(x,y),(m,n) \in \mathbf{Z}; \text{if } d \in D, d(x,y)=(m,n) \qquad (10.2)$$

连接强度 g 表示为

$$\Sigma \times \Sigma \to R \qquad (10.3)$$

连接强度 g 是可变的，其中任意的连接运算 $\forall \delta \in \Sigma$。对于空边，连接强度为 0，$g(\text{null},\delta)=0$。

式（10.4）从连接强度的角度说明了 (δ,δ') 这两个相邻的 Tile 不能连接的定义。

$$g(\delta,\delta')=0 \Leftrightarrow \delta \neq \delta' \qquad (10.4)$$

因此，定义：$g=1$ 意味着 $\forall \delta \neq \text{null}$，如果 $g(\delta,\delta)=1$ 并且 $\forall \delta \neq \delta'$，则 $g(\delta,\delta')=0$。

如果集合 T 是一组包含空边的 Tile，单个 Tile 的位置为 $(x,y)\in \mathbf{Z}$，T 的位置集为 A，那么对 T 的位置的计算公式可定义为 $A: \mathbf{Z}\times \mathbf{Z} \to T$。该计算公式也可以理解为 Tile 位置的变化都属于 A。A 的连接是有限的，当且仅当仅有有限连接的位置存在，即 $(x,y)\in A$。

最后，DNA Tile 系统 S 是一个三元组 $\langle T,g,\tau \rangle$。其中，T 是包含空集的 Tile 集，g 是连接强度，$\tau \in N$ 表示的是连接所需要的热能（简称连接能量）。

如果对于一个 DNA Tile 系统 S，有 $S=\langle T,g,\tau \rangle$，$S$ 中的一些 Tile A 满足 $T' \subseteq \Sigma^4$，则 t（$t\in T$）可以在位置 (x,y) 连接到 A，并且连接后产生新的连接图形 A' 的条件为

$$(x,y)\notin A$$

$$\Sigma_{d\in D}\, g\big(bd_d(t), bd_{d-1}\big(A\big(d(x,y)\big)\big)\big)\geqslant \tau$$

$$\forall (u,v)\in \mathbf{Z}^2, (u,v)\neq (x,y) \Rightarrow A'(u,v)=A(u,v) \qquad (10.5)$$

$$A'(x,y)=t$$

从式（10.5）可以看出，t 能够连接到图形块上必须满足以下 3 个条件。

（1）t 只能在空的位置上连接，即原来图形块已有的位置不能再被连接。

（2）连接边的连接能量 τ 必须大于或等于碱基互补配对需要的能量。

（3）连接后的稳定性熵值需要大于或等于环境温度对应的熵值，否则连接不稳定。

例如，对任意的连接运算 δ，如果 $g(\delta,\delta)=1$，而 $\tau=2$，那么该 Tile 具有的能量能够在 {N,W,E,S} 中两个相邻的边上进行连接。

对于一个给定的 DNA Tile 系统 $S=\langle T,g,\tau \rangle$，以及 DNA Tile 系统的集合 Γ。种子图形 S_0（S_0 既可以是起始 Tile，也可以是起始图形）：$Z^2 \to \Gamma$。如果上述条件都满足，则通过 T 连接到 S_0。定义 $W_0 \subseteq Z^2$，W_0 是可以连接边方向的集合。在此基础上，另定义 $w\subseteq W_0$，U_w 是在 w 处连接到 S_0 的集合。设 $\widehat{S_1}$ 是所有可能的连接图形，每个可能的连接边概率为 p，有 $p\in S_0$。$S_1(p)=S_0(p)$ 代表在这两处其连接概率相同。

对于所有的 $S_1 \in \widehat{S_1}$，能说明 S 在一步反应内连接到了 S_0，连接结果是 S_1。如果有一系列连接结果 $\{A_0,A_1,\cdots,A_n\}$ 都是连接的图形，$i\in \{1,2,3,\cdots,n\}$，

且 S 在一步内从 A_{i-1} 连接生成 A_i，就能定义 S 在 n 步反应后从种子图形 A_0 连接产生了 A_n。如果 S 在 n 步内能且仅能生成 A_n，则称 A_n 为唯一的最终结果。如果从 S_1 到 S_n，最终结果是 A_0，且 n 是生成 A_0 所需要的最小步数，则称 n 为组装所需要的时间。

　　DNA Tile 的计算从一个种子 S 开始，其他 Tile 逐渐连接到 S 上。如果没有其他 Tile 再连接到 S 上，则计算结束。在特定条件下，有可能有多个 Tile 连接到一个特定的位置，或者某一个 Tile 被多个其他 Tile 连接。能被多个其他 Tile 进行连接的方案，也能形成多种不同的最终连接结果。在这种情况下，我们称从 S 出发能够形成多个连接结果。由于有大量的 Tile 同时在进行连接，这种大并行计算的过程最终会产生最小连接步骤的结果。这也是连接结果最终会趋于热力学稳定的原因。

10.2.2　DNA Tile 计算的图灵等价性

　　DNA Tile 的计算能力已经被证明是图灵等价的[15]，理论上可以用于构造任意可计算函数的自动分子求解系统。以一维细胞自动机为例，可以通过两个 DNA Tile 系统的组装来实现。一维细胞自动机是图灵等价的，它们已经被证明可以进行图灵计算。

　　一维细胞自动机是一条无限长的条带，条带上的细胞状态可根据它的邻居细胞的状态进行转化。一维平铺系统在单行中表示一维元胞自动机，并能计算上一行的状态。通过每个细胞状态的转化，一维细胞自动机可以模拟通用的一维元胞自动机。

　　这里介绍一种将图灵机转换为 DNA Tile 计算系统的结构，该系统在每个转化步骤通过即时计算图灵机状态来模拟图灵机，能很好地模拟一维 DNA Tile 系统的计算过程。

　　图灵机是一种简单的计算机器。图灵机的外部包含一个无限长的数据带，可以读取数据的读写头，读写头每次可以读取一个数据带上的数据胞。图灵机的内部是状态有限的数据结构和状态控制器。状态控制器每次能改变一个数据胞的状态。图灵机运算遵循一些简单的转换规则，这些转换规则体现在数据胞上的状态变化（数据带上包含数据胞及其状态）。读写头可以将一个数据胞从一个状态转换到另一个状态，并在该数据胞上写入一个字符代码。完成这个转化后，读写头可以向相邻的数据胞移动，向左或向右。图灵机的意义在于它可以完成所有的计算功能，并且没有更"强大"的计算机能超越它。这里的强大并不是指运算更快或效率更高，而是指计算理论结构更优。

图 10.9 展示了一个三状态图灵机的计算原理，它包含 3 个运算（开始、增加、停止），以及 3 个状态（表示为 0、1、*）。当把读写头放在数据带上时，它可以在数据胞上写入 0 或 1，或者向左、向右移动。"*"表示该处停止写入，数据胞运算状态稳定。

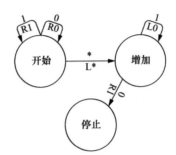

图 10.9　三状态图灵机的计算原理

图 10.9 中，L*表示向左（L）移动到最左边的数据胞，并停止向左移动。在该处写入 0 或 1（Add），并继续在其他位置写入 0 或 1，直到停止（Halt）。

DNA Tile 系统可以模拟图灵机的计算过程。图 10.10 所示为 DNA Tile 系统模拟图灵机计算的过程。该系统在顺时针方向用 5 步完成了计算。每一行的 Tile 表示图灵机的一个状态，黄色数据表示正在处理的数据。需要注意的是，Tile 需要一层一层地连接，不能间断，否则无法得到最终结果或得出的结果是错误的。

图 10.10 所示的计算从一行种子 Tile 条带开始（从左到右），并对该种子条带所表示的数值加 1。每一步的计算由下一层 Tile 的组装体现。图 10.10 中，从左上角开始，第 2、3、6、10 层的 Tile 条带以顺时针方向进行状态改变。图 10.10 所示的计算数值为 11=01011，最终得到的结果是 12=01100。该 DNA Tile 系统完成了公式 $f(a)=a+1$ 的计算定义。图 10.10 所示的红色圆圈表示 DNA Tile 系统模拟图灵机计算过程中 Tile 所对应的状态。

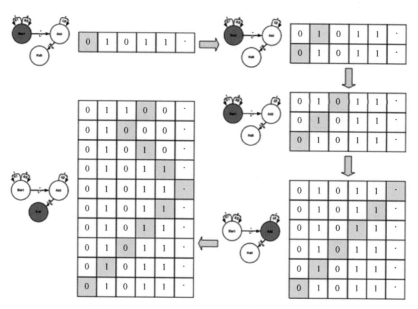

图 10.10　DNA Tile 系统模拟图灵机计算的过程

虽然该 DNA Tile 系统仅完成了一个简单的加法，而且用了 10 层 Tile 条带，但是它体现了图灵等价的过程。实际上，DNA Tile 系统不仅是图灵等价的，甚至对每一个图灵系统都存在相应的 DNA Tile 系统 $\theta(1)$能完成相应的运算。将一个图灵系统转化为 DNA Tile 系统所需要的 Tile 数 N 为

$$N=\Omega\left(|\varrho|\cdot|\varSigma|\right) \tag{10.6}$$

其中，ϱ 表示所需要的有限数的控制集，$\varSigma$ 表示字母状态集。

此外，还有其他论文论述了 DNA Tile 系统和图灵机的等价问题。例如，Brun 等人证明了在一个稳定的熵下，DNA Tile 系统是图灵等价的[16]。

随着分子生物技术水平的提高，人们对 DNA 的特性有了更深刻的认识，对 DNA 链的控制更加得心应手。DNA 的 4 种碱基可以随意地进行调换和编码。研究人员可以利用限制酶、外切酶、聚合酶、连接酶等对 DNA 进行操作，可实现更加复杂丰富的运算，并且可以将一个 Tile 设置为一条 ssDNA 或一条 dsDNA，这样有助于 Tile 数量的增长。同时，更加先进的仪器也对计算结果产生了非常大的帮助。

通过上述研究，可以得出 DNA Tile 系统是图灵等价的。图灵机的优势在于有配套的电子元器件支持它的工作。而且随着图灵机的发展，有软件配合编程高级语言，如 Java、C、C++等。这些软硬件的结合有利于构建复杂的计

算系统。可见，DNA Tile 系统的研究不能仅停留在简单的加、减、乘等计算方式的图灵等价，应该充分利用 DNA Tile 系统的大规模计算性，以及 DNA 的分子特性，对 DNA Tile 计算模型进行系统、完善的研究。

10.3　可编程 DNA Tile 结构

分子计算可以由 DNA Tile 算法自组装实现，复杂的计算过程需要稳定的分子结构和丰富的分子类型。使用回文序列设计黏性末端的方法虽然能够成功构建毫米级大规模阵列，但是也在一定程度上折损了分子的丰富性。不对称的黏性末端设计既能提高特异性结合能力，也能提供更丰富的编程组合。广州大学石晓龙等人[7]利用非对称黏性末端设计提出了 Sub-Tile 可编程分层自组装策略。加拿大智能纳米系统研究主席卡洛·蒙特马尼奥（Carlo Montemagno）教授将 Sub-Tile 列为 DNA 纳米技术自 1991 年发展至今的 15 个重要里程碑之一。

Sub-Tile 是一种可编程 DNA Tile 结构，仅由 a、b、c 共 3 条 ssDNA 组成，含有一级黏性末端和二级黏性末端。如图 10.11（a）所示，单链 a、b、c 对应区域 a_2 与 c_6、b_3 与 c_5、b_1 与 c_4 互补配对，形成 Sub-Tile 结构。一级黏性末端（如 a_1、a_3、b_4、c_1、c_2、c_3）用来实现 Sub-Tile 之间的连接，构成复合结构。例如，Sub-Tile 的 S_i 与 S_j 通过 a_{i3} 与 c_{j2} 互补配对连接；S_i 的 c_{i2}、c_{i3}，S_j 的 b_{j4}、a_{j3} 与相邻的 Sub-Tile 对应区域相连，如图 10.11（b）所示；c_{i2} 与 a_{j3}、c_{i3} 与 b_{j4} 相连形成二臂结构，六臂结构连接则如图 10.11（c）所示。二级黏性末端（如 a_{i1}、c_{i1}）相连，能够使得复合结构形成更加复杂的二维或三维阵列。图 10.11（c）展示了由六臂结构形成的更复杂的结构。每个 Sub-Tile 中都有一个由 6 个 T 组成的 b_2 区域，该区域不仅使得结构具有一定的柔性，还增加了空间限制，可防止 Tile 中相邻臂之间的错误连接。

黏性末端的非对称序列设计方式为 Sub-Tile 稳定构建丰富的结构奠定了基础。通过简单地修改黏性末端序列，即可实现可编程自组装，形成不同的结构。实验证明，二臂、三臂、四臂、五臂、六臂结构都成功被构建。结构决定功能，不同类型的结构成功组装，意味着 Sub-Tile 具备实现不同功能的潜力。另外，非对称的序列设计提高了序列特异性，降低了组装过程中错配的可能性。

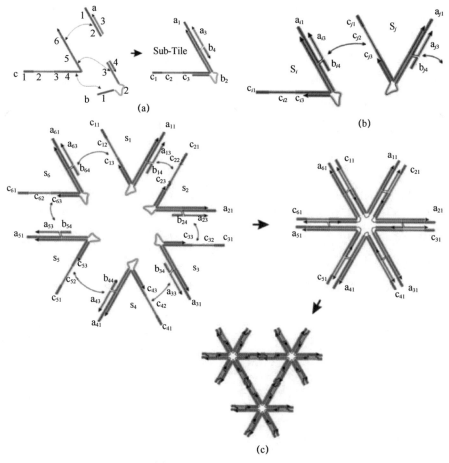

图 10.11　Sub-Tile 结构示意

（a）单个 Sub-Tile 连接示意　（b）相邻 Sub-Tile 连接示意　（c）基于 Sub-Tile 的复杂结构

Sub-Tile 组装过程采用分层自组装策略，与一锅法（一次性加入所有的 DNA 链并退火）组装相比，减少了 DNA 链在复性过程中非特异性结合和链的串扰。在组建一级 Sub-Tile 单元后，分层自组装策略允许在 Sub-Tile 之间结合时提供更多的设计组合，形成更丰富的组装图形。

10.4　单链 DNA Tile 计算

DNA Tile 可利用 DNA 碱基互补配对的准确性和霍利迪连接体的稳定

性构建多种臂状结构，但是基于 DNA Tile 构建可唯一寻址的复杂形状是一大挑战。

传统的 DNA Tile 多采用多条链组装紧凑的结构，并预留几个黏性末端供进一步连接。基于第一性原理，哈佛大学的尹鹏团队提出只使用一条 ssDNA 的单链 Tile（Single Strand Tile，SST），通过一条 ssDNA 的 4 个编码区域实现可编程自组装，进而通过大量编码 SST 构建 DNA 画布（DNA Canvas）实现复杂图形的组装[17]。长度为 42nt 的 ssDNA 被划分为 4 个结合域，每个结合域由 10～11nt 构成，如图 10.12（a）所示。在组装过程中，SST 都被折叠为形状相同、大小为 3nm×7nm 的 Tile。结合域被分为两组：结合域 1、2 为一组，结合域 3、4 为一组。以类似“砌墙”的方式，通过序列设计和相邻螺旋之间的角度调控，不同的 SST 结合域相互匹配，组装为平面。理论上来说，这种方式可以组装出任意尺寸的矩形。矩形边缘既可以添加通过互补配对的 ssDNA 维持平面，也可通过添加连接两个边缘螺旋的 SST 形成纳米管。

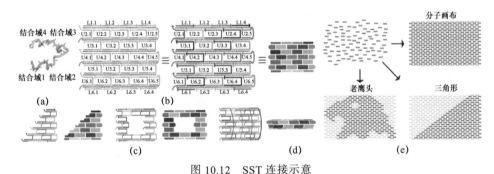

图 10.12　SST 连接示意

（a）ssDNA Tile 模块　（b）DNA 链区域及 Tile 墙设计　（c）设计任意的形状

（d）设计一个纳米管　（e）通过分子画布设计任意形状的结构

每个 SST 相当于一个像素，研究人员使用 362 个不同的 SST 组装出长度为 24 个螺旋束、宽度为 28 个螺旋束的“分子画布”。可以根据预期设计的图形，采用“剪纸”的思想，在“分子画布”中去除不需要的 SST，构建形状不同的结构。为了提高结构产率，减少结构聚集，尹鹏团队采用了两种方法封闭边缘暴露的链，都取得了理想的效果。一种方法是利用相同长度的多聚胸腺嘧啶核苷酸[poly(T)]链替换暴露的结合域的序列；另外一种方法是添加保护链，保护链序列由与暴露结合域互补配对的序列和长度为 10～11nt 的 poly(T) 组成。出于实验成本和链数尽可能少的考虑，他们选用第二种方法，并成功构建了 107 种图形，包括数字、字母、标点、中文、表情等，部分图形如图 10.13 所示。通过该方法构建图形的产率为 6%～40%。实验证明，将组装好的多种不同图形混合在一起后，图形之间独立性良好，不会相互影响。

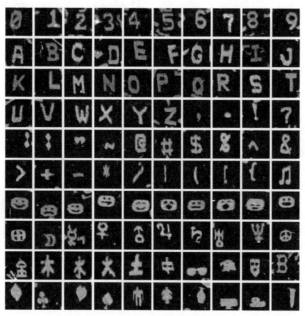

图 10.13　基于 SST 技术构建的部分分子图形（原子力显微镜表征图）

通过 SST 构建二维"分子画布"实现图形组装的方法不需要仔细调整加入的 DNA 链的化学计量比例。在 SST 组装过程中，首先会稀疏、缓慢地成核，随后快速生长，完成组装。这种简单和模块化的方法挑战了模块化组件（如 DNA Tile）不适合组装复杂的、可单独寻址的形状的观点。

同年，尹鹏等人将 SST 的功能视角由"像素"转化为 Tile，实现了从二维画布到复杂三维结构的突破（见图 10.14、图 10.15）[18]。每块"砖"由一条长为 32nt 的 ssDNA 构成，共有 4 个长度为 8 个碱基的结合域。与二维结构不同，三维结构下 SST 有两种连接方式：一种与二维画布中 SST 连接相似，为水平连接方式；另一种是垂直连接方式。为了构造三维结构所需的 90°二面角，两个 SST 仅互补配对 8nt，即 3/4 个螺旋。在构建三维结构时，把每 8bp 看作一层，层内与二维画布类似，所有的 SST 以相同的方向像"砌墙"一样交错排列。层与层之间以 90°逆时针旋转排列，即每 4 层形成一个循环单元。

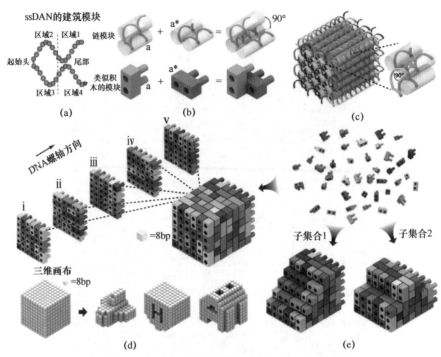

图 10.14　基于 SST 技术的三维结构组装（概念图）

（a）DNA 的区域划分　　（b）DNA 的抽象化结构　　（c）DNA 构建的转角

（d）单层 DNA 构建的三维结构　　（e）单个 DNA 构建不同的三维结构

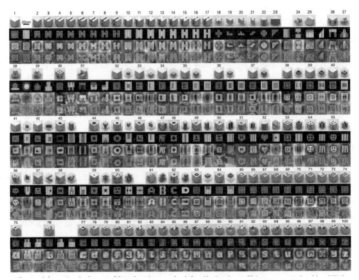

图 10.15　基于三维分子画布构建的三维结构（透射电镜表征图）

构建长度为 10 个螺旋束、宽度为 10 个螺旋束、高度为 80bp（记作 10H×10H×80B）的立方体结构，作为三维分子画布。以一个 8bp 的双链为立体元素，三维分子画布可以抽象为不同立体元素。复杂图形的构建就像在三维分子画布上雕刻。

首先，设计图形。以 10H×10H×80B 三维分子画布为基础建立 x、y、z 轴空间坐标系。以三维建模软件为辅助，可根据目标结构在三维分子画布中去除不需要的体素，筛选出所需的 SST。

然后，优化结构。从三维分子画布中删除部分 Tile 后，边界处存在暴露的序列。为了减少不希望的非特异性结合，提高结构的稳定性，可以添加保护链、边界链优化结构。保护链是指原边界处暴露的 8nt 序列，改用 8 个连续的胸苷代替。边界链则为一个 16nt 的半 Tile，可以沿着螺旋方向与前面一个 32nt 的完整 Tile 合并形成一条 48nt 的长链。

优化结构后，全自动加液器从 SST 子集中添加相关 DNA 链，通过复性使其相互连接，从而构建出复杂的结构。成功构建出 10^2 种不同的形状，包含椭球体、球体等集合立方体，空盒子、平行腔等镂空结构。大多数结构的产率在百分之几到百分之三十之间（见图 10.15）。

尹鹏等人基于 SST 技术构建了二维、三维分子画布，实现了复杂图形的灵活构建。参与构建分子画布的所有 SST 虽然构型大致相同，但是序列各异。大量独特、可寻址的 DNA 使得实验成本和实验难度都急剧增加。探索低成本、高效的可编程自组装方法成为一大挑战。

文献[19]提出了仅用 3 条可重复使用的 SST 构建尺度可控纳米条带的通用方法，所用的 S_1、S_2、S_3 这 3 种 Tile 都有 4 个结合域，如图 10.16 所示（颜色相同部分可以相互匹配）。两个特定的 SST 相结合，如 S_1 与 S_2、S_2 与 S_3、S_3 与 S_1，互补配对的结合域结合形成螺旋结构。若不增加其他辅助的链，3 种 SST 将自由地组装，由于 SST 的固有曲率积累，最终会形成 DNA 纳米管；若添加边缘保护链，则可以避免管的两个边缘互补，迫使 DNA 纳米管打开，成为纳米条带。边缘保护链根据 S_1 的结合域 1、2 的序列决定，将 S_1 的结合域 1、2 平均分为 3 个部分，3 个部分互补序列的不同组合形成了 3 条不同的保护链，长度为 56 个碱基。除了控制结构的形状，文献[19]还提出了边缘保护链和填充链的浓度比的策略，以控制纳米条带的长度。填充链是为了封闭纳米条带两侧暴露的区域，左右两侧共 4 条。纳米条带的比例随边缘保护链和填充链的浓度比的增加而降低。

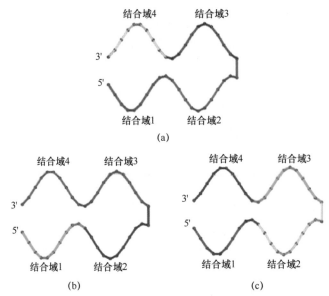

图 10.16　3 条可重复使用的 SST 构建纳米图形连接示意

（a）S_1　（b）S_2　（c）S_3

文献[20]提出了仅两条 SST 参与的较大直径纳米管的构建方案，构建了宽度约 100nm 和 300nm 的纳米管。与文献[19]提出的方案相似，SST 被分为 4 个结合域。100nm 纳米管的设计方案中 4 个结合域的大小分别为 10nt、11nt、10nt、11nt；300nm 纳米管的 4 个结合域的大小分别为 9nt、12nt、9nt、12nt。如图 10.17 所示，这两种设计方案的 SST 配对方都相同：SST 1 的结合域 1 与 SST 2 的结合域 3 互补配对，SST 1 的结合域 2 与 SST 2 的结合域 4 互补配对，SST 1 的结合域 1 与 SST 2 的结合域 1 互补配对。

在原子力显微镜下，不仅观察到了大半径纳米管，还观察到了星形的 Aster 结构。两个 SST 的分层组装可解释这一现象：从 Aster 结构（SST 的成核点）开始，通过添加 Tile，使得多个 2 螺旋纳米线生长和延伸；从同一个 Aster 结构延伸的纳米线束通过域交换横向相互连接，形成纳米管。分层组装策略绕过了柔性 SST 组装过程中的动力学陷阱，有助于构建由两个 SST 组成的、更宽的 DNA 纳米管。

文献[20]中，2-SST 策略可能为从简单的 DNA 组装单元构建大型复杂的超分子纳米结构铺平道路，以实现多功能应用，降低纳米结构的制造成本，特别是在体内应用如药物输送方面。

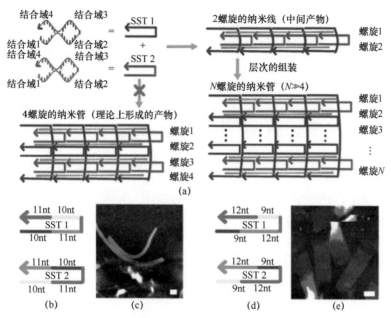

图 10.17　仅两条 SST 构建的大直径纳米管

（a）两种 SST 形成 2 螺旋/N 螺旋纳米管的逻辑连接　（b）形成 4 螺旋纳米管的 SST 序列区域分布
（c）扫描出的 4 螺旋纳米管　（d）形成 N 螺旋纳米管的 SST 序列区域分布　（e）扫描出的 N 螺旋纳米管

　　SST 策略的提出使得基于 DNA Tile 构建纳米结构的复杂性急剧增加，模块化、可扩展的方法为功能性纳米材料、分子计算提供了可控、可编程的强大平台。纳米结构组装一般分为成核和生长两个阶段。然而，SST 自组装过程中成核是随机的，不同的小核存在于目标结构的不同位置[21-22]，且 SST 虽然序列不同，但是结构和连接方式相同，这导致 SST 连接在微观机制中是低概率事件，所以整体组装十分缓慢。文献[23]提出了加入 DNA"种子链"触发快速和受控成核的方案，以促进随后的快速生长，提高组装速度。

　　首先，长种子链含有多个结合域与多个 SST 互补配对，因此种子链与 SST 相互作用的概率更大，成核自由能的势垒高度降低，种子链处的成核概率更大。其次，计算机模拟和实验证明种子组装策略显著提高了纳米结构的最佳组装温度，种子策略的组装温度提高了 5℃左右。传统 SST 系统在较低温度下，SST 倾向于错误结合和聚集，若成核势垒较低，会导致多个核的错误形成。在较高的温度下，SST 之间的错误结合将减少，成核势垒较大，可抑制 SST 大规模成核。种子策略降低了成核势垒高度，使得 SST 组装在较高温度下保持减少错误结合的优势，同时促进成核过程，生长阶段 SST 很大程度上遵循种子引导的路径。

10.5 基于 SST 的通用 DNA 计算

由前文可知，形形色色的 DNA Tile 自组装结构为 DNA 计算提供了便携的编码工具。与其他 DNA 计算材料相比，我们可以借助纳米尺度显微镜直观地看到计算结果乃至整个计算过程，这种高度可视化是依托 DNA Tile 的计算模型的一大特点。

在这些模型中，DNA Tile 的形态各异，在生物材料角度表现为 DNA 缠绕方式各异，在计算模型角度表现为编码或功能区域的定义各有千秋。换句话说，研究人员在构建 DNA 计算模型的功能时，都仔细考量了所用材料之间如何相互作用，如何编码和执行算法才能将分子自组装行为嵌入算法过程中。因此，形态各异的 DNA Tile 往往仅用于与结构本身契合的计算功能。

SST 的问世为 DNA Tile 家族注入了新的生命力。自该理论首次于 2012 年在《科学》(Science) 杂志发表以来，ssDNA 在纳米世界中"乐高"式的拼接方法令人眼前一亮；后来，研究人员从化学反应原理的角度探索组装机制，在笛卡儿坐标系的 3 个轴向剖析其组装稳定性，赋予了 SST 像积木一样稳定搭建的能力；再到 2015 年正式提出三维空间中的通用编码策略，构建了由 30000 个独特 SST 组成的编码空间。这些成果向世人证明，出于完备的自组装机制和可行的编码策略，这种长度仅为 32nt 的寡核苷酸链可以作为通用计算材料。

如文献 [23] 所述，使用 DX Tile 输出谢尔宾斯基三角时，为了确保输入值可控，先后引入了 ssDNA 和 DNA Origami 作为计算起点，并命名为"种子"。种子类似电子计算机中一个起始条件，将用户输入的值传递给执行计算的函数并启动程序运行。由于 DNA 计算并行地发生在液体中，种子的传递功能表现在部分序列与输入序列互补，用于抓取溶液中悬浮的输入 DNA；启动功能则表现在利用空间组织能力，将输入序列写入合适的位置，从而开启互补反应。具有独特寻址性的 DNA Origami 技术自然能够胜任种子。DNA Origami 技术将在 10.6 节进行介绍。本节主要介绍在 DNA Origami 种子的介入下，使用 SST 构建通用计算模型的两个实例。

10.5.1 基于 SST 的迭代布尔电路计算模型

基于 SST 的迭代布尔电路计算模型于 2019 年在文献 [24] 中被提出，该模

型通过创建一个可重编程的自组装系统来弥补 10.1.2 节中所述的谢尔宾斯基三角算法所需 Tile 过多的不足。该模型的设计包括以下 5 个层级。

1. 抽象计算模型的设计

系统的抽象计算模型被命名为迭代布尔电路（Iterated Boolean Circuit，IBC）。模型中使用了多层重复执行的布尔逻辑门阵列，如图 10.18 所示。布尔逻辑门在层内和层间局部连接。

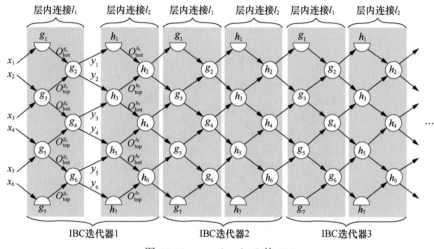

图 10.18　$n = 6$、$l = 2$ 的 IBC

在构成方面，IBC 中拥有逻辑门和边缘门两种布尔逻辑门。一个输入位数为 n、迭代层数为 l 的电路共需 $(n-1)l$ 个逻辑门，以及 $2l$ 个边缘门。每个逻辑门为 2 输入 2 输出，每个边缘门为 1 输入 1 输出。

在功能方面，系统会通过重复迭代电路层进行计算：从左侧输入位置开始，逐个增加电路层的副本，最终达到一个固定状态或进行循环。由于全部 $(n-1)l$ 个布尔逻辑门的逻辑函数均由用户指定，因此，这是一个通用计算模型，可用于模拟其他许多计算模型的功能。

2. Tile 组装模型的抽象化

第二层级的设计将布尔逻辑门抽象为方形 Tile，描述了单体 Tile 之间的自组装行为由 4 条边上的"胶水"引导，"胶水"承载了人为编码的组装信息。由于 DNA 计算发生于大量存在于溶液中的重复副本，Tile 组装模型假设溶液中每种单体过量，即它们不会耗尽。

Tile 组装模型与第一层 IBC 的对应关系如图 10.19 所示。布尔逻辑门均由一个抽象方形 Tile 实现，其中，每个 Tile 包含 2 个或 4 个抽象方块，代表"胶水"，分别对应布尔逻辑门的输入/输出。不同之处在于，2 输入 2 输出逻辑门包含 4 个抽象方块，1 输入 1 输出边缘门包含 2 个抽象方块。该模型假设 Tile 从代表电路输入的种子位置开始附着并生长，装配体的形成代表着电路的执行，并且原则上永远持续。

模型还考虑了合作装配机制：为了确保装配正确率，在装配体生长的过程中，只有至少两种"胶水"匹配时，Tile 才可以附着到装配体上。图 10.19 中的绿色对勾表示正确的附着位置。

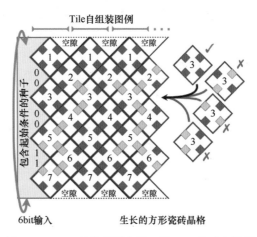

图 10.19　Tile 组装模型与第一层 IBC 的对应关系

电路在水平方向上执行，而"胶水"在电路的垂直方向进行编码，这种设计带来了一个重要的好处：从自组装结构的形成角度来看，DNA 纳米管或纳米带形成时，垂直组装可以对自发成核产生实质动力学阻碍，而抑制自发成核意味着分子实现时的高组装率。

3. 校对方块的设计

第三个抽象层级中，第二层的每个 Tile 被分为 4 个"校对方块"，如图 10.20（a）所示。因此，Tile 的四周共包含 8 个"胶水"，两两一组对应布尔逻辑门的一位输入/输出。中央的"胶水"用于校对，它们在校对方块内的位置是否唯一。

校对方块的引入令匹配变得更可靠。只有校对方块的两个位都与装配体匹配，方块才能稳定附着。与直接实现相比，校对机制降低了匹配错误率。

4．SST 绑定域的设计

第四个抽象层级定义了 SST 绑定域的对应关系，主要考虑除了序列设计的实现过程。如图 10.20（b）所示，SST 逻辑上包含 4 个绑定域，每个域对应一个"胶水"，第三层级中的校对方块由一个 SST 分子实现。

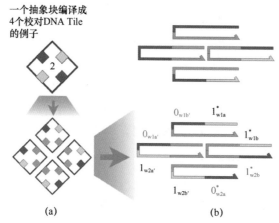

图 10.20　抽象校对方块与绑定域的对应关系

（a）将一个 Tile 编译成 4 个校对方块　（b）SST 绑定域的对应关系

除了绑定关系，该层级还考虑了实现时的关键几何因素，具体如下。

（1）SST 晶格，包括为绑定域选择合适的碱基数量。

（2）输入适配链，包括在 DNA Origami 种子后级联输入适配链，以开启分子逻辑门的装配。

（3）标记位置，包括选择生物素标记在 SST 上的修饰位置，用于可视化呈现计算过程。

5．DNA 序列的设计

尽管在前 4 层设计中，预期行为可以用 SST 的绑定关系描述，但抽象模型在试管中的有效性取决于绑定域之间附着能量的均匀性和特异性，因此第五层的 DNA 序列设计依然充满挑战。该层级要求 DNA 链发挥相应的作用，如尽可能防止发生假成核、避免产生 SST 附着错误等。

（1）假成核：SST 没有通过种子开始生长，而是自发生长。

（2）SST 附着错误：不匹配的域发生附着。

有证据表明，随机序列和轻度设计序列可以发生 SST 自组装，但错配度高，不适用于算法组装。因此，基于NUPACK和ViennaRNA这两个核酸分析模型，在序列设计层中构建了临时的能量模型，用于生成DNA序列，并纳入了以下考量。

（1）确保SST在平铺事件中的能量均匀性。

（2）确保在Tile附着期间，解除相邻纳米管之间的结合。

（3）最小化正确域和错误域之间的错配能量，以增强特异性。

具体地，在以上能量模型中使用随机局部搜索算法解决多目标优化问题，目标是获得一组分子实现第四层设计中的预期相互作用。

在上述基于SST的迭代布尔函数计算模型中，SST具有可编程性，这对演示各种电路和创建任意形状的图形至关重要。出于可编程性，在DNA Origami种子上生长的SST集可以被视为"算法分子画布"，而分层设计的概念可令研究人员像DNA Tile程序员一样"雕刻"算法，以针对所需函数功能产生越来越多的确定性算法。

10.5.2 基于可重复SST的填充计算模型

基于可重复SST的填充计算模型于2022年在文献[25]中被提出，旨在将DNA Origami结构与较少的SST结合，构建简便、可重用的DNA可编程自组装纳米结构服务DNA计算。为了避免组装过程中SST陷入动力学陷阱，该模型巧妙地引入了框架型DNA Origami作为种子，结合"偏移连接"的策略简化模型，最终仅用了两种可重用的SST单元。该模型的设计与实现包含以下3个层级。

1. DNA可编程自组装纳米结构

该层级讨论由两种纳米材料共同参与构建的自组装纳米结构如何作为计算模型工作。该纳米结构包含框架型DNA Origami和SST计算核心两个部分，如图10.21所示。因此，模型的搭建及运行按照以下两步依次进行。

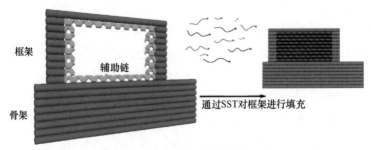

图10.21　DNA可编程自组装纳米结构的两步运行示意

（1）搭建 DNA Origami。搭建完成代表执行运算的限制已经完成，可以开启运算。

（2）使用 SST 填充框架。SST 生长过程代表运算正在执行。

两步运行结束后，可以从 DNA Origami 和 SST 共同生成的自组装纳米结构上读出计算结果。

2. DNA Origami

该层级讨论作为限制因素和启动者的 DNA Origami 如何工作，还包括对 DNA Origami 结构设计的考虑。DNA Origami 分为以下两个区域。

（1）骨架，由 8 行平行双螺旋构成，用于保证自组装纳米结构的整体稳定性。

（2）框架，由 10 行平行双螺旋构成，第一行、最后一行、左右两列的部分 DNA 作为支撑边缘。支撑边缘可以限制 SST 的生长，并在内侧抓取 SST 分子，使得 SST 从 4 个方向同时向中央填充，用于限制和开启反应。

由于骨架和框架分别保证了自组装纳米结构和计算功能的健壮性，DNA Origami 可以作为种子传递输入值并启动计算。

3. SST 计算核心

该层级主要讨论 SST 如何在框架型 DNA Origami 中执行计算功能，包含 SST 的绑定关系以及生长限制两个部分。

绑定关系如图 10.22（a）所示，该模型中共使用了两种 SST 结构：S_1 与 S_2。从 5'到 3'方向，S_1 的绑定域为 [a, b, c, d]，S_2 的绑定域为 [c*, d*, a*, b*]，因此，二者可以在二维平面内交替连接并组装。

SST 的生长受限于框架型 DNA Origami，受限的填充过程包含图 10.22（b）所示的 3 步。

（1）薄的支撑边缘位于最外层，由预留的脚手架（Scaffold）序列构成。

（2）与支撑边缘直接绑定的 SST 名为"辅助链"，它们有两个绑定域与脚手架序列互补，表示用户输入的值。

（3）其他 SST（S_1、S_2）在 4 个方向上同时与辅助链的绑定域结合，并逐步向中央填充，代表计算过程及结果。

总之，这种先在框架型 DNA Origami 内填充 SST，组装成刚性纳米结构，再二次组装出所需形状的策略，可大幅降低可控自组装的成本并提高效率。

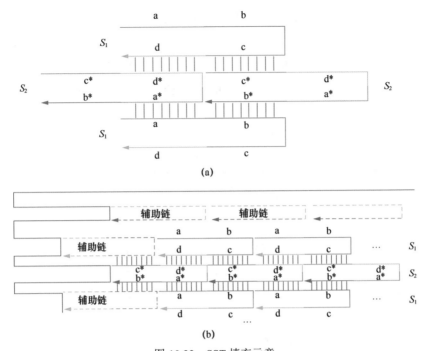

图 10.22　SST 填充示意

（a）绑定关系　　（b）受限的填充过程

10.6　DNA Origami 计算

DNA Origami 技术是自组装纳米技术的一个分支。与 DNA Tile 技术相比，DNA Origami 技术同样通过精确设计核酸序列，使得不同的 ssDNA 自发互补，组装为特定的结构。不同之处在于，DNA Origami 技术额外引入了一条长的 ssDNA 作为骨架链，以辅助组装过程。

本节首先介绍 DNA Origami 技术的概念，随后对其在 DNA 计算领域的 DNA Origami 的可编程自组装、DNA Origami 表面计算、可计算 DNA Origami 结构这 3 个方向的成果进行介绍。

10.6.1　DNA Origami 技术

DNA Origami 的概念于 2006 年由加州理工学院 Rothemund 首次提出[26]。

这是一项能够指导DNA链自下而上组装构建几十至数百纳米范围内特定形状结构的实用技术。DNA Origami 设计示意如图 10.23 所示，通过人为编码设计数百个短订书钉链，将一条通常提取自大肠杆菌 M13mp18 噬菌体的长度为 7249nt 的环状 ssDNA 绑定并折叠为预期形状。

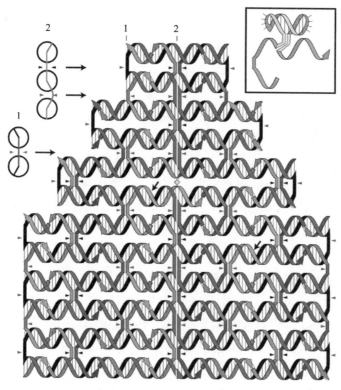

图 10.23　DNA Origami 设计示意

这些年，DNA Origami 的研究范围仍在不断扩大，在结构形貌方面的复杂度不断增加，设计与实现手段也在优化与创新。从几何形状层面的二维对称发展到三维不对称[27]，再到组装方式层面的二次组装[28]、动态组装[29]。此外，还有对更大或更小规模 DNA Origami 的研究，对加入其他材料（如RNA）的 Origami 的探索[30]，以及对折叠方式（仅骨架链和多骨架链）的创新[31]。DNA Origami 设计软件也在不断发展，设计、仿真，甚至自动生成工具层出不穷[32]，对设计人员十分友好。纳米烧瓶[33]、DNA 拼图[34]、DNA 画像[35]等引人注目的成果的出现，印证了 DNA Origami 在构建纳米结构方面的强大能力。

从设计原理可以得知，DNA Origami 具备可寻址性、可编程性。可寻址意味着自下而上的拼接结束后，设计人员可以通过序列访问 Origami 上任意一条订书钉序列上的特定碱基位；可编程意味着序列易于操作，从而便于创建脚手架序列范围内的任意形状或图形。这种可寻址性与可编程性允许设计人员方便地设定组装逻辑和限制条件，让 DNA Origami 单体内或单体之间按照既定规则发生自组装，这是 DNA 自组装的内核，也是根据 DNA Origami 建立计算模型的核心思想。从上述诸多研究的实现结果可以得知，DNA Origami 还具备在试管中实现的稳定性，这个特性提供了该技术用于计算材料的实验基础。

与 DNA Tile 在计算场景下的表现相比，DNA Origami 通过引入脚手架链改善了 Tile 自组装中涉及大量短链的问题，令 DNA Origami 成为一种规模更大、更稳定的结构。计算应用方面，更大的规模意味着更好的信息存储能力，即一个 DNA Origami 单元可以承载更多可编码地址，这增加了模型多样性，甚至可以用大的 Origami "组织"体积更小的 Tile。这些特点让研究人员在构建与实现 DNA 计算模型时多了一种得心应手的纳米工具。

10.6.2 DNA Origami 的可编程自组装

DNA Origami 的可编程自组装是指将 Origami 单体视为一个单元，如同 Tile 一般平铺在平面上，或是拼装成特定的形状。受限于通用脚手架链 7249nt 的长度，DNA Origami 单体的尺寸被限制在 50～200nm。因此，通过编码 DNA Origami 上的一部分碱基序列，让 Origami 组装并放大为更大规模的，甚至微米级别的 DNA 结构，这是一种突破尺寸限制的策略。

通常情况下，DNA Origami 的可编程自组装可以用核酸之间的相互作用实现，如碱基互补配对。文献[35]提出的"蒙娜丽莎"画像便是基于黏性末端编码实现的。该研究遵循局部组装规则，将自组装过程分为多个阶段。组装原理如图 10.24 所示，每个正方形代表一个 Origami 单体，4 个单体在第一层组装为一个 2×2 阵列，依此类推，4 个 4×4 阵列在第三层组装出一个 8×8 阵列。这样的分层设计使得同一阶段不同阵列的边缘编码可以重复使用，用更少的边缘编码可以完成同等规模的组装；并且在原则上降低了给定时间段内参与反应的 Origami 数量，有利于减少错误的相互作用。分层的设计同样体现在分子实现过程中，Origami 边缘上参与编码的双螺旋数量、反应发生的温度逐层降低，反应持续时间则逐层增加。整个自组装过程由设计和实验两个方面的分层化共同保证，最终生产的规模为 8×8、面积达到 $0.5\mu m^2$ 的纳米阵列被用作分子画布，绘制了人像、公鸡、电路等较复杂的图形，直观地展示了纳米级的精确图形化。

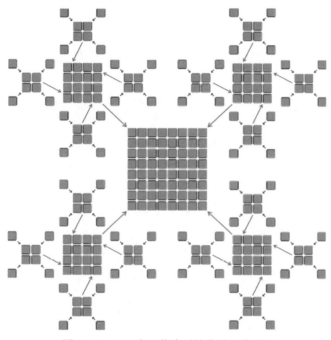

图 10.24　8×8 自组装阵列的分层组装原理

　　除了碱基序列互补，自组装也可以通过其他核酸作用形式实现，如碱基堆积。文献[36]利用碱基堆积固有的无序列特异性的特点，提出了随机编码的自组装方案，最终构建了具有随机组装功能的微米级平面 DNA 阵列，包括实现了随机的环图形、迷宫和树。这说明对编码策略做出相应的调整，可以构建出拥有特定功能的可编程自组装阵列。

　　DNA Origami 的可编程自组装与 DNA Tile 的平铺或三维组装同理，为 DNA 计算的实现提供了结构基础。由于面积更大，组装得到的二维阵列可以作为组织与容纳其他 DNA 计算模型的基板；也可以将组装过程直接映射到逻辑和算法，让 DNA Origami 本身作为计算元件参与运算。这两种运用方式将在 10.6.3 小节和 10.6.4 小节介绍。

10.6.3　DNA Origami 表面计算

由 DNA Origami 的可寻址性可知，其表面近 10000nm^2 的区域包含约 200 个可寻址位点，这样的全局寻址特性使其可以作为精确到碱基分辨率的定位模板或框架，在空间组织方面成效明显。

针对传统 DNA 电路的规模和计算速度容易受制于分子数量增加的问题，一些理论研究认为可以利用某些手段对 DNA 电路进行区域划分，以优化计算速度和扩大电路规模。表面每个碱基都可寻址的 DNA Origami 容易胜任这项工作，华盛顿大学的 Seelig 等人在 2013 年公布了一种 DNA 链置换电路的计算架构[37]，提出可以通过二维 DNA Origami 的表面进行空间隔离，从而更容易地设计基于 DNA 的电路。Seelig 团队在 2017 年成功地将可伸缩的 DNA 逻辑门及其传输通道搬运至以矩形 DNA Origami 为基底的平台上[38]，通过将独立发卡结构固定在 DNA Origami 表面的方式，完成电路元件的共定位。Origami 对发卡逻辑门的排列和空间组织使得反应优先发生在"邻居"间，这使得信号传输沿着导线进行。与扩散在溶液中的分子电路相比，表面定位的电路元件间的相互作用被限制到近端之间，这提高了反应速度。

与分子电路同理，分子计算模型也可以在 DNA Origami 表面实现空间定位。南京邮电大学晁洁等人在 2019 年构建了单分子 DNA 迷宫导航器[39]，该导航器依靠 Origami 表面的级联链置换反应运行。如图 10.25 所示，导航由触发位点 A 启动后，沿着 DNA 发卡定义的路径自动前进，并自主探索树的可能路径之一。在应用方面，可以先将某个叶子节点定义为出口，通过单分子对所有可能路径进行探索，再使用分子纯化手段分离出经过某个出口的 Origami，可以从 Origami 导航器集中获取两点的具体解决路径。最终，该研究在 DNA Origami 平台上定义了十节点有根树，在溶液中并行地执行了深度优先搜索。加之 DNA 计算过程可以直接与生物分子相关联的特点，这项研究具有将生物医学传感和决策转化为 DNA Origami 表面图形化表达的潜力。

Origami 参与定位计算元件的特点如下。

（1）电路元件间的相互作用被限制在邻居间，整体反应速度更快。

（2）空间定位导致电路组分的有效浓度高于混合溶液中组分的有效浓度，有助于调节化学计量。

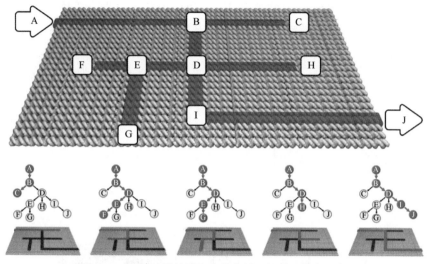

图 10.25　DNA 导航器在十节点树上的随机搜索示意

（3）由于具备信息流不再依靠序列特异性控制，各组分之间序列允许重用。

（4）可以在同一试管中分割不同的功能模块，方便某些应用场景。没有 DNA Origami 对分子群的准确定位与组织，这些 DNA 计算应用不易实现。

10.6.4　可计算 DNA Origami 结构

由于具备完整性、稳定性与可编程性，DNA Origami 与 DNA Tile 相似，可以用于实现算法操作，与其他结构互动并执行计算过程。2022 年，北京大学许进等人[40]提出并实现了基于 DNA Origami 的图计算模型。这项研究提出用一组 DNA 纳米"代理"作为计算单元，每个计算单元由一个 DNA Origami 构成，可以与两个以上其他计算单元通过 DNA 探针相互连接。

这项研究实现了图的 3-着色这一 NP 完全问题的一个具体实例，如图 10.26 所示，一个 6-顶点图需要用 3 种颜色对顶点着色，一条边上的两个顶点不能同色。DNA 计算单元的颜色信息由颜色标记显示，具体被分配为 3 种不同的 DNA Origami 结构，它们表面标记了不同的图形，用于在显微镜下识别颜色标记。用于连接的 DNA 分子被称为 DNA 探针，它们通过图的结构信息编码边集，具体表现为每个 DNA Origami 上伸出数个带有黏性末端的臂。根据图顶点着色问题的定义，两端顶点颜色相同的边不存在，因此编码边集时不会生成这样的 DNA 探针。当计算开始执行时，在 DNA 探针的作用下，DNA 计算单元根据编码的图信息在三维空间中自由组合并连接在一起，最终形成代表计算结果的 3-着色 6-顶点图。计算结果可以在原子力显微镜下直接读取。这项研究表明 DNA Origami 和 DNA Tile 一样，可以作为计算元件执行分子运算，并以自组装结构展示运算过程与结果。

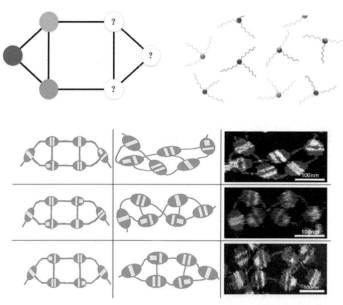

图 10.26   基于 DNA Origami 自组装的 3-着色问题原理及结果

除了执行具体计算实例，分子的相互作用还能被用于数据加密。考虑到自组装结构自身的结构潜力，文献[41]将 DNA Origami 用于信息隐写。该研究通过将一系列脚手架链的某些特定位置设计为加密位，将信息按照类似盲文图形的方式加密并存储为连续的斑点图形。执行具体的加解密过程时，使用生物素修饰的 ssDNA 附着在脚手架链的加密位，完成加密；添加特定密钥订书钉链后，附带修饰的脚手架链组装成完整的 DNA Origami，完成解密。该研究尝试对字母 A～Z 和数字 0～9 生成 Origami 密文并传输，最终包含样品处理、原子力显微镜扫描识别的解密过程需要 1～2h。虽然相较电子计算机耗时较长，但该过程符合信息安全的"CIA 三位一体"（保密性、完整性、可获得性）要求，也为信息加密提供了一种新颖的分子解决方案。

作为一种高度可寻址、可编程的纳米结构，DNA Origami 使得很多精确依赖分子几何、分子动力学的模型和工程成为可能，同时也继承并发扬了

DNA Tile 的可编程自组装能力。本节所提到的基于 DNA Origami 的计算研究也是得益于此，但这些只是其应用场景的冰山一角。一些依赖分子精确三维空间位置和操控、运行过程依靠分子组织的计算模型，原则上都可以在 DNA Origami 平台上实现。

参考文献

[1] SEEMAN N C. Nucleic acid junctions and lattices[J]. Journal of Theoretical Biology, 1982, 99(2): 237-247.

[2] FU T J, SEEMAN N C. DNA double-crossover molecules[J]. Biochemistry, 1993, 32(13): 3211-3220.

[3] ZHENG J, CONSTANTINOU P E, MICHEEL C, et al. Two-dimensional nanoparticle arrays show the organizational power of robust DNA motifs[J]. Nano Letters, 2006, 6(7): 1502-1504.

[4] YAN H, PARK S H, FINKELSTEIN G, et al. DNA-templated self-assembly of protein arrays and highly conductive nanowires[J]. Science, 2003, 301(5641): 1882-1884.

[5] MA R I, KALLENBACH N R, SHEARDY R D, et al. Three-arm nucleic acid junctions are flexible[J]. Nucleic Acids Research, 1986, 14(24): 9745-9753.

[6] WANG X, SEEMAN N C. Assembly and characterization of 8-arm and 12-arm DNA branched junctions[J]. Journal of the American Chemical Society, 2007, 129(26): 8169-8176.

[7] SHI X, LU W, WANG Z, et al. Programmable DNA tile self-assembly using a hierarchical sub-tile strategy[J]. Nanotechnology, 2014, 25(7): 075602.

[8] LIU Y, KE Y, YAN H. Self-assembly of symmetric finite-size DNA nanoarrays[J]. Journal of the American Chemical Society, 2005, 127(49): 17140-17141.

[9] PARK S H, PISTOL C, AHN S J, et al. Finite-size, fully addressable DNA tile lattices formed by hierarchical assembly procedures[J]. Angewandte Chemie,

2006, 118(5): 749-753.

[10] ROTHEMUND P W K, PAPADAKIS N, WINFREE E. Algorithmic self-assembly of DNA Sierpinski triangles[J]. PLoS Biology, 2004, 2(12): e424.

[11] WANG H. Proving theorems by pattern recognition—Ⅱ [J]. Bell System Technical Journal, 1961, 40(1): 1-41.

[12] WINFREE E. Algorithmic self-assembly of DNA[D]. California: California Institute of Technology, 1998.

[13] SCHIEFER N, WINFREE E. Universal computation and optimal construction in the chemical reaction network-controlled tile assembly model[C]// Proceedings of the DNA Computing and Molecular Programming: 21st International Conference(DNA 21). Boston and Cambridge: Springer, 2015.

[14] WINFREE E. Algorithmic self-assembly of DNA: theoretical motivations and 2D assembly experiments[J]. Journal of Biomolecular Structure and Dynamics, 2000, 17(Sup1): 263-270.

[15] BONEH D, DUNWORTH C, LIPTON R J, et al. On the computational power of DNA[J]. Discrete Applied Mathematics, 1996, 71(1-3): 79-94.

[16] BRUN Y. Self-assembly for discreet, fault-tolerant, and scalable computation on internet-sized distributed networks[D]. California: University of Southern California, 2008.

[17] WEI B, DAI M, YIN P. Complex shapes self-assembled from single-stranded DNA tiles[J]. Nature, 2012, 485(7400): 623-626.

[18] KE Y, ONG L L, SHIH W M, et al. Three-dimensional structures self-assembled from DNA bricks[J]. Science, 2012, 338(6111): 1177-1183.

[19] SHI X, CHEN C, LI X, et al. Size-controllable DNA nanoribbons assembled from three types of reusable brick single-strand DNA tiles[J]. Soft Matter, 2015, 11(43): 8484-8492.

[20] XU F, WU T, SHI X, et al. A Study On a special DNA nanotube assembled from two single-stranded tiles[J]. Nanotechnology, 2019, 30(11): 115602.

[21] JACOBS W M, REINHARDT A, FRENKEL D. Rational design of

self-assembly pathways for complex multicomponent structures[J]. Proceedings of the National Academy of Sciences, 2015, 112(20): 6313-6318.

[22] WAYMENT-STEELE H K, FRENKEL D, REINHARDT A. Investigating the role of boundary bricks in DNA brick self-assembly[J]. Soft Matter, 2017, 13(8): 1670-1680.

[23] ZHANG Y, REINHARDT A, WANG P, et al. Programming the nucleation of DNA brick self-assembly with a seeding strand[J]. Angewandte Chemie International Edition, 2020, 59(22): 8594-8600.

[24] WOODS D, DOTY D, MYHRVOLD C, et al. Diverse and robust molecular algorithms using reprogrammable DNA self-assembly[J]. Nature, 2019, 567(7748): 366-372.

[25] CHEN C, XU J, RUAN L, et al. DNA origami frame filled with two types of single-stranded tiles[J]. Nanoscale, 2022, 14(14): 5340-5346.

[26] ROTHEMUND P W. Folding DNA to create nanoscale shapes and patterns[J]. Nature, 2006, 440(7082): 297-302.

[27] DOUGLAS S M, DIETZ H, LIEDL T, et al. Self-assembly of DNA into nanoscale three-dimensional shapes[J]. Nature, 2009, 459(7245): 414-418.

[28] CHEN C, XU J, SHI X. Multiform DNA origami arrays using minimal logic control[J]. Nanoscale, 2020, 12(28): 15066-15071.

[29] BERG W R, BERENGUT J F, BAI C, et al. Light-activated assembly of DNA origami into dissipative fibrils[J]. Angewandte Chemie, 2023, 135(51): e202314458.

[30] WANG P, KO S H, TIAN C, et al. RNA-DNA hybrid origami: folding of a long RNA single strand into complex nanostructures using short DNA helper strands[J]. Chemical Communications, 2013, 49(48): 5462-5464.

[31] DAI K, GONG C, XU Y, et al. Single-stranded RNA origami-based epigenetic immunomodulation[J]. Nano Letters, 2023, 23(15): 7188-7196.

[32] SELNIHHIN D, ANDERSEN E S. Computer-aided design of DNA origami structures[J]. Computational Methods In Synthetic Biology, 2015: 23-44.

[33] HAN D, PAL S, NANGREAVE J, et al. DNA origami with complex curvatures in three-dimensional space[J]. Science, 2011, 332(6027): 342-346.

[34] RAJENDRAN A, ENDO M, KATSUDA Y, et al. Programmed two-dimensional self-assembly of multiple DNA origami jigsaw pieces[J]. ACS Nano, 2011, 5(1): 665-671.

[35] TIKHOMIROV G, PETERSEN P, QIAN L. Fractal assembly of micrometre-scale DNA origami arrays with arbitrary patterns[J]. Nature, 2017, 552(7683): 67-71.

[36] Tikhomirov G, Petersen P, Qian L. Programmable disorder in random DNA tilings[J]. Nature Nanotechnology, 2017, 12(3): 251-259.

[37] MUSCAT R A, STRAUSS K, CEZE L, et al. DNA-based molecular architecture with spatially localized components[J]. ACM SIGARCH Computer Architecture News, 2013, 41(3): 177-188.

[38] CHATTERJEE G, DALCHAU N, MUSCAT R A, et al. A spatially localized architecture for fast and modular DNA computing[J]. Nature Nanotechnology, 2017, 12(9): 920-927.

[39] CHAO J, WANG J, WANG F, et al. Solving mazes with single-molecule DNA navigators[J]. Nature Materials, 2019, 18(3): 273-279.

[40] XU J, CHEN C, SHI X. Graph computation using algorithmic self-assembly of DNA molecules[J]. ACS Synthetic Biology, 2022, 11(7): 2456-2463.

[41] ZHANG Y, WANG F, CHAO J, et al. DNA origami cryptography for secure communication[J]. Nature Communications, 2019, 10(1): 5469.

第 11 章

RNA 计算

DNA 计算模型的产生，自然催生了 RNA 计算的形成。三十多年来，DNA 计算得到了快速发展，RNA 计算的进展却很慢，这主要是 RNA 分子结构所致。本章主要介绍 RNA 分子的计算特性、解决 NP 完全问题的 RNA 计算模型，以及 RNA 计算在逻辑门与逻辑电路方面的相关研究。

11.1 RNA 分子的计算特性

基于 DNA 计算[1]，RNA 计算研究应运而生[2]，但截至本书成稿之日，利用 RNA 分子解决 NP 完全问题的研究比较少，主要原因与 RNA 分子的以下特性有关。

（1）组成 RNA 分子的五碳糖为核糖[在 2'位是羟基（—OH）]，它的生物活性远高于 DNA 分子的脱氧核糖。同时，RNA 在生物体内的半衰期也远小于 DNA 分子。

（2）大部分 RNA 分子在体内主要以单链形式存在，自身在特定环境下往往折叠为更加复杂多样的高级结构，结构预测更加困难。

（3）RNA 分子在体外实验中稳定性差，极易被外界的核酸酶破坏，且对实验环境要求较高。

（4）RNA 合成的关键酶——RNA 聚合酶需要启动子序列且不耐高温，这使 RNA 分子无法采用类似 PCR 扩增 DNA 分子的方法来大规模获取。截至本书成稿之日，大量获得 RNA 分子的常用方法的成本都远高于 DNA

分子。

上述特性使得 RNA 分子不利于在体外进行大规模 NP 完全问题的求解。但在揭示生物体内遗传信息传递和运作机制的"中心法则"（见图 11.1）中，RNA 分子在 3 个基本流程（DNA 复制、转录与逆转录，以及蛋白质翻译）中都起着非常重要的作用[3]。此外，RNA 分子的种类与功能非常丰富，除了传递遗传信息的 mRNA、转运氨基酸的 tRNA 和 rRNA，目前已经发现的还有参与基因表达调控的 miRNA（它们通过与 mRNA 结合，降低 mRNA 的稳定性或抑制其翻译，从而调控基因表达），参与转录后基因沉默的 siRNA 和 shRNA，以及在基因表达调控、X 染色体失活、转录抑制、小分子代谢等生理过程中起到重要作用的 lncRNA 等。

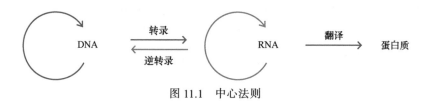

图 11.1　中心法则

由于 RNA 分子的丰富结构、理化特性及其在生物体内处理遗传信息所发挥的关键作用，RNA 分子在计算应用中具有独特性：将生物计算的理念与生物有机体存储和处理信息的模式结合，以实现对细胞内部信息的逻辑调控和处理。

11.2　解决 NP 问题的 RNA 计算模型

2000 年，普林斯顿大学的进化生物学家劳拉·兰德韦伯（Laura Landweber）等人首次将 RNA 分子引入 DNA 计算研究，并实现了 3×3 棋盘上"骑士问题"的生物计算求解方案[2]。该问题是寻找一组无一棋子能攻击到其他棋子的位置配置，也可以描述为求解下述特定的 SAT 可满足问题：

$$\left(\left(\neg h \wedge \neg f\right) \vee \neg a\right) \wedge \left(\left(\neg g \wedge \neg i\right) \vee \neg b\right) \wedge \left(\left(\neg d \wedge \neg h\right) \vee \neg c\right) \wedge$$
$$\left(\left(\neg c \wedge \neg i\right) \vee \neg d\right) \wedge \left(\left(\neg a \wedge \neg g\right) \vee \neg f\right)$$

其中，a、b、c、d、e、f、g、h 和 i 表示棋盘位置，取值为"真"代表位置上存在骑士，为"假"代表不存在骑士。

该模型使用不同序列的 DNA 分子来表示棋盘特定位置的状态，即这个位置上有"骑士"或"空白"。首先，该模型合成共 1024 条 10bit 的 DNA 链，表示包含所有可能棋盘配置的 DNA 数据池。该 DNA 序列的结构如下。

5'前缀-（24nt）位置 a（取值为 0 或 1，15nt）-间隔（5nt）-位置 b（取值为 0 或 1，15nt）-间隔（5nt）-位置 j（取值为 0 或 1，15nt）-后缀（32nt）3'

模型随后对合成的 DNA 数据池进行反转录，从而得到所需 RNA 数据池；进一步巧妙地利用核糖核酸 H 特异性地切割 DNA-RNA 双链中的 RNA 分子，从而将指定的 RNA 片段从数据池中剔除。

以判定是否满足 $(\neg h \wedge \neg f) \vee \neg a$ 为例，算法步骤如下。

（1）从位置 a 开始，执行"或"操作，将 RNA 数据池等分为两个部分，其中一部分先加入代表 a 为 0 的 DNA 序列，复性后再利用核糖核酸 H 将 $a=0$ 破坏，完成 $a=1$ 的判定；同理，破坏在位置 h 和 f 处存在骑士的链（$h=1$ 和 $f=1$）。

（2）将另一部分加入代表 a 为 1 的 DNA 序列，复性后再利用核糖核酸 H 将 $a=1$ 破坏，完成 $a=0$ 的判定。

（3）收集上面两个部分中未被核糖核酸破坏的 RNA 分子，纯化并扩增后混合，此时 RNA 库满足 $(\neg h \wedge \neg f) \vee \neg a$。

（4）完成上述步骤（1）后，接着步骤（2），从位置 b 开始相关筛选操作（见图 11.2）。

最终，多次重复筛选后，将所有不含解决方案的 RNA 片段从数据池中剔除，剩余的全长链通过反转录和 PCR 进行凝胶分离和回收，获得正确答案。图 11.2（a）所示为算法示意，图 11.2 右下所示为凝胶电泳读取的部分最终结果，其中位置 $a \sim i$ 的取值分别是 010011010 和 001011000。

该研究描述的 RNA 计算模型依旧需要 DNA 参与，所需的 RNA 库是通过先构建 DNA 库再反转录获得的。并且，计算的核心——核糖核酸 H 针对 DNA-RNA 异源双链体中的 RNA 链，且属于非序列特异性内切酶。

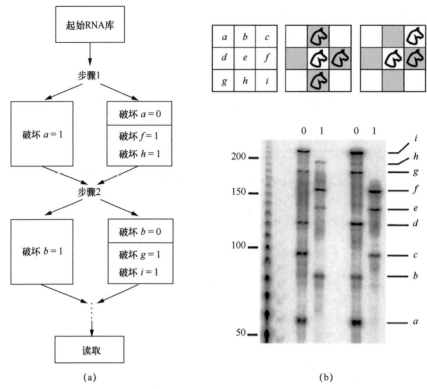

图 11.2 "骑士问题"的生物计算算法与结果读取

（a）算法示意 （b）凝胶电泳读取的最终结果

11.3 RNA 计算在逻辑门与逻辑电路方面的相关研究

　　伴随着 DNA 逻辑门研究的兴起，涉及 RNA 分子的逻辑门也由基本逻辑门构建，有望应用于基因表达调控、疾病检测和治疗等方面的研究。本节从 RNA 分子结构预测与设计、基于分子自动机的 RNA 计算、结合 RNA 干扰（RNA interference，RNAi）技术的 RNA 计算、结合核酶（Ribozyme）与适配体技术的 RNA 计算、结合 CRISPR/Cas 基因编辑技术的 RNA 计算，以及与合成生物学技术结合的 RNA 计算这 6 个方面进行介绍。

11.3.1　RNA 分子结构预测与设计

RNA 计算中，对 RNA 分子结构的研究尤为重要。在实验技术方面，目前该方向的研究主要采用 X 射线晶体学、核共振谱学和低温电子显微技术，已经有大量 RNA 的三维形态得到验证[4-5]。但对于有着更长序列或者复杂结构的 RNA，这些技术方法往往需要消耗大量时间和精力[6]，这使得目前已知的 RNA 三维结构数远远少于 RNA 序列数。截至 2023 年，蛋白质数据库（Protein Data Bank，PDB）[7]中收纳了 188 726 种蛋白质三维结构，其中有1732 种独特的 RNA 三维结构，仅约占总数的 1%；而同期 RNA 中心数据库[8]中的 RNA 序列数达到了 3400 万种。

当前，RNA 结构预测方法已从早期的寻求最大化碱基配对、基于热力学稳定，发展到利用生物信息学中的多序列比对，以及以已知 RNA 序列为模板的同源建模预测等方法。近些年，深度学习方法也被应用到 RNA 三维结构预测中，随着 AlphaFold 2 在蛋白质结构预测中获得成功，类似的 trRosettaRNA和 ARES 也被提出[9-10]。从 RNA 三维结构预测国际竞赛 RNA-Puzzles 和CASP-RNA（Critical Assessment of Structure Prediction - RNA）中来看[11-12]，现有的预测模型可以大致分为基于物理的模型[13-14]、基于知识的片段组装模型[15-16]和基于深度学习的模型[9-10,17-18]。

在实践中，为了发挥 RNA 分子的特性和功能，通常需要将其折叠成特定的三维结构。早在 1998 年，Zhang 等人首次对源自噬菌体 φ29 包装马达[1]的前头部 RNA（prohead RNA，pRNA）进行了重新设计，通过手拉手相互作用自组装成多聚体 RNA 纳米颗粒，如图 11.3 所示[19]。随后，Shu 等人在 2004 年发明了一种自复性技术，利用回文序列创建了 pRNA 纳米粒子[20]。之后的研究陆续证明 pRNA 分子可以作为多价载体来递送适体、siRNA、核酶和miRNA 等多种功能分子[21-25][见图 11.3（b）]。当前，RNA 分子的改造和 RAN纳米颗粒的设计已成为现代科学一个重要的研究领域[26]，也为计算领域和医疗领域提供了全新的研究与治疗途径。

---

[1] 在噬菌体（如 φ29）中，包装马达是一种复杂的分子机器。它的主要功能是将噬菌体的基因组（DNA或 RNA）高效且精确地包装到预先形成的病毒衣壳（蛋白质外壳）中，这个过程类似将线（代表核酸）缠绕到一个容器（代表衣壳）里，包装马达起到驱动和控制这个包装过程的作用。

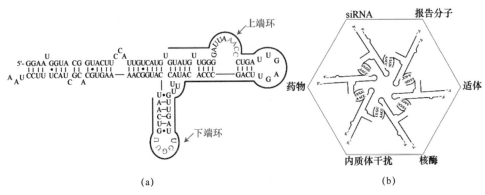

图 11.3　pRNA 的结构与功能示意

（a）包含 120 碱基的野生型 pRNA 的二级结构

（b）pRNA 六聚体的二级结构，以及作为载体搭载多种成分示意

11.3.2　基于分子自动机的 RNA 计算

在传统的生物学"中心法则"中，mRNA 是 DNA 到蛋白质的信息传递桥梁，在基因表达中起着至关重要的作用。检测 mRNA 拷贝数和干涉 mRNA 分子的稳定性是治疗基因相关疾病的基本思路。Benenson 等人在 2001 年提出有限状态分子自动机模型，为这一思路奠定了基础[27]。该自动机仅有 S_0 和 S_1 两个状态，字母表也仅包含 a 和 b 两个字母，有 8 个可能的转换规则，并且状态和字母均用 DNA 寡核苷酸序列表示。研究中使用的 DNA 序列（近300bp）基本结构如下。

5'-间隔-酶切位点序列-间隔-状态 a+状态 b-间隔-停机状态序列-间隔-3'

该序列是对质粒（pBlueScript Ⅱ SK(+)）酶切后经 PCR 扩增获得的。模型使用核酸内切酶 Fok Ⅰ 作为分子自动机硬件分子，此酶的特异识别序列为 5'-GGATG，并在其下游第 9 个和互补序列的第 13 个碱基处切割 dsDNA，经过输入、杂交、酶切和检测等一系列操作完成分子自动机的状态转换。

在上述研究的基础上，Shapiro 研究组着眼于 mRNA 分子在遗传信息的后期调控作用，于 2004 年提出了可用于逻辑调控基因表达的分子自动机模型[28]，从而将生物计算与有机体疾病检测和治疗联系起来。该模型主要由 3 个可编程模块组成，分别为计算模块、输入模块和输出模块。关键的计算模块仍以核酸内切酶为硬件分子（如 FokⅠ），以包含内切酶位点、间隔序列和黏性末端的 dsDNA 为软件分子，并以一定序列 DNA 为状态和字母集。首先，输入分子和硬件-软件复合体反应，形成硬件-软件-输入复合体。随后，硬件分子根据规则执行动作，经过一系列运算后，输出包含"是"或"否"状态的 DNA 分子，使得该模型能自动按照设定的逻辑规则检测试管中特定的 mRNA 浓度，并根据检测结果自动产生抑制基因表达的分子（或释放药物），可以作为基因治疗的反义疗法（见图 11.4）。

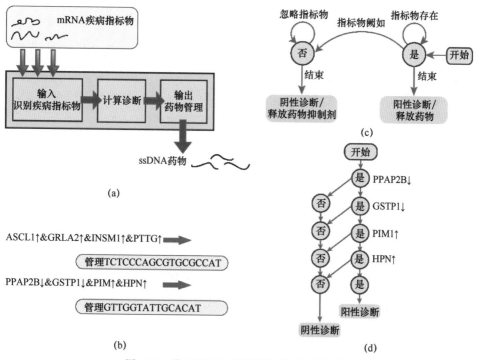

图 11.4　分子自动机的逻辑设计和逻辑操作

（a）分子自动机的功能和模块结构　（b）SCLC19 和前列腺癌简化模型诊断规则范例

（c）诊断自动机的状态转换　（d）诊断前列腺癌的计算步骤

针对小胞肺癌和前列腺癌模型相关联基因，该研究组还进行了相关的体外实验模拟，验证了将分子自动机与疾病检测治疗相结合的可行性[29]。例如，该研究将前列腺癌相关的基因表达用以下符号规则表示。

$$PPAP2B \downarrow GSTP1 \downarrow PIM1 \uparrow HPN \uparrow$$

其中，字母代表相关基因，符号↓、↑分别代表该基因表达不足、过度表达。

对于每一个符号，自动机有 3 种转换：阳性（是→是）、阴性（是→否）和中性（否→否）[见图 11.4（c）]。图 11.4（d）展示了自动机处理这条规则的计算步骤。如果计算结果为"阳性"，表明基因 PPAP2B 和 GSTP1 表达不足，而基因 PIM1 和 HPN 是过度表达，则进一步输出治疗前列腺癌的药物（如 ssDNA 分子 GTTGGTATTGCACAT）。

11.3.3　结合 RNA 干扰技术的 RNA 计算

RNA 干扰（RNAi）技术是干涉 mRNA 表达的重要手段之一。其中，在 RNA 干扰过程中起着关键作用的 siRNA 是一种存在于生物体中的小 RNA 分子，长度为 20~25 个核苷酸。siRNA 能引导 RNA 诱导的沉默复合物（RNA-Induced Silencing Complex，RISC）去识别和降解相应的 mRNA 分子，从而实现对特定基因的沉默。Benenson 研究组在 2007 年将生物计算与 siRNA 技术结合，充分利用了基因表达调控中非翻译区对下游基因转录的影响，以及载体序列为线性串联排列的特点，构建了"与""或""非"的基本逻辑门，进行逻辑运算后，由荧光蛋白产生的光学信号作为输出[30]。下面简单介绍该研究构建的基本逻辑门。

（1）"或"门。如图 11.5（a）所示，荧光蛋白基因分别与 mRNA 1 和 mRNA 2 基因串联，只要 mRNA 1 和 mRNA 2 中有一个正常转录表达，就会产生识别信号（荧光蛋白输出），因此形成"或"的关系。

（2）"与"门。如图 11.5（b）所示，荧光蛋白基因、靶标-A 和靶标-B 序列为串联分布，siRNA-A 和 siRNA-B 可以对靶标-A 和靶标-B 产生影响，而这种影响可分别被 A、B 两种内源物抑制，那么只有同时加入 A、B 才能完全抑制 RNA 的干扰作用，从而使得荧光蛋白基因正常表达。这样，A 和 B 形成"与"的关系。

（3）"非"门。如图 11.5（c）所示，如果内源物 A 对 siRNA-NOT(A)有激活作用，那么加入 A 后，产生的 siRNA-NOT(A)会抑制靶标-NOT(A)的表达，这将直接导致荧光蛋白产物的减少。

基于以上设计的逻辑门原理，只要事先确定内源物 A、B、C、E 与各个

siRNA 之间的关系，当体系中存在 A、B、C、E 等，分子自动机就可以根据基因排列的线性关系自动进行逻辑判断，最终输出结果。如图 11.5（d）所示，将这些简单的逻辑门组合起来，可以实现复杂的逻辑运算，如（A AND C AND E）或者（NOT (A) AND B）。该研究组对上述逻辑门在人工培养肾脏细胞的应用进行了验证，给出了先调控一级蛋白质产物，再由一级蛋白质来调控二级荧光蛋白基因的表达的多层逻辑门构建思路。

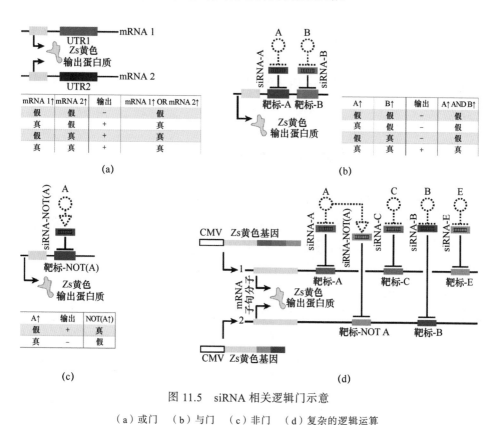

图 11.5　siRNA 相关逻辑门示意

（a）或门　（b）与门　（c）非门　（d）复杂的逻辑运算

存在于生物体内的另一类长度约为 22 个核苷酸的小分子非编码 RNA——miRNA，也在 RNA 干扰过程中起着关键作用。miRNA 可以通过与其靶 mRNA 分子的 3′非编码区进行互补配对，进而导致这些 mRNA 分子的降解或翻译被抑制，从而对基因表达进行调控，而且 miRNA 在癌症等某些疾病中的表达会发生显著变化，在临床医学中也被用作疾病诊断标志物。为此，Xing 等人在 2017 年利用改进的发卡叠加电路（Hairpin Stacking Circuit，HSC）技术，为输入的特定 miRNA（miR-21、miR-155）设计了可以用来精准检测 miRNA 的逻辑计算模型（AND、INHIBIT）[31]。同期，检测输入 miRNA 分子的与门和或门也被提出，该方法利用有机小分子发光状态的激活，更容易将基础逻辑门级联为复杂逻辑电路[32]。随后，结合纳米金自组装、杂交链反应（Hybridization Chain Reaction，HCR）和 DNA 链置换技术，针对检测癌症相关 miRNA 分子（如 miR-21、miR-200c 和 miR-605 等）的逻辑门也被陆续推出[33-35]。

此外，充分利用有机体自身基因表达调控所蕴含的信息处理过程，结合分子生物学等学科的新技术、新方法的不断发展，在构建基本逻辑门的基础上，进一步构造复杂生物电路的概念，也是 RNA 介入生物计算的主要研究方向。

11.3.4　结合核酶与适配体技术的 RNA 计算

核酶是具有催化作用的 RNA 分子，能够催化特定的生化反应（如 RNA 切割、连接或修饰）。适配体（Aptamer）是一种特殊的单链 DNA 或 RNA 分子，能够以高亲和力和特异性结合特定的目标分子（如蛋白质、小分子或金属离子）。这些适配体一般从随机的核苷酸序列库中利用指数富集配体系统进化技术（Systematic Evolution of Ligand by Exponential Enrichment，SELEX）获得[36-37]。Christina 等人于 2008 年利用锤头状核酶（Hammerhead Ribozymes，HHRzs）可以在特定的位置对底物 RNA 进行剪切的特性[见图 11.6（a）]，构建了处理细胞内信息的 RNA 计算装置[38]。该研究突出了 RNA 计算中的模块化设计、可扩展和集成化的理念。该装置由 3 个部分组成：RNA 适配体构成的传感器组件、锤头状核酶组成的激活器组件，以及由二者部分序列耦合成的发射组件。当传感器组件作为输入存在时，激活的 RNA 装置与靶基因的 3′ 非翻译区（Untranslated Region，UTR）结合，核酶自我切割使转录物失活，从而降低基因表达，如图 11.6（b）所示。荧光 RNA 适配体可以结合染料小分子，并将其从柔性旋转的结构固定为刚性平面的结构，从而发出强烈的荧光，是活细胞 RNA 进行标记成像的新型技术。Khalid 等人在 2017 年利用荧光 RNA 适配体技术，设计分裂-西兰花核酸适配体系统，构成 AND 逻辑门运算，用于对细胞内 RNA 作用事件的检测[39]。

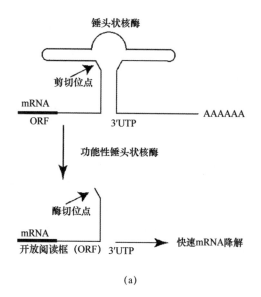

(a)

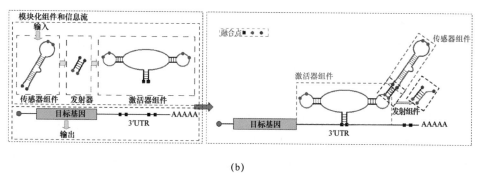

(b)

图 11.6　锤头状核酶 RNA 计算装置示意

（a）锤头状核酶功能示意　（b）处理细胞内信息的 RNA 计算装置框架

11.3.5　结合 CRISPR/Cas 基因编辑技术的 RNA 计算

随着基因编辑技术的进一步发展，新型 RNA-蛋白相互作用系统——CRISPR/Cas 受到广泛关注。该系统是在细菌和古细菌中发现的一种获得性免疫系统，由成簇规律间隔的短回文重复序列与 Cas 蛋白组成，能识别外源病毒和质粒核酸，并对其进行剪切，起到防范外源核酸入侵的作用[40]。以 CRISPR/Cas9 系统为例，它的基本原理如下：首先，识别组件 CRISPR 序列经过转录形成 crRNA 前体（pre-crRNA）；随后，pre-crRNA 经过加工形成成熟的、具有靶向识别功能的 crRNA。切割组件 Cas 是一种核酸内切酶，可与成熟的 crRNA 形成 RNA-蛋白质结合体，随着 crRNA 与特定的 DNA 序列特异性识别结合，Cas 切断靶向的 DNA 序链，使基因产生缺口；最后，通过同源重组（Homology-Directed Repair，HDR）或 NHEJ 等方式进行基因修复，达到编辑基因的目的。目前，CRISPR/Cas9 系统常用来识别 dsDNA，CRISPR/Cas12a 系统用来识别 dsDNA 和 ssDNA，这两个系统都具有对 ssDNA 的非特异性旁切活性；CRISPR/Cas13a 系统则用来识别 ssRNA，CRISPR/Cas14a 系统仅用来识别 ssDNA。除 CRISPR/Cas9 系统，其他系统均有旁切活性，只是底物有所不同。

CRISPR/Cas 这类新型 RNA-蛋白相互作用系统，可以很直观地映射为逻辑开关，除了在 DNA 逻辑门研究中受到广泛关注，也是目前 RNA 计算领域研究的热点。2019 年，Breanna 等人对多个源自 CRISPR/Cas13 和 CRISPR/Cas6 系统的特异性内切核糖核酸酶（Endoribonuclease）作为 RNA 切割调控的效应子进行研究，并从中挑选了 9 个在切割上最正交的内切核糖核酸酶作为 RNA 激活子（ON 开关）和阻遏子（OFF 开关）[41]。该研究成功地设计了复杂的电路，如馈送前环、单节点正反馈和抑制，以及双稳态开关，并指出此类开关经过适当修改，可以适应内切酶、miRNA 和核酸酶等多种 RNA 切割效应器。Kawasaki 等人开发了 CARTRIDGE（Cas-Responsive Translational Regulation Integratable into Diverse Gene control）方法，将 Cas 蛋白改造为哺乳细胞翻译抑制因子和激活子[42]。该方法先将小向导 RNA（single guide RNA，sgRNA）插入 mRNA 的 5′非翻译区，构建对 CAS 蛋白响应的翻译"OFF"开关；再利用无义介导的 mRNA 降解（Nonsense-mediated mRNA Degradation，NMD）途径，识别并降解开放阅读框中含有提前终止密码子（Premature Termination Codon，PTC）的 mRNA，控制 mRNA 的降解，将"OFF"开关转换为对 Cas 蛋白响应的"ON"开关。

以与门为例，该研究构建了包含 Cas A（PspCas13b）和 Cas B（SaCas9）的质粒，当二者同时存在时，产生中介质粒（AkCas12b），该质粒转染人胚肾细胞（HEK-293FT），诱导促凋亡蛋白 hBax 的表达，从而引起细胞凋亡，如图 11.7 所示。该研究进一步设计了 24 个不同的正交调节器（有 13 个"OFF"开关和 11 个"ON"开关），并展示了包含 60 种不同的 Cas 蛋白组合构建翻译的逻辑门和复杂逻辑电路。

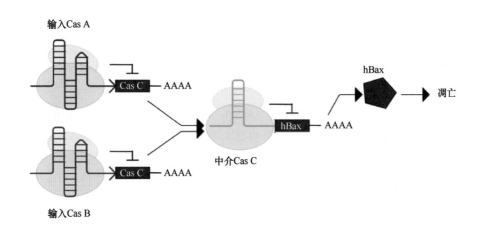

(a)

输入 Cas A	输入 Cas B	中介 Cas C	输出	细胞 状态
PspCas 13b	SaCas 9	PspCas 13b	hBax	
PspCas 13b	SaCas 9	AkCas 12b		
0	0	1	0	存活
0	1	1	0	存活
1	0	1	0	存活
1	1	0	1	死亡

(b)

图 11.7　细胞凋亡与门的示意及其真值表

（a）细胞凋亡与门　（b）真值表

　　CRISPR/Cas 系统的靶标识别严格遵循沃森-克里克碱基配对原则，可以与功能核酸进行有效偶联，极大地扩展了该系统的应用范围，是近年交叉学科领域的重要研究热点[43]。但由于这方面研究内容涉及学科技术较多，并不局限在 RNA 计算领域，本书不赘述相关研究进展。

11.3.6　与合成生物学技术结合的 RNA 计算

　　2000 年，Gardner 和 Elowitz 等研究人员利用基因元件在大肠杆菌中创建了"双稳态基因开关""生物振荡器""逻辑线路",这标志着合成生物学的诞生[44-45],他们的研究理念和思想与生物计算相互借鉴、相互补充。2012 年,Ausländer 等人使用转录开关接收并处理输入信号(红霉素和苹果酚)来实现高度复杂的电路,这些输入信号利用 RNA 结合蛋白(RNA Binding Protein,RBP)L7Ae 和 MS2CP 作为下游翻译开关的抑制器[46]。其中,L7Ae 蛋白可识别 RNA 分子中的结构(如 K-turn)并与之结合,从而影响 RNA 的结构和功能;MS2 是一种功能性 RNA 结合蛋白,可以在 mRNA 上设定特定的结合位点,二者均是分子生物学与合成生物学中常用的重要工具。2015 年,Wroblewska 等人也利用这两类 RNA 结合蛋白(MS2-CNOT7 和 L7Ae)相互交叉抑制,实现双向信号通路和反馈调节[47]。

其间,Green 等人首次提出了核糖计算(Ribocomputing)的概念[48],并于 2017 年结合合成生物学的调控元件,利用小转录激活 RNA(Small Transcription Activating RNA,STAR)和立足点开关(Toehold Switch)技术,构造了多重"与""或""非"逻辑门,使得设备能够在活细胞中感知并计算多种复杂信号,并在大肠杆菌中得到了验证。图 11.8(a)描述了核糖体计算构造,该设备使用 RNA 分子作为输入信号、蛋白质作为输出信号;信号处理由共定位传感和输出模块的门控 RNA 进行;输入分子和门控 RNA 在反应中自组装形成"与""或""非"逻辑门。图 11.8(b)描述了立足点开关的工作原理,当触发 RNA 与立足点开关上的互补位置结合后,立足点开关的 RNA 的核糖体结合位点(Ribosome Binding Site,RBS)和起始密码子(Initiation Codon,通常表示为 AUG)暴露,从而激活翻译。优化后的立足点开关被触发 RNA 激活时还可以保留一个弱的发卡结构,用于结合第二个信号,两个信号同时存在时允许核糖体的有效翻译,从而完成"与"门的逻辑运算,如图 11.8(c)所示。该项研究仅采用 RNA 分子从头设计了核酸计算系统,使得系统具有可预测、可设计的特点,不仅减少了扩散引发的信号损失,而且提高了电路的可靠性,降低了代谢成本。该项研究之后,Matsuura 等人于 2018 年构建了一套基于 RNA 的逻辑电路,主要包括 5 个 2 输入逻辑门和一个 3 输入与门,可以使用 RBP 在哺乳动物细胞中检测多个 miRNA 输入,并调节输出蛋白表达[49]。

从"骑士问题"的 RNA 计算,到体外分子自动机,再扩展到细胞内的逻辑门运算与复杂电路的构建,上述代表性工作揭示了生物计算学科对 RNA 计算的研究，紧紧围绕着 RNA 分子自身特点和相关学科新理论与新技术展开。研究焦点已从最初的求解复杂的 NP 完全问题，过渡到通过将生物计算的理念与生物有机体存储和处理信息的方式结合，实现对细胞内部信息的逻辑调控和处理。截至本书成稿之日，RNA 计算领域是深度融合了生命科学、计算机信息科学和纳米技术材料科学等多学科的交叉研究领域，将在疾病治疗、精准医疗以及信息科学等领域发挥前所未有的重要作用。

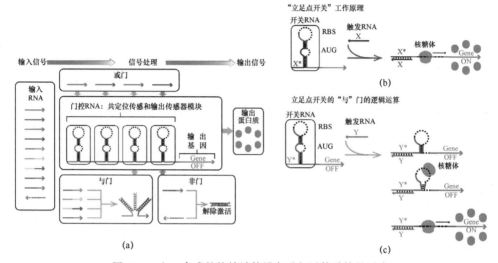

图 11.8　人工合成的核糖计算设备进行活体计算的示意

（a）核糖计算使用 RNA 分子作为输入信号，蛋白质作为输出信号，并由 RNA 逻辑门进行信号处理

（b）基于 RNA 逻辑门传感器的立足点开关原理　　（c）AND 门的立足点开关原理

参考文献

[1]　ADLEMAN L M. Molecular computation of solution to combinatorial problems[J]. Science, 1994, 66(11): 1021-1024.

[2]　FAULHAMMER D, CUKRAS A R, LIPTON R J, et al. Molecular computation: RNA solutions to chess problems[J]. Proceedings of The National Academy of Sciences, 2000, 97 (4): 1385-1389.

[3]　CRICK F. Central dogma of molecular biology[J]. Nature, 1970, 227: 561-563.

[4] KAVITA K, BREAKER R R. Discovering riboswitches: the past and the future[J]. Trends in Biochemical Sciences, 2023, 48: 119-141.

[5] ROSE P W, PRLIĆ A, ALTUNKAYA A, et al. The RCSB protein data bank: integrative view of protein, gene and 3D structural information[J]. Nucleic Acids Research, 2017, 45(D1): D271-D281.

[6] SCHLICK T, PYLE A M. Opportunities and challenges in RNA structural modeling and design[J]. Biophysical Journal, 2017, 113: 225-234.

[7] BERMAN H M, WESTBROOK J, FENG Z, et al. The protein data bank[J]. Nucleic Acids Research, 2000, 28(1): 235-242.

[8] RNACENTRAL CONSORTIUM. RNAcentral 2021: secondary structure integration, improved sequence search and new member databases[J]. Nucleic Acids Research, 2021, 49(D1): D212-D220.

[9] WANG W, FENG C, HAN R, et al. TrRosettaRNA: automated prediction of RNA 3D structure with transformer network[J]. Nature Communications, 2023, 14: 7266.

[10] TOWNSHEND R J L, EISMANN S, WATKINS A M, et al. Geometric deep learning of RNA structure[J]. Science, 2021, 373(6558):1047-1051.

[11] CRUZ J A, BLANCHET M F, BONIECKI M, et al. RNA-puzzles: a CASP-like evaluation of RNA three-dimensional structure prediction[J]. RNA, 2012,18: 610-625.

[12] KRYSHTAFOVYCH A, ANTCZAK M, SZACHNIUK M, et al. New prediction categories in CASP15. new prediction categories in CASP15[J]. Proteins, 2023, 91: 1550-1557.

[13] MALHOTRA A, TAN R, HARVEY S. Modeling large RNAs and ribonucleoprotein particles using molecular mechanics techniques[J]. Biophysical Journal, 1994, 66: 1777-1795.

[14] WANG X, TAN Y, YU S, et al. Predicting 3D structures and stabilities for complex RNA pseudoknots in ion solutions[J]. Biophysical Journal, 2023, 122: 1503-1516.

[15] PARISIEN M, MAJOR F. The MC-fold and MC-sym pipeline infers RNA structure from sequence data[J]. Nature, 2008, 452: 51-55.

[16] ZHOU L, WANG X, YU S, et al. FebRNA: an automated fragment-

ensemble-based model for building RNA 3D structures[J]. Biophysical Journal, 2022, 121: 3381-3392.

[17] SHEN T, HU Z, PENG Z, et al. E2Efold-3D: end-to-end deep learning method for accurate denovo RNA 3D structure prediction[J]. arXiv Print, 2022, 2207: 01586.

[18] SHA C, WANG J, DOKHOLYAN N V. Predicting 3D RNA Structure from solely the nucleotide sequence using euclidean distance neural networks[J]. Biophysical Journal, 2023, 122: 444A.

[19] ZHANG F, LEMIEUX S, WU X, et al. Function of hexameric RNA in packaging of bacteriophage φ29 DNA in vitro[J]. Molecular Cell 1998, 2: 141-147.

[20] SHU D, MOLL W D, DENG Z, et al. Bottom-up assembly of RNA arrays and superstructures as potential parts in nanotechnology[J]. Nano Letters, 2004, 4: 1717-1723.

[21] GUO S, TSCHAMMER N, MOHAMMED S, et al. Specific delivery of therapeutic RNAs to cancer cells via the dimerization mechanism of φ29 motor pRNA[J]. Human Gene Therapy, 2005, 16: 1097-1109.

[22] SHU Y, CINIER M, SHU D, et al. Assembly of multifunctional φ29 pRNA nanoparticles for specific delivery of siRNA and other therapeutics to targeted cells[J]. Methods, 2011, 54: 204-214.

[23] HAQUE F, SHU D, SHU Y, et al. Ultrastable synergistic tetravalent RNA nanoparticles for targeting to cancers[J]. Nano Today, 2012, 7: 245-257.

[24] YE X, HEMIDA M, ZHANG H, et al. Current advances in φ29 pRNA biology and its application in drug delivery[J]. Wiley Interdisciplinary Reviews: RNA, 2012, 3: 469-481.

[25] QIU M, KHISAMUTDINOV E, ZHAO Z, et al. RNA nanotechnology for computer design and in vivo computation[J]. Philosophical Transactions of the Royal Society A: Mathematical, Physical, and Engineering Sciences, 2013, 371(2000): 2012.0310.

[26] JASINSKI D, HAQUE F, BINZEL D W, et al. Advancement of the emerging field of RNA nanotechnology[J]. ACS Nano, 2017, 11(2):

1142-1164.

[27] BENENSON Y, PAZ-ELIZUR T, ADAR R, et al. Programmable and autonomous computing machine made of biomolecules[J]. Nature, 2001, 414: 430-434.

[28] BENENSON Y, SHAPIRO E. Molecular computing machines[M]. Schwarz J A, Centescu C I, Putyera K, eds. Dekker Encyclopedia of Nanoscience and Nanotechnology. New York: Marcel Dekker, Inc., 2004: 2043-2056.

[29] BENENSON Y, GIL B, BEN-DOR U, et al. An autonomous molecular computer for logical control of gene expression[J]. Nature, 2004, 429: 423-429.

[30] RINAUDO K, BLERIS L, MADDAMSETTI R, et al. A universal RNAi-based logic evaluator that operates in mammalian cells[J]. Nature Biotechnology, 2007, 25(7): 795-801.

[31] XING Y, LI X, YUAN T, et al. Engineering high-performance hairpin stacking circuits for logic gate operation and highly sensitive biosensing assay of microRNA[J]. Analyst, 2017, 142(24): 4834-4842.

[32] MORIHIRO K, ANKENBRUCK N, LUKASAK B, et al. Small molecule release and activation through DNA computing[J]. Journal of The American Chemical Society, 2017, 139(39): 13909-13915.

[33] YU S, WANG Y, JIANG L, et al. Cascade amplification mediated in situ hot-spot assembly for microRNA detection and molecular logic gate operations[J]. Analytical Chemistry, 2018, 90(7): 4544-4551.

[34] MA X, GAO L, TANG Y, et al. Gold Nanoparticles-based DNA logic gate for miRNA inputs analysis coupling strand displacement reaction and hybridization chain reaction[J]. Particle and Particle Systems Characterization, 2018, 35(2): 1700326.

[35] RAN X, WANG Z, JU E, et al. An intelligent 1:2 demultiplexer as an intracellular theranostic device based on DNA / Ag clusters gated nanovehicles[J]. Nanotechnology, 2018, 29(6): 065501.

[36] ELLINGTON A D, SZOSTAK J W. In vitro selection of RNA molecules that bind specific ligands[J]. Nature, 1990, 346(6287): 818-822.

[37] DOUG I, CRAIG T, LARRY G, et al. Selexion: systematic evolution of ligands by exponential enrichment with integrated optimization by non-linear analysis[J]. Journal of Molecular Biology, 1991, 222(3): 739-761.

[38] MAUNG N W, CHRISTINA D S. Higher-order cellular information processing with synthetic RNA devices[J]. Science, 2008, 322(5900): 456-460.

[39] KHALID K A, KWAKU D T, MATTHEW F L, et al. A fluorescent split aptamer for visualizing RNA—RNA assembly in vivo[J]. CS Synthetic Biology, 2017, 6(9): 1710-1721.

[40] DELTCHEVA E, CHYLINSKI K, SHARMA C M, et al. CRISPR RNA maturation by trans-encoded small RNA and host factor RNase III [J]. Nature, 2011, 471(7340): 602-607.

[41] BREANNA D A, NOREEN W, EILEEN H, et al. PERSIST: a programmable RNA regulation platform using CRISPR endoRNases[J]. bioRxiv, 2019, 12.15.867150.

[42] KAWASAKI S, ONO H, HIROSAWA M, et al. Programmable mammalian translational modulators by CRISPR-Associated proteins[J]. Nature Communications, 2023, 14(1): 2243.

[43] CHEN S, GONG B, ZHU C, et al. Nucleic acid-assisted CRISPR-Cas systems for advanced biosensing and bioimaging[J]. TrAC Trends in Analytical Chemistry, 2023, 159: 116931.

[44] GARDNER T, CANTOR C, COLLINS J. Construction of a genetic toggle switch in Escherichia coli[J]. Nature, 2000, 403: 339-342.

[45] ELOWITZ M B, LIEBLER S. A Synthetic oscillatory network of transcriptional regulators[J]. Nature, 2000, 403(1): 335-338.

[46] AUSLÄNDER S, AUSLÄNDER D, MÜLLER M, et al. Programmable single-cell mammalian biocomputers[J]. Nature, 2012, 487(7405): 123-127.

[47] WROBLEWSKA L, KITADA T, ENDO K, et al. Mammalian synthetic circuits with rna binding proteins delivered by RNA[J]. Nature Biotechnology, 2015, 33: 839-841.

[48] GREEN A A, KIM J, MA D, et al. Complex cellular logic computation

using ribocomputing devices[J]. Nature, 2017, 548: 117-121.

[49] MATSUURA S, ONO H, KAWASAKI S, et al. Synthetic RNA-based logic computation in mammalian cells[J]. Nature Communications, 2018, 9: 4847.

第 12 章

蛋白质计算

Feynman 提出的"分子尺度研发计算机的构想",促使 DNA 计算模型在 1994 年诞生。紧随其后,蛋白质计算于 1995 年诞生:给出了 2 态逻辑门的蛋白质计算模型。其后,不少研究人员相继研究了众多蛋白质逻辑门、逻辑运算器、算术运算器、求解 NP 完全问题的蛋白质计算模型、蛋白质存与算的器件等,本章介绍其中的一些典型代表。

蛋白质具有千变万化的结构,在生物体内能实现丰富多彩的功能,是天然的高性能生物材料。任何能够将输入信号转化为输出信号的蛋白质都可视为一个执行某种计算或携带某种信息的元素[1]。20 世纪 90 年代初,人们开始探索使用蛋白质来存储信息,近年来人们在探索使用不同的蛋白质来构建忆阻器。Nicolau 等人在 2016 年对蛋白质计算解决 NP 完全问题进行了探索[2],他们利用蛋白质分子(肌动蛋白和微管蛋白)求解了一个具体的数学问题(子集和问题)。大部分蛋白质计算的工作集中于探索用蛋白质构建逻辑运算器和算术运算器。本章分别从基于蛋白质构建逻辑运算器、基于蛋白质构建算术运算器、基于蛋白质分子解决 NP 完全问题和蛋白质存储这 4 个方面进行详细介绍。

12.1 基于蛋白质构建逻辑运算器

逻辑门是计算机的基本组成部分,在电子布尔逻辑门中,低电压/电流对应 0,高电压/电流对应 1。这个概念可以扩展到生化反应:低浓度/

活性为 0，高浓度/活性为 1。虽然分子逻辑门的输入和输出不是真正的二进制，但分子电路可以设计为接近二进制逻辑门，对输入进行 S 形响应[3]。基于蛋白质的逻辑运算器通常是利用蛋白酶介导的反应[3-4]、蛋白质相互作用[5-6]、蛋白质变构效应[7-8]、蛋白质翻译后修饰[9]，以及通过人工设计与改造的蛋白质[5-6,9-10]来构建的，其中研究最多的是酶介导的逻辑运算器。

12.1.1　酶介导的逻辑运算器

在构建蛋白质逻辑运算系统的过程中，基于酶的逻辑门的设计与实现成为关注的焦点。首先，酶表现出卓越的专一性和选择性，对特定底物的识别使其在生物计算任务中更加可靠和精确。其次，作为生物催化剂，酶能够高效催化生化反应，更迅速地执行特定的逻辑操作，且酶是生物体内自然存在的分子，不易引起免疫反应，有助于在生物体内实现生物计算。此外，酶的活性可通过调节 pH 值、温度等进行精确控制，为设计可调控的生物计算系统提供便利。酶还具有自组装的能力，能够与其他分子或纳米材料相互作用，为构建更复杂的生物计算装置提供了可能性[11]。基于酶的逻辑门通常利用相对简单的酶催化反应来实现，这些反应在设计中较直观。基于酶的信息处理系统快速发展，促进了各种布尔逻辑门的设计，包括 YES 门、NOT 门、OR 门、NOR 门、XOR 门、NXOR 门、AND 门、NAND 门、INHIBIT 门等。研究人员还设计了各种级联反应，以模拟不同逻辑门的组合[12]。

1. 基于酶的逻辑运算器的一般定义

生化反应本质上不是二进制过程，因此为了模拟二进制计算，尤其是布尔逻辑门的实现，需要采用特殊的处理方式，以进行二进制操作。可将化学物质的低浓度和高浓度分别对应为 0 和 1，当系统中没有反应物时，通常将其视为输入信号的逻辑 0。实验中，与逻辑 1 对应的高浓度可以根据反应类型和用于分析产生的化学变化的方法而变化。在某些特定的应用场景中，如在生物医学/生物传感器的使用中，与逻辑值 0 和 1 对应的初始试剂的低浓度可以通过自然原因设置为高浓度。例如，逻辑 0 和 1 输入可以定义为反应物种的正常生理浓度和异常病理浓度。在这种情况下，逻辑输入 0 和 1 的间隙可能较小，导致输出信号的差异相对较小，增加了二元辨别的复杂性。

除了酶的底物浓度作为输入 0 或 1[13]，酶的存在与否也可以作为输入 0 或 1[12,14]，当底物作为输入时，整个反应系统可以采用二元可变的低分子量物质（底物、辅助因子）、生物催化物种（酶）和一些辅助试剂（启动子、盐、缓冲液等）作为逻辑门的"机械"部分。逻辑输入和机械部分的定义允许发生变化，酶也可以作为逻辑上可变的输入，而其他反应物被视为非可变的"机械"部分。

2. 基于酶的布尔逻辑门

通过选择不同的酶和反应种类的组合，可以实现不同的逻辑门。简单的布尔逻辑门处理一个或者两个输入，产生一个输出。常见的简单逻辑门有YES 门、NOT 门、OR 门、NOR 门、XOR 门、NXOR 门、AND 门、NAND门、INHIBIT 门。不同的酶可以模拟相同的逻辑操作，下面分别介绍由酶促反应实现的上述 9 种简单逻辑门。

（1）YES 门。

YES 门是最简单的逻辑门，1 输入 1 输出。输入为逻辑 0 时，输出为逻辑0；输入为逻辑 1 时，输出为逻辑 1。生化反应的实现也最简单，任何在相应原始底物存在的情况下产生化学产物的化学反应都可以被视为 YES 门。学术界已公布许多不同的酶促反应，可用于模拟这种简单的逻辑操作[15]。如图 12.1 所示，在乳酸（Lactic Acid，Lac）存在的情况下，乳酸脱氢酶（Lactate Dehydrogenase，LDH）将 NAD^+ 催化还原为 NADH，就是一个简单的 YES门。NADH 在 $\lambda=340nm$ 处的吸光度最好，NAD^+ 在 $\lambda=340nm$ 处的吸光度很弱，所以通过检测 $\lambda=340nm$ 处的吸光度是否增强，可以检测 NADH 是否产生[13,16]。存在 Lac（输入为 1）时，产生 NADH，导致系统在 $\lambda=340nm$ 处的吸光度增加，当吸光度超过某个阈值时，就定义为输出信号 1。在没有 Lac 的情况下（输入为 0），反应无法继续进行，原始的 NAD^+ 在 $\lambda=340nm$ 处的吸光度较小，且不产生变化，定义为输出信号 0。这个 YES 门模拟过程采用了标准的生物分析方法，实验操作简单。虽然 YES 门相对简单，但在复杂的逻辑系统[如逻辑可逆的费曼（Feynman）门、双费曼（Double Feynman）门、托佛利（Toffoli）门、佩雷斯（Peres）门和弗雷德金（Fredkin）门]中扮演着重要的角色[12]，在生物计算系统中，也是不可或缺的组成部分。

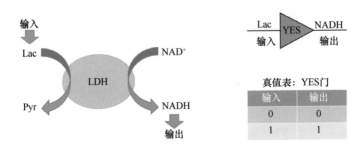

图 12.1　YES 门示意

（2）NOT 门。

NOT 门与 YES 门相似，都是 1 输入 1 输出，但具有反向的输出信号。当输入为逻辑 0 时，输出为逻辑 1；当输入为逻辑 1 时，输出为逻辑 0。NOT 门可以通过各种酶促反应来实现[12-13]。如图 12.2 所示，在过氧化氢（H_2O_2）存在的情况下，尼克酰胺腺嘌呤二核苷酸磷酸氧化酶 2（NADH-POx）将 NADH氧化为 NAD^+。在 H_2O_2 存在的情况下（输入为 1），NADH 减少，系统在 $\lambda=340nm$ 处的吸光度下降，将这个吸光度变化定义为 0；在 H_2O_2 不存在的情况下（输入为 0），反应不发生，NADH 不变，系统在 $\lambda=340nm$ 处的吸光度不变，将其定义为输出 1，这个过程类似于逻辑函数 NOT。尽管 NOT 门很简单，但它是各种生物计算系统的一个非常重要的部分，如在半减法器中作为逆变器[11,13]。

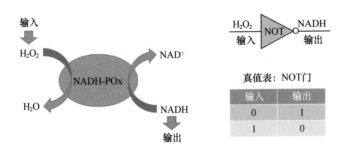

图 12.2　NOT 门示意

（3）OR 门。

OR 门是一种具有双输入和单输出的逻辑门，当至少有一个输入为 1 时，输出为 1；当两个输入都为 0 时，输出为 0。该逻辑门的设计实现相对简单，可通过生成相同的化学产物的两个生物催化反应来实现。图 12.3 所示为生成 NADH

的两个生物催化反应：一个通过葡萄糖脱氢酶（Glucose Dehydrogenase，GDH）产生 NADH，另一个由 LDH 产生 NADH，通过检测 $\lambda=340$nm 处的吸光度变化来检测输出信号。当葡萄糖（Glucose，Glc）（输入 A）和 Lac（输入 B）至少有一种还原底物存在的情况下（输入为：1、0，0、1，1、1），都可以生成 NADH，导致吸光度增加（输出为 1）。当 Glc 和 Lac 都不存在时（输入为 0、0），反应都不发生，NADH 浓度不变，吸光度不变（输出为 0）。由于 OR 门的实现简单，基于酶的 OR 门是最常被报道的逻辑系统之一，具有广泛的应用。

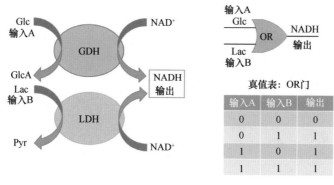

图 12.3 OR 门示意

（4）NOR 门。

NOR 门基本上与 OR 门相同，具有双输入和单输出，但是具有反向输出信号：当两个输入都为 0 时，输出为 1；当至少有一个输入为 1 时，输出为 0。当两种输入试剂都抑制同一种生物催化反应时，可以用来构建这种逻辑门。虽然 NOR 门的设计是可行的，但实现起来相对困难。如果像 OR 门一样将某物质的生成定义为输出 1，那么除了两个正常的催化反应，还需要额外添加两种抑制剂（输入）才能实现 NOR 门，反应非常复杂。所以，将某物质的消耗定义为输出 0，实现 NOR 门将更加简单。图 12.4 所示为两个消耗 NADPH 的生物催化反应，还原型烟酰胺腺嘌呤二核苷酸磷酸（Reduced Nicotinamide Adenine Dinucleotide Phosphate，NADPH）与 NADH 相似，在 $\lambda=340$nm 处的吸光度最好，烟酰胺腺嘌呤二核苷酸磷酸（Nicotinamide Adenine Dinucleotide Phosphate，表示为 NADP$^+$）在 $\lambda=340$nm 处的吸光度很弱。谷胱甘肽还原酶（Glutathione Reductase，GR）催化的反应在氧化型谷胱甘肽（Glutathione Disulfide，GSSG）的存在下启动（输入 A 为 1），导致

NADPH 氧化，NADPH 浓度下降，使得在 $\lambda=340nm$ 处的吸光度降低（输出为0）。第二个反应由黄递酶（Diaphorase，Diaph）催化，在 $[Fe(CN)_6]^{3-}$ 存在的情况下（输入 B 为 1），得到相同的输出结果。因此，当任何至少一种输入试剂存在时（输入为：0、1，1、0，1、1），吸光度降低（输出为 0）；在两种输入试剂都不存在时（输入为 0、0），吸光度保持在原始的高值（输出为1）。截至本书成稿之日，NOR 门的设计使其容易集成到复杂的逻辑网络中，如作为多路复用器，以及应用在生物传感器告警设备中。此外，Chuang 等人指出，NOR 门是通用门，可用于构建执行所有其他逻辑操作的逻辑电路[17]。

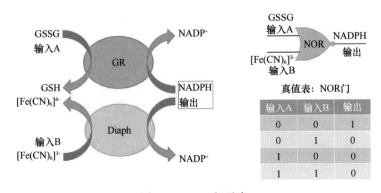

图 12.4　NOR 门示意

（5）XOR 门。

XOR 门是设计复杂逻辑系统（如可逆的逻辑门和算术运算）的关键元素之一。当两个输入不一致时（输入为 1、0 或 0、1），输出为 1；当两个输入一致时（输入为 0、0 或 1、1），输出为 0。XOR 门已经利用许多不同的酶实现[13,18-20]，但是在生物催化系统中实现它具有一定的挑战，通常需要引入一个"人工"假设——输出信号通常要使用生成信号的绝对值。进行产物增多和产物减少两个生物催化反应，便轻松实现 XOR 门成为可能。图 12.5 所示为一个 XOR 门工作的示例，用吸光度变化的绝对值作为输出信号。NADH-POx 在 H_2O_2（输入 A）存在时导致 NADH 氧化，减少了 NADH，降低了 $\lambda=340nm$ 处的吸光度。LDH 在 Lac（输入 B）存在时导致 NAD^+ 还原，生成 NADH，增加了 $\lambda=340nm$ 处的吸光度。在没有 H_2O_2 和 Lac 存在的情况下（输入为 0、0），光吸光度保持不变（输出为 0）。H_2O_2 和 Lac 任意一种存在（输入为 1、0 或 0、1），都会激活其中一个反应，分别降低或增加 NADH 浓度及其吸光度。

尽管浓度变化和吸光度变化是不同的（相反的），但如果将吸光度变化的绝对值定义为输出信号，这两个结果可以认为是相同的输出 1。对于 XOR 逻辑操作，产生对两个输入（输入为 1、1）的低响应（输出为 0）至关重要。需要对两种输入的浓度进行优化，保证 NADH 消耗和生成的速度一致，从而使 NADH 浓度及其吸光度几乎保持不变。采用"人工"定义绝对值变化作为输出信号的方法有优点和缺点。优点是使 XOR 门的实现相对简单，缺点是 XOR 门在连接逻辑门网络中存在一些限制。绝对值变化可以用作通过级联反应连接的逻辑门所产生的最终信号，但是，由于两种不同的化学物品（如 NAD+和 NADH）无法以相同的方式参与同一个反应，因此该门不能扩展到其他逻辑操作。

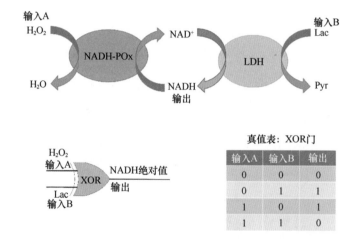

图 12.5　XOR 门示意

（6）NXOR 门。

NXOR 门与 XOR 门相似，但是具有反向输出信号[21]。两个输入不一致时（输入为 1、0 或 1、0），输出为 0；两个输入一致时（输入为 0、0 或 1、1），输出为 1。然而，单独的输入（输入为 0、1 和 1、0）会抑制生物催化过程，产生逻辑值 0 的低输出信号。图 12.6 所示为实现这个过程的一种可能方法。辣根过氧化物酶（Horseradish Peroxidase，HRP）催化底物 2,2'-联氨基双（3-乙基苯并噻唑啉-6-磺酸）（ABTS）氧化，生成 ABTS 氧化态（$ABTS_{ox}$），$ABTS_{ox}$ 在 λ=420nm 处的吸光度最好，所以使用 λ=420nm 处的吸光度变化作为输出信号。

这个反应是持续进行的，而 HRP 维持最佳活性需要特定的 pH 值。酯酶催化乙酸乙酯（$CH_3COOC_2H_5$，记为 Et-O-Ac）（输入 A）水解生成的 CH_3COOH 和脲酶催化尿素 $[CO(NH_2)_2$，记为 urea]（输入 B）水解生成的 $NH_3 \cdot OH$ 可以调节溶液的 pH 值。当 Et-O-Ac 和尿素都不存在（输入为 0、0），或者 Et-O-Ac 和尿素的量相当（输入为 1、1）时，生成的 CH_3COOH 和 $NH_3 \cdot H_2O$ 中和，溶液的 pH 值不会产生大的波动，HRP 的活性维持在最佳状态，$ABTS_{ox}$ 持续生成，在 $\lambda=420nm$ 处的吸光度增加（输出为 1）。但是当 Et-O-Ac 和尿素浓度差别较大时（输入为 1、0 或 0、1），pH 值变化，HRP 活性降低，$ABTS_{ox}$ 生成减少，在 $\lambda=420nm$ 处的吸光度低（输出为 0）。活性依赖 pH 的酶都可以用来设计类似的 XNOR 门，最佳活性的 pH 值最好在中性 pH 附近，这样 pH 值可以向两边移动。

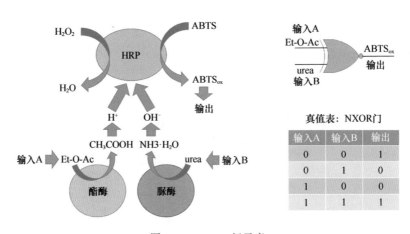

图 12.6 NXOR 门示意

（7）AND 门。

AND 门是蛋白质计算研究（尤其是基于酶催化反应实现的蛋白质逻辑门研究）中最常见的逻辑门之一。当两个输入都为 1 时（输入为 1、1），输出为 1；其他情况下（输入为：0、1，1、0，0、0），输出为 0。AND 门通常被设计为两个连续的生物催化过程的级联。图 12.7 所示为一个级联反应构成的 AND 门。Lac（输入 A）在乳酸氧化酶（Lactate Oxidase，LOx）催化下生成 H_2O_2。H_2O_2 氧化 ABTS（输入 B），生成 $ABTS_{ox}$，并作为最终输出信号。只有当 Lac 和 ABTS 这两个输入都存在时（输入为 1、1），级联反应才能一次完成，生成 $ABTS_{ox}$ ，在 $\lambda=420nm$ 处吸光度增加（输出为 1）。生物催化反应的数量和所涉及的酶的数量可能各不相同，都可以用来构建 AND 门。在最简单的 AND 逻辑实现中，一个单一的酶的两个底物代表两个输入信号[14]。基于酶的逻辑 AND 门已广泛应用于各种生物传感系统。

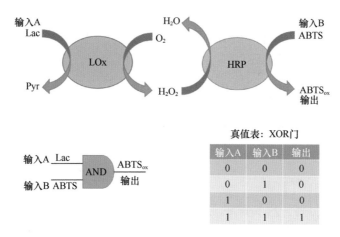

图 12.7　AND 门示意

（8）NAND 门。

NAND 门与 AND 门相似，但输出信号相反。当两个输入都为 1 时（输入为 1、1），输出为 0；其他情况下（输入为：0、1，1、0，0、0），输出为 1。在特定生物催化反应中，可以通过逻辑操作进行反转[22]。最简单的方法是改变输出信号定义，将消耗化学分子（浓度下降）作为输出信号 1。图 12.8 所示为受两个不同输入信号调控的两个酶的催化反应级联过程。在丙氨酸氨基转移酶（Alanine Transaminase，ALT）的催化下，谷氨酸（Glutamic Acid，Glu）（输入 A）和丙氨酸（Alanine，Ala）（输入 B）分别转化为 α-酮戊二酸（α-ketoglutarate, α-KTG）和丙酮酸（Pyruvic Acid，Pyr）。该反应只在 Glu 和 Ala 两个输入同时存在的情况下（输入为 1、1）才会启动，类似于 AND 门。当 Pyr 在第一步反应中生成后，在 LDH 催化过程中被还原为 Lac，同时导致 NADH 氧化为 NAD^+，NADH 浓度降低，在 $\lambda=340nm$ 处的吸光度降低（输出为 0）。当输入反应物缺失时（输入为：0、1，1、0，0、0），中间产物 Pyr 无法产生，后续反应无法启动，NADH 的数量不会改变，吸光度也不会降低（输出为 1）。

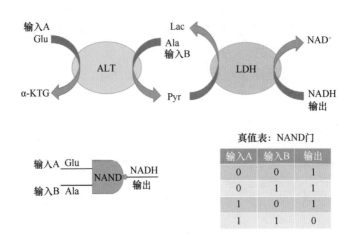

图 12.8　NAND 门示意

（9）INHIBIT 门。

INHIBIT 门是一种特殊的逻辑门，其中一个输入为 1 时可以抑制逻辑操作。如图 12.9 所示，当输入 A 为 0 时，输出由输入 B 决定，此时相当于基于输入 B 的 YES 门；当输入 A 为 1 时，无论输入 B 是什么，输出都为 0，也就是说输入 A 为 1 时，抑制了 INHIBIT 门的逻辑操作，只能输出 0。在图 12.9 的示例中，乙酰胆碱酯酶（Acetylcholinesterase，AChE）催化乙酰胆碱（Acetylcholine，Ach）（输入 B）水解，生成胆碱（Choline）。随后，胆碱在胆碱氧化酶（Choline Oxidase，ChOx）催化的反应中被氧化为甜菜碱，同时产生 H_2O_2。H_2O_2 在 HRP 催化的反应中氧化 ABTS，生成 $ABTS_{ox}$ 作为输出信号。但是对氧磷（Paraoxon，PAX）（输入 A）会抑制 Ach 水解，使得后续反应无法继续进行。PAX 不存在（输入 A 为 0）且没有 Ach 时（输入 B 为 0），整个生物催化级联反应处于沉默状态，无法产生 $ABTS_{ox}$（输出为 0）；有 Ach 时（输入 B 为 1），反应接连发生，生成 $ABTS_{ox}$（输出为 1）。当 PAX 存在时（输入 A 为 1），抑制这一系列反应，不生成 $ABTS_{ox}$（输出为 0）。依赖 PAX 的抑制作用构建的 INHIBIT 门可以在生物催化级联中实现，不需要直接抑制酶，但仍然执行相同的逻辑功能[13]。

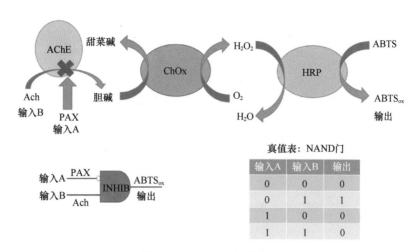

真值表：NAND门

输入A	输入B	输出
0	0	0
0	1	1
1	0	0
1	1	0

图 12.9　INHIBIT 门示意

3. 基于酶的逻辑电路

基于酶的逻辑门是通过酶催化作用来实现的，通过设计特定的酶和底物的相互作用，可以实现酶基逻辑门的串联，构成复杂逻辑电路。如图 12.10 所示，Niazov 等人通过组合 AChE、ChOx、微过氧化物酶-11（Microperoxidase-11，MP-11）、GDH 这 4 种酶和 Ach、丁酰胆碱（Butyrylcholine，BCh）、氧气（O_2）、Glc 这 4 种底物组装出 OR、AND、XOR 这 3 个逻辑门，并串联为逻辑电路，以 NADH 在 $\lambda=340nm$ 处的吸光度变化作为输出信号[23]。Ach（输入 A）或 BCh（输入 B）在 AChE 的催化下水解生成乙酸盐或丁酸盐，同时甜菜碱醛（Betainealdehyde）还原为胆碱，构成 OR 门。胆碱与氧气（输入 C）在 ChOx的催化下生成甜菜碱醛和 H_2O_2，构成 AND 门。一方面，H_2O_2 存在时，在 MP-11 的催化下，将 NADH 氧化成 NAD^+，NADH 减少，吸光度下降（输出为1）；另一方面，Glc（输入 D）存在时，在 GDH 的催化下生成葡萄糖酸，NAD^+ 被还原为 NADH，NADH 增加，吸光度增加（输出为 1）。当 H_2O_2 和葡萄糖同时缺失或者同时存在时，NADH 的量不变，输出为 0，构成 XOR 门。将一个逻辑门的输出作为下一个逻辑门的输入，就实现了逻辑门的级联，可构建复杂的逻辑电路。为了保证逻辑电路按照设计进行反应，需要平衡酶和底物的浓度。为了实现这个目的，针对酶和输入底物的浓度进行了很多优化实验。

串联酶基逻辑门可能会有以下问题。

（1）信号传递延迟。每个逻辑门的催化反应都需要一定的时间完成。当串联多个逻辑门时，每个门的输出将成为下一个门的输入，导致信号传递延迟。这在某些应用（特别是需要快速响应的系统）中是不可接受的。

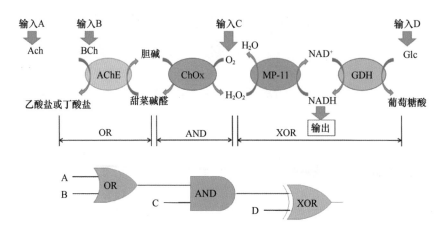

图 12.10　由 4 种酶串联组成的逻辑电路

（2）信号衰减。长时间的串联可能导致信号的衰减。由于每个逻辑门的反应都会引入一些噪声和损失，这些效应可能会在传递过程中累积，影响系统的稳定性和准确性。

（3）相互影响。串联的逻辑门之间可能存在相互影响。输出物质可能会影响下一个逻辑门的催化反应，从而改变整体系统的行为。这需要仔细设计和优化，以确保每个逻辑门的输出对下一个逻辑门的输入没有不良影响。

（4）底物耗竭。串联多个逻辑门时，底物的耗竭可能会成为一个问题。如果某个逻辑门的底物是下一个逻辑门的反应物质，那么底物的浓度降低可能影响整个系统的性能。

虽然存在这些问题，但通过仔细设计和调整反应条件，研究人员已经成功地实现了串联的基于酶的逻辑门。基于酶的串联逻辑电路在生物计算和生物传感器领域可能发挥重要作用，但需要在具体应用中进行精心设计和优化。

12.1.2　非酶介导的逻辑运算器

非酶介导的逻辑运算器按照蛋白质执行功能的机制和过程的不同，可以划分为受体-配体相互作用、变构效应、翻译后修饰等类型[1]。

1. 受体-配体相互作用

受体-配体相互作用是生物学中一种重要的分子相互作用方式，通常涉及蛋白质（受体）与配体之间的特异性结合。这种相互作用可以触发细胞内级联反应，从而影响细胞的生理功能和行为。在细胞信号传导、免疫应答、激素调控等生物学过程中发挥着关键作用，对于细胞内外环境的感知和响应至关重要。

类似于基于酶的蛋白质逻辑计算，受体-配体相互作用也可以被视为一种信号处理过程，受体蛋白读取配体的浓度或特定特征，并产生相应的细胞内信号。这种信号处理过程类似于计算中的输入和输出关系，所以受体-配体相互作用机制也可以用来设计逻辑门。

Ronde 等人将配体浓度定义为输入，受体蛋白的活性定义为输出，实现了 16 种逻辑门[24]。受体通常以二聚体或更高的聚合物形式存在，两个单配体受体或一个双配体受体可以实现大部分逻辑门。Gunnoo 等人设计了一个结合磷酸化的抗体逻辑门，单域抗体 cAb-Lys3 的互补决定区（Complementary-Determining Region，CDR）的 104 号残基是与抗原溶菌酶结合关键残基，将104 号残基磷酸化，只有在存在磷酸水解酶的情况下，才能去磷酸化，与抗原结合，实现一个 AND 门，该门可以控制免疫应答[25]。Oostindie 等人利用抗原-抗体相互作用，针对肿瘤 B 细胞的 CD52 和 CD20 细胞表面蛋白质，在抗体 IgG 上引入突变 G236R 和 G237A，在同时识别到 CD52 和 CD20 时，会形成异源寡聚体，增强与蛋白 C1q 和 Fcγ R 的亲和力，执行效应器功能（细胞溶解和炎症反应、细胞毒性和细胞吞噬等），同样实现了一个 AND 门[26]。

与受体-配体相互作用相似的还有蛋白质-蛋白质相互作用，Moon 等人认为转录过程就是一个 AND 门，转录因子及其伴侣蛋白同时存在时（输入为1、1），可以表达一个蛋白质（输出为 1）[27]。这个蛋白质可以是下一个 AND门的输入，这样就可以串联成多输入的 AND 门。Y406A 是一种成孔蛋白，在 pH 值低的情况下在脂质膜上形成孔；ankyrin 重复域蛋白抑制剂（D22）与Y406A 结合时也会抑制 Y406A 的功能；D22 与 Y406A 可逆结合，D22 被从膜上切割（在不同的脂质膜系统上被 TCEP 或 MMP-9 剪切），从 Y406A 上解离，在同时满足低 pH 值的情况下，Y406A 能够形成孔，基于这个原理，Omersa 等人设计了 AND 门和 OR 门[28]。

2. 变构效应

变构效应是指蛋白质的一个位点与配体结合改变了蛋白质构象，导致蛋白质生物活性改变，从而实现相应功能的调控[7]。变构效应在信号转导、转录调控和代谢等许多生物过程中都起着重要的作用。蛋白质的构象变化可以受到外界刺激或内部信号的调节，这种变化可以被看作一种计算过程，即输入信号（刺激或信号）被转化为特定的输出响应（构象变化）。变构效应可以被用来实现逻辑运算、信号传递和信息处理，从而被应用于蛋白质计算中[8]。

Dokholyan 等人研究发现，以单链蛋白构建的纳米计算设备（Nano - Computational Device，NCD）以单个蛋白质或蛋白质结构域作为响应单元（Response Unit，RU）；输入可以由许多功能调节器提供，如对光、药物、pH 值、温度、RNA 敏感的功能调节器；以蛋白质构象变化或者是活性位点改变（结合能力改变）作为输出[8]。近年来，已经有很多利用光敏结构域［如 LOV（Light - Oxygen - Voltage）结构域]和药敏结构域（如 uniRapR）调控响应单元的结合活性的实验[6,8-10,29]。如图 12.11（a）所示，光敏调节器（Light - sensitive Functional Modulator，LFM）接收光的照射，导致 RU 活性位点无序波动，抑制 RU 与底物的结合活性；如图 12.11（b）所示，药敏调节器（Drug-Sensitive Functional Modulator，DFM）与药物分子雷帕霉素结合时，从无序到有序转变，变构促进 RU 与底物结合；如图 12.11（c）所示，在 RU 上插入一个自抑制结构域（Auto - Inhibitory Domain，AID），AID 占据了 RU 底物的结合位点，导致 RU 不能与底物结合。LFM 接收光的照射，会导致 AID 解离，使得 RU 顺利与底物结合。将 RU 分裂成 N 端和 C 端，分别连上二聚蛋白的一部分（iFKBP 和 FRB），在雷帕霉素存在时，iFKBP 和 FRB 形成二聚蛋白，RU 的 N 端和 C 端也结合在一起，形成有功能的 RU，能够结合底物，如图 12.11（d）所示。通过对光敏结构域和药敏结构域的组合与改造，能够构建各种逻辑门（如 AND 门、OR 门等），实现对蛋白质构象的调节，从而实现对功能的直接调控。

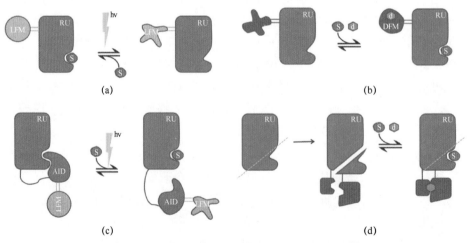

（a）　　　　　　　　　　　　　　　　　　　　（b）

（c）　　　　　　　　　　　　　　　　　　　　（d）

图 12.11　光敏结构域和药敏结构域的组合改造[8]

（a）光变构抑制　　（b）化学变构抑制　　（c）光变构激活　　（d）通过分裂重组控制蛋白质功能

3. 翻译后修饰

翻译后修饰是指在蛋白质合成后通过化学方式对蛋白质进行的修饰，包括磷酸化、甲基化、核苷酸化、脂肪酰化等。翻译后修饰可以改变蛋白质的结构、功能或相互作用，从而影响细胞内的信号传导、代谢调节和细胞功能等[1]。这种调节过程也可以用来构建逻辑门。例如，激酶 DRP-1 组成二聚体才有活性，能磷酸化其他单体，两个单体都磷酸化则失活[30]。Unger 等人将激酶 DRP-1 单体连上特定的 DNA 链，包括两个输入 DNA 标签、一个输出 DNA 标签，起始情况下输出标签被另一段 cDNA 链阻塞。这个 DRP-1 单体就构成了一个 NAND 门，凭借门上的输入 DNA 标签，两个单体靠近并组成二聚体，将门磷酸化（输出为1）；但是当两个单体都是磷酸化状态时（输入组合为 1、1），不能将门磷酸化（输出为 0）[30]。两个单体形成二聚体就可激活核酸酶结构域，将阻塞的 DNA 链水解，使得输出的门可以继续参与下一级反应，通过不同 DNA 标签的设计组合，可以实现不同规模的生物分子逻辑电路。Gunnoo 等人则是利用磷酸基团占据抗体的互补决定区（Complementary-Determining Region，CDR）实现抗原抗体的结合，最终实现 AND 门[25]。翻译后修饰通过调节蛋白质的活性或者结构来调控蛋白质的功能或相互作用，可以构建不同的逻辑系统，在生物传感、药物传递与治疗、分子计算等领域具有广阔的应用前景。

12.1.3　基于人工设计的蛋白质的逻辑运算器

天然蛋白质虽然种类繁多，可以在蛋白质计算中执行多样化的任务，但是其功能和结构是针对特定的生物环境和生物学过程的，不能灵活适应人工设计的计算需求。因此某些情况下需要进行工程改造与从头设计蛋白质，才能实现新的计算功能。

基于蛋白质的特异性位点进行改造是一种常见的方法，例如根据计算的需求在 DNA 上插入特定的位点，这些位点可以与抑制子、转录因子和辅因子等蛋白质结合以达到调控目标基因表达的目的[3,31-32]。近年来，随着合成生物学和蛋白质工程技术的快速发展，对蛋白质计算的研究不再局限于对自然蛋白质进行改造，可以从头设计具有特定结构和功能的全新蛋白质。David Baker 课题组通过从头设计多种蛋白质同质二聚体，成功地将这些蛋白质组合成逻辑门的基本单元[5]。不同的蛋白质单体被组合成逻辑门，而输入则是相应的异质二聚体，通过连接肽（linker peptide）连接。这样的设计使得输入蛋白质单体与门上的蛋白质单体更容易形成同质二聚体。在这个系统中，输入的异质二聚体可以看作逻辑门的输入信号，通过输入信号的组合，形成新的蛋白质同质二聚体，可以构建不同的逻辑门，也可以通过测量新蛋白质的大小和浓度来反映输出。具体而言，当蛋白质的光学密度（Optical Density，OD）足够大时，可以将其看作逻辑门的输出信号 1。这种设计不仅提供了一种新颖的蛋白质计算方法，还为生物逻辑门的构建提供了可行的框架。这样的蛋白质改造和设计方法拓展了人们对蛋白质工程的认识，为定制化生物学系统和分子计算提供了更多可能性。

12.2　基于蛋白质构建算术运算器

基于蛋白质简单逻辑门的级联不仅可以构建更复杂的逻辑门，如 Feynman 门、Double Feynman 门、Toffoli 门、Peres 门、Fredkin 门等可逆逻辑门[14]，同时还可以组成半加器和半减器[13]。半加器和半减器是数字电路的基础组成部分，用于执行两个单比特二进制数字的相加或相减操作。半加器需要一个 XOR 门和一个 AND 门级联，产生两个输出结果，分别是和位（Sum，记为 S）和进位（Carry，记为 C）；而半减器需要一个 XOR 门和一个 INHIBIT 门级联，产生差位（Difference，记为 D）和借位（Borrow，记为 Bo）这两个输出结果。通常情况下，酶对特定底物具有高度选择性，但有时候也会发生意外的底物交叉反应，在设计复杂的酶级联系统时，这种非特异性的交叉反应可能导致产物不符合预期，从而影响到计算系统的精确性和可控性[11]。

为了解决上述问题，Fratto 等人利用微流控芯片，将每个酶固定在各自的流动池中隔开，然后连接不同的流动池构成不同的逻辑门，组成半加器和半减器的不同输出位[11]。半加器由两个逻辑门组成，但这两个逻辑门是分开搭建的，输入相同但是不会相互影响。Diaph 在 NADH 存在的情况下（输入 A 为 1），将 $[Fe(CN)_6]^{3-}$ 还原为 $[Fe(CN)_6]^{4-}$；GOx 在 Glc 存在的情况下（输入 B 为 1），将 O_2 还原为 H_2O_2；H_2O_2 进入下一个流动池，在 HRP 的催化下，将 $[Fe(CN)_6]^{4-}$ 氧化为 $[Fe(CN)_6]^{3-}$。两个反应级联就构成了一个 XOR 门。$[Fe(CN)_6]^{3-}$ 在 $\lambda=420nm$ 处的吸光度最强，仅输入 NADH（输入为 1、0）时，$[Fe(CN)_6]^{3-}$ 减少，吸光度下降（输出为 1）；仅输入 Glc（输入为 0、1）时，

$[Fe(CN)_6]^{3-}$增多，吸光度增加（输出为 1）；两者都不输入或者都输入（输入为 0、0 或 1、1）时，$[Fe(CN)_6]^{3-}$浓度不变，吸光度不变（输出为 0）。LDH 在 NADH 存在的情况下（输入 A 为 1）将 NADH 氧化为 NAD^+；NAD^+进入下一个反应池，GDH 在 Glc 存在的情况下（输入 B 为 1）又将 NAD^+还原为 NADH，NADH 进入下一级反应池，Diaph 在 NADH 存在的情况下，将 $[Fe(CN)_6]^{3-}$还原为 $[Fe(CN)_6]^{4-}$。3 个酶反应串联构成了一个复杂的 AND 门。只有在 NADH 和 Glc 都存在的情况下（输入为 1、1），才能使最后一个反应池的反应发生，$[Fe(CN)_6]^{3-}$减少，吸光度下降（输出为 1）。XOR 门和 AND 门输入信号一致，反应分开，分别给出和位和进位的值，实现半加器。半减器的实现与半加器相似：通过级联反应池，分开构建 XOR 门（差位）和 INHIBIT 门（借位）。

多个半加器或半减器可以组合成全加器或全减器，从而实现更复杂的算术运算。但是也可以直接用酶进行加法、减法和乘法运算。Ivanov 等人将酶固定在水凝胶珠上，用连续搅拌釜反应器（Continuous Stirred Tank Reactor，CSTR）隔开[33]。根据不同的酶制定多肽链作为输入，多肽链上有特制的剪切位点，可以被特定的酶切割。剪切位点的另一端连接有荧光物质 7-氨基-4-甲基香豆素（7-Amino-4-methylcoumarin，AMC），多肽链进入 CSTR 中在酶的催化下发生反应，AMC 被剪切下来，通过测量 AMC 荧光强度反映结果。加法的实现是将两个或多个酶固定在一个 CSTR 中，同时输入每个酶对应的多肽链进行反应，检测 AMC 荧光强度。AMC 荧光强度与每个酶反应产生的单个荧光强度之和相同。而减法则是将两个酶分别固定在两个 CSTR 中，然后串联起来，两个酶对应的多肽链是一样的，携带两个酶的剪切位点，经过第一个 CSTR 后，多肽链部分被切割，剩下的没被切割的多肽链继续输入第二个 CSTR 中。剪切下来的 AMC 的荧光强度相当于全部输入第二个 CSTR 的荧光强度减去第一个 CSTR 的荧光强度。乘法的实现是将两个酶固定在一个 CSTR 中，然后设计有两个剪切位点的多肽链，只有同时经过两个酶的剪切才能生成游离 AMC，通过添加两个酶的抑制剂可以调节两个酶的活性，最终 AMC 的荧光强度等于两个酶的活性的乘积。该研究不能通过输出直接观察出结果，需要提前测量单个酶的活性，还要严格控制底物的浓度一致。

基于分割池构建的半加器、半减器、算术运算设备，为使用酶的算术计算开辟了道路，但同时复杂的实验操作也限制了它的扩展和应用。基于酶的级联系统的设计要仔细地考虑酶的特异性以及底物之间的交叉反应性，以确保系统的准确性和可靠性。

12.3　基于蛋白质分子解决 NP 完全问题

肌动蛋白和微管蛋白是细胞骨架的重要组成部分，参与细胞运输功能。通过 ATP 水解获取能量，在肌凝蛋白和驱动蛋白的驱动下，能够沿着细胞骨架（肌动蛋白或微管蛋白）快速移动。肌动蛋白和微管蛋白具有价格便宜、能够自发推进、独立运行互不影响、尺寸小、运动速度快、单向运动的特点，可以用来进行蛋白质计算。

Nicolau 等人提出了一种用肌动蛋白和微管蛋白求解子集和问题的方法[2]。子集和问题是一个经典的 NP 完全问题，目标是判断一个给定集合中是否存在一个子集，使得子集中的元素之和等于给定的目标值。更具体地说，对于一个包含 N 个整数的集合 $S = \{s_1, s_2, \cdots, s_N\}$ 和一个目标和 T，子集和问题要求确定是否存在一个子集，使得该子集中的元素之和等于 T。Nicolau 等人设定的集合为 {2,5,9}，为了找到该集合的所有子集和，他们用电子束光刻技术在二氧化硅衬底上按照以下规则将网络刻出来：按照集合中的数字依次刻 3 批交叉点，分别刻 2、5、9 行；每一批次的第一行刻分裂交叉点，剩余行刻通过交叉点；所有行的交叉点不分批次，第一行刻一个交叉点，之后的每一行依次增加一个交叉点；除第一行的一个交叉点只有一个输入通道、两个输出通道，其他节点均有两个输入通道、两个输出通道；将相邻两行的交叉点的输出和出入通道之间都刻上通道进行连通；最后一行的全部输出分别为所有可能的结果（0～16）。分裂交叉点是能够向两个方向移动的节点，通过交叉点是只能直走的节点。向网络的左上角注入肌动蛋白和微管蛋白，同时提供含有 ATP 的缓冲液，肌动蛋白和微管蛋白会在肌凝蛋白和驱动蛋白的驱动下在网络中快速地移动，并且只从正确的结果处出来。通过荧光显微图可以获取蛋白的移动路径，进而获取正确的子集和结果。

Nicolau 认为，假设特定的 NP 完全问题可以用图形表示，则可以将这些问题转化为物理网络的设计，如对通道、节点、入口和出口等微流体结构进行设计[34]。首先编码感兴趣的 NP 完全问题的计算网络，然后通过大量独立的计算物质的随机探索并行地解决问题。这些计算物质有非生物物质和生物物质。非生物物质中，层流流体和微米大小的非生物珠已经被用于解决 NP 完全问题了，但是非生物物质多具有移动寿命较短的限制。用于探索网络的生物物质有细胞骨架丝（肌动蛋白丝或微管）、原核生物（细菌和古细菌）、真核生物等，但仅细胞骨架丝（肌动蛋白丝或微管）通过实验证实可用于探索网络。

12.4　蛋白质存储

传统的存储介质主要是基于硅芯片、磁性材料等，但这些方法存在一些限制，如存储密度有限、功耗高、易受磁场和放射线干扰等。为了克服这些问题，研究人员开始探索新的存储技术，蛋白质存储技术就是其中之一。蛋白质存储技术源自对细菌视紫红质的研究，它具有光敏性，当受到特定波长的光激发时，会发生结构变化并保持稳定的状态，这种特性使它成为存储和读取数据的候选材料之一。随着忆阻器这一新兴的非易失性存储器的出现，关于蛋白质存储的研究集中于蛋白质基忆阻器的研究，如蚕丝蛋白（Fibroin，又称丝素蛋白）、铁蛋白（Ferritin）、鸡蛋白蛋白（Egg Albumen，EA）等。

12.4.1　基于细菌视紫红质的蛋白质存储

细菌视紫红质（Bacteriorhodopsin，BR）是一种存在于嗜盐菌细胞膜中的蛋白质，属于 G 蛋白偶联受体（G Protein‑Coupled Receptor，GPCR）家族，由 7 个 α 螺旋组成。BR 能在光驱动下将质子泵出膜外，这种独特的光电响应特性使其成为具有极大应用潜力的生物材料之一[35]。如图 12.12 所示，对 BR 进行光照射时，它会按照一定的顺序发生结构变化，如基态（记为 bR）和 K、L、M、N、O 等中间态[36]。当收到绿光激发后，BR 分子从基态激发到 K 状态，弛豫后回到 O 状态。如果 BR 分子由高于 O 状态能量的红光激发，它会先转换到 P 状态，再逐渐衰减为长寿命的中间态 Q（＞5 年）。结构变化过程中 bR 和 Q 这两种不同的状态可分别用数字信息 0 和 1 来表示。美国雪城大学的 Robert R.Birge 团队已制成这种存储系统的模型，这个模型是在一个透明容器（尺寸为 1in×1in×2in）中填充了聚丙烯酰胺凝胶，并将 BR 放置其中，形成一个三维数据阵列。当蛋白质未受激发时处于 bR 状态，靠同凝胶的聚合而固定于一定位置。环绕着容器周围，有一组氦激光器和电荷注入器件（Charge-Injection Device，CID）阵列，用于读和写数据[37]。

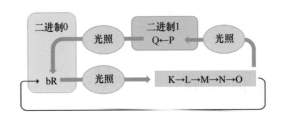

图 12.12　BR 光循环的 6 个状态

　　为了写入数据，首先用"成页"激光束去激励蛋白质分子，使其由 bR 状态进入 O 状态。控制成页激光束，可以使它只能激励容器内材料的某一二维平面，这一受到激励处于 O 状态的平面，便可写入数据，这一过程称为"成页"，这一页可存储 4096bit×4096bit 数据。成页以后必须赶在材料由 O 状态返回 bR 状态之前，用红色的"写数据"激光束完成写数据的操作，存储数据 1 的蛋白质分子被写激光束照射，由 O 状态进一步跃迁到 Q 状态，而存储数据 0 的蛋白质分子未被写数据激光束照射，迅速由 O 状态返回至 bR 状态。利用写数据装置可把要写入的数据整页地写入蛋白质存储器中。

　　为了读出数据，首先需要用成页激光束把要读出的目标页激励进入 O 状态。这样做的目的是进一步扩大bR 和Q状态之间吸收频谱的差别，使读出的数据不易混淆。然后使用读激光束和 CID 阵列，把目标页的数据用图像的方式表示（读）出来。要擦掉某页数据，可用短脉冲蓝色激光束照射该页，使 Q 状态分子返回到 bR 状态。如果要把整个容器中的数据都擦掉，可将容器暴露在有紫外线输出的白炽灯下。为了保证数据正确，读写操作中可以使用两个附加的奇偶位以纠正错误。

　　BR 蛋白已在信息存储领域进行了一些初步应用。与半导体存储技术相比，蛋白质存储技术具有许多优点，如访问数据速度非常快、存储容量大、工作稳定可靠、保存数据稳定、利用基因工程可大量生产、价格便宜。尽管 BR 在蛋白质存储领域具有这些优势，但仍然存在挑战和限制。例如，需要更好地控制和优化写入和读取过程，提高数据的稳定性和可靠性。此外，还需要解决与材料制备、集成光学系统和数据解码等方面的技术难题，以实现 BR 在实际应用中的商业化和可行性。

12.4.2　蛋白质基忆阻器

忆阻器（又称阻变存储器）是继电阻、电容、电感之后的第四类无源电子元件，是一种新兴的非易失性存储器，被视为传统存储器的理想替代品，在人工智能、神经形态计算和高密度数据存储等领域展现出巨大的应用潜力[38]。典型的忆阻器具有金属–绝缘体–金属（Metal-Insulator-Metal，MIM）结构，包括两个电极和一个活性层，活性层是忆阻器的主要功能层。截至本书成稿之日，已经有多种材料作为忆阻器的活性成分被开发出来，包括二元及多元氧化物、有机高分子聚合材料、硫族化合物等[39]。然而，这些材料在制备过程中与废弃后都可能会产生不可降解和含有毒成分的电子废物，引发环境问题。蛋白质材料因良好的生物相容性、可控生物降解性、显著的机械韧性等，引起了人们的广泛关注，被认为是当下发展高性能绿色柔性电子件的理想材料[40]。此外，蛋白质基忆阻器是一种真正的生物材料，可制备仿生神经网络电子元器件，在可植入计算，以及实现直接人机交互、人机结合方面，有着现有无机元器件无法比拟的应用前景。

蛋白质材料中的氨基酸残基具有优异的离子结合能力，在电场作用下，有助于形成导电细丝路径，这使得大多数蛋白质可以呈现出阻变切换的特性。经过研究，蚕丝蛋白、铁蛋白、鸡蛋白和丝胶蛋白等已确认具备典型的阻变切换特性，这使得它们在数据存储领域具有潜在应用价值，并引起了研究人员广泛的兴趣。图 12.13 所示为蛋白质基忆阻器的发展历程。在正式介绍蛋白质基忆阻器之前，介绍两个评价忆阻器性能的重要指标：开关比（ON/OFF Ratio）与保留时间（Retention Time）。开关比是指忆阻器在开状态（ON）和关状态（OFF）之间的电阻或电流的比例，是衡量忆阻器性能的重要指标之一。较高的开关比意味着在切换状态时，忆阻器能够显著改变电阻或电流值，从而更好地区分不同状态，这对准确读取和存储信息至关重要。保留时间是指忆阻器在切换到某个状态后能够保持该状态的时间长度。它也是衡量忆阻器性能的重要指标之一，可衡量忆阻器存储信息的稳定性和持久性。较长的保留时间意味着忆阻器可以更长时间地保持存储的信息，而较短的保留时间可能导致信息丢失或不稳定。

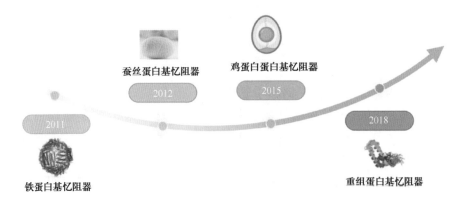

图 12.13　蛋白质基忆阻器的发展历程

1. 铁蛋白基忆阻器

作为细胞内主要的储铁蛋白，铁蛋白是一种直径约为 12nm 的球形金属蛋白，由厚度约为 2nm 的壳层和直径约为 8nm 的铁储存腔构成。铁蛋白具有很高的稳定性，能够在广泛的 pH 值范围（2.0～12.0）和高温（高达 80℃）条件下保持结构和功能。这种稳定性使铁蛋白成为一种理想的天然生物材料。此外，铁离子可以在电场作用下从外壳中释放出来，这可能是电阻开关效应能被观测到的原因[41]。

2011 年，Cho 课题组报道了利用铁蛋白构建的忆阻器，阐明铁蛋白纳米颗粒膜中的可逆电阻变化可能是由 Fe^{3+}/Fe^{2+} 氧化还原对的电荷俘获/释放所致，同时证明了铁蛋白纳米颗粒可以作为纳米级的记忆器件，并且这种层层组装的蛋白质多层器件可以扩展到具有可调节记忆性能的分子水平的仿生电子器件[42]。Chen 课题组还探索了铁蛋白基忆阻器，将铁蛋白整合到通过化学方法生成的精确纳米间隙中，实现阻变存储行为，并探索通过调节铁含量来调控记忆器件的性能[41,43]。这个调控过程归因于无机铁络合核结构在高浓度铁作用下具有较高的氧化还原活性，铁的负载量越大，记忆性能越好，铁的高负载导致更多的铁从铁蛋白核心释放，导致铁（Ⅱ）离子被运输到蛋白笼外。Zhang 等人在 Si/SiO_2 基底上构建出 Pt/铁蛋白/Pt 典型 MIM 结构的忆阻器，其中蛋白质薄膜厚度达 250nm，器件的开启电压为 1.3V，关闭电压为-0.4V[44]。由于电极所采用的是化学惰性的铂电极，推测导电丝由铁离子组成。

2. 蚕丝蛋白基忆阻器

蚕丝蛋白是一种从蚕丝中提取的天然高分子纤维蛋白，含量约占蚕丝的

70%~80%，由 18 种氨基酸组成，其中甘氨酸、丝氨酸、丙氨酸占比 80%以上。蚕丝蛋白的基本单元由重链、轻链和糖蛋白 P25 组成，重链和轻链之间先通过二硫键连接，再与糖蛋白 P25 通过疏水键等非共价作用结合。重链是蚕丝蛋白的主要组成部分，包含 N 端和 C 端亲水性结构域，以及 12 个高度重复的富含 Gly-Ala 的区域。重链 N 端是一种显著的两层纠缠 β 折叠结构[45]。

　　蚕丝蛋白由于具有优异的生物兼容性、光学透明性、超轻的重量、优越的柔韧性和力学性能等优势而备受关注。截至本书成稿之日，蚕丝蛋白基忆阻器已经得到了大量的研究。2012 年，Hota 课题组使用蚕丝蛋白构建了典型 MIM 结构忆阻器，首次观察到双极记忆开关行为，并证实其开关机制是由于离子效应下的导电丝切换[46]。2015 年，南洋理工大学的 Chen 课题组首次公布了基于蚕丝蛋白的可配置忆阻器，该忆阻器也采用简单的 MIM 结构，以金（Au）作为下电极、银（Ag）作为上电极[47]。通过控制设置过程中的顺应电流，可以精确地控制器件的电阻开关（Resistive Switching，RS）类型。较高的顺应电流（>100μA）可以触发存储 RS，而较低的顺应电流（<10μA）可以触发阈值型 RS 存储器，开关比可达 10^7，保留时间超过 4500s。2016 年，该课题组研究人员同时使用蚕丝蛋白作为活性层和基底，将金属镁（Mg）作为上下电极，制备了蚕丝蛋白（基底）/Au/Mg/蚕丝蛋白（开关层）/Mg 结构的物理瞬态忆阻器，显示出合理的双极记忆特性，开关比为 10^2，保留时间超过 $10^{4[48]}$。这些器件 2h 内可以完全溶解于去离子水（Deionized Water，DI）或磷酸盐缓冲盐水（Phosphate-Buffered Saline，PBS）（pH 值为 7.4），证明所提出的基于蚕丝蛋白的暂态存储器件在安全数据存储系统、生物相容性和可植入电子器件方面具有巨大的应用潜力。Chen 课题组后来公布的超轻忆阻器的结构是蚕丝蛋白（基底）/Au/蚕丝蛋白（开关层）/Ag，每平方厘米的质量只有 0.4mg，是传统硅基底的 1/320，是办公用纸的 1/20，可由一根头发维持，开关比为 10^5，保留时间约 10^4s[49]。

　　Liu 课题组研究发现，蚕丝蛋白形成了一种纳米微晶网络，具有类似渔网状的拓扑结构[38,50]，这种网络结构是由分子内有序排列的 β 折叠结构形成的 β -微晶连接而成。蚕丝蛋白的独特介观网络结构使其具备极大的应用改造潜能，可以通过掺杂一些功能元素（如纳米金属簇、量子点或导电聚合物），在不影响其原有性能的情况下，赋予蚕丝蛋白材料额外的性能。2013 年，Gogurla 团队通过将金纳米颗粒（Au NP）整合到蚕丝蛋白生物聚合物中，构建出蚕丝蛋白基忆阻器，并提高了工作电压和电流的开关比，开关比高达

10^6，开启/关闭电压集中在 2V/–2V[51]。这种改进归因于带负电荷的金纳米颗粒和带正电荷的氧化蚕丝蛋白的协同作用，增强了开关层中的导电路径。2019 年，Liu 课题组采用牛血清蛋白（Bovine Serum Albumin，BSA）作为载体，将银纳米簇掺杂到蚕丝蛋白材料中，通过促进蚕丝蛋白分子结晶进程，形成稳定的功能化结构，实现蚕丝蛋白材料的介观功能化，并将其作为阻变材料层，构筑出新型蚕丝蛋白基忆阻器[52]。与未功能化的蚕丝蛋白忆阻器相比，功能化后的蛋白质基介观忆阻器的性能明显改善：开关时间（≈10ns）显著提高，开关稳定性非常好，具有超低的开关电压（开启电压和关闭电压分别在 0.30V 和–0.18V 左右波动），从而大大降低了功耗。除了功能化掺杂金属纳米簇，还可以选择掺杂其他具有光响应的功能物质，比如碳点等。生物相容性碳点（Carbon Dot，CD）因体积小、光学性能好、制备成本低等优点，成为光电子应用领域的重要材料。Han 课题组通过将碳纳米点（碳点的一种）掺杂到蚕丝蛋白基质中，制备了一种光可调忆阻器，以不同上电极（Al、Au 和 Ag）为例，系统地研究了基于金属上电极/碳点–蚕丝蛋白/氧化铟锡（ITO）的新型结构记忆器件的特性，发现具有光可调电荷捕获能力的碳点对忆阻器的光可调电阻开关特性具有重要作用[53]。

3. 鸡蛋白蛋白基忆阻器

鸡蛋白蛋白是一种常见且易获得的天然蛋白质，具有良好的生物相容性、生物可降解性、柔韧性和较低的价格，被广泛用于构建蛋白质基忆阻器。鸡蛋白蛋白由大约 10% 的蛋白质（如白蛋白、黏蛋白和球蛋白）和 90% 的水组成。鸡蛋白蛋白中的蛋白质大多为球状蛋白，由许多弱化学键连接在一起。在蛋白质材料加工成薄膜的过程中，即在热烘烤过程中，弱键断裂，蛋白质分子的两种主要的化学键交联，形成肽键和二硫键。二硫键的形成是一个不可逆的过程（称为凝固），是热交联的固体蛋白膜生成的原因[54]。鸡蛋白蛋白具有丰富的氨基酸，其中包含极性基团，如羟基、羧基和氨基等。这些基团在电场作用下可以改变电荷状态和分子结构，从而导致电阻的变化，实现忆阻效应。鸡蛋白蛋白可以直接从新鲜鸡蛋中提取，无须进行额外的化学提纯或提取，降低了制造成本和方法的复杂性。

2015 年，Chen 课题组利用从新鲜鸡蛋中直接获得的鸡蛋蛋白，在没有额外的纯化或提取的情况下，制备了 ITO/鸡蛋白/Al 典型 MIM 结构的忆阻器，器件性能优异，开关比达到 10^3，保留时间超过 10^4s，证实导电细丝的形成和断裂是由于电场诱导的氧离子迁移和铁离子的电化学氧化还原反应[55]。He

等人使用鸡蛋白蛋白作为活性层，用水可溶性 Mg 和钨（W）分别作为上下电极，制备了瞬态忆阻器件，其具有更高的可靠性和稳定性，证明了信息存储在瞬态电子器件中的可能性，为使用廉价、丰富和天然的生物电子应用材料制造生物相容、生物可降解的电子器件打开了大门[54]。2017 年，Zhu 课题组分别以 Ag 和 ITO 作为上下电极，构建出新型鸡蛋白蛋白基忆阻器，其具有保留时间长（10^4s）、器件擦写速度较快（75ns）的特性，同时开关电压也较低，分别保持在 0.6V/-0.7V[56]。随后，Yan 课题组制备了 W/鸡蛋白蛋白/ITO/聚对苯二甲酸乙二酯［Poly（Ethylene Terephthalate），PET］结构的新型忆阻器，其在机械弯曲条件下工作正常，性能无明显下降，展现出良好的柔性阻变存储性能，该装置通过调节施加的脉冲电压还可以实现突触功能[57]。2019 年，Zhou 课题组制作了一种超柔性鸡蛋白蛋白忆阻器阵列，获得包括"与""或""非"操作的多功能逻辑门。值得注意的是，活性层和柔性基底都是由鸡蛋白蛋白经过物理和化学处理制成的[58]。通过同时或独立地在忆阻器上施加 3 个单独的信号（包括两个不同的电脉冲和一个宽带光脉冲），可以很容易地在 3 种基本逻辑操作之间转换逻辑状态。

4. 其他基于蛋白质的忆阻器

除了以上这些具有代表性的蛋白质，还有一些蛋白质也被用于构建忆阻器，如蚕丝蛋白的副产品丝胶蛋白（Sericin）、从微生物中提取的蛋白，以及重组蛋白等。

丝胶蛋白由 18 种氨基酸组成，其中大部分具有强极性基团，如羟基、羧基、氨基等，是一种稳定、不易氧化的水溶性可生物降解材料，已被证实具备优异的忆阻切换性能。丝胶蛋白能形成均匀致密的薄膜，在自然状态下绝缘，适合制造存储器件。丝胶也是易获得的材料，它通常是蚕丝加工过程中被丢弃的副产品，故成本很低。2013 年，Chen 课题组利用丝胶蛋白构建了忆阻器，分别以 Ag 和 Au 作为上下电极，开关比可达 10^6，保留时间超过 10^3s[59]，通过电荷载流子捕获/释放机制使用不同的限定电流可实现忆阻器的多级存储。该研究证实了天然材料废弃副产物在数据存储领域的可行性，但仍需进一步研究如何提高器件的稳定性。

表面层（surface layer，S-layer 或者 Slp）是由单分子蛋白质或糖蛋白重复排列形成的二维生物膜结构，存在于细菌和古菌细胞壁的最外层，常见于乳酸菌（如嗜酸乳杆菌、鸡乳杆菌、干酪乳杆菌、布氏乳杆菌、保加利亚乳杆菌、开菲尔乳杆菌和短乳杆菌等）。S-layer 蛋白的分子量为 40～200kDa，在亚纳米水平上具有高度多孔且形状不一的晶格结构（厚度约为 10nm 的蛋白网状结构），可在体外重新结晶及与外源蛋白融合，因此成为生物纳米技术和仿生学模式应用的良好候选材料。2018 年，Moudgil 等人首次提出了一种由 S-layer 蛋白构建的柔性存储器件（Al/S-layer 蛋白/ITO/PET），该器件能够从双稳态切换到低阻状态（Low-Resistance State，LRS）和高阻状态（High-Resistance State，HRS），具有稳定的双稳态记忆性能，具有较长的保留时间（> 4×10^3s），可实现 500 次循环测试，并且该器件可承受超过 100 次弯曲的阻变性能测试，符合生物相容性、可穿戴电子设备的预期适用性[60]。

Lee（通信作者）等人利用热变性蛋白质 hexa-His 标记的重组分子伴侣蛋白 DnaJ（rDnaJ）作为活性层，制造了生物忆阻器[61]。基于 rDnaJ 忆阻器展示出极低的器件打开电压（约 0.12V）和复位电压（约-0.08V），以及较高的开关比（> 10^6）和较长的保留时间（> 10^6s）。金属电极之间的热变性 rDnaJ 蛋白质层可通过调整蛋白质中氨基酸残基的金属螯合性能来控制铜导电细丝的形成/断裂，获取高性能的非易失性阻变存储性能。该研究利用具有工程性质的重组蛋白作为强大的构建块，以适应下一代生物相容性、灵活性、高性能和低功耗电子产品的要求。然而，截至本书成稿之日，关于如何通过重组蛋白来调节器件性能的研究非常有限，主要有以下原因。

第一，重组 DNA 技术被更多地应用于治疗和诊断，如何将这种先进而复杂的技术应用于数据存储领域仍需要更深入的跨学科交流。

第二，对某些金属蛋白来说，重组 DNA 技术在修饰其结构方面可能存在一定的挑战，这限制了蛋白质重组调节器件性能研究的范围和应用。

第三，在传统的器件制造过程中，可能出现意想不到的结构变化，这可能会导致重组蛋白的预期性质发生变化。

第四，充分理解层次结构与器件性能之间的关系对更先进的材料和器件设计至关重要，需要进一步地研究和制定从基因工程到目标器件功能的设计策略[39]。

参考文献

[1] BRAY D. Protein molecules as computational elements in living cells[J].

Nature, 1995, 376(6538): 307-312.

[2] NICOLAU JR D V, LARD M, Korten T, et al. Parallel computation with molecular-motor-propelled agents in nanofabricated networks[J]. Proceedings of the National Academy of Sciences, 2016, 113(10): 2591-2596.

[3] GAO X J, CHONG L S, KIM M S, et al. Programmable protein circuits in living cells[J]. Science, 2018, 361(6408): 1252-1258.

[4] FINK T, LONZARIĆ J, PRAZNIK A, et al. Design of fast proteolysis-based signaling and logic circuits in mammalian cells[J]. Nature Chemical Biology, 2019, 15(2): 115-122.

[5] CHEN Z, KIBLER R D, HUNT A, et al. De novo design of protein logic gates[J]. Science, 2020, 368(6486): 78-84.

[6] DUEBER J E, YEH B J, CHAK K, et al. Reprogramming control of an allosteric signaling switch through modular recombination[J]. Science, 2003, 301(5641): 1904-1908.

[7] WODAK S J, PACI E, DOKHOLYAN N V, et al. Allostery in its many disguises: from theory to applications[J]. Structure, 2019, 27(4): 566-578.

[8] DOKHOLYAN N V. Nanoscale programming of cellular and physiological phenotypes: inorganic meets organic programming[J]. NPJ Systems Biology and Applications, 2021, 7(1): 15.

[9] CHEN J, VISHWESHWARAIAH Y L, MAILMAN R B, et al. A noncommutative combinatorial protein logic circuit controls cell orientation in nanoenvironments[J]. Science Advances, 2023, 9(21): eadg1062.

[10] VISHWESHWARAIAH Y L, CHEN J, CHIRASANI V R, et al. Two-input protein logic gate for computation in living cells[J]. Nature Communications, 2021, 12(1): 6615.

[11] FRATTO B E, LEWER J M, KATZ E. An enzyme-based half-adder and half-subtractor with a modular design[J]. ChemPhysChem, 2016, 17(14): 2210-2217.

[12] KATZ E, PRIVMAN V. Enzyme-based logic systems for information processing[J]. Chemical Society Reviews, 2010, 39(5): 1835-1857.

[13] BARON R, LIOUBASHEVSKI O, KATZ E, et al. Logic gates and elementary computing by enzymes[J]. The Journal of Physical Chemistry

A, 2006, 110(27): 8548-8553.

[14] STRACK G, PITA M, ORNATSKA M, et al. Boolean logic gates that use enzymes as input signals[J]. ChemBioChem, 2008, 9(8): 1260-1266.

[15] KATZ E. Boolean logic gates realized with enzyme-catalyzed reactions-unusual look at usual chemical reactions[J]. ChemPhysChem, 2019, 20(1): 9-22.

[16] BARON R, LIOUBASHEVSKI O, KATZ E, et al. Two coupled enzymes perform in parallel the 'AND' and 'InhibAND' logic gate operations[J]. Organic & Biomolecular Chemistry, 2006, 4(6): 989-991.

[17] CHUANG M C, WINDMILLER J R, SANTHOSH P, et al. High-fidelity determination of security threats via a Boolean biocatalytic cascade[J]. Chemical Communications, 2011, 47(11): 3087-3089.

[18] HALÁMEK J, BOCHAROVA V, ARUGULA M A, et al. Realization and properties of biochemical-computing biocatalytic XOR gate based on enzyme inhibition by a substrate[J]. The Journal of Physical Chemistry B, 2011, 115(32): 9838-9845.

[19] PRIVMAN V, ZHOU J, HALÁMEK J, et al. Realization and properties of biochemical-computing biocatalytic XOR gate based on signal change[J]. The Journal of Physical Chemistry B, 2010, 114(42): 13601-13608.

[20] FILIPOV Y, DOMANSKYI S, WOOD M L, et al. Experimental realization of a high-quality biochemical XOR gate[J]. ChemPhysChem, 2017, 18(20): 2908-2915.

[21] FRATTO B E, ROBY L J, GUZ N, et al. Enzyme-based logic gates switchable between OR, NXOR and NAND Boolean operations realized in a flow system[J]. Chemical Communications, 2014, 50(81): 12043-12046.

[22] ZHOU J, ARUGULA M A, HALAMEK J, et al. Enzyme-based NAND and NOR logic gates with modular design[J]. The Journal of Physical Chemistry B, 2009, 113(49): 16065-16070.

[23] NIAZOV T, BARON R, KATZ E, et al. Concatenated logic gates using four coupled biocatalysts operating in series[J]. Proceedings of the National Academy of Sciences, 2006, 103(46): 17160-17163.

[24] RONDE W, WOLDE P R, MUGLER A. Protein logic: a statistical

mechanical study of signal integration at the single-molecule level[J]. Biophysical Journal, 2012, 103(5): 1097-1107.

[25] GUNNOO S B, FINNEY H M, BAKER T S, et al. Creation of a gated antibody as a conditionally functional synthetic protein[J]. Nature Communications, 2014, 5(1): 4388.

[26] OOSTINDIE S C, RINALDI D A, ZOM G G, et al. Logic-gated antibody pairs that selectively act on cells co-expressing two antigens[J]. Nature Biotechnology, 2022, 40(10): 1509-1519.

[27] MOON T S, LOU C, TAMSIR A, et al. Genetic programs constructed from layered logic gates in single cells[J]. Nature, 2012, 491(7423): 249-253.

[28] OMERSA N, ADEN S, KISOVEC M, et al. Design of protein logic gate system operating on lipid membranes[J]. ACS Synthetic Biology, 2020, 9(2): 316-328.

[29] MCCUE A C, KUHLMAN B. Design and engineering of light-sensitive protein switches[J]. Current Opinion in Structural Biology, 2022, 74: 102377.

[30] UNGER R, MOULT J. Towards computing with proteins[J]. Proteins: Structure, Function, and Bioinformatics, 2006, 63(1): 53-64.

[31] BORDOY A E, O'CONNOR N J, CHATTERJEE A. Construction of two-input logic gates using transcriptional interference[J]. ACS Synthetic Biology, 2019, 8(10): 2428-2441.

[32] SIUTI P, YAZBEK J, LU T K. Synthetic circuits integrating logic and memory in living cells[J]. Nature biotechnology, 2013, 31(5): 448-452.

[33] IVANOV N M, BALTUSSEN M G, REGUEIRO C L F, et al. Computing arithmetic functions using immobilised enzymatic reaction networks[J]. Angewandte Chemie, 2023, 135(7): e202215759.

[34] VAN DELFT F C, IPOLITTI G, NICOLAU JR D V, et al. Something has to give: scaling combinatorial computing by biological agents exploring physical networks encoding NP-complete problems[J]. Interface focus, 2018, 8(6): 20180034.

[35] 封杭. 未来存储技术——蛋白质存储[J]. 记录媒体技术, 2008 (5): 48-51.

[36] STUART J A, MARCY D L, WISE K J, et al. Volumetric optical memory based on bacteriorhodopsin[J]. Synthetic metals, 2002, 127(1-3): 3-15.

[37] 陈幼松. 蛋白质存储将取代半导体存储[J]. 世界科学, 1996 (11): 28-30.

[38] 史晨阳, 闵光宗, 刘向阳. 蛋白质基忆阻器研究进展[J]. 物理学报, 2020.

[39] WANG J, QIAN F, HUANG S, et al. Recent progress of protein-based data storage and neuromorphic devices[J]. Advanced Intelligent Systems, 2021, 3(1): 2000180.

[40] ZHU B, WANG H, LEOW W R, et al. Silk fibroin for flexible electronic devices[J]. Advanced Materials, 2016, 28(22): 4250-4265.

[41] MENG F, SANA B, LI Y, et al. Bioengineered tunable memristor based on protein nanocage[J]. Small (Weinheim an der Bergstrasse, Germany), 2014, 10(2): 277-283.

[42] KO Y, KIM Y, BAEK H, et al. Electrically bistable properties of layer-by-layer assembled multilayers based on protein nanoparticles[J]. ACS Nano, 2011, 5(12): 9918-9926.

[43] MENG F, JIANG L, ZHENG K, et al. Protein-based memristive nanodevices[J]. Small, 2011, 7(21): 3016-3020.

[44] ZHANG C, SHANG J, XUE W, et al. Convertible resistive switching characteristics between memory switching and threshold switching in a single ferritin-based memristor[J]. Chemical Communications, 2016, 52(26): 4828-4831.

[45] HE Y X, ZHANG N N, LI W F, et al. N-terminal domain of Bombyx mori fibroin mediates the assembly of silk in response to pH decrease[J]. Journal of Molecular Biology, 2012, 418(3-4): 197-207.

[46] HOTA M K, BERA M K, KUNDU B, et al. A natural silk fibroin protein-based transparent bio-memristor[J]. Advanced Functional Materials, 2012, 22(21): 4493-4499.

[47] WANG H, DU Y, LI Y, et al. Configurable resistive switching between memory and threshold characteristics for protein-based devices[J]. Advanced Functional Materials, 2015, 25(25): 3825-3831.

[48] WANG H, ZHU B, MA X, et al. Physically transient resistive switching memory based on silk protein[J]. Small (Weinheim an der Bergstrasse, Germany), 2016, 12(20): 2715-2719.

[49] WANG H, ZHU B, MA X, et al. Ultra-lightweight resistive switching memory devices based on silk fibroin[J]. Small (Weinheim an der Bergstrasse, Germany), 2016, 12(25): 3360-3365.

[50] SONG Y, LIN Z, KONG L, et al. Meso-functionalization of silk fibroin by upconversion fluorescence and near infrared in vivo biosensing[J]. Advanced Functional Materials, 2017, 27(26): 1700628.

[51] GOGURLA N, MONDAL S P, SINHA A K, et al. Transparent and flexible resistive switching memory devices with a very high ON/OFF ratio using gold nanoparticles embedded in a silk protein matrix[J]. Nanotechnology, 2013, 24(34): 345202.

[52] SHI C, WANG J, SUSHKO M L, et al. Silk flexible electronics: from Bombyx mori silk Ag nanoclusters hybrid materials to mesoscopic memristors and synaptic emulators[J]. Advanced Functional Materials, 2019, 29(42): 1904777.

[53] LV Z, WANG Y, CHEN Z, et al. Phototunable biomemory based on light-mediated charge trap[J]. Advanced Science, 2018, 5(9): 1800714.

[54] HE X, ZHANG J, WANG W, et al. Transient resistive switching devices made from egg albumen dielectrics and dissolvable electrodes[J]. ACS applied materials & interfaces, 2016, 8(17): 10954-10960.

[55] CHEN Y C, YU H C, HUANG C Y, et al. Nonvolatile bio-memristor fabricated with egg albumen film[J]. Scientific Reports, 2015, 5(1): 10022.

[56] ZHU J X, ZHOU W L, WANG Z Q, et al. Flexible, transferable and conformal egg albumen based resistive switching memory devices[J]. RSC Advances, 2017, 7(51): 32114-32119.

[57] YAN X, LI X, ZHOU Z, et al. Flexible transparent organic artificial synapse based on the tungsten/egg albumen/indium tin oxide/polyethylene terephthalate memristor[J]. ACS Applied Materials & Interfaces, 2019, 11(20): 18654-18661.

[58] ZHOU G, REN Z, WANG L, et al. Artificial and wearable albumen protein memristor arrays with integrated memory logic gate functionality[J]. Materials Horizons, 2019, 6(9): 1877-1882.

[59] WANG H, MENG F, CAI Y, et al. Sericin for resistance switching device with multilevel nonvolatile memory[J]. Advanced Materials (Deerfield Beach, Fla.), 2013, 25(38): 5498-5503.

[60] MOUDGIL A, KALYANI N, SINSINBAR G, et al. S-layer protein for resistive switching and flexible nonvolatile memory device[J]. ACS Applied Materials & Interfaces, 2018, 10(5): 4866-4873.

[61] JANG S K, KIM S, SALMAN M S, et al. Harnessing recombinant DNAJ protein as reversible metal chelator for a high-performance resistive switching device[J]. Chemistry of Materials, 2018, 30(3): 781-788.